国家级一流本科专业建设成果教材

化工热力学

向　丽　闫志国　金士威　编

Chemical
Engineering
Thermodynamics

 化学工业出版社

·北京·

内容简介

《化工热力学》为适用于应用型人才培养的化工热力学教材。全书以能量与物质为主线，共分为 7 章，包含绪论，流体的 $p\text{-}V\text{-}T$ 关系和状态方程，纯流体热力学性质焓和熵的计算，化工过程能量分析，动力循环与制冷循环，溶液热力学性质的计算和相平衡热力学。各章开头所设引言，简练地介绍了该章主要内容和知识点之间的逻辑关系。章后附有本章小结，将各章知识点总结为"至简公式"，融合知识点与学习方法。同时，每章均设置了课程思政内容及多种题型的习题，为教学提供便利。

《化工热力学》为化学工程与工艺专业本科教材，也能作为应用化学、制药工程、环境工程、高分子材料与工程等本科专业的教学用书，对从事相关工作的工程技术人员也具有一定的参考价值。

图书在版编目（CIP）数据

化工热力学/向丽，闫志国，金士威编.—北京：化学工业出版社，2022.10（2024.11重印）
ISBN 978-7-122-42461-7

Ⅰ.①化… Ⅱ.①向… ②闫… ③金… Ⅲ.①化工热力学-高等学校-教材 Ⅳ.①TQ013.1

中国版本图书馆 CIP 数据核字（2022）第 206025 号

责任编辑：丁建华　徐雅妮　　　　　　　　　装帧设计：张　辉
责任校对：刘　一

出版发行：化学工业出版社（北京市东城区青年湖南街 13 号　邮政编码 100011）
印　　装：北京科印技术咨询服务有限公司数码印刷分部
787mm×1092mm　1/16　印张 16½　字数 433 千字　　　2024 年 11 月北京第 1 版第 2 次印刷

购书咨询：010-64518888　　　　　　　　　　售后服务：010-64518899
网　　址：http://www.cip.com.cn
凡购买本书，如有缺损质量问题，本社销售中心负责调换。

定　　价：49.00 元

前言

　　化工热力学是化学工程学科的一个重要组成部分和基础分支学科，是国内外化学工程与工艺专业的主干课程，是化工过程研究、开发和设计的理论基础。

　　本书为武汉工程大学化学工程与工艺专业国家级一流本科专业建设成果教材。本书坚持"守正创新""立德树人"的教育理念，以夯实理论基础、面向工程应用、引导科学思维、启发创新意识为编写原则。在叙述中由浅入深，注重知识点之间的逻辑关系，同时注重与先修课程物理化学和后续课程分离工程等的衔接，力争做到化繁为简。为适用于应用型人才培养，本书主要具备以下特点。

　　（1）主线清晰。本书以能量和物质为两条主线，分析能量和物质有效利用极限，科学指导节能减排，为实现我国"碳达峰"和"碳中和"目标提供理论基础。

　　（2）内容精练。本着少而精的原则，围绕能量和物质的有效利用，本书共设置7章内容，各章节内容均进行仔细推敲和甄选，力争帮助学生掌握化工热力学的基本概念、基本理论和基本方法，配备一定的例题，并且在章末设置填空、选择、判断和解答题等多个类型的习题，帮助学生举一反三，实用性强。

　　（3）学习方法创新。本书将两千年前老子的"大道至简"和五百年前王阳明的"知行合一"的朴素哲学思想与化工热力学的专业知识相融合，将各章知识点总结为"至简公式"列于章末的本章小结部分，融汇知识点与学习方法，为学生化繁为简。

　　（4）配套计算软件。化工热力学概念抽象，公式复杂，理论性强，学习难度大。本书配套开发了 ChemEngThermCal 计算软件，可实现纯物质和混合物的状态方程计算和汽液平衡计算等（微信扫描本书前言所附二维码可免费下载使用）。"轻推导、重应用"的教学理念，让学生的注意力回归到基本概念，并指导学生利用计算机技术解决工程应用问题。

　　（5）强化课程思政。本书注重凝练专业课程中的思政元素，每章末设置延伸内容帮助学生树立正确的专业思想，具备家国情怀和国际视野，将立德树人和知识传授相结合，培养学生践行社会主义核心价值观。

全书共 7 章。第 1 章为绪论，第 2 章介绍流体的 p-V-T 关系和状态方程，是化工过程的基石，也是后续各章内容的基础。第 3 章是纯流体热力学性质焓和熵的计算，为第 4 章化工过程能量分析提供基础。第 5 章是动力循环与制冷循环。通过第 2～5 章能量线的学习，学生能够运用热力学原理分析典型化工过程的能量利用情况，提出改进措施，科学指导节能。第 6 章是溶液热力学性质的计算，第 7 章是相平衡热力学。这两章建立在第 2、3章的基础上，用于指导传质分离过程，主要围绕汽液平衡设计计算展开，实现物质的最大化回收，从而达到减排的目的。

本书第 1、2、5、6 章由武汉工程大学邮电与信息工程学院向丽编写，第 3、7 章由武汉工程大学化工与制药学院闫志国编写，第 4 章由中南民族大学化学与材料科学学院金士威编写。南卫理公会大学（Southern Methodist University）宋子林博士、武汉工程大学化工与制药学院闫志国教授和宣爱国教授等为本书开发了配套计算软件。全书由武汉工程大学化工与制药学院宣爱国教授主审。

在本书的编写过程中，得到了武汉工程大学化工与制药学院教师田琦峰、刘安昌、史利娟、黄玲、戴亚芬、汪淼、宋文静、杨犁和杨小俊的帮助；也得到了中南民族大学化学与材料科学学院洪景萍教授的帮助；此外，武汉工程大学邮电与信息工程学院化学工程与工艺专业本科生林阳、黄宇琛和万丽娇等参与了部分勘误工作。同时，还得到了武汉工程大学绿色化工过程教育部重点实验室的支持及教务处教材建设经费资助。在此一并表示深深的感谢！

为了方便教师教学，凡是选用本书作为教材的学校，可联系编者获取以下电子版资料：《化工热力学》教学大纲、多媒体课件、配套计算软件及课后习题答案等，联系邮箱：92000086@wit.edu.cn。

由于编者水平有限，书中难免存在不妥之处，衷心希望读者给予批评指正，以便进一步修订完善。

编者
2022 年 8 月

微信扫描二维码
获取本书配套计算软件

目录

第4章　化工过程能量分析　/ 068

第5章　动力循环与制冷循环　/ 115

第6章　溶液热力学性质的计算　/ 152

第7章　相平衡热力学　/ 201

附录 / 233

主要符号说明 / 255

参考文献 / 256

第 1 章

绪 论

当前，节能减排已成为全球的共识。2020 年我国政府提出优化产业布局和能源结构，力争于 2030 年前达到二氧化碳排放峰值，并努力争取 2060 年前实现碳中和。那么如何才能完成"碳达峰"和"碳中和"的"双碳"目标呢？作为化学工程师，我们能为之做些什么？人类的一切生产消费活动都伴随着能源的耗费和熵的增加。从本质上看，节能减排是一个抑制熵增的过程。化工热力学的根本任务是利用热力学定律指导能量和物质的有效利用，降低生产能耗，减少污染物排放，减缓熵增，实现节能减排。

1.1 化工热力学的产生

人类最早接触的自然现象之一就是热现象。从远古的钻木取火到 13 世纪中叶用火药燃烧向后喷气来加速箭支的飞行，再到如今的经典热力学完整理论，经历了漫长的发展过程。随着对热的认识的不断积累，人们在近 300 多年从观察和实验中得出来热现象的规律，构成热现象的宏观理论，并称之为热力学（thermodynamics）。在英语中，"热力学"一词表示的是热和力之间的关系，意味着热能与机械能的相互转换，也反映了热力学起源于对热机的研究。从 18 世纪末到 19 世纪初开始，随着蒸汽机在生产中的广泛使用，如何提高蒸汽机的效率以及制造性能更好的热机成为重要的研究课题。19 世纪中叶，人们把热机生产实践和实验结果提高到理论的高度，确立了关于能量转化与守恒的热力学第一定律和关于热机效率的热力学第二定律，由这两个定律在逻辑和数学上的发展，形成了物理学中热力学部分。热力学理论的基础是热力学基本定律、热力学函数以及其他基本概念。

1593 年，意大利物理学家伽利略（Galileo）根据空气受热膨胀的原理发明了第一支空气温度计，实现了对热的量度——**温度**的测量。1654 年，伽利略的学生斐迪南（Ferdinand）经过对各种液体的试验之后，研制出了世界上第一支酒精温度计。1659 年，法国天文学家布里奥（Boulliau）利用水银沸点较高的特性，制成水银温度计。随着水银温度计的研制和改良，1724 年，荷兰物理学家华伦海特（Fahrenheit）把一定浓度的盐水凝固时的温度定为 0 ℉，把纯水凝固时的温度定为 32 ℉，把标准大气压下水沸腾的温度定为 212 ℉，用℉代表华氏温度，创立华氏温标。1742 年，瑞典天文学家摄尔修斯（Anders Celsius）提出以水沸点为 100℃、以冰点为 0℃ 作为温标的两个固定点，创立摄氏温标。温度的精确测量的实现使得对物质热性质的定量研究成为可能。

在相当长的时间内，人们对热的本质的认识是朦胧的，甚至混淆热和温度的概念。对于热的本质，最为流行的两种说法为"燃素说"和"热质说"。"燃素说"认为火是由无数细小而活泼的微粒构成的物质实体，由这种火微粒构成的火的元素就是"燃素"。1772 年，法国化学家拉瓦锡（Lavoisier）关于红磷燃烧的钟罩实验粉碎了"燃素说"。"热质说"认为热是一种自相排斥的、无重量的流质，它不生不灭，可透入一切物体之中。"热质说"影响巨大，拉瓦锡、道尔顿（Dalton）和卡诺（Carnot）等许多科学家在此基础上取得了丰硕的研究成果。但"热质说"无法解释摩擦生热等现象，在摩擦生热中，并没有热质流入和流出，可温度偏偏提高了。直到 1842 年，德国医生 J. R. 迈尔（Julius Robert Mayer）受病人血液颜色在热带和欧洲的差异及海水温度与暴风雨的启发，首次发表论文提出**热是能量的一种形式**，可以与机械能相互转换，但总的能量保持不变。1847 年，德国物理学家和生物学家亥姆霍兹

（Helmholtz）发表了论文《论力的守恒》，论证了能量转换和守恒定律。1843～1850年，英国酿酒商 J. P. 焦耳（James Prescott Joule）以多种实验方法测定了热功当量值，明确了热是能量的一种形式，它只能在物体之间交换能量的过程中出现。在此基础上，发现与建立了**热力学第一定律**。

热力学第二定律的建立和热机工作原理的分析紧密相联。18世纪初，蒸汽机的出现及广泛应用推动了对热机的理论研究。1824年，法国陆军工程师卡诺发表了《关于火的动力研究》的论文。他通过对自己构想的理想热机的分析得出了结论——卡诺定理，确定了热机最高效率的概念。1834年，法国工程师克拉佩龙（Clapeyron）把卡诺循环以解析图的形式表示出来，并用卡诺原理研究了汽液平衡，导出了克拉佩龙方程。根据热力学第一定律，热和功可以按当量转化，而依据卡诺原理热却不能全部变为功，当时不少人认为二者之间存在着根本性的矛盾。1850年，德国物理学家克劳修斯（Clausius）根据热传导总是从高温到低温而不能反之进行这一事实，进一步研究了热力学第一定律和克拉佩龙转述的卡诺原理，发现二者并不矛盾。他指出，热不可能独自地、不付任何代价地从冷物体转向热物体，并将这个结论称为**热力学第二定律**。克劳修斯在1854年给出了热力学第二定律的数学表达式，并于1865年提出"熵"的概念。1851年，英国物理学家开尔文（Kelvin）也独立地从卡诺的工作中发现了热力学第二定律，并对第二定律作了另一种表述。他指出不可能从单一热源取热使之完全变为有用功而不产生其他影响。1853年，他把能量转化与物系的热力学能联系起来，给出了热力学第一定律的数学表达式。热力学第一定律和第二定律奠定了热力学的理论基础。

两个热力学基本定律建立之后，将热力学基本定律应用于实际过程中，又提出了反映物质特性的热力学函数，确定了热力学函数与各种物质性质之间的关系，进一步研究不同物质在相变和化学变化中所遵循的具体规律等。1875年，美国耶鲁大学数学物理学教授吉布斯（Gibbs）发表了论文《论多相物质之平衡》。他在熵函数的基础上引出了平衡的判据，提出热力学势的重要概念，用以处理多组分的多相平衡问题；导出相律，得到一般条件下多相平衡的规律。1906年，德国物理化学家能斯特（Nernst）根据低温下化学反应的大量实验事实归纳出了新的规律，并于1912年将之表述为"如果反应在绝对零度时在纯粹的结晶固体之间发生，那么熵就没有变化"。即绝对零度不能达到的原理，亦即**热力学第三定律**。热力学第三定律的建立使经典热力学理论更趋完善。

1901年和1907年，美国化学家路易斯（Lewis）先后提出了**逸度和活度**的概念，对于真实体系用逸度代替压力，用活度代替浓度。这样，原来根据理想条件推导的热力学关系式便可推广用于真实体系。

1939年，英国物理学家拉尔夫·福勒（Ralph Fowler）正式提出**热力学第零定律**，表述为"若两个热力学系统均与第三个系统处于热平衡状态，此两个系统也必互相处于热平衡"。热力学第零定律比起其他任何定律更为基本，但直到20世纪30年代前科学家一直都未察觉到有需要把这种现象以定律的形式表达。热力学第零定律的提出比热力学第一定律和热力学第二定律晚了80余年，但它是其他三个热力学定律的基础，所以叫做热力学第零定律。

至此，经典热力学建立起完整的理论体系。

热力学最初只是研究热、机械能和功等能量及其转换的科学，指导了热机效率的提高，促进了工业革命的发展。然而，热力学基本定律反映了自然界的客观规律，以这些定律为基础经过演绎、逻辑推理得到的热力学关系与结论，具有高度的普遍性、可靠性和实用性。热力学逐步扩充到化学、动力工程、化学工程、生物工程、环境工程和材料学等领域中，并交叉发展，形成新的学科分支。热力学与化学相结合，形成了化学热力学，其主要内容包含热化学、相平衡和化学平衡的理论。热力学与动力工程相结合，形成了工程热力学，不仅讨论能量转换规律，还结合锅炉、汽轮机、压缩机、内燃机、燃气轮机和冷冻机等设备，讨论工艺条件和工作介质热功转换之间的定量关系，探讨提高能量转换效率的措施。

热力学与化工相结合，形成了化工热力学。化工热力学以化学热力学和工程热力学为基础，包括化学热力学的各项主要内容，强化了对组成变化规律的讨论；能计算各种条件下平衡组成，解决相平衡问题；要更严格计算产物与反应物在各种条件下的化学平衡组成。此外，化工生产能耗非常大，涉及的工质复杂，更需要研究能量的有效利用，建立适合化工过程的热力学分析方法。

1.2　化工热力学的研究内容

由物理化学可知，要进行过程热力学分析和平衡研究需要用到与能量有关的函数热力学能、焓、熵、Helmholtz 自由能、Gibbs 自由能等，它们也是流体热力学性质的重要组成部分。这些热力学性质通常不能直接实验测量，因而需要通过可测的热力学性质（压力、温度和体积等）建立数学模型进行推算，以化繁为简。此外，化工生产过程中涉及的物系通常并非理想体系，因而引入了逸度系数和活度系数描述真实气体和真实溶液行为。热力学中常用的两类模型即为反映流体压力、温度和体积之间关系的状态方程模型和反映真实溶液行为的活度系数模型。

化工热力学就是采用经典热力学原理，结合反映系统特征的模型，解决化工过程中热力学性质的计算和预测、能量的有效利用、相平衡和化学平衡的计算等实际问题。本书内容分为**能量和物质两条主线**，对应于**节能和减排**，均以可测的 p-V-T 数据为基础：

能量线的目的是指导能量的有效利用。第 2 章即介绍流体的 p-V-T 关系与状态方程，通过 p-V-T 实验数据建立状态方程模型，便于数据的推导和延伸。第 3 章通过热力学基本关系式和 Maxwell 关系式建立可测量与难测量之间的关系，实现纯流体焓和熵的计算。第 4章即利用焓、熵等数据对化工过程进行能量分析，在热力学第一、第二定律的基础上，采用不同的方法层层递进，分析过程用能的薄弱环节，科学指导**节能**。第 5 章利用能量分析方法针对化工过程中常用的动力循环和制冷循环分析用能效率，提出改进措施。

物质线的目的是指导物质的有效利用。第 2 章和第 3 章解决了纯流体和真实气相混合物的热力学性质计算，在此基础上，第 6 章通过引入逸度系数和活度系数解决真实溶液的热力学性质计算。第 7 章相平衡热力学用于指导传质分离过程，主要围绕着汽液平衡设计计算展开，实现物质的最大化回收，从而达到**减排**的目的。

1.3　化工热力学的研究方法

热力学研究方法有宏观和微观两种。以宏观方法研究平衡态体系的热力学行为称为经典热力学，讨论具体对象的宏观性质，所得到的结论具有统计意义，不适于个别分子的个体行为，不考虑物质的微观结构和反应进行的机理；用微观观点与统计方法研究热力学规律，称为统计热力学或分子热力学。经典热力学与分子热力学是关系密切而又各自独立的两门学科。在热力学现象的研究上，它们能起到相辅相成的作用。

实际上，一定条件下大量粒子的群体行为或宏观性质如温度、压力、焓和熵等状态函数就是物质内部粒子微观运动状态的统计平均值。对于同一个体系，这两种不同的研究方法得出相同的结论。经典热力学得出的是可靠的结果，能检验微观理论的正确性，统计热力学分析可从微观上作出解释，使宏观理论获得物理意义。为便于工程应用，本书主要着眼于经典热力学。

从热力学基本定律出发，建立宏观性质间普遍关系所采用的方法有状态函数法、演绎法及理想化加校正的方法。这些方法根本上都是为了使**复杂抽象的热力学问题简单化**。

1.3.1 状态函数法

状态函数法是热力学的独特方法。关于过程的能量转换分析和过程方向、限度判定这两方面的问题，热力学都是以状态函数（宏观性质）关联式的形式给出答案的。例如过程量热与功难以计算，可通过热力学第一定律表达式（封闭体系：$\Delta U = Q + W$，敞开体系：$\Delta H = Q + W_s$）将特定条件下的功或热与某状态函数的变化联系起来。又如：$\Delta S_{孤立体系}$ $\begin{cases} > 0 & 自发过程 \\ = 0 & 平衡过程 \end{cases}$，$\Delta G_{T,p} \begin{cases} < 0 & 自发过程 \\ = 0 & 平衡过程 \end{cases}$ 等判据，都是将过程的方向和限度与系统的初终态状态函数变化的比较联系起来。

状态函数方法还为解决一些实际问题提供了简便的方法。因为状态函数的变化只与系统的初终态有关，与过程进行的途径无关。因此，就可以利用物质的热力学性质数据，计算一些实际难测而需要的数据，如化学反应的热效应与反应平衡等。也可以对不可逆过程的状态函数变化，按易于计算的可逆过程状态函数变化进行，如对过程不可逆程度的计算等。

状态函数法是以热力学第一、二定律为基础的热力学理论的基础方法。热力学第一定律、第二定律、第三定律和第零定律都是实践的总结，由这四个定律抽象出热力学能、熵、温度三个基本的状态函数，是人们对客观规律认识的较高层次。它们之所以成为热力学的基础，就在于它们都是状态函数。它们的微分是全微分，其变化值限定在指定的初、终态间，并与所取途径无关。热和功虽然也是热力学中讨论能量转换时的重要物理量，但其大小与过程经历的具体途径密切相关，实际过程中通常将其转化为状态函数的变化量进行求解，从而化繁为简。

1.3.2 演绎法

演绎法是化工热力学理论体系的基本科学方法。演绎法的核心是以热力学定律作为公理，将它们应用于物理化学系统中的相变化和化学变化等过程，通过严密的逻辑推理，得出许多必然性的结论。采用以多元函数微分为主要工具的函数演绎方法决定了化工热力学的数学公式复杂，概念抽象。演绎法的特点是可从局部的实验数据加半经验模型来推算系统完整的信息；可从常温、常压的物性数据来推算高温、高压或极低温等苛刻条件下的性质；可从容易测定的物性数据来推算较难测定或不可测量的数据；可从纯物质的性质利用混合规则求取混合物的性质，并利用热力学原理对实验数据进行检验，作出评价和筛选。显然，演绎法的特点可为化工热力学化繁为简。

1.3.3　理想化加校正的方法

理想化方法是热力学的重要方法，包括系统状态变化过程的理想化和理想化的模型。

化工热力学演绎推理中引入了两个理想化模型：理想气体和理想溶液。引入的目的不是用来解释体系的性质，而是在一定条件下代替真实体系，以保证热力学演绎推理的简捷易行和目的明确。在理想条件下得到的许多结论可作为某些特定条件下实际问题的近似处理。如在高温、低压下将气体视为理想气体来计算它们的状态函数变化。引入理想体系的意义还在于对实际体系性质的研究建立纽带和桥梁。例如实际体系的逸度、活度概念就是基于化繁为简的思想在理想体系化学势表达式的基础上引入的，从而引出逸度系数 ($\hat{\varphi}_i^V$) 和活度系数 (γ_i) 校正真实气体和真实溶液对理想气体和理想溶液的偏差。

体系状态变化过程的理想化的基础是可逆过程的概念。可逆过程的基本特点是：在同样的条件下其正向、逆向过程都能任意进行，而且当逆向进行时，体系和环境在过程中每一步的状态都是正向进行时状态的重演。客观世界并不存在可逆过程，它是一种科学的抽象，实际过程只能无限趋近可逆过程。但可逆过程概念很重要，可从两方面来说明。

从理论意义上讲，正是为了研究自发不可逆过程的规律性，才引入可逆过程。1824 年，卡诺将"理想过程"的概念引入热机研究中，从而导出可逆热机效率 η_C 最大，即 $\eta_C = 1 - T_L/T_H$。1865 年，克劳修斯在此基础上引入了熵概念，并定义 $dS = \delta Q_R/T$，建立克劳修斯不等式 $dS \geqslant \delta Q/T$，进而建立了熵判据 $\Delta S \geqslant 0$，意义就是指出自发过程的规律。另一方面，只有在可逆过程中，才能将功和热两个过程变量，用体系的状态函数表示，如可逆热 $\delta Q_R = TdS$，可逆体积功 $\delta W_P = -pdV$ 等。这些关系对推演热力学性质的关联式是至关重要的。从应用意义上讲，可逆过程效率最高，可逆过程中可产出最大功或消耗最小功。这样将实际过程与可逆过程比较，可以确定提高实际过程效率的限度和可能性。

同学们今后在处理工作和生活中遇到的错综复杂问题时也可借鉴这种理想化方法加校正的方法，将复杂问题简单化。

1.4　化工热力学的学习方法

化工热力学是一门培养节能减排意识的课程；是一门训练逻辑思维和演绎能力的课程；同时也是一门概念抽象、公式复杂、难以理解的课程。如何才能学好化工热力学？同学们可遵循以下几条建议。

① 复习物理化学中热力学相关内容。

② 抓住课程的两条主线：能量和物质的有效利用，建立各知识点的联系。

③ 掌握化工热力学处理问题的方法，学会将复杂问题简单化。

④ 从应用的角度理解热力学中抽象但严谨的概念。

⑤ 化工热力学与生产生活息息相关，因而要结合日常生产生活勤思考、多应用。

⑥ 构建专业知识框架，将化工热力学与其他专业课程（如化工原理、分离工程、反应工程、化工设计和化工过程模拟等）联系起来学习和理解。

⑦ 工程计算中注意使用统一的参考态，并注意单位的换算，常用单位换算表见附录1。

⑧ 独立完成课后习题，并尝试利用计算软件解决复杂计算问题。

⑨ 充分利用参考书和在线资源辅助学习。

⑩ 建议在后续每一章的学习后再看一遍本章（绪论）内容，一定会有新的收获。

 **专业认知教育**

重塑专业认知，树立责任意识，激发学习动力

化学工程的主要目标就是把化学家实验室的成果进行规模化生产，它为人们的衣、食、住、行作出了杰出的贡献。如青霉素、阿司匹林和青蒿素等药品的发明和量产拯救了无数生命；肥料尤其是合成氨工业带动的新肥料改进了农业的生产力并帮助养活了全世界；合成橡胶在二战期间及时解救了天然橡胶匮乏的困境；原油的催化裂解、核同位素的分离等，化学工程中诸多伟大的发明和成就改变了世界格局，也为人类生活提供了便利。

化学工业在国民经济生产和人们社会生活中扮演的角色越来越重要，而化工专业的毕业生任职于化工、能源、轻工、制药、冶金、环保和军工等许多重要部门。"化工热力学"是以物理化学为基础由化学热力学和工程热力学组合而成的一门学科，在化工生产以及化工过程的开发设计中有重要的意义。它不但为化工过程各环节提供理论分析的依据，而且建立了有效的计算方法，成为化学工程学的重要组成部分。化工热力学这门课程的目标是使学生学会使用经典热力学原理来解决化工生产中的工程实际问题。它以热力学第一、第二定律为基础，研究化工过程中各种能量的相互转化及其有效利用，深刻阐述各种物理和化学变化过程达到平衡时的理论极限、条件和状态，实现能量与物质利用的最大化。

全世界不可再生化石燃料的消耗在总能源消耗中占比高达90%。中国能源的50%需要通过进口，而中国人均能源消耗不到世均水平的50%，且能源利用率仅仅是世均水平的50%，其中化工行业属于耗能大户。合理利用能源、保护生态环境关系到社会的可持续发展，节能减排是全面贯彻落实科学发展观，促进经济又好又快发展的基本要求，也是应对全球气候和环境变化的迫切要求。随着工业化、城镇化进程的加快和消费结构的持续升级，我国能源刚性需求增长，资源环境问题仍是制约我国经济社会发展的瓶颈之一，"节能减排"依然形势严峻、任务艰巨。化工热力学课程教学中注重培养学生"节能减排"意识，这是培养创新型人才、促进企业发展的必然选择。正确的"节能减排"意识，即从科学的层面节能减排，可以有效减缓资源和能量的耗散速度。

化工行业与能源密不可分，化工产品的生产需要消耗大量能源，且目前化工生产中能源浪费、能源利用效率低、污染严重等问题普遍存在，严重影响着化工行业的可持续发展。为了解决这些问题，绿色化工应运而生。绿色化工指的是在化工产品生产过程中，从工艺源头上就运用环保的理念，推行能源消减、进行生产过程的优化集成，废物再利用与资源化，从而降低成本与消耗，减少废弃物的排放和毒性，减少产品全生命周期对环境的不良影响。绿色化工的兴起，使化学工业环境污染的治理，由先污染后治理转向从源头上根治环境污染。化工企业需要采用节能减排技术在生产的各个环节中提高能源重复利用率、减少浪费、降低污染。其中，对生产过程中释放出来的可被利用热量（余热）进行回收和利用对于化工企业的生存和发展有重要意义。例如，目前热泵管技术在化工行业中得到了广泛的认可和使用，能够切实有效地提高余热的回收利用率。此外，化工企业要走可持续发展道路，实现绿色发展、循环发展，不能依靠末端治理，必须采用清洁生产技术，在生产过程中减少污染物的生成。

化工热力学作为一门基础学科，是科技发展和社会进步的基石，在化学工程领域的重要地位是不可撼动的。化工热力学课程的最大特点是严谨，能有效培养学生推理、演绎能力。化工热力学课程的任务之一就是培养学生合理利用能源、有效利用资源的观念。将资源和能源有效利用分析与国家可持续发展相联系，不仅有助于学生更好地从理论层面上理解科学发展观，还可以重塑学生对化工类专业的认知，激发学生的学习动力、责任意识和家国情怀，激发学生利用专业知识进行创新创造。

习题

1-1 何为热力学？它有哪些分支学科？何为化学热力学和工程热力学？它们与化工热力学有何联系？

1-2 化工热力学在化学工程与工艺专业知识框架中居于什么位置？

1-3 化工热力学有些什么实际应用？请举例说明。

1-4 化工热力学能为目前全世界提倡的"节能减排"做些什么？如何实现我国"碳达峰"和"碳中和"目标？

1-5 化工热力学的研究内容和研究方法是什么？

第 2 章

流体的 p-V-T 关系和状态方程

引言

物质的状态及性质与其温度、压力密切相关。如在极高温高压下，世界上最软的物质石墨能变成世界上最硬的物质金刚石；在常压下，空气在 -192℃时会变成液体，-213℃时则变成了坚硬的淡蓝色固体。随着温度、压力的变化，物质的热力学性质及传递性质等也将发生很大的变化。在化工过程中涉及的物质多数是气体和液体等流体，因此研究流体的压力 p、体积 V 和温度 T 关系在化工过程的分析、研究与设计中具有非常重要的意义，其在流体热力学性质计算中具有非常重要的作用。

首先，可以通过流体 p-V-T 的定量关系实现流体的 p-V-T 三者之间互算。如已知某个储罐的温度和体积可以计算其承受的压力；已知某个反应的温度和压力，可以计算该反应器的体积；在流体流动过程中，可以计算一定质量流速的流体需要的管道直径等。虽然可以通过实验测定一定条件下的 p-V-T 数据，但对于其定量关系及连续性方程的研究同样具有重要的意义。测定 p-V-T 数据的实验工作是一项高成本的工作，特别是在高温高压等苛刻条件下的实验，技术难度高且具有危险性，并且目前存在的化合物种类繁多，混合物更是不计其数，不可能完全依赖实验测定。

此外，流体的 p-V-T 数据是可以通过实验直接测量的，而许多其他的热力学性质如热力学能 U、焓 H、熵 S 和 Gibbs 自由能 G 等都难以直接测量，它们需要利用流体的 p-V-T 数据和热力学基本方程进行推算。因此，流体 p-V-T 关系的另一个重要用途是用来计算其他热力学性质，如根据 p-V-T 关系研究一个过程的 H 和 S 等热力学性质的变化。另外，相平衡的研究也同样离不开流体的 p-V-T 关系。同时，利用 p-V-T 数据及热力学基本方程计算其他热力学性质时需要进行求导和积分计算，离散的数据不方便进行数学上的演绎推算，这就需要连续的方程来描述 p-V-T 关系。

综上，对流体 p-V-T 关系的研究和流体 p-V-T 状态方程的建立是十分基础且重要的工作，流体的状态方程是计算其他热力学性质最重要的模型之一。

本章是化工热力学的基础，学习内容和目的主要如下。

① 定性了解纯物质 p-V-T 行为。

② 掌握描述流体 p-V-T 关系的模型化方法，了解几种常用的状态方程，熟悉不同状态方程的计算方法和使用范围。

③ 掌握混合物 p-V-T 关系的处理方法，了解几种常用的状态方程对应的混合规则。

④ 状态方程的比较和选用，使人们能在缺乏实验数据的情况下，根据体系的特征选用合适的状态方程模型预测流体的 p-V-T 性质。

2.1 纯物质的 p-V-T 关系

2.1.1 纯物质的 p-V-T 相图

在了解流体 p-V-T 定量关系之前，有必要定性了解直观描述物态变化基本规律的纯物

质 p-V-T 相图，如图 2-1 所示。图 2-1 中曲面上固、液、汽（气）分别代表固体、液体、汽（气）体的单相区；固-液、固-气、液-气分别代表固-液、固-气、液-气（两相）共存区。液-气平衡线上最高点为临界点，它对应的温度、压力和摩尔体积分别称为临界温度 T_c、临界压力 p_c 和临界体积 V_c。

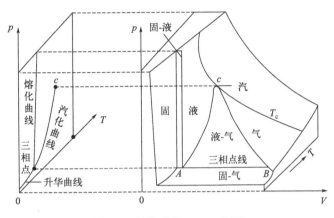

图 2-1　纯物质的 p-V-T 相图

在实际使用时三维图较难构成和理解，为将**复杂问题简单化**，往往通过固定其中一个变量，构造剩余两个变量的二维投影图，如 T-V 图、p-V 图和 p-T 图，以使 p-V-T 关系一目了然。

2.1.2 T-V 图

当压力恒定时，可通过实验来了解比较容易理解的 T-V 图，置于活塞缸内的水在 101.3kPa 的恒压条件下被持续加热。从状态 1 到状态 5，温度在上升，体积在不断变大，水的状态变化如图 2-2 所示，该过程用热力学相图表达即为 T-V 图，如图 2-3 所示。如果在不同压力下重复图 2-3 的相变过程，则可得到一系列如图 2-4 所示的 T-V 曲线，它们的形状是相似的。但随着压力变大，水的沸点升高，如 1MPa 下水的沸点为 179.9℃；水的临界压力为 22.05MPa，对应的沸点即临界温度为 374.15℃（每一给定压力下有一对应的沸点，当压

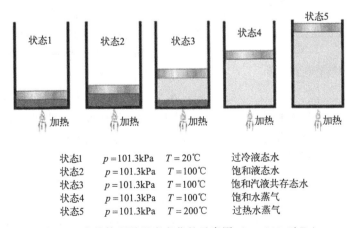

状态1	p=101.3kPa	T=20℃	过冷液态水
状态2	p=101.3kPa	T=100℃	饱和液态水
状态3	p=101.3kPa	T=100℃	饱和汽液共存态水
状态4	p=101.3kPa	T=100℃	饱和水蒸气
状态5	p=101.3kPa	T=200℃	过热水蒸气

图 2-2　水的体积随温度变化的示意图（p=101.3kPa）

力为 101.3kPa 时的沸点为正常沸点）。此外，压力越大，饱和液体摩尔体积越大，饱和蒸汽的摩尔体积越小。将图 2-4 中不同压力下的饱和液相点和饱和汽相点连接起来即形成一个拱圆顶曲线。该曲线最高点即临界点，临界点左边曲线为饱和液相线，右边曲线为饱和汽相线。

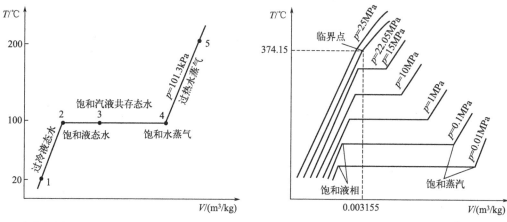

图 2-3　水在恒压（$p=101.3$kPa）下受热过程的 T-V 图　　　图 2-4　水在不同压力下的 T-V 图

2.1.3　p-V 图

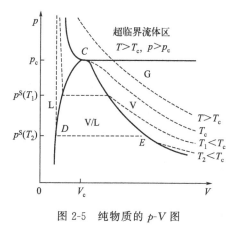

图 2-5　纯物质的 p-V 图

在恒定的温度下研究压力与体积之间的关系，可在 p-V 图绘制出恒温线，纯物质的 p-V 图见图 2-5。p-V 图与 T-V 图形状非常相似，但恒温线的趋势是向下的，工程上应用得最多的二维相图就是 p-V 图，必须清楚 p-V 图上重要的点、线、面的含义。

图 2-5 中点 C 为临界点，过临界点的等温线为临界等温线；大于临界温度的等温线（恒 T 线）和相界线不相交，曲线比较平滑，接近于双曲线；而小于临界温度的等温线（恒 T_1 线和恒 T_2 线）呈三部分，其中水平段（如 DE）表示饱和蒸气（蒸汽）和饱和液相呈平衡，水平段等温线对应的压力是该温度下的汽液平衡压力，即饱和蒸气压 p^s，水平线上各点代表不同含量的汽液平衡共存状态流体。曲线 DC 为饱和液相线（泡点线），曲线 EC 为饱和汽相线（露点线），曲线 DCE 下面包围的区域为汽、液两相平衡共存区，DC 线左边是液相区（过冷液体区、压缩液体区），EC 线右边是汽相区［过热蒸气（蒸汽）区］，当温度足够高时，可称为气体区。由于压力对液体体积变化的影响很小，液相区等温线的斜率很大，线很陡。在两相区中水平段等温线的长度随着温度的增高而缩短，到临界点时缩为一点。

由图 2-5 可知，**临界点**是汽液相互转化的极限，p_c 和 T_c 是纯物质能够呈现汽液平衡时的最高压力和最高温度。临界温度 T_c 是过程安全最重要的、最普遍的基本概念之一，它是物质在低温或超低温条件下是否发生相变的决定性条件。物质在低于 T_c 条件下才能被液化，如常见的氮气，其 $p_c=3.394\mathrm{MPa}$，$T_c=-146.95℃$，其液化的先决条件是温度必须降到 $-146.95℃$ 以下，否则无论施加多大的压力都不可能使之液化。许多爆炸事故是处于密闭金属容器中的液态介质在高于 T_c 条件下急剧汽化造成压力飙升使容器超压导致的。

温度为临界温度的等温线在临界点处出现水平拐点，该点的斜率（一阶导数）和曲率（二阶导数）都等于零。

$$\left(\frac{\partial p}{\partial V}\right)_{T=T_c}=0 \tag{2-1}$$

$$\left(\frac{\partial^2 p}{\partial V^2}\right)_{T=T_c}=0 \tag{2-2}$$

式（2-1）和式（2-2）提供了经典的临界点定义。流体在临界点的数学特征和临界参数在流体的立方型状态方程求参数时有重要的作用。

流体的临界参数是流体重要的基础数据，人们已经测定了大量纯物质的临界参数，在附录 2 中列出了一些重要物质的临界数据。当物质的 $T>T_c$、$p>p_c$ 时的区域称为超临界流体区。超临界流体的性质非常特殊，既不同于液体，又不同于气体。它的密度可接近于液体，但是有类似气体的体积可变性质和传递性质，可作为特殊的萃取溶剂和反应介质。现已开发出许多利用超临界流体区特殊性质的分离技术和反应技术。

2.1.4 p-T 图

图 2-6 为纯物质的 p-T 图，p-T 图最能表达 p、T 变化所引起的相态变化，三个相可以用三条曲线分开。图 2-6 中曲线 1-2 表示汽固平衡的升华曲线；曲线 2-3 表示固液平衡的熔化曲线；曲线 2-C 为表示汽液平衡的汽化曲线。这三条曲线分别表示两相共存的 p 和 T 条件，也是单相区的边界条件。三条两相平衡线相交于三相点 2，表示三相共存且处于平衡状态。根据相律，三条两相平衡曲线上自由度为 1，每个单相区自由度为 2，三相点处自由度 $F=C-\pi+2=1-3+2=0$，即每种物质只有唯一的三相点。

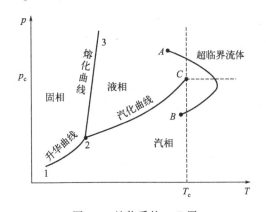

图 2-6 纯物质的 p-T 图

汽化线终止于临界点 C，温度和压力高于临界温度和临界压力的流体称为超临界流体。若物质从 A 点（液相状态）沿图中所示的曲线变化到 B 点（汽相状态），即从液相到汽相不穿过相界面，则这个过程是一个渐变的过程，没有明显的相变化，即不存在突发的相变。

【例 2-1】 根据下列甲烷、乙烷和正己烷的物理性质，可以得出家用液化石油气中的主要成分不可能是甲烷、乙烷和正己烷的结论。请问此结论是否正确？并说明原因。

物质	$T_c/℃$	p_c/MPa	$T_b/℃$	燃烧值/kJ·g^{-1}
甲烷	−82.55	4.600	−161.45	55.6
乙烷	32.18	4.884	−88.65	52.0
正己烷	234.4	2.969	68.75	48.4

解： 此结论正确。家用液化石油气要求在常温高压下可液化，在常温常压下可汽化。这三种气体均不满足条件，主要原因如下：

（1）虽然甲烷具有较高的燃烧值，但它的临界温度远低于常温，则甲烷在常温下始终呈气态，即使压力再高，也不能使其液化，因此不适合作为液化石油气成分。

（2）乙烷的 T_c 为 32.18℃，因此在除夏天以外的季节里可以压缩成液体，但一旦室温超过 32.18℃，液体汽化将导致钢瓶压力升高，一旦超过钢瓶设计压力会引起爆炸，因此乙烷不适合作为液化石油气成分。

（3）尽管正己烷的临界压力较低，但它的正常沸点 T_b 为 68.75℃，高于常温，即在常温不汽化，不能用于燃烧，因此正己烷不适合作为液化石油气成分。

2.2　纯流体的状态方程

前已述及，流体的 p-V-T 关系非常重要，而且对其定量的连续性方程的研究对于热力学具有非常重要的意义。通常描述流体 p-V-T 关系的函数式可表达为：

$$f(p, V, T) = 0 \tag{2-3}$$

对于纯流体单相体系，据相律 $F = C - \pi + 2 = 1 - 1 + 2 = 2$ 可知，其 p-V-T 性质中任意两个确定后，体系的状态也就确定了。故式（2-3）被称为**状态方程**（equation of state，简称 EOS），用来关联在平衡状态下纯流体的压力、摩尔体积和温度之间的关系。

对状态方程的研究已经延续了数百年，人们希望得到形式简单、计算方便、适用于不同极性及分子形状的化合物、计算各种热力学性质时均有较高精度的状态方程，但到目前为止，没有一个状态方程是普适的。因此，迄今人们仍在不懈地探索着。

对目前存在的状态方程可作如下分类：①理想气体状态方程；②立方型状态方程；③多常数状态方程；④普遍化状态方程；⑤理论型状态方程。其中，前四类方程是本书重点讨论的内容。它们是以工业应用为目标，在分析和探讨流体性质规律的基础上，结合一定的理论指导，由半经验的方法建立起来的 p-V-T 模型。模型中包含反映流体的特征的模型参数，方程中的模型参数越多，预测流体性质的准确性就越高，方程就越可靠。第五类状态方程是根据分子间的相互作用，用统计力学得到的。由于微观现象复杂，故在目前对此类方程的实际应用还不成熟，本书不作讨论。

2.2.1　理想气体状态方程

从 1662 年人类历史上第一个定律——波义耳定律的诞生，到 19 世纪中叶，法国科学家克拉佩龙综合波义耳定律和查理-盖吕萨克定律等，把描述气体状态的参数 p、V、T 归于一个方程，即理想气体状态方程：

$$pV=RT \tag{2-4}$$

式中，V 表示摩尔体积，本书中除特别指出，V 均表示摩尔体积；R 表示摩尔气体常数，其单位必须和 p、V、T 的单位相适应，其值可参见附录1。

理想气体有两个假设：分子间不存在相互作用力，分子本身的体积可忽略。这意味着无论温度多么低，压力多么高，都不可能使其液化，故理想气体是一种永久气体。严格地说，理想气体是不存在的，只有在极低的压力下，真实气体才接近理想气体，此时可以简化问题。

理想气体状态方程目前仍然有其重要价值：

① 在工程设计中，低压下可以用理想气体状态方程进行近似计算。

② 它可以作为衡量真实气体状态方程是否正确的标准之一，当 $p \rightarrow 0$ 或者 $V \rightarrow \infty$ 时，任何真实气体状态方程都应还原为理想气体状态方程。

③ 理想气体状态方程的计算值与真实值存在偏差，但在严格设计计算时，可以作为一个较好的初值。

④ 由于描述简易，理想气体状态常被作为真实流体的参考态，使问题大为简化。

【例 2-2】 将 1kmol 甲烷压缩储存于容积为 0.125m^3，温度为 323.16K 的钢瓶内。问此时甲烷产生的压力多大？试用理想气体状态方程计算，并与实验值 $1.875 \times 10^7\text{Pa}$ 作比较。

解：题设中甲烷的摩尔体积为：$V=V_{\text{总}}/n=0.125/1000=1.25 \times 10^{-4}\text{m}^3 \cdot \text{mol}^{-1}$

由理想气体状态方程：

$$p=\frac{RT}{V}=\frac{8.314 \times 323.16}{1.25 \times 10^{-4}}=2.149 \times 10^7\text{Pa}$$

误差为：$\dfrac{2.149 \times 10^7-1.875 \times 10^7}{1.875 \times 10^7} \times 100\%=14.61\%$

由计算结果可知，在高压条件下，理想气体状态方程的误差不能忽略。

2.2.2 立方型状态方程

显然真实气体是不符合理想气体行为的，所以有必要建立真实气体状态方程。立方型状态方程是指一类以摩尔体积的三次方表示的多项式方程。这类方程形式简单、计算方便、准确度较高，广泛用于化工设计计算，还常作为状态方程进一步改进的基础。

2.2.2.1 van der Waals（vdW）方程（1873 年）

由经验可知，真正的气体并非像理想气体那样，在足够低的温度和足够高的压力下，任何气体都会凝结成相对而言不能再压缩的液体或固体。此时，分子总体积有一定的大小，相对于容器的体积不一定小到可以忽略。而且分子之间的距离较小，一定存在某种引力让它们在低温时会捆绑在一起成为凝结的形态。那么，要将理想气体状态方程修正到符合一般的真实流体，就需要考虑到真实流体分子自身的体积以及它们之间的引力关系。

在定性的基础上，可以简单地认为气体可以自由行动的体积等于容积 V 减掉其分子的实际体积 b（有时称为分子的"协体积"或称斥力参数），理想气体状态方程式可以改写为克劳修斯状态方程：

$$p(V-b)=RT \tag{2-5}$$

考虑分子间的引力时，情况更加复杂。一个远离器壁处在气体中心位置的分子，将在各个方向都"看"到相同数目的分子，因此，在各个方向的引力大小可视为相同，彼此平衡的结果，在分子自身的净作用力为零。当一个分子"靠近"器壁时，则会"看"到背后的分子多于它前面的分子，于是它自身的净力要把它拉回到气体中心，撞向器壁的速度就会减缓。因为压力来自分子与器壁间的动量转移，这就表示，分子间有引力的气体的压力要比没引力的小，这之间的压力差与气体密度的平方成正比，而密度与体积成反比。所以，修正过的压力 p' 可以表示成：

$$p'=p+\frac{a}{V^2} \tag{2-6}$$

式中，a 为物性常数，称为引力参数。将分子自身体积和分子间引力同时对理想气体状态方程 $pV=RT$ 进行修正，可得：

$$\left(p+\frac{a}{V^2}\right)(V-b)=RT \tag{2-7}$$

这就是由荷兰莱顿大学 van der Waals（范德华）于 1873 年提出的 van der Waals 方程（简称 vdW 方程），是第一个实用的立方型状态方程。将 vdW 方程写成压力的显函数形式：

$$p=\frac{RT}{V-b}-\frac{a}{V^2} \tag{2-8}$$

其中，引力参数 a 和斥力参数 b 只与流体物性有关，与 p、V、T 无关。当 a、b 为 0 时，方程则还原为理想气体状态方程。a、b 既可以从流体的 p、V、T 实验数据拟合得到，也可以由反映物质特性的临界参数 T_c、p_c、V_c 来确定。具体方法是利用临界等温线在临界点出现水平拐点的数学特征公式（2-1）和式（2-2），对式（2-8）求关于摩尔体积 V 的一阶和二阶偏导数，并在 $T=T_c$、$p=p_c$、$V=V_c$ 的条件下令其为 0 得到两个方程，解方程即可得到以 T_c 和 p_c 表达的参数 a、b。

$$a=\frac{27}{64}\times\frac{R^2T_c^2}{p_c} \tag{2-9a}$$

$$b=\frac{1}{8}\times\frac{RT_c}{p_c} \tag{2-9b}$$

vdW 方程是第一个适用于实际气体的状态方程，但准确度不高，其临界压缩因子 $Z_c=0.375$，与大多数流体的 Z_c 值（约为 $0.23\sim0.29$）偏差较大。Z_c 的值与方程的形式有关，它与实际测定值之间的偏差程度是衡量状态方程优劣的标志之一。尽管如此，vdW 方程建立方程时的理论和方法对立方型状态方程的发展具有里程碑意义，并且它对于对比态原理的提出也具有重大的贡献。van der Waals 本人也因为提出该方程而获得 1910 年的诺贝尔物理学奖。在 vdW 方程的基础上，后来又衍生出许多有实用价值的立方型状态方程，如 RK 方程、SRK 方程和 PR 方程等。

2.2.2.2　Redlich-Kwong（RK）方程（1949 年）

在 vdW 方程之后，又出现了上百个在它基础上改进的立方型状态方程。其中 1949 年由 Redlich 和 Kwong 提出的 Redlich-Kwong 方程（简称 RK 方程）是目前公认的最准确的双参数气体状态方程，其形式为：

$$p = \frac{RT}{V-b} - \frac{a}{T^{0.5}V(V+b)} \tag{2-10}$$

式中，参数 a、b 同样只与流体物性有关，可采用类似 vdW 方程的方法得到。

$$a = 0.42748 \frac{R^2 T_c^{2.5}}{p_c} \tag{2-11a}$$

$$b = 0.08664 \frac{RT_c}{p_c} \tag{2-11b}$$

RK 方程的 $Z_c = 1/3$，其计算准确度比 vdW 方程有较大的提高，能成功地用于气相 p、V、T 的计算，对非极性、弱极性物质误差在 2% 左右，满足工程需要，但对于强极性物质及液相误差在 10%～20%，这就需要进一步的修正。

【例 2-3】 用 RK 方程计算 ［例 2-2］中钢瓶承受的压力，并与理想气体状态方程计算值和实验值进行比较。

解： 从附录 2 查得甲烷的临界参数为：$T_c = 190.6\text{K}$，$p_c = 4.600\text{MPa}$

代入式（2-11a）和式（2-11b）得：

$$a = 0.42748 \frac{R^2 T_c^{2.5}}{p_c} = 0.42748 \times \frac{8.314^2 \times 190.6^{2.5}}{4.600 \times 10^6} = 3.2217\text{Pa} \cdot \text{m}^6 \cdot \text{K}^{0.5} \cdot \text{mol}^{-2}$$

$$b = 0.08664 \frac{RT_c}{p_c} = 0.08664 \times \frac{8.314 \times 190.6}{4.600 \times 10^6} = 2.9847 \times 10^{-5}\text{m}^3 \cdot \text{mol}^{-1}$$

甲烷的摩尔体积为：$V = V_{总}/n = 0.125/1000 = 1.25 \times 10^{-4}\text{m}^3 \cdot \text{mol}^{-1}$

再代入式（2-10）得：

$$p = \frac{RT}{V-b} - \frac{a}{T^{0.5}V(V+b)}$$

$$= \frac{8.314 \times 323.16}{(1.25 - 0.29847) \times 10^{-4}} - \frac{3.2217}{323.16^{0.5} \times 1.25 \times 10^{-4} \times (1.25 + 0.29847) \times 10^{-4}}$$

$$= 2.8236 \times 10^7 - 9.2590 \times 10^6$$

$$\approx 1.898 \times 10^7 \text{Pa}$$

误差为：$\dfrac{1.898 \times 10^7 - 1.875 \times 10^7}{1.875 \times 10^7} \times 100\% = 1.23\%$

显然，RK 方程的计算误差显著小于理想气体状态方程。对于高压流体，理想气体状态方程误差非常大，应用真实气体状态方程进行计算。

2.2.2.3 Soave-Redlish-Kwong（SRK）方程（1972 年）

为了提高准确度，扩大使用范围，不少研究者对 RK 方程进行了修正，由 Soave 于 1972 年对 RK 方程的修正最为成功，简称 SRK（或 RKS）方程，其形式为：

$$p = \frac{RT}{V-b} - \frac{a(T)}{V(V+b)} \tag{2-12}$$

$$a(T) = a_c \alpha(T_r) = 0.42748 \frac{R^2 T_c^{2.5}}{p_c} \alpha(T_r) \tag{2-13a}$$

$$b = 0.08664 \frac{RT_c}{p_c} \tag{2-13b}$$

$$\alpha(T_r) = [1 + m(1 - T_r^{0.5})]^2 \qquad (2\text{-}14)$$

$$m = 0.48 + 1.574\omega - 0.176\omega^2 \qquad (2\text{-}15)$$

式中，ω 为偏心因子，其定义见 2.2.4。

SRK 方程中 a 不仅与物性（临界性质）有关，而且还是温度的函数。由于引入了较为精确的温度的函数关系和表示分子形状的偏心因子，使得该方程提高了对极性物质及含有氢键物质的 p、V、T 计算准确度，并且在饱和液体密度的计算中更为准确。SRK 方程与 RK 方程相比，大大提高了表达汽液平衡的准确性，使之适用于混合物的汽液平衡计算，在工业上得到广泛应用。SRK 方程预测液相的摩尔体积不够准确，其临界压缩因子 $Z_c = 1/3$，与实际流体的临界压缩因子相比，还是偏大，需要进一步修正。

2.2.2.4 Peng-Robinson（PR）方程（1976 年）

Peng（彭）和 Robinson 发现，SRK 方程在计算饱和液体密度时仍不够准确，为弥补这一不足，于 1976 年提出了 Peng-Robinson 方程，简称 PR 方程。形式为：

$$p = \frac{RT}{V-b} - \frac{a(T)}{V(V+b) + b(V-b)} \qquad (2\text{-}16)$$

$$a = a_c\alpha(T_r) = 0.45724\frac{R^2 T_c^2}{p_c}\alpha(T_r) \qquad (2\text{-}17a)$$

$$b = 0.07780\frac{RT_c}{p_c} \qquad (2\text{-}17b)$$

$$\alpha(T_r) = [1 + m(1 - T_r^{0.5})]^2 \qquad (2\text{-}18)$$

$$m = 0.37464 + 1.54226\omega - 0.26992\omega^2 \qquad (2\text{-}19)$$

PR 方程中 a 仍是温度的函数，对体积的表达更精细，其 $Z_c = 0.307$，预测液体摩尔体积的准确度较 SRK 有明显改善，而且也可用于极性物质。能同时适用于汽、液两相，PR 方程是工程相平衡计算中最常用的方程之一。

除了以上介绍的几个方程外，常用的立方型状态方程还有三参数状态方程如 Hrarmens-Knapp 方程和 Patel-Teja 方程等，这些方程形式更复杂，准确度更高，限于篇幅，在此不再一一讨论。

2.2.2.5 立方型状态方程的通用形式

对立方型状态方程进行归纳，可以得到如下形式：

$$p = \frac{RT}{V-b} - \frac{a(T)}{V^2 + mV + n} \qquad (2\text{-}20)$$

对于不同的立方型状态方程，式中 m，n 取不同的值，同时会有不同的温度函数 a（T）。

立方型状态方程形式不太复杂，方程中一般只有两个参数，且参数可用纯物质临界性质和偏心因子计算，准确度也较高，因此广泛用于工程设计。

2.2.2.6 立方型状态方程的求解

立方型状态方程是摩尔体积的三次方程形式，当温度和压力一定时，解方程可以得到三个体积根。如图 2-7 所示，在不同的条件下，根的分布情况不同。

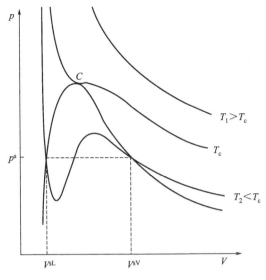

图 2-7　立方型状态方程的根

① 当 $T > T_c$ 时，立方型状态方程有一个实根，两个虚根，实根为气体的摩尔体积 V。

② 当 $T = T_c$ 时，若 $p = p_c$ 时，则有三重实根，且 $V = V_c$；若 $p \neq p_c$，仅有一个实根，两个虚根，实根为气体的摩尔体积 V。

③ 当 $T < T_c$ 时，方程可能有一个或三个实根，这取决于压力。当压力为相应温度的饱和蒸气压 p^s 时，方程有三个实根，其中，最大根是饱和蒸气摩尔体积 V^{sV}，最小根是饱和液体摩尔体积 V^{sL}，第三个介于这两根之间的根无物理意义。

在方程的使用中，p、V、T 三个变量中知二求一。在工程应用中，温度和压力易于测量和操控，往往作为控制变量，则已知流体的 p 和 T，利用状态方程准确地求取体积根是一个重要环节。对于立方型状态方程，虽然可以用解析法求得精确解，但高次方程求根公式相当复杂，所以工程上大多采用简便的迭代法求出近似解，也称数值解，最常用的迭代方法为牛顿迭代法。下面以 RK 方程为例介绍。

牛顿迭代法可参见数值分析相关教材，当迭代变量为摩尔体积时，首先将 RK 方程写成目标函数 $F(V)$，再利用牛顿迭代式迭代计算方程 $F(V) = 0$ 的体积根。

目标函数：
$$F(V) = p - \frac{RT}{V-b} + \frac{a}{T^{0.5} V(V+b)} \tag{2-21}$$

牛顿迭代式：
$$V_{n+1} = V_n - \frac{F(V_n)}{F'(V_n)} \tag{2-22}$$

其中，$F'(V_n)$ 为 $F(V_n)$ 的一阶导数：
$$F'(V) = \frac{RT}{(V-b)^2} - \frac{a(2V+b)}{T^{0.5} V^2 (V+b)^2} \tag{2-23}$$

迭代法求解时初始值的选取对方程的收敛影响显著，汽相摩尔体积的求取通常以理想气体体积 $V_0 = RT/p$ 为初始值，而液相摩尔体积以 $V_0 = b$ 为初始值，代入式（2-21）～式（2-23），迭代计算，直至 V 值的变化很小。流体的摩尔体积数值一般较小，摩尔体积作为迭代变量不宜进行精度判断。为获得准确度较高的数值解，可令 $Z_{n+1} = pV_{n+1}/RT$，用 $|Z_{n+1} - Z_n| \leqslant 10^{-4}$ 作为准确度要求。

迭代过程不宜手工计算，可利用 Mathcad 或 Matlab 等软件包化繁为简。也可以利用 Excel 的"单变量求解"工具，它已将牛顿迭代法固化在 Excel 单元格中，能较大程度地简化计算。此外，可利用网上免费状态方程计算软件来求解。同时，本书也开发了配套的热力学性质计算软件 ChemEngThermCal，可实现纯物质和混合物的状态方程计算和汽液平衡计算等。需要指出的是，无论 Excel 还是软件仅能作为辅助工具，不能代替对热力学概念的思考。具体解法见 [例 2-4]。

【例 2-4】 试用理想气体方程、RK、SRK 和 PR 方程分别计算异丁烷在 300K、3.704×10^5 Pa 的饱和蒸气的摩尔体积，并与实验值 $V = 6.081 \times 10^{-3}$ m$^3 \cdot$ mol^{-1} 进行比较。

解： 从附录 2 查得异丁烷的物性参数为：$T_c = 408.1$K，$p_c = 3.648$MPa，$\omega = 0.176$

（1）理想气体方程

$$V = \frac{RT}{p} = \frac{8.314 \times 300}{3.704 \times 10^5} = 6.734 \times 10^{-3} \text{ m}^3 \cdot \text{mol}^{-1}$$

（2）RK 方程

解法 1：应用 Excel "单变量求解" 工具

按照①②③④的顺序计算。其中目标单元格 I2 即为目标函数式（2-21）：

$$F(V) = p - \frac{RT}{V-b} + \frac{a}{T^{0.5}V(V+b)}$$

可变单元格 G2 为需要求解的变量 V，目标函数值为 0。

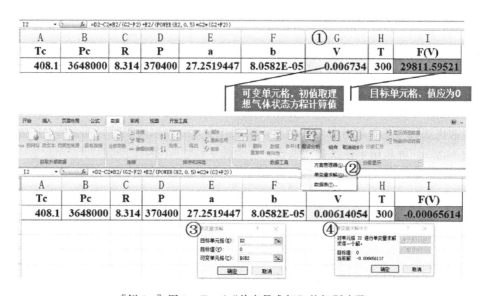

[例 2-4] 图 1　Excel "单变量求解" 的解题步骤

迭代收敛值为：$V = 6.141 \times 10^{-3}$ m$^3 \cdot$ mol^{-1}

解法 2：利用配套软件计算

[例 2-4] 图 2 即为本书开发的配套软件 ChemEngThermCal 计算的结果。

迭代收敛值为：$V = 6.141 \times 10^{-3}$ m$^3 \cdot$ mol^{-1}

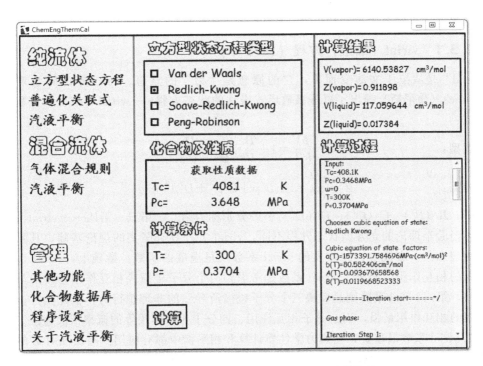

[例 2-4] 图 2 ChemEngThermCal 软件的计算结果

（3）SRK 方程

与 RK 方程同样的方法可以得到：$V = 6.102 \times 10^{-3} \, \text{m}^3 \cdot \text{mol}^{-1}$

（4）PR 方程

与 RK 方程同样的方法可以得到：$V = 6.068 \times 10^{-3} \, \text{m}^3 \cdot \text{mol}^{-1}$

（5）各种状态方程误差比较

四种状态方程的计算结果与实验值 $V = 6.081 \times 10^{-3} \, \text{m}^3 \cdot \text{mol}^{-1}$ 比较（计算误差）如 [例 2-4] 表所示。

[例 2-4] 表　四种状态方程的计算误差

EOS	$V_{\text{计算}}/\times 10^{-3} \text{m}^3 \cdot \text{mol}^{-1}$	误差/%	EOS	$V_{\text{计算}}/\times 10^{-3} \text{m}^3 \cdot \text{mol}^{-1}$	误差/%
理想气体状态方程	6.734	10.74	SRK 方程	6.102	0.35
RK 方程	6.141	0.99	PR 方程	6.068	−0.21

由此可知，理想气体状态方程的误差非常大，而 PR、SRK 方程的误差已小于实验误差（一般在 0.5% 以内），准确度非常高，这也是 PR、SRK 方程在工业中得到广泛应用的原因。

2.2.3 多常数状态方程

与简单的状态方程相比，多常数状态方程的优点是应用范围广，准确度高；缺点是形式复杂，计算难度和工作量都较大。由于电子计算机的日益普及，克服这些缺点已不成问题，因此多常数方程正越来越多地在工程计算中得到应用。

2.2.3.1 virial（维里）方程（1901 年）

"virial"是从拉丁文演变而来，它的原意是"力"的意思。1901 年，荷兰莱顿大学 H. K. Onnes（昂尼斯）提出了以幂级数形式表达的状态方程——virial（维里）方程，它有两种形式：

密度型：
$$Z = \frac{pV}{RT} = 1 + \frac{B}{V} + \frac{C}{V^2} + \frac{D}{V^3} + \cdots \tag{2-24}$$

压力型：
$$Z = \frac{pV}{RT} = 1 + B'p + C'p^2 + D'p^3 + \cdots \tag{2-25}$$

式中，B（B'）、C（C'）、D（D'）……分别称为第二、第三、第四……virial 系数。

和半经验半理论的立方型状态方程不同，virial 方程具有坚实的理论基础，其系数有着确切的物理意义。宏观上，纯物质的 virial 系数仅是温度的函数。微观上，virial 系数反映了分子间的相互作用。如第二 virial 系数是考虑到两个分子碰撞或相互作用导致的与理想行为的偏差，第三 virial 系数则是反映三个分子碰撞所导致的非理想行为，依此类推。因为两个分子间的相互作用最强，而三分子相互作用、四分子相互作用等的概率依次递减。因此方程中第二 virial 系数最重要，在热力学性质计算和相平衡中都有应用。高次项对 Z 的贡献逐项迅速减小，只有当压力较高时，更高的 virial 系数才变得重要。方程式（2-24）和式（2-25）为无穷级数，如果以舍项形式出现时，方程就成为近似式。从工程实用上来讲，在中、低压时，取方程式（2-24）和式（2-25）的二项或三项即可得合理的近似值。virial 方程的截断式如下：

两项 virial 截断式：
$$Z = \frac{pV}{RT} = 1 + \frac{B}{V} = 1 + B'p \tag{2-26}$$

三项 virial 截断式：
$$Z = \frac{pV}{RT} = 1 + \frac{B}{V} + \frac{C}{V^2} = 1 + B'p + C'p^2 \tag{2-27}$$

截取的项数越少，准确度也就越低，适用的压力越低。式（2-26）只适用于 $T < T_c$，$p < 1.5\text{MPa}$ 的气体；式（2-27）适用于 $p < 5\text{MPa}$ 的气体。对于大于 5MPa 的气体，通常要采用其他状态方程，如 SRK 方程和 PR 方程等。

不同形式的 virial 系数之间存在着相互关系，如 $B' = \frac{B}{RT}$，将其代入式（2-26）可得到最常用的两项 virial 截断式：

$$Z = 1 + \frac{Bp}{RT} \tag{2-28}$$

virial 方程只能计算气体，不能像立方型状态方程那样计算液体。高阶 virial 系数的缺乏也限制了 virial 方程的使用范围，virial 截断式不适用于高压。virial 方程的理论意义大于实际应用价值，它不仅可以用于 $p\text{-}V\text{-}T$ 关系的计算，而且可以基于分子热力学利用 virial 系数联系气体的黏度、声速、热容等性质。一些常用物质在不同温度下的 virial 系数可以从文献或数据手册中查到，并且可以用普遍化的方法估算，这将在 2.2.4 节讨论。同时，其他多常数状态方程如 BWR 方程、MH 方程都是在它的基础上改进得到的。

2.2.3.2 Benedict-Webb-Rubin（BWR）方程（1940 年）

Benedict-Webb-Rubin 是 virial 型多常数方程，简称 BWR 方程。在计算和关联轻烃及其混合物的液体和气体热力学性质时极有价值。其表达式为：

$$p = RT\rho + \left(B_0RT - A_0 - \frac{C_0}{T^2}\right)\rho^2 + (bRT - \alpha)\rho^3 + a\alpha\rho^6 + \frac{c}{T^2}\rho^3(1 + \gamma\rho^2)\exp(-\gamma\rho^2)$$

$$(2\text{-}29)$$

式中，ρ 为密度；A_0、B_0、C_0、a、b、c、α 和 γ 8 个常数由纯物质的 $p\text{-}V\text{-}T$ 数据和蒸气压数据确定。

BWR 方程是第一个能在高密度区表示流体 $p\text{-}V\text{-}T$ 关系和汽液平衡的多常数状态方程。在烃类热力学性质计算中，BWR 方程计算准确度很高，平均误差为 0.3% 左右，但该方程不能用于含水体系。为提高 BWR 方程在低温区域的计算准确度，1970 年，Starling 等提出了 11 个常数的 Starling 式（或称 BWRS 式），扩大了方程的应用范围，对比温度可以低到 0.3，对轻烃气体，CO_2、H_2S 和 N_2 的广度性质计算，准确度较高。

BWR 方程和 BWRS 方程广泛用于工程计算中，计算结果明显高于立方型状态方程，但由于其数学规律性不好，给方程的求解及其进一步改进和发展都带来了一定程度的不便。

2.2.3.3 Martin-Hou（MH）方程（1955 年）

1955 年，美国的 Martin 教授和我国学者侯虞钧提出了 Martin-Hou 方程，简称 MH 方程（后又称为 MH-55 型方程）。为了提高该方程在高密度区的精度，Martin 于 1959 年对该方程进一步改进，1981 年侯虞钧教授等又将该方程的适用范围扩展到液相区，改进后的方程称为 MH-81 型方程。MH 方程的通式为：

$$p = \sum_{i=1}^{5} \frac{f_i(T)}{(V-b)^i} \tag{2-30}$$

$$f_1(T) = RT \qquad i = 1 \tag{2-31a}$$

$$f_i(T) = A_i + B_iT + C_i\exp(-5.475T/T_c) \quad 2 \leqslant i \leqslant 5 \tag{2-31b}$$

式中，A_i、B_i、C_i、b 皆为方程的常数，可从纯物质临界参数及饱和蒸气压曲线上的一点数据求得。其中，MH-55 型方程中，常数 $B_4 = C_4 = A_5 = C_5 = 0$，MH-81 型方程中，常数 $C_4 = A_5 = C_5 = 0$。

MH-81 型状态方程能同时用于汽、液两相，用于烃类和非烃类气体准确度很高，一般误差小于 1%。对许多极性物质如 NH_3、H_2O 在较宽的温度范围和压力范围内，都可以得到精确的结果，对量子气体 H_2、He 等也可应用，目前它已成功地用于合成氨的工艺计算。在汽液两相区，对比温度 T_r 约从 0.65 到 1（临界温度下），对诸如二氧化碳、正丁烷、氩、甲烷及氮等各类物质，方程计算的饱和液相摩尔体积与文献数据比较平均偏差不到 5%，一般在 2%～3%，同时饱和汽相摩尔体积的偏差在 1% 以内。

2.2.4　对应态原理和普遍化状态方程

前述真实气体状态方程均含有与气体性质相关的常数项，如 a、b 或第二 virial 系数 B 等，计算比较烦琐和复杂，因此研究者希望能寻找到一种像理想气体状态方程那样，不含有反映气体特征的待定常数，对于任何气体均适用的普遍化状态方程。

研究者发现，相同温度、压力下，不同真实气体的压缩因子 Z 并不相等，这预示着真实气体偏离理想气体的程度不仅仅取决于温度、压力。1873 年，范德华通过大量实验发现，对于不同的流体，当具有相同的对比温度和对比压力时，则具有大致相同的压缩因子，即其偏离理想气体的程度大体相同。这就是著名的**对应态原理**，它为具有不同特性的各种物质找到了共性，找到了一把开启普遍化状态方程的钥匙。

2.2.4.1　两参数对应态原理

对比温度 T_r、对比压力 p_r、对比摩尔体积 V_r 的定义为：

$$T_r = \frac{T}{T_c}, p_r = \frac{p}{p_c}, V_r = \frac{V}{V_c} \tag{2-32}$$

将对比参数的定义式代入 vdW 方程式（2-7），可得：

$$\left(p_r + \frac{3}{V_r^2}\right)(3V_r - 1) = 8T_r \tag{2-33}$$

从式（2-33）可看出，不论是何种流体，只要它处在相同的 p_r 和 T_r 下，那么 V_r 或 Z 一定相同。对应态原理认为，在相同的对比状态下，所有的物质表现出相同的性质。运用该原理研究气体的 p-V-T 关系就可得到普遍化的真实气体方程式。式（2-33）就是范德华第一个提出的两参数对应态原理。对于任意流体，两参数对应态原理在数学上可表达为：

$$f(p_r, T_r, V_r) = 0 \tag{2-34}$$

$$又\ Z = \frac{pV}{RT} = \frac{p_c V_c}{RT_c} \times \frac{p_r V_r}{T_r} = Z_c \frac{p_r V_r}{T_r} \tag{2-35}$$

若式（2-35）成立，必须要求临界压缩因子 Z_c 是恒定常数，但大部分物质的 Z_c 在 $0.23 \sim 0.29$ 范围内取值，并非常数。显然，两参数对应态原理只是一个近似的关系，只能适用于简单的球形流体（如氩、氪、氙）。对非球形弱极性分子一般误差也不大，但有时误差也颇为可观，对一些非球形强极性气体分子则有明显的偏差。对应态原理是一种特别的状态方程，也是预测流体性质的有效方法之一。为了拓宽对应态原理的应用范围和提高计算准确度，引入第三参数而建立的普遍化状态方程是近年来的一个重要发展，此参数可以是临界压缩因子 Z_c、偏心因子 ω 等，在工程上应用最多的是以偏心因子 ω 为第三参数的对应态原理。

2.2.4.2　三参数对应态原理

1955 年，由学者 Pitzer 等人提出了偏心因子 ω 作为第三参数并得到了广泛的使用。纯物质的偏心因子是根据物质的蒸气压来定义的。实验发现，纯流体对比饱和蒸气压的对数与对比温度的倒数呈近似直线关系：

$$\lg p_r^s = a\left(1 - \frac{1}{T_r}\right) \tag{2-36}$$

式中，$p_r^s = p^s / p_c$，对于不同的流体，a 具有不同的值。但 Pitzer 发现，简单流体（氩、氪、氙）的所有蒸气压数据落在了同一条直线上，而且该直线通过点 $T_r = 0.7$，$1/T_r = 1.43$，$\lg p_r^s = -1$。然而其他流体在 $T_r = 0.7$ 时，则有 $\lg p_r^s < -1$。为表征一般流体与简单流体分子间的差异，如图 2-8 所示，Pitzer 提出了偏心因子 ω 的概念，并表示为正值，其定义式为：

$$\omega = -[\lg p_r^s(目标流体) - \lg p_r^s(球形流体)]_{T_r = 0.7} = -\lg p_r^s - 1 \tag{2-37}$$

偏心因子 ω 的物理意义为：一般流体与球形非极性简单流体（氩，氪、氙）在形状和极性方面的偏心度。$0<\omega<1$，ω 愈大，偏离程度愈大。由 ω 的定义知，氩、氪、氙这类简单球形流体的 $\omega=0$，物质极性越大，ω 越大，如乙醇分子的 $\omega=0.635$。常见物质 ω 值可查附录2。

Pitzer 提出三参数对应态原理可以表述为：在相同的 T_r 和 p_r 下，具有相同 ω 值的所有流体具有相同的压缩因子 Z，因此它们偏离理想气体的程度相同。这比两参数对应态原理有很大的改进。从该原理可知，气体偏离理想气体的行为不是单由温度、压力决定的，而是由 T_r、p_r 和 ω 共同决定的。数学表达式为：

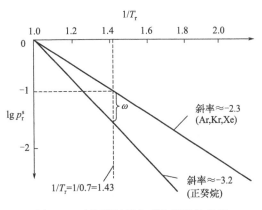

图 2-8　对比蒸气压和对比温度的关系

$$Z=f(p_r,T_r,\omega) \tag{2-38}$$

根据以上结论，Pitzer 提出了两个非常有用的普遍化状态方程。①以压缩因子的多项式表示的普遍化压缩因子图法；②以两项截断 virial 方程表示的普遍化第二 virial 系数法。

2.2.4.3　普遍化压缩因子图法

Pitzer 提出，压缩因子 Z 的关系式可表示为：

$$Z=Z^{(0)}+\omega Z^{(1)} \tag{2-39}$$

式中，$Z^{(0)}$ 为简单流体的压缩因子；$Z^{(1)}$ 为流体相对于简单流体的偏差。它们都是 T_r 和 p_r 的复杂函数，很难用简单方程来精确描述。为便于手算，为方便工程应用，研究者将这些复杂的函数制成了图表，见图 2-9。

Pitzer 关系式对于非极性或弱极性的气体能够提供可靠的结果；应用于极性气体时，误差增大到 5%～10%；而对于缔合气体，其误差更大；对于量子气体如氢、氦等，几乎不能使用。随着计算机技术的高度发展，这些不便于连续计算的手工图表已逐渐被替代，但是式 (2-39) 表达的思想方法一直被应用着。

2.2.4.4　普遍化第二 virial 系数法

virial 方程也可以表达成普遍化状态方程，将 $T_r=\dfrac{T}{T_c}$ 和 $p_r=\dfrac{p}{p_c}$ 代入式 (2-28) 得：

$$Z=1+\frac{Bp}{RT}=1+\frac{Bp_c}{RT_c}\times\frac{p_r}{T_r}=1+\hat{B}\frac{p_r}{T_r} \tag{2-40}$$

式中，$\hat{B}$ 是对比第二 virial 系数，为无量纲变量，对于 $\hat{B}$ 的值 Pitzer 给出了类似式 (2-39) 的形式：

$$\hat{B}=\frac{Bp_c}{RT_c}=B^{(0)}+\omega B^{(1)} \tag{2-41}$$

第二 virial 系数仅是温度的函数。同样，$B^{(0)}$ 和 $B^{(1)}$ 仅是对比温度的函数。它们可用下列方程式表达：

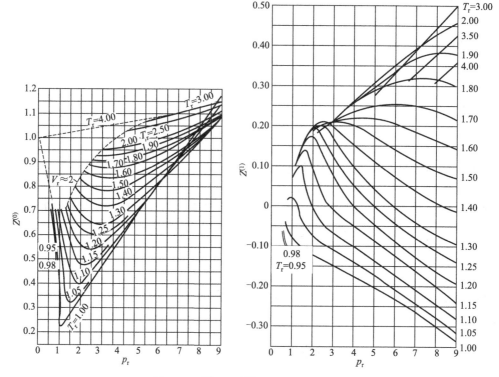

图 2-9　$Z^{(0)}$ 和 $Z^{(1)}$ 的普遍化关系图

$$B^{(0)} = 0.083 - \frac{0.422}{T_r^{1.6}} \tag{2-42}$$

$$B^{(1)} = 0.139 - \frac{0.172}{T_r^{4.2}} \tag{2-43}$$

Tsonopoulos 对普遍化第二 virial 系数进行了改进，准确度则更高：

$$B^{(0)} = 0.1445 - \frac{0.33}{T_r} - \frac{0.1385}{T_r^2} - \frac{0.0121}{T_r^3} - \frac{0.000607}{T_r^8} \tag{2-44}$$

$$B^{(1)} = 0.0637 + \frac{0.331}{T_r^2} - \frac{0.423}{T_r^3} - \frac{0.008}{T_r^8} \tag{2-45}$$

原来第二 virial 系数需要通过实验测定才能得到，现在通过 T_r 和 ω 即可估算，这就是普遍化的好处。当然，普遍化第二 virial 系数方程在计算流体 p-V-T 时与两项 virial 截断式（2-28）有相同的局限性，即只适合低压的非极性气体，适用范围较窄，大型化工设计软件一般不会采用它（通常采用 PR、SRK 方程）。

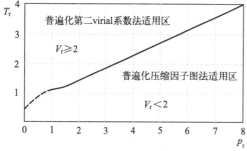

图 2-10　两种三参数普遍化状态方程的适用区域

式（2-39）和式（2-40）均将压缩因子 Z 表达成 p_r、T_r 和 ω 的函数，这两种方法的适用范围如图 2-10 所示。在曲线的上部，用普遍化第二 virial 系数法，在曲线的下部，用普遍化压缩因子图法。若已知 p_r 和 T_r，可根据这一点在曲线的上方或下方决定选用何种普遍化关联式的类型。在对比温度约为 0.9 这一点前，压力范围受饱和蒸气压的限制。图 2-10 的虚线表示饱和蒸气压。若已知 V_r，当 $V_r \geqslant 2$ 时用普遍化第二 virial 系数法，而 $V_r < 2$ 时用普遍化压缩因子图法。当 $p_r > 8$ 时，不宜使用普遍化状态方程，可选用立方型状态方程和多常数状态方程进行计算。

对应态原理中不以温度、压力的绝对值而是以对比温度、对比压力的值来判断气体的非理想性，更接近事物的本质。起源于计算压缩因子 Z 的对应态原理思想已广泛应用于焓、熵、热容和逸度系数等性质的计算中。随着科学技术的发展，对应态原理法已成为化工计算中一种重要的估算方法。

【例 2-5】 将质量为 0.5kg 的氨气在 65℃ 贮存于容积为 0.03m³ 的恒温浴内。试分别用下列方程计算气体的压力，并与实验值进行比较。(1) 理想气体状态方程；(2) RK 方程；(3) 普遍化状态方程。已知实验值为 2.382MPa。

解： 从附录 2 查得氨的临界参数为：

$$T_c = 405.6K, \ p_c = 11.28MPa, \ V_c = 72.5 \times 10^{-6} m^3 \cdot mol^{-1}, \ \omega = 0.250$$

氨气的摩尔体积为：$V = \dfrac{V_t}{n} = \dfrac{V_t}{m/M} = \dfrac{0.03}{0.5 \times 10^3 / 17.02} = 1.0212 \times 10^{-3} m^3 \cdot mol^{-1}$

(1) 理想气体状态方程

$$p = \frac{RT}{V} = \frac{8.314 \times 338.15}{1.0212 \times 10^{-3}} = 2.753 \times 10^6 Pa$$

误差为：$\dfrac{2.753 - 2.382}{2.382} \times 100\% = 15.58\%$

(2) RK 方程

将 $T_c = 405.6K$，$p_c = 11.28MPa$ 代入式 (2-11a) 和式 (2-11b) 得：

$$a = 0.42748 \frac{R^2 T_c^{2.5}}{p_c} = 0.42748 \times \frac{8.314^2 \times 405.6^{2.5}}{11.28 \times 10^6} = 8.679 Pa \cdot m^6 \cdot K^{0.5} \cdot mol^{-2}$$

$$b = 0.08664 \frac{RT_c}{p_c} = 0.08664 \times \frac{8.314 \times 405.6}{11.28 \times 10^6} = 2.59 \times 10^{-5} m^3 \cdot mol^{-1}$$

再代入式 (2-10) 得：

$$p = \frac{RT}{V-b} - \frac{a}{T^{0.5} V(V+b)}$$

$$= \frac{8.314 \times 338.15}{(102.12 - 2.59) \times 10^{-5}} - \frac{8.679}{338.15^{0.5} \times 1.0212 \times 10^{-3} \times (102.12 + 2.59) \times 10^{-5}}$$

$$= 2.8247 \times 10^6 - 4.4138 \times 10^5$$

$$\approx 2.383 \times 10^6 Pa$$

误差为：$\dfrac{2.383 - 2.382}{2.382} \times 100\% = 0.04\%$

(3) 普遍化状态方程

对比体积：$V_r = \dfrac{V}{V_c} = \dfrac{1.0212 \times 10^{-3}}{72.5 \times 10^{-6}} = 14.0855 > 2$，则可采用普遍化第二 virial 系数法。

应用式 (2-42) 和式 (2-43) 求出 ($T_r = T/T_c = 338.15/405.6 = 0.8337$)：

$$B^{(0)} = 0.083 - \frac{0.422}{T_r^{1.6}} = 0.083 - \frac{0.422}{0.8337^{1.6}} = -0.4815$$

$$B^{(1)} = 0.139 - \frac{0.172}{T_r^{4.2}} = 0.139 - \frac{0.172}{0.8337^{4.2}} = -0.2302$$

代入式（2-41），$\hat{B} = \dfrac{Bp_c}{RT_c} = B^{(0)} + \omega B^{(1)} = -0.4815 - 0.250 \times 0.2302 = -0.539$

则 $B = \dfrac{\hat{B}RT_c}{p_c} = -\dfrac{0.539 \times 8.314 \times 405.6}{11.28 \times 10^6} = -1.611 \times 10^{-4} \text{ m}^3 \cdot \text{mol}^{-1}$

又由 $Z = 1 + \dfrac{Bp}{RT} = \dfrac{pV}{RT}$，可得：

$$p = \frac{RT}{V - B} = \frac{8.314 \times 338.15}{(1.0212 + 0.1611) \times 10^{-3}} = 2.378 \times 10^6 \text{ Pa}$$

误差为：$\dfrac{2.378 - 2.382}{2.382} \times 100\% = -0.17\%$

显然，理想气体状态方程误差非常大，RK 方程和普遍化状态方程计算值与实验值基本相符，可以准确地描述真实气体的行为。

2.3　纯物质的饱和热力学性质

纯物质的饱和热力学性质主要指饱和蒸气压，相变过程焓变、熵变和体积的变化等。

2.3.1　纯物质的饱和蒸气压

纯物质在低于临界温度时，能使汽液共存的压力为蒸气压。在 p-T 图上（见图 2-6），表达汽液平衡的蒸气压曲线起始于三相点而终止于临界点。蒸气压能表达物性的唯一性，因为至今未见到两个纯物质有着完全相同的蒸气压曲线。蒸气压是温度的一元函数，其函数解析式即为蒸气压方程。虽然前面介绍过的一些状态方程，如 PR 方程能计算蒸气压，但实际应用更多的是采用专用的蒸气压方程来计算，蒸气压方程主要有以下几种。

（1）Clapeyron 方程

此方程描述了纯物质在相平衡时的温度和压力之间的关系：

$$\frac{dp^s}{dT} = \frac{\Delta H^{vap}}{T \Delta V^{vap}} \tag{2-46}$$

式中，T 和 p^s 是相平衡时的温度和压力；$\Delta H^{vap} = H^{sV} - H^{sL}$，$\Delta V^{vap} = V^{sV} - V^{sL}$，$H^{sV}$，$H^{sL}$ 为温度 T 下的饱和汽、液相摩尔焓，V^{sV}，V^{sL} 为温度 T 下的饱和汽、液相摩尔体积。因为 $\Delta V^{vap} = \dfrac{\Delta ZRT}{p}$，则式（2-46）可转化为：

$$\frac{d\ln p^s}{dT} = \frac{\Delta H^{vap}}{R \Delta Z^{vap}} \times \frac{1}{T^2} \tag{2-47}$$

式中，$\dfrac{\Delta H^{vap}}{R \Delta Z^{vap}}$ 仅是温度的函数，若已知该函数关系，则相平衡条件下的温度与压力的关系就可以确定。在一定情况下，如温度范围变化不大或计算准确度要求不高，可以视其为常数，并用 B 表示，则可以通过积分式（2-47）得到下列简单的蒸气压方程：

$$\ln p^s = A - \frac{B}{T} \tag{2-48}$$

式中，A 为积分常数。

（2）Antoine 方程

修正式（2-48）就得到著名的 Antoine 方程：

$$\ln p^s = A - \frac{B}{T+C} \tag{2-49}$$

式中，A、B、C 均为积分常数。大多数物质的 Antoine 常数可以通过查物性手册得到，使用 Antoine 方程中应注意适用的温度范围和单位，部分常见物质的 Antoine 常数见附录 3。需要注意的是，不同手册中，所描述的 A、B、C 值不同，相应的 p^s 和 T 的单位也可能不同，在使用中一定要注意不能混用。

（3）经验方程

在缺乏蒸气压数据或方程的条件下，物质的饱和蒸气压可以用下列关联式进行估算：

$$\ln\left(\frac{p^s}{p_c}\right) = f^0 + \omega f^1 \tag{2-50}$$

$$f^0 = 5.92714 - \frac{6.09648}{T_r} - 1.28862\ln T_r + 0.16934 T_r^6 \tag{2-51a}$$

$$f^1 = 15.2518 - \frac{15.6875}{T_r} - 13.472\ln T_r + 0.43577 T_r^6 \tag{2-51b}$$

2.3.2 相变焓和相变熵

在相平衡条件下发生的相转移时的焓变，即相变潜热有熔化焓、升华焓和汽化焓。其中汽化焓是重要的物性数据。汽化焓 ΔH^{vap} 是伴随着液相向气相平衡转化过程的潜热。它仅是温度的函数，并随着温度的升高而下降，在临界温度时，汽化焓为零。

汽化焓可以将蒸气压方程代入式（2-46）和式（2-47）中来计算，但需要有饱和汽相和液相摩尔体积的数据。尽管汽化焓随温度的变化可以从蒸气压方程得到，但工程中常用 Watson 所提出的经验式，从某一温度下的蒸发焓值来推算其他温度下的汽化焓值：

$$\frac{\Delta H_{T_{1r}}^{vap}}{\Delta H_{T_{2r}}^{vap}} = \left(\frac{1 - T_{1r}}{1 - T_{2r}}\right)^{0.38} \tag{2-52}$$

汽化熵 ΔS^{vap} 是平衡汽化过程的熵变化，由于是等温过程，汽化熵等于汽化焓与汽化温度之比。即：

$$\Delta S^{vap} = \frac{\Delta H^{vap}}{T^{vap}} \tag{2-53}$$

【例 2-6】 （1）用 Antoine 方程计算异丁烷在 298.15K 下的饱和蒸气压；（2）用 Clapeyron 方程计算异丁烷在此温度下的汽化焓和汽化熵。设 $\Delta Z = 1$。

解： 从附录 3 查得异丁烷的 Antoine 方程常数：

$A = 6.5253$，$B = 1989.35$，$C = -36.31$

(1) $\ln p^s = A - \dfrac{B}{T+C} = 6.5253 - \dfrac{1989.35}{298.15-36.31} = -1.072$

则 $p^s = e^{-1.072} = 0.3422\text{MPa} = 342.2\text{kPa}$

(2) 由 $\dfrac{\mathrm{d}\ln p^s}{\mathrm{d}T} = \dfrac{\Delta H^{\text{vap}}}{R\Delta Z^{\text{vap}}} \times \dfrac{1}{T^2}$，又 $\Delta Z = 1$，则 $\Delta H^{\text{vap}} = \dfrac{RT^2 \mathrm{d}\ln p^s}{\mathrm{d}T}$

由 Antoine 方程 $\dfrac{\mathrm{d}\ln p^s}{\mathrm{d}T} = \dfrac{B}{(T+C)^2}$

则 $\Delta H^{\text{vap}} = \dfrac{RT^2 \mathrm{d}\ln p^s}{\mathrm{d}T} = \dfrac{BRT^2}{(T+C)^2} = \dfrac{1989.35 \times 8.314 \times 298.15^2}{(298.15-36.31)^2} = 21444.65\text{J} \cdot \text{mol}^{-1}$

$\Delta S^{\text{vap}} = \dfrac{\Delta H^{\text{vap}}}{T^{\text{vap}}} = \dfrac{21444.65}{298.15} = 71.93\text{J} \cdot \text{mol}^{-1} \cdot \text{K}^{-1}$

2.3.3 液体的 p-V-T 关系

前述的 SRK 方程、PR 方程、BWR 方程和 MH-81 方程等都可同时用于气、液相 p-V-T 关系计算。虽然 SRK 方程和 PR 方程能够定性地描述液体的 p-V-T 关系，但不能精确地定量计算。尽管 BWR 方程等多常数状态方程精度较高，但涉及的常数太多且计算过于复杂。根据 p-V 图可知，p 和 T 对液体摩尔体积的影响不大，也较易测定。所以液体的 p-V-T 关系形成了另一套经验关系式或普遍化关系式，这些关系式简单且精度高，工程应用广泛。

2.3.3.1 饱和液体的摩尔体积

普遍化方法同样适用于饱和液体摩尔体积的估算。Rackett 在 1970 年提出了一个最常用的方程，它仅与对比温度有关：

$$V^{\text{sL}} = \frac{RT_c}{p_c} Z_c^{[1+(1-T_r)^{2/7}]} \tag{2-54}$$

Rackett 式对于多数物质相当精确，但不适于 $Z_c < 0.22$ 的体系和缔合液体，为进一步提高 Rackett 方程的计算准确度和适用范围，Spancer 和 Danner 提出了如下的修正式：

$$V^{\text{sL}} = \frac{RT_c}{p_c} Z_{\text{RA}}^{[1+(1-T_r)^{2/7}]} \tag{2-55}$$

V^{sL} 是饱和液体的摩尔体积；Z_{RA} 值可阅文献，或用下式估算：

$$Z_{\text{RA}} = 0.29056 - 0.08775\omega \tag{2-56}$$

以上公式只需临界参数和偏心因子，而计算结果的误差通常只有 1% 或 2%，最大为 7%。

2.3.3.2 液体的摩尔体积

Lyderson 等提出了一个基于对应态原理估算液体体积的普遍化方法，可以从已知状态 1 的液体体积 V_1 得到需要计算的状态 2 的液体体积 V_2。

$$V_2 = V_1 \frac{\rho_{r_1}}{\rho_{r_2}} \tag{2-57}$$

ρ_{r_1} 和 ρ_{r_2} 是对比温度和对比压力的函数，它们之间的关系可用图 2-11 表示。既可以将饱和液体体积作为状态 1，也可以将其他已知状态下的摩尔体积作为状态 1，非常灵活，所以该方法是一种较为实用的方法。但图 2-11 显示，随着临界点的趋近，温度和压力对液体密度的影响将显著增大，则其结果的准确度也将大为降低。

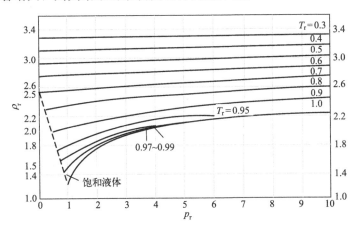

图 2-11　液体的普遍化密度关联图

【例 2-7】　（1）试估算 310.15K 时饱和液体氨的密度；　（2）试估算 350.15K、11.14MPa 下液体氨的密度。

解：从附录 2 查得氨的临界参数：

$T_c = 405.6K$，$p_c = 11.28MPa$，$V_c = 72.5cm^3 \cdot mol^{-1}$，$Z_c = 0.242$

（1）310K 时对比温度为：$T_{r1} = \dfrac{T_1}{T_{c1}} = \dfrac{310.15}{405.6} = 0.765$

则由 Rackett 方程得：$V^{sL} = \dfrac{RT_c}{p_c} Z_c^{[1+(1-T_r)^{2/7}]} = \dfrac{8.314 \times 405.6}{11.28 \times 10^6} \times 0.242^{[1+(1-0.765)^{2/7}]} = $

$28.32cm^3 \cdot mol^{-1}$

$$\rho_1 = \frac{M}{V_1} = \frac{17.02}{28.32} = 0.6010g \cdot cm^{-3}$$

（2）查附录 6 得 310.15K 时氨的饱和蒸气压为 1.4315MPa，则

$$T_{r1} = 0.765，\quad p_{r1} = \frac{1.4315}{11.28} = 0.127$$

同理得 350.15K、11.14MPa 下液体氨的对比温度和对比压力为

$$T_{r2} = \frac{350.15}{405.6} = 0.863，\quad p_{r2} = \frac{11.14}{11.28} = 0.988$$

查对比密度与对比压力、对比温度的关系图 2-11 得：

$\rho_{r1} = 2.34，\rho_{r2} = 2.16$

由式（2-57）得：$V_2 = V_1 \dfrac{\rho_{r1}}{\rho_{r2}} = 28.32 \times \dfrac{2.34}{2.16} = 30.68cm^3 \cdot mol^{-1}$

则：$\rho_2 = \dfrac{M}{V_2} = \dfrac{17.02}{30.68} = 0.5548g \cdot cm^{-3}$

2.4 真实流体混合物的 p-V-T 关系

前面讨论的都是纯物质，然而在生活中、在工程中更常见的是混合物。地球上化学物质种类繁多，由此构成的不同组成的混合物更是浩如烟海，目前只有少量的常用纯物质的部分 p-V-T 实验数据，混合物的实验数据太少，为了满足工程设计计算的需要，必须求助于关联甚至估算的方法。

前已述及，对于纯流体的 p-V-T 关系可以用状态方程表示为：

$$f(p,V,T)=0 \tag{2-3}$$

若要将这些相对较成熟的纯物质 p-V-T 状态方程扩展到混合物，必须增加组成变量 y，即表示为：

$$h(p,V,T,y)=0 \tag{2-58}$$

如何反映组成对混合物 p-V-T 性质的影响，并用纯物质的 p-V-T 关系预测或推算混合物的性质，是研究混合物 p-V-T 关系的关键。

2.4.1 混合规则

以气体混合物为例，对于理想气体的混合物，其压力和体积与组成的关系分别表示成 Dalton 分压定律 $p_i = py_i$ 和 Amagat 分体积定律 $V_i = (nV)y_i$。但对于真实气体，由于气体分子纯组分的非理想性及异种分子混合引起的非理想性，使得分压定律和分体积定律无法准确地描述真实气体混合物的 p-V-T 关系。

为了简化混合物的 p-V-T 关系，研究真实流体混合物 p-V-T 关系的思路为：

① 状态方程是针对纯物质提出的。

② 只要把混合物看成一个虚拟的纯物质，算出状态方程中反映物性的虚拟特征参数，如立方型状态方程中的 a 和 b、virial 方程中的 virial 系数等，并将其代入纯物质的状态方程中，就可以用于混合物性质计算。

③ 因此，计算混合物虚拟特征参数的方法是计算混合物性质中最关键的一步，该方法被称为混合规则。

目前除了第二 virial 系数的混合规则是由统计力学导出的，具有理论基础，大多数混合规则是经验式，是从大量实际应用中归纳而建立起来的。混合规则的主要的类型有：临界参数混合规则、维里系数混合规则和方程常数混合规则。混合规则的不断发展，使得状态方程可以在高度非极性体系中使用，而且计算准确度和使用范围在逐渐提高。

2.4.2 临界参数的混合规则

虚拟临界参数法是将混合物视为假想的纯物质，从而可将纯物质的对比态计算方法应用到混合物上。虚拟临界参数混合规则的通式为：

$$Q_m = \sum_i \sum_j y_i y_j Q_{ij} \tag{2-59}$$

式中，Q_m 是混合物的性质，它可以是临界温度、临界压力或临界体积，也可以是偏心因子等其他参数。

Kay 提出了一个最简单的虚拟临界参数法（Kay 规则），他将混合物的虚拟临界参数表示为：

$$T_{cm} = \sum_i y_i T_{ci} \tag{2-60}$$

$$p_{cm} = \sum_i y_i p_{ci} \tag{2-61}$$

式中，T_{cm} 为虚拟临界温度；p_{cm} 为虚拟临界压力；y_i 为组分 i 的摩尔分数；T_{ci} 为组分 i 的临界温度；p_{ci} 为组分 i 的临界压力。

混合物的偏心因子：$\omega_m = \sum_i y_i \omega_i$ \hfill (2-62)

式中，ω_m、ω_i 分别为混合物、纯物质的偏心因子。

用式（2-60）～式（2-62）计算出混合物虚拟的 T_{cm}、p_{cm}、ω_m 后，就可以计算出混合物虚拟的对比温度 T_{rm}，对比压力 p_{rm}，这样用于纯物质 p-V-T 计算的普遍化状态方程均可用于混合物 p-V-T 关系的计算，具体使用普遍化压缩因子图法还是普遍化第二 virial 系数法，仍用图 2-10 判断。

Kay 规则虽然简单，但它没有考虑组分之间的相互作用，所以只能在 $0.5 < T_{ci}/T_{cj} < 2$ 和 $0.5 < p_{ci}/p_{cj} < 2$ 条件下取得令人满意的结果，这意味着混合物各组分之间的临界温度和临界压力不能相差太大。对组分结构差异较大尤其是有极性和缔合作用的体系会产生较大的误差，需要使用其他混合规则。

2.4.3 维里系数的混合规则

维里方程是一个具有严格理论基础的状态方程，其中 virial 系数反映分子间的交互作用。对于混合物而言，第二 virial 系数 B 不仅要反映相同分子之间的相互作用，同时还要反映不同类型的两个分子交互作用的影响。由统计力学可以导出气体混合物的第二 virial 系数为：

$$B_m = \sum_{i=1}^n \sum_{j=1}^n y_i y_j B_{ij} \tag{2-63}$$

当 $i \neq j$ 时，B_{ij} 为交叉第二 virial 系数，且 $B_{ij} = B_{ji}$。当 $i = j$ 时为纯组分 i 的第二 virial 系数。对二元混合物：

$$B_m = y_1^2 B_{11} + 2y_1 y_2 B_{12} + y_2^2 B_{22} \tag{2-64}$$

借助与纯流体第二 virial 系数相同的关系式，可求得交叉第二 virial 系数 B_{ij} 为：

$$B_{ij} = \frac{RT_{cij}}{P_{cij}} (B_{ij}^{(0)} + \omega_{ij} B_{ij}^{(1)}) \tag{2-65}$$

$$B_{ij}^{(0)} = 0.083 - \frac{0.422}{T_{rm}^{1.6}} \tag{2-66a}$$

$$B_{ij}^{(1)} = 0.139 - \frac{0.172}{T_{rm}^{4.2}} \tag{2-66b}$$

式中，T_{rm} 为虚拟 ij 组分的对比温度，即 $T_{rm} = T/T_{cij}$。

混合物的压缩因子为：

$$Z_m = 1 + \frac{B_m p}{RT} \tag{2-67}$$

2.4.4 立方型状态方程常数的混合规则

通常立方型状态方程（vdW、RK、SRK、PR）中有两个方程常数。方程常数 b 与分子大小有关，混合规则为：

$$b_m = \sum_i y_i b_i \tag{2-68}$$

方程常数 a 则表示分子间相互作用，各方程的混合规则略有不同。

对于 RK 方程，有：
$$a_m = \left(\sum_i y_i a_i^{0.5} \right)^2 \tag{2-69}$$

对于 SRK 或 PR 方程，有：
$$a_m = \sum_{i=1}^{n} \sum_{j=1}^{n} y_i y_j a_{ij} \tag{2-70}$$

将式（2-70）展开时，a_{ij} 的两个下标相同，表示同种分子间的相互作用项，否则表示异种分子间的相互作用的交叉项：

$$a_{ij} = (a_i a_j)^{0.5} (1 - k_{ij}) \tag{2-71}$$

式中，k_{ij} 为二元相互作用参数，一般由实验数据拟合得到。引入此参数，能提高计算的准确度。对于性质相似的组分构成的混合物，可取 $k_{ij} = 0$。

只用一个可调参数 k_{ij} 对 a_m 进行修正，是因为状态方程的计算结果对 a_m 非常敏感，a_m 偏差 1%，状态方程计算结果可能偏差 10%；而对 b_m 参数的敏感性则小得多。通过计算得到混合物参数 a_m、b_m 后，就可以应用立方型状态方程计算混合物的 p-V-T 关系和其他热力学性质。

需要指出的是，状态方程混合规则汽液两相均适用，但用于液相可靠性较差。当计算不同混合物性质时，应选用适宜的状态方程，并采用相应的混合规则计算虚拟特征参数，见表 2-1。

表 2-1   不同状态方程的类型和对应的虚拟特征参数计算方法

序号	状态方程类型	计算的虚拟特征参数
1	普遍化状态方程	式(2-60)～式(2-62)计算虚拟特征参数 T_{cm}、p_{cm}、ω_m
2	维里方程	式(2-63)～式(2-66)计算第二 virial 系数 B_m
3	立方型状态方程	式(2-68)～式(2-71)计算立方型状态方程参数 a_m、b_m

2.5 状态方程的比较和选用

从 19 世纪中叶克拉佩龙提出理想气体状态方程至今，一代代科学家坚持不懈地努力研究，已开发出数百个状态方程。但是企图用一个完美的状态方程来同时适应于不同的物质，满足不同的温度、压力范围，同时形式简单，计算方便，这是不可能的。随着计算机的发展，特别是化工流程模拟软件的日趋成熟，繁琐复杂的计算已不再阻碍人们对高准确度状态方程的应用。因此，作为工程师和设计人员的主要任务就是根据体系的特点和准确度要求来选择状态方程，常用状态方程的适用范围和特点列于表 2-2。

表 2-2　常用状态方程的适用范围和特点

状态方程	Z_c	适用范围	特点
理想气体状态方程	1	低压气体的近似计算	不适合高压低温的真实气体，用于准确度要求低的或半定量的近似计算
vdW 方程	0.375	同时能计算汽液两相，一般用于中低压非极性和弱极性气体	准确度非常低，特别是液相，实用意义不大
RK 方程	0.333	一般用于非极性和弱极性气体	对于气体准确度高，对于强极性物质及液相误差在 $10\%\sim20\%$，不能同时用于汽液两相计算
SRK 方程	0.333	能同时用于汽液两相，能预测液相体积	准确度高于 RK，工程上广泛应用。计算液相体积准确度不够高
PR 方程	0.307	能同时用于汽液两相，能预测液相体积	工程上广泛应用，大多数情况准确度高于 SRK，计算液相体积准确度较高
维里方程		截断式适用于中低压下的非极性气体	理论上有重要价值，常使用截断式，不适用液相，对强极性物质误差较大
BWR 方程		能同时用于汽液两相，修正式可用于极性物质	形式复杂，准确度高，计算量大
MH 方程		能同时用于汽液两相；能用于强极性物质甚至量子气体	形式复杂，准确度高，计算量大，适用面广
普遍化状态方程		适用于中低压下的非极性和弱极性气体	工程计算简便，不能同时用于汽液两相

对各类状态方程的准确度作非常精确的排序是比较困难的事，因为对有些体系来说存在例外，但我们可以给出比较粗略的、符合大多数事实的评价。对纯物质而言，准确度从高到低的排序是：多常数状态方程＞立方型状态方程＞两项截断 virial 方程＞理想气体状态方程。其中，立方型状态方程的准确度排序是：PR＞SRK＞RK＞vdW

实验数据是最可靠的，工程应用时，首选实验数据；若没有实验数据则根据求解目标和对准确度的要求选用状态方程，具体选用时可在计算的准确度与方程的复杂性上取平衡。

计算气体体积时，SRK 方程和 PR 方程是大多数流体的首选，无论压力、温度和极性如何，它们能基本满足计算简单、准确度较高的要求，因此在工业上已广泛使用。对于个别流体或准确度要求特别高的，则需要使用对应的专用状态方程或多常数状态方程，如对于 CO_2、H_2S 和 N_2 首选 BWRS 方程；在没有计算软件又需要快速估算的情况下，准确度要求非常低的可用理想气体状态方程，准确度要求稍高可以使用普遍化状态方程。计算液体体积时，可直接使用修正的 Rackett 方程，既简单准确度又高。

流体的 p-V-T 关系是整个化工热力学的起点和基石，有了可靠的描述 p-V-T 关系的状态方程和理想气体的 C_p^{ig}，原则上可解决大多数热力学问题。状态方程的意义远不止于 p-V-T 关系的互算，更大意义在于计算那些无法通过测定得到的热力学性质焓 H、熵 S、逸度 $\hat{f}_i$ 和活度系数 γ_i 等，这些将在后面的章节介绍。

本章小结

1. 课程主线：能量和物质。

2. 学习目的：流体的 p-V-T 关系是化工热力学的起点和基石，真实流体状态方程可实现 p-V-T 互算，用于化工设计，更重要的是用于推算 H、S 和 G 等难测的热力学性质。本章学习各类状态方程的建立思路、适用范围和特点，以便针对不同体系时选用。

3. 重点内容：

真实气体 p-V-T 关系（**繁**）＝理想气体 p-V-T 关系（**简**）＋校正（分子有效体积，分子间相互作用力）

物质结构（**繁**）＝球形流体结构（**简**）＋校正（偏心因子）

绝对值的比较（**繁**）＝相对值的比较（**简**）＋校正（物质结构）

真实流体混合物 p-V-T 关系（**繁**）＝纯物质 p-V-T 关系（**简**）＋校正（混合规则）

4. 第 3 章学习思路：难测的 U-H-S-A-G（**繁**）＝可测的 p-V-T（**简**）＋热力学基本方程

 # 人生观漫谈

物质状态与人生

有人把人生的不同阶段比作物质的三种状态，气态、液态和固态，这三种物理性状态恰好印证了人生的三种不同的阶段。

气态类比年少时代：气体就像年轻人一样，在发展的过程中可能难以有自身的定性，容易受到环境的影响。由于气体灵动，可能比较浮躁，就像当前有很多年轻人在成长道路上难以给自己明确的定位，表现为慢就业、缓就业、不就业或盲目创业等。

液态类比成年或中年阶段：如液态水，能滋润万物，犹如扎根基层的党员干部，能下沉到社区，为人们解决急难愁盼的问题；犹如千千万万普通的人民教师，坚持为党育人、为国育才，全面贯彻党的教育方针，实施"铸魂逐梦"工程，完善"五育并举"一体化育人体系，系统推进"一站式"学生社区育人综合模式建设，深化"三全育人"综合改革，全面提高人才自主培养质量。

固态类比老年阶段：老年人如同一座山，他们思想内涵如同山中的宝藏，就如袁隆平、南仁东等人，在年老后仍发挥自己的价值，在工作岗位上为国家、为人民贡献自己的光和热。但也正是因为固态有固定形状，难以被外界改变，就像老年人可能存在的思维僵化的情况。所以即使进入老年阶段，在工作中最后的阶段，也要时刻保持活力，积极向身边人学习，避免思维僵化，能够活跃起来，去贡献自己的价值。

也有人说水有三态，人亦有三态。水的三态是由水的温度决定的，人的三态是由心灵的温度和人生态度决定的。

假如人对生活与人生的温度是 0℃ 以下，那么人的生活状态就会是冰，不思进取，得过且过，他的整个人生与世界，也就不过是他双脚所站的地方那么大，这种人生态度很难成就任何大事。假设人对生活和人生抱着平常的心，那么他就是一掬常态下的水，有明确的目标，有积极的行动，他能够奔流进大河、大海，但是他永远离也离不开大地。假如一个人对生活和人生的态度是100℃的炽热，胸怀天下，奋斗不息，那么他就会成为"水蒸气"，成为云朵，他将飞起来，他不仅拥有大地，还能够拥有天空，他的世界和宇宙一样大，这样的人生必会精彩无比！

水的温度靠吸收热量达到100℃，而人心灵的温度则靠正面的思考、乐观的心、亲友的关怀、对这世界的好奇和勤奋努力等来升温。我们每个人在经营自我时，都应该保持一颗赤诚之心，去寻找能让自己在生活或工作中一步步实现人生价值的使命。

习题

一、填空题

2-1 对于纯物质，一定温度下的泡点压力与露点压力是（ ）（相同/不同）的，一定温度下的泡点与露点在 $p\text{-}T$ 图上是（ ）（重叠/分开）的，而在 $p\text{-}V$ 图上是（ ）（重叠/分开）的。泡点的轨迹称为（ ）线，露点的轨迹称为（ ）线，纯物质汽液平衡时，压力称为（ ），温度称为（ ）。

2-2 纯物质的临界等温线在临界点的斜率和曲率均为（ ），数学上可以表示为（ ）和（ ）。

2-3 在 $p\text{-}T$ 图上纯物质三种聚集态互相共存处的自由度为（ ），称为（ ）。

2-4 状态方程（Equation of State，简称 EOS）用来关联在（ ）状态下流体的压力、（ ）和温度之间的关系。

2-5 偏心因子的定义式为（ ），其含义是（ ）。

2-6 正丁烷的偏心因子 $\omega = 0.193$，临界压力 $p_c = 3.8MPa$，则在 $T_r = 0.7$ 时的蒸气压为（ ）MPa。

2-7 常用的三参数普遍化状态方程中的三个参数为（ ）、T_r 和（ ）。

2-8 普遍化状态方程法分为普遍化（ ）法和普遍化第二 virial 系数法两种方法。当 $V_r \geqslant 2$ 时用（ ）法，当 $V_r < 2$ 时用（ ）法。

2-9 真实流体混合物的 $p\text{-}V\text{-}T$ 关系＝纯气体的 $p\text{-}V\text{-}T$ 关系式＋（ ）规则。

2-10 vdW、RK、SRK、PR 方程均为（ ）型状态方程，（ ）和（ ）可在实际生产中用于预测液相摩尔体积，四种方程的准确度排序为（ ）＞（ ）＞（ ）＞（ ）。

二、选择题

2-11 纯物质 $p\text{-}V$ 图的拱形饱和曲线下部为（ ）。

A. 液相区   B. 汽相区   C. 汽液共存区   D. 超临界流体区

2-12 超临界流体是下列哪个条件下存在的物质（ ）。

A. 高于 T_c 和高于 p_c B. 低于 T_c 和低于 p_c

C. 低于 T_c 和高于 p_c
D. 高于 T_c 和低于 p_c

2-13 某物质在临界点的性质（   ）。

A. 与外界温度有关
B. 与外界压力有关

C. 与外界物质有关
D. 是该物质本身的特性

2-14 纯物质临界点时，其对比温度 T_r（   ）。

A. $=0$
B. <0
C. >0
D. $=1$

2-15 指定温度下的纯物质，当压力大于该温度下的饱和蒸气压时，则物质的状态是（   ）。

A. 过冷液体
B. 超临界流体

C. 饱和蒸汽（蒸气）
D. 过热蒸汽（蒸气）

2-16 指定压力下的纯物质，当温度高于该压力下的饱和温度时，则物质的状态是（   ）。

A. 过冷液体
B. 超临界流体

C. 饱和蒸汽（蒸气）
D. 过热蒸汽（蒸气）

2-17 温度 T 下的纯过热蒸气的压力 p（   ）。

A. $>p^s(T)$
B. $<p^s(T)$
C. $=p^s(T)$
D. 以上均可能

2-18 纯物质的第二 virial 系数 B（   ）。

A. 仅是 T 的函数
B. 是 T 和 p 的函数

C. 是 T 和 V 的函数
D. 是任何两强度性质的函数

2-19 使用 RK 方程求解摩尔体积 V 时，若求得三个互不相等的实根，则最小的 V 值是（   ），最大的 V 值是（   ），中间的 V 值是（   ）。

A. 饱和液体体积
B. 饱和蒸气体积

C. 无物理意义
D. 饱和液体与饱和蒸气的混合体积

2-20 Pitzer 提出的由偏心因子 ω 计算对比第二 virial 系数 $\hat{B}$ 的方程是（   ），式中 $B^{(0)}$，$B^{(1)}$ 可由 T_r 计算。

A. $\hat{B}=\omega B^{(0)} \ B^{(1)}$
B. $\hat{B}=B^{(0)} +\omega B^{(1)}$

C. $\hat{B}=\ln B^{(0)} +\omega \ln B^{(1)}$
D. $\hat{B}=\omega B^{(0)} +B^{(1)}$

三、判断题

2-21 纯物质由蒸气变成液体，必须经过冷凝的相变化过程。（   ）

2-22 对于纯物质而言，在相同压力下泡点与露点的值是相同的。（   ）

2-23 当压力大于临界压力时，纯物质就以液态存在。（   ）

2-24 由于分子间相互作用力的存在，实际气体的摩尔体积一定小于同温同压下的理想气体的摩尔体积，所以，理想气体的压缩因子 $Z=1$，实际气体的压缩因子 $Z<1$。（   ）

2-25 纯物质的三相点随着所处的压力或温度的不同而改变。（   ）

2-26 纯物质的平衡汽化过程，摩尔体积、焓、熵和热力学能的变化值均大于零。

（   ）

2-27 纯物质的饱和液相的摩尔体积随着温度的升高而增大，饱和蒸气的摩尔体积随着温度的升高而减小。（   ）

2-28 只要能将常温下的氧气压缩到足够高的压力，就可以使之液化。（   ）

2-29 三参数对应态原理较两参数优越，因为前者适合于任何流体。（   ）

2-30 用一个优秀的热力学方程，就可以计算所有流体的均相热力学性质随着状态的变化。

（　　）

四、简答题

2-31 为什么要研究流体的 p-V-T 关系？

2-32 在 p-V 图上指出超临界萃取技术所处的区域，以及该区域的特征；同时指出其他重要的点、线、面以及它们的特征。

2-33 不同气体在相同温度压力下，偏离理想气体的程度是否相同？你认为哪些是决定偏离理想气体程度的最本质因素？

2-34 偏心因子的概念是什么？为什么要提出这个概念？它可以直接测量吗？

2-35 什么是普遍化状态方程？普遍化状态方程有哪些类型？

2-36 简述三参数对应状态原理与两参数对应状态原理的区别。

2-37 简述纯气体和纯液体 p-V-T 计算的异同。

2-38 如何理解混合规则？为什么要提出这个概念？有哪些类型的混合规则？

2-39 状态方程主要有哪些类型？如何选择使用？请给学过的状态方程的准确度排个序。

2-40 生活中很多现象与热力学原理息息相关，请举出一些案例。

五、解答题

2-41 某反应器容积为 1.213m^3，内装有温度为 500K 的乙醇 45.40kg。试用以下三种方法求取该反应器的压力，并与实验值 $p=2.75\text{MPa}$ 比较误差。（1）理想气体状态方程；（2）RK 方程；（3）普遍化状态方程。

2-42 将 1kmol 甲烷压缩储存于容积为 0.125m^3，温度为 323.16K 的钢瓶内。试用普遍化状态方程计算此时甲烷产生的压力，并与实验值 $1.875\times10^7\text{Pa}$ 进行比较。

2-43 试分别用 RK 方程、SRK 方程和 PR 方程计算在 0℃、压力为 101.325MPa 时氮气的压缩因子值（实验值为 2.0685）。（用软件计算）

2-44 一个装满乙烷蒸气的钢瓶，其温度和压力分别为 25℃ 和 2.52MPa，不小心接近火源被加热至 520K，而钢瓶的安全工作压力为 5MPa，问钢瓶是否会发生爆炸？

2-45 目前经济又环保的天然气已成为常用的汽车燃料，天然气的主要成分是甲烷，如果 40m^3 的 15℃、0.1013MPa 的甲烷气体与 3.7854L 汽油相当，那么要多大容积的容器来承载 25℃、20MPa 的甲烷才能与 37.854L 的汽油相当？

2-46 一个 1m^3 压力容器，其极限压力为 3MPa，为安全起见，若许用压力为极限压力的一半，试计算该容器在 40℃ 时，最多能装入多少质量的甲烷？

2-47 计算异丁烷在 273.15K 时饱和蒸气压、饱和液相摩尔体积（实验值分别为 152561Pa 和 $100.1\text{cm}^3\cdot\text{mol}^{-1}$）及饱和汽相摩尔体积。

2-48 液态正戊烷在 291K、0.1MPa 下的密度是 $0.630\text{g}\cdot\text{cm}^{-3}$，试估算其在 376K、15MPa 下的密度。

2-49 试求组成 $y_1=0.23$ 的 CO_2 (1)-C_2H_6 (2) 体系在 303.15K 和 1.8MPa 的条件下的混合物的摩尔体积（二元交互作用参数 k_{ij} 近似取为 0）。

2-50 试用 virial 方程计算氮气和氢气的等物质的量混合物在 100℃ 和 15.86MPa 下的摩尔体积（二元交互作用参数 k_{ij} 近似取为 0）。

第 3 章

纯流体热力学性质焓和熵的计算

引言

第 2 章介绍的流体的 $p\text{-}V\text{-}T$ 是表征流体状态的三个基本物理量，是流体热力学性质的重要组成部分。描述平衡状态下流体的宏观性质除了 $p\text{-}V\text{-}T$ 以外，还有一些与能量有关的函数，它们也是流体热力学性质的组成部分：热力学能（内能）U、焓 H、熵 S、Helmholtz 自由能 A 和 Gibbs 自由能 G 等。这些性质都是热力学状态函数，是化工过程计算分析和设计中不可缺少的重要依据，其数值对于化工过程中热、功或组成计算是必不可少的。

化工过程是一个以能量为源泉和动力将原料加工成为产品的过程，能量的转换、利用、回收和排放构成了化工过程用能的特点和规律。指导能量的有效利用是化工热力学重要课题，即从有效利用能量的角度研究实际生产过程的效率。它有两个层次：一是能量衡算，计算过程实际消耗的热、机械能和电能等，二是分析能量品位的变化，指明过程中引起能量品位产生不合理降低的薄弱环节，提供改进方向。这些都建立在热力学第一定律和第二定律的基础上，离不开最基础的热力学性质，特别是 H、S 的计算。

能量相关的热力学性质 $U\text{-}H\text{-}S\text{-}A\text{-}G$ 不易直接测量，但它们与可测的 $p\text{-}V\text{-}T$ 之间存在一定的关系。它们之间的关系表示如图 3-1 所示。

在第 2 章已经详细描述了可以测量的 $p\text{-}V\text{-}T$ 的关系，本章的主要任务就是将有用的、又不易测量的热力学性质 $U\text{-}H\text{-}S\text{-}A\text{-}G$ 表达为 $p\text{-}V\text{-}T$ 的函数，并结合 $p\text{-}V\text{-}T$ 关系式 EOS 模型，得出其他热力学性质的计算关系式和计算方法。本章为化工过程能量分析做准备，主要学习内容和目的如下。

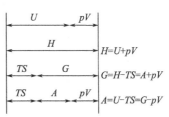

图 3-1　能量相关的热力学性质
与 $p\text{-}V\text{-}T$ 之间的关系

① 从热力学第一定律和第二定律出发，结合热力学性质的定义式，导出关联热力学性质的基本方程和 Maxwell 关系式。这些方程起桥梁和纽带的作用，它们把 $U\text{-}H\text{-}S\text{-}A\text{-}G$ 等热力学性质与容易测量的 $p\text{-}V\text{-}T$ 及热容等性质联系起来。

② 通过热力学基本方程和 Maxwell 关系式导出 H 和 S 的通用计算关系式。

③ 为便于化工设计计算，引入基准态和剩余性质，计算纯流体的绝对 H 值和绝对 S 值，并计算实际化工过程的焓变 ΔH 和熵变 ΔS。

④ 除复杂的方程解析法外，为简化流体热力学性质的获取，工程专家制作了许多热力学性质图表，本章将介绍几种常用热力学性质图表的识读和应用。

3.1　热力学性质间的关系

3.1.1　热力学基本方程

要用易测量性质去计算那些不易测量性质，必须理清两者之间的关系。热力学性质之间存在着各种函数关系，这些函数关系式是计算热力学性质的基础。在物理化学中，根据热力学第一定律和第二定律对定量、定组成的均相体系，在非流动条件下可得到如下关系式：

$$dU = TdS - pdV \tag{3-1}$$

对热力学函数定义式 $H = U + pV$ 和 $A = U - TS$ 两边取全微分并将式（3-1）代入得：

$$dH = TdS + Vdp \tag{3-2}$$

$$dA = -SdT - pdV \tag{3-3}$$

而 $G = H - TS$，对其取全微分并将式（3-2）代入得：

$$dG = -SdT + Vdp \tag{3-4}$$

式（3-1）～式（3-4）是最基本的关系式，所有其他的函数关系式均由此导出，这组热力学基本方程有时也称为微分能量表达式。它们既可用于单相，也可用于多相系统。因为式中各项均为系统的性质，是状态参数，与过程无关，故以上各式既可用于可逆过程，也可以用于不可逆过程。

若要计算两个状态之间的 U、H、A 或 G 的变化量，原则上可以由热力学基本关系式（3-1）～式（3-4）的积分获得。从数学的角度分析，右边的积分需要 p、V、T、S 之间的函数关系。对于纯流体单相体系，由相律可知 $F = C - \pi + 2 = 1 - 1 + 2 = 2$，体系只有两个自由度，一般选取易测得的 p、V、T 中的两个作为独立变量，通常以（T，p）和（T，V）作为独立变量最有实际意义。在工程应用中，p 和 T 更易于测量和操控，往往更常选作独立变量。总之，找到 U、H、S、A、G 等函数与 p、V、T 之间的关系对实际应用相当重要。

以式（3-2）的焓 H 为例，若要以 T 和 p 为独立变量，需要将 S 和 V 表达成为 T、p 的函数，即：

$$S = S(T, p) \tag{3-5}$$

$$V = V(T, p) \tag{3-6}$$

才能将 H 表达成 T、p 的函数：

$$H = H(T, p) \tag{3-7}$$

其中，式（3-6）即为第 2 章 p、V、T 之间的解析式关系 EOS，要实现 H 的计算，必须建立不可测量性质 S 与可测量性质 T、p 间的关系，这就需要 Maxwell 关系式作为桥梁。

3.1.2　Maxwell 关系式

热力学性质均为状态函数，而状态函数的特点是其数值上仅与状态有关，与到达这个状态的过程无关，相当于数学上的点函数。热力学函数 p、V、T 和 U、H、S、A、G 均为点函数。以热力学基本方程为基础，应用点函数的数学关系式即可导出 Maxwell 关系式。

对一个定量单组分单相体系，若体系的三种性质 x、y、z 的关系可用显函数表示点函数 $z = z(x, y)$，对其进行全微分，得：

$$dz = \left(\frac{\partial z}{\partial x}\right)_y dx + \left(\frac{\partial z}{\partial y}\right)_x dy \tag{3-8}$$

令 $M = \left(\frac{\partial z}{\partial x}\right)_y$，$N = \left(\frac{\partial z}{\partial y}\right)_x$，则：

$$dz = M dx + N dy \tag{3-9}$$

对式（3-8）求偏微分：

在 x 不变时，M 对 y 求偏微分：$\left(\dfrac{\partial M}{\partial y}\right)_x = \left[\dfrac{\partial}{\partial y}\left(\dfrac{\partial z}{\partial x}\right)_y\right]_x = \dfrac{\partial^2 z}{\partial x \partial y}$

在 y 不变时，N 对 x 求偏微分：$\left(\dfrac{\partial N}{\partial x}\right)_y = \left[\dfrac{\partial}{\partial x}\left(\dfrac{\partial z}{\partial y}\right)_x\right]_y = \dfrac{\partial^2 z}{\partial y \partial x}$

显然，对于连续函数 $\dfrac{\partial^2 z}{\partial x \partial y} = \dfrac{\partial^2 z}{\partial y \partial x}$，则：

$$\left(\frac{\partial M}{\partial y}\right)_x = \left(\frac{\partial N}{\partial x}\right)_y = \frac{\partial^2 z}{\partial x \partial y} \tag{3-10}$$

式（3-10）即点函数的基本数学关系式，称为全微分的充要条件。在进行热力学研究时，式（3-10）有如下两种含义。

① 如遇到式（3-9）的方程形式，则可根据式（3-10）来检定 dz 是否为全微分。如果 dz 是一个全微分，则在数学上 z 是点函数，在热力学上 z 就是系统的状态函数。

② 如果根据任何独立的推论，预知 z 是系统的一种性质（状态函数），则 dz 是全微分，式（3-10）将给出一种求得 x 与 y 之间数学关系的方法。

在点函数与其导数之间含有另一种关系，即：

$$\left(\frac{\partial x}{\partial y}\right)_z \left(\frac{\partial y}{\partial z}\right)_x \left(\frac{\partial z}{\partial x}\right)_y = -1 \tag{3-11}$$

式（3-11）也称为循环关系式或欧拉连锁式。当需要将变量加以变化时，这一方程非常有用，能够将任一简单变量用其他两个变量表示出来。此式易记，只需将 3 个变量按照自变量、因变量和恒定变量的次序循环列出即可。

由于 U、H、A、G 都是状态函数，将点函数基本数学关系式（3-10）应用于式（3-1）～式（3-4）四个热力学基本方程时，可得到著名的 Maxwell 关系式。

$$\left(\frac{\partial T}{\partial V}\right)_S = -\left(\frac{\partial p}{\partial S}\right)_V \tag{3-12}$$

$$\left(\frac{\partial T}{\partial p}\right)_S = \left(\frac{\partial V}{\partial S}\right)_p \tag{3-13}$$

$$\left(\frac{\partial S}{\partial V}\right)_T = \left(\frac{\partial p}{\partial T}\right)_V \tag{3-14}$$

$$\left(\frac{\partial S}{\partial p}\right)_T = -\left(\frac{\partial V}{\partial T}\right)_p \tag{3-15}$$

Maxwell 关系式中式（3-14）和式（3-15）最有用。它的重要意义在于将不可测量的 S 与可测量的 $p\text{-}V\text{-}T$ 联系起来，可用 $\left(\dfrac{\partial p}{\partial T}\right)_V$ 代替 $\left(\dfrac{\partial S}{\partial V}\right)_T$，用 $-\left(\dfrac{\partial V}{\partial T}\right)_p$ 代替 $\left(\dfrac{\partial S}{\partial p}\right)_T$。

热力学基本方程式（3-1）～式（3-4）不仅是推导 Maxwell 关系式的基础，也是推导其他热力学性质之间关系式的前提。为了方便对照，现将几组常见的关系式列于表 3-1 中。

表 3-1　几组常用的热力学关系式及对照表

定义式	微分式	Maxwell 关系式	热力学方程系数关系式
$\Delta U = Q + W$	$\mathrm{d}U = T\mathrm{d}S - p\mathrm{d}V$	$\left(\dfrac{\partial T}{\partial V}\right)_S = -\left(\dfrac{\partial p}{\partial S}\right)_V$	$\left(\dfrac{\partial U}{\partial V}\right)_S = -p,\ \left(\dfrac{\partial U}{\partial S}\right)_V = T$
$H = U + pV$	$\mathrm{d}H = T\mathrm{d}S + V\mathrm{d}p$	$\left(\dfrac{\partial T}{\partial p}\right)_S = \left(\dfrac{\partial V}{\partial S}\right)_p$	$\left(\dfrac{\partial H}{\partial p}\right)_S = V,\ \left(\dfrac{\partial H}{\partial S}\right)_p = T$
$A = U - TS$	$\mathrm{d}A = -S\mathrm{d}T - p\mathrm{d}V$	$\left(\dfrac{\partial S}{\partial V}\right)_T = \left(\dfrac{\partial p}{\partial T}\right)_V$	$\left(\dfrac{\partial A}{\partial T}\right)_V = -S,\ \left(\dfrac{\partial A}{\partial V}\right)_T = -p$
$G = H - TS$	$\mathrm{d}G = -S\mathrm{d}T + V\mathrm{d}p$	$\left(\dfrac{\partial S}{\partial p}\right)_T = -\left(\dfrac{\partial V}{\partial T}\right)_p$	$\left(\dfrac{\partial G}{\partial T}\right)_p = -S,\ \left(\dfrac{\partial G}{\partial p}\right)_T = V$

表 3-1 中的公式看上去纷繁复杂，但这些看不清、摸不着的热力学函数可以仅仅通过可测的 $p\text{-}V\text{-}T$ 及几组关系式实现表达和计算，抽象复杂的本质是"大道至简"。

描述纯组分体系的 8 个热力学量 p、V、T、U、H、S、A 和 G，每 3 个均可构成一个偏导数，总共可构成 $A_8^3 = 336$ 个偏导数。由于存在倒易规则和循环关系式，这些偏导数中独立的一阶偏导数共 112 个，其中只有两类共 6 个可以通过实验直接测定。一类是由 $p\text{-}V\text{-}T$ 实验测定的偏导数；另一类就是由量热实验测定的偏导数。也就是说 106 个不可测偏导数必须借助与 6 个可测偏导数的联系才能使用。它们联系的桥梁和纽带就是热力学基本方程和 Maxwell 关系式！

【例 3-1】　试计算在 0.1013MPa 下，液态汞由 275K 恒容加热到 277K 时所产生的压力。

解：根据题意，求出 $\left(\dfrac{\partial p}{\partial T}\right)_V$ 即可求从 275K 恒容加热到 277K 时所产生的压力。

将式（3-11）重新排列，并分别用 p、V、T 代替 x、y、z，得：

$$\left(\frac{\partial p}{\partial T}\right)_V = -\frac{(\partial V/\partial T)_p}{(\partial V/\partial p)_T}$$

式中，$(\partial V/\partial T)_p$ 表示恒压时体积随温度的变化率，与物质的膨胀系数密切相关。体积膨胀系数的定义为 $\beta = \dfrac{1}{V}\left(\dfrac{\partial V}{\partial T}\right)_p$，液态汞的体积膨胀系数值由手册查得：$\beta = 0.00018\mathrm{K}^{-1}$。

$(\partial V/\partial p)_T$ 表示恒温时体积随压力的变化率，与物质的压缩系数相关。等温压缩系数的定义为 $\kappa = -\dfrac{1}{V}\left(\dfrac{\partial V}{\partial p}\right)_T$，液态汞的等温压缩系数值由手册查得：

$\kappa = 0.0000385\mathrm{MPa}^{-1}$

则：$\left(\dfrac{\partial p}{\partial T}\right)_V = -\dfrac{(\partial V/\partial T)_p}{(\partial V/\partial p)_T} = \dfrac{0.00018}{0.0000385} = 4.675\mathrm{MPa \cdot K}^{-1}$

故液态汞由 275K 恒容加热到 277K 时压力的变化为：

$\Delta p = \left(\dfrac{\partial p}{\partial T}\right)_V \Delta T = 4.675 \times (277 - 275) = 9.35\mathrm{MPa}$

则液态汞 277K 时的绝压为：$p = p_0 + \Delta p = 0.1013 + 9.35 = 9.45\mathrm{MPa}$

3.1.3　热容关系式

热容表示物体温度升高 1K 时所吸收的热，升温过程不同，热容值也不同。若过程在定压下进行，称为恒压热容 C_p，在定容下进行是恒容热容 C_V。若物体的物质的量为 1mol，则可分别称为恒压摩尔热容或恒容摩尔热容，但一般仍简称为恒压热容或恒容热容，单位为 $J \cdot mol^{-1} \cdot K^{-1}$。

C_p 和 C_V 的定义式分别为：

$$C_p = \left(\frac{\partial H}{\partial T}\right)_p \tag{3-16}$$

$$C_V = \left(\frac{\partial U}{\partial T}\right)_V \tag{3-17}$$

由式（3-16）和式（3-17）可知 C_p 和 C_V 分别是焓和热力学能对温度的导数，由 C_p 可求不同温度下的焓差 ΔH，由 C_V 求不同温度下的热力学能差 ΔU，由于化工过程多为敞开体系流动系统，ΔH 比 ΔU 重要得多，因此，C_p 也比 C_V 重要。反过来，C_p 和 C_V 又可由实测的 ΔH 和 ΔU 求导而得。

由物理化学可知，C_p 和 C_V 之间的关系可以用流体的 p-V-T 关系表示：

$$C_p - C_V = T\left(\frac{\partial V}{\partial T}\right)_p \left(\frac{\partial p}{\partial T}\right)_V \tag{3-18}$$

若将理想气体状态方程代入式（3-18），可得理想气体恒压热容和恒容热容的关系式：

$$C_p^{ig} - C_V^{ig} = R \tag{3-19}$$

3.1.3.1 理想气体热容

理想气体的热容可根据式（3-16）和式（3-17）由量热实验测得。理想气体的热容只是温度的函数，但函数的形式目前在理论上尚无法求出，可根据实验数据归纳出经验公式，如：

$$C_p^{ig} = A + BT + CT^2 \tag{3-20}$$

当温度范围更大或回归准确度更高时，可以采用下式：

$$C_p^{ig} = A + BT + CT^2 + DT^3 \tag{3-21}$$

对于理想气体的热容，要注意以下几点：

① A、B、C 和 D 均属于物性常数，可以通过实验数据回归求取。本书附录 4 列出了部分常用物质的常数值。

② 理想气体的 $C_p^{ig} = f(T)$ 的关联式可近似用于低压下的真实气体，但不能用于压力较高的真实气体。

③ 查找常数时要注意单位和适用温度范围。一般情况下，式（3-20）温度适应范围小，式（3-21）温度适应范围大。

④ 当缺乏实验数据时，可以用基团贡献法进行估算。

3.1.3.2 真实气体热容

真实气体热容不同于理想气体热容，它既是温度的函数，又是压力的函数，即 $C_p = f(T, p)$。真实气体热容实验数据很少，也缺乏数据整理和关联，压力不算高的情况下，工程上一般借助于同温同压下理想气体热容计算。在化工过程中，如高压下的加热、冷却等工艺计算中也常常要用到真实气体热容，工程上常常借助于普遍化热容差图来计算高压下真实气体的热容。

3.1.3.3　液体和固体热容

除了在低温区（近凝固点）的一小段范围内，液体热容一般随温度上升，在正常沸点附近，大多数有机物的热容为 $1.2 \sim 2 \mathrm{J} \cdot \mathrm{g}^{-1} \cdot \mathrm{K}^{-1}$，在此温度范围内，压力对热容基本没有影响。

许多常用物质的热容数据可以从手册中查出，尤其是烃类物质。工程上适用的液体热容估算方法有基团贡献法与对比态法等。

固体热容数据比较少，常用的关联式与气体及液体热容的经验关联式相似。

3.2　热力学性质 H、S 的计算关系式

前已述及，化工过程能量分析离不开焓 H 和熵 S，所以在化工计算中，H、S 的计算占有极其重要的地位。在本节后续的推导中我们会发现，H 和 S 的计算最终仅与气体的热容以及 p-V-T 关系有关，因此，气体热容的求取相当重要，而 p-V-T 关系已在第 2 章有详细讲述。

3.2.1　H、S 随 T、p 变化的关系式

对于定组成单相体系，由相律可知，自由度为 $F = C - \pi + 2 = 1 - 1 + 2 = 2$，则对于热力学函数可以用任意两个其他的热力学变量（通常选择可测量 p、V、T 作为自变量）来表示，如：$H = f(T, p)$，$H = g(T, V)$，$H = h(p, V)$，工程上一般选择容易用仪器或仪表测量的温度 T 和压力 p 作为自变量。

若选用 T、p 作为变量，取函数关系式为 $H = H(T, p)$，则 H 的全微分可表示为：

$$\mathrm{d}H = \left(\frac{\partial H}{\partial T}\right)_p \mathrm{d}T + \left(\frac{\partial H}{\partial p}\right)_T \mathrm{d}p \tag{3-22}$$

由热容的定义式有：

$$C_p = \left(\frac{\partial H}{\partial T}\right)_p \tag{3-16}$$

另外，在恒温条件下，由式 $\mathrm{d}H = T\mathrm{d}S + V\mathrm{d}p$ 两边同时除以 $\mathrm{d}p$ 可得：

$$\left(\frac{\partial H}{\partial p}\right)_T = T\left(\frac{\partial S}{\partial p}\right)_T + V \tag{3-23}$$

又由 Maxwell 关系式：

$$\left(\frac{\partial S}{\partial p}\right)_T = -\left(\frac{\partial V}{\partial T}\right)_p \tag{3-15}$$

则：

$$\left(\frac{\partial H}{\partial p}\right)_T = -T\left(\frac{\partial V}{\partial T}\right)_p + V \tag{3-24}$$

将式 (3-16) 和式 (3-24) 代入式 (3-22) 可得：

$$\mathrm{d}H = C_p \mathrm{d}T + \left[V - T\left(\frac{\partial V}{\partial T}\right)_p\right]\mathrm{d}p \tag{3-25}$$

式 (3-25) 即为 H 的基本关系式。方程右边第一项系数为热容，对于理想气体，热容有实验值；第二项系数为 p-V-T 关系式，可使用第 2 章讨论的 EOS 计算。通过式 (3-25)，

难测的 H 就可以与易测的 C_p 和 p-V-T 联系起来。在特定条件下，可以将式（3-25）进行简化：

① 温度恒定时： $$dH = \left[V - T\left(\frac{\partial V}{\partial T}\right)_p \right] dp$$

② 压力恒定时： $$dH = C_p dT$$

③ 对于理想气体，由 $V = \frac{RT}{p}$，则 $\left(\frac{\partial V}{\partial T}\right)_p = \frac{R}{p}$，即 $V - T\left(\frac{\partial V}{\partial T}\right)_p = 0$，故 $dH^{ig} = C_p^{ig} dT$，该式进一步证明了理想气体的 H 仅是温度的函数。

同理，熵 $S = S(T, p)$ 的全微分可表示为：

$$dS = \left(\frac{\partial S}{\partial T}\right)_p dT + \left(\frac{\partial S}{\partial p}\right)_T dp \tag{3-26}$$

在恒压条件下，由式 $dH = TdS + Vdp$ 两边同时除以 dT 可得：

$$\left(\frac{\partial H}{\partial T}\right)_p = T\left(\frac{\partial S}{\partial T}\right)_p \tag{3-27}$$

由热容的定义式有：

$$C_p = \left(\frac{\partial H}{\partial T}\right)_p \tag{3-16}$$

则

$$\left(\frac{\partial S}{\partial T}\right)_p = \frac{1}{T}\left(\frac{\partial H}{\partial T}\right)_p = \frac{C_p}{T} \tag{3-28}$$

结合 Maxwell 关系式（3-15），并将式（3-28）代入式（3-26）可得：

$$dS = \frac{C_p}{T} dT - \left(\frac{\partial V}{\partial T}\right)_p dp \tag{3-29}$$

式（3-29）即为 S 的基本关系式。方程右边第一项系数为热容/温度，对于理想气体，热容有实验值；第二项系数为 p-V-T 关系式，可使用第 2 章讨论的 EOS 计算。通过式（3-29），难测的 S 就可以与易测的 C_p 和 p-V-T 联系起来。在特定条件下，可以将式（3-29）进行简化：

① 温度恒定时： $$dS = -\left(\frac{\partial V}{\partial T}\right)_p dp$$

② 压力恒定时： $$dS = \frac{C_p}{T} dT$$

③ 对于理想气体： $dS^{ig} = \frac{C_p^{ig}}{T} dT - \left(\frac{\partial V}{\partial T}\right)_p dp = \frac{C_p^{ig}}{T} dT - \frac{R}{p} dp$

同理，若把 S 表示成 T 和 V 的函数，可得：

$$dS = \frac{C_V}{T} dT + \left(\frac{\partial p}{\partial T}\right)_V dV \tag{3-30}$$

在计算热力学能时，用 T 和 V 作为自变量比较方便。已知 $dU = TdS - pdV$，将式（3-30）代入即得：

$$dU = C_V dT + \left[T\left(\frac{\partial p}{\partial T}\right)_V - p \right] dV \tag{3-31}$$

纵观公式（3-25）、式（3-29）～式（3-31）发现，无论是 dH、dS 还是 dU，无论它们原先是怎样的表达式，经过热力学基本方程和 Maxwell 关系式的应用，最终它们仅与气体的热容 C_p，C_V 以及流体的 p-V-T 关系有关，使得这些性质的计算变得简单可行。利用式

（3-25）和式（3-29）积分计算的值为发生状态变化的焓变 ΔH 和熵变 ΔS，但是在工程中为了应用方便，需要某一状态下的绝对 H、S 值。

计算绝对 H、S 值的方法为：选定基准态，并为该状态下的 H、S 赋值，为便于计算，一般赋值为 0；基准态选定后，H、S 的值就等于基准态的数值再加上从基准态到目标状态过程的 ΔH 和 ΔS，而基准态的 H、S 值为 0，此时计算出的 ΔH 和 ΔS 即为目标状态下的绝对 H、S 值。

基准态的选择是任意的，但习惯上，通常以物质在熔点时的饱和液体或以正常沸点时的饱和液体作为基准态。不管温度如何选择，基准态的压力应足够低。因为只有在低压下，才可能将理想气体的热容用于气体热力学性质的计算中。需要说明的是，在工程计算中，一旦基准态确定下来，在整个工程计算中就不能改变。在应用不同来源的数据时，首先要注意它们的基准态是否相同，若不同，则数据之间不能进行运算。

【例 3-2】 试以 T、V 为自变量推导 dH 的表达式。

解： 由于 $p = p(T, V)$，则 p 的全微分可表示为：$dp = \left(\dfrac{\partial p}{\partial T}\right)_V dT + \left(\dfrac{\partial p}{\partial V}\right)_T dV$

又由式（3-30）：$dS = \dfrac{C_V}{T} dT + \left(\dfrac{\partial p}{\partial T}\right)_V dV$

将以上两个式子代入热力学基本方程 $dH = TdS + Vdp$，整理得：

$$dH = \left[C_V + V\left(\frac{\partial p}{\partial T}\right)_V\right] dT + \left[T\left(\frac{\partial p}{\partial T}\right)_V + V\left(\frac{\partial p}{\partial V}\right)_T\right] dV$$

3.2.2 理想气体 H、S 的计算关系式

对于理想气体，由式（3-25）可知：

$$dH^{ig} = C_p^{ig} dT \tag{3-32}$$

积分得：

$$\int_{H_0^{ig}}^{H^{ig}} dH^{ig} = \int_{T_0}^{T} C_p^{ig} dT$$

即：

$$H^{ig} - H_0^{ig} = \int_{T_0}^{T} C_p^{ig} dT \tag{3-33}$$

式中，H^{ig} 为目标状态 T、p 的理想气体的焓；H_0^{ig} 为任意选择的基准态 T_0、p_0 的理想气体的焓。

由式（3-32）可知理想气体的 H 仅随温度变化，与压力无关。利用式（3-33），只要知道理想气体的恒压热容 C_p^{ig} 与温度间的函数关系，即可计算任意两个状态之间的 ΔH。同时可以看到，选取的基准态不同，则终态的 H 值数据也不同。

同理，由式（3-29）可知：

$$dS^{ig} = \frac{C_p^{ig}}{T} dT - \frac{R}{p} dp \tag{3-34}$$

积分得：

$$\int_{S_0^{ig}}^{S^{ig}} dS^{ig} = \int_{T_0}^{T} \frac{C_p^{ig}}{T} dT - \int_{p_0}^{p} \frac{R}{p} dp$$

即：

$$S^{ig} - S_0^{ig} = \int_{T_0}^{T} \frac{C_p^{ig}}{T} dT - R\ln\frac{p}{p_0} \tag{3-35}$$

式中，S^{ig} 为目标状态 T、p 的理想气体的熵；S_0^{ig} 为任意选择的基准态 T_0、p_0 的理想

气体的熵。

由式（3-35）可知，理想气体的 S 随温度和压力发生变化，同时与选取的基准态也有关。

在工程上，低压下的气体视为理想气体，而理想气体的 C_p^{ig} 仅是温度的函数，因此，计算低压下的气体的 ΔH 和 ΔS 比较方便。但实际过程中涉及的体系往往都是真实气体，真实气体的 H 和 S 计算才是热力学性质计算的关键。

3.2.3 真实气体 H、S 的计算关系式

工程上需要计算的通常是真实气体，对于真实气体也可以直接利用 H、S 的基本关系式（3-25）和式（3-29）进行计算。

$$dH = C_p dT + \left[V - T\left(\frac{\partial V}{\partial T}\right)_p \right] dp \tag{3-25}$$

$$dS = \frac{C_p}{T} dT - \left(\frac{\partial V}{\partial T}\right)_p dp \tag{3-29}$$

但必须理清真实气体与恒压热容的关系。由 3.1.3 节可知：

理想气体热容： $$C_p^{ig} = f(T)$$

真实气体热容： $$C_p = f(T, p)$$

若已知真实气体的 C_p，相应的 H、S 的计算方法与理想气体 H、S 的计算方法相同。但由于真实气体的 C_p 实验数据缺乏，经验方程也不多见。因此式（3-25）和式（3-29）在实际应用上受到一定的局限性。

对于真实流体，利用 H、S 是状态函数的特性，因为状态函数只要最初和最终状态相同，则计算的结果是一致的，可以设计变化的虚拟途径。当无化学反应时，如果流体由状态 $1(T_1, p_1)$ 变化到状态 $2(T_2, p_2)$，虚拟途径如图 3-2 所示。根据图 3-2，则该过程中的 ΔH 和 ΔS 分别为：

$$\Delta H = -H_1^R + \Delta H^{ig} + H_2^R \tag{3-36}$$

$$\Delta S = -S_1^R + \Delta S^{ig} + S_2^R \tag{3-37}$$

对于理想气体的 ΔH^{ig}、ΔS^{ig} 可用式（3-32）和式（3-34）积分计算。为了计算上述 ΔH 和 ΔS，关键要

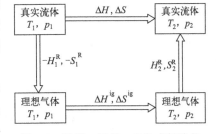

图 3-2　计算 ΔH 和 ΔS 的虚拟途径

计算式中的 H_i^R、S_i^R。显然，H_i^R、S_i^R 表示同温同压下的真实流体与理想气体 H、S 值的差额，这就是剩余性质。

3.3　真实流体的剩余性质

3.3.1　剩余性质的定义

真实流体的分子之间存在相互作用，这种分子间的作用力随着体系压力升高或者流体密

度的增大而变得不容忽视。从第 2 章的讨论可知，理想气体状态方程已不能描述真实流体的 p-V-T 关系。实际上并不存在高压下的理想气体，这只是一种虚拟的假想态。所以剩余性质是一个假想的概念，而用这个概念可以找出真实状态与假想的理想状态之间热力学性质的差额，从而算出真实状态下气体的热力学性质。这是热力学处理问题的方法，化繁为简。

广义地说，图 3-1 所示的虚拟途径对其他广度热力学性质的计算同样有效。因此，将同温、同压下真实流体与理想气体广度热力学性质 M 的差额定义为剩余性质，用符号 M^R 表示，其数学表达式为：

$$M^R = M(T, p) - M^{ig}(T, p) \tag{3-38}$$

式（3-38）是剩余性质定义式的通式，M 可以是 V、U、H、S、A 或 G 等。剩余焓和剩余熵的定义式可用式（3-38）表示。

$$H^R = H(T, p) - H^{ig}(T, p) \tag{3-39}$$

$$S^R = S(T, p) - S^{ig}(T, p) \tag{3-40}$$

为了计算真实流体的热力学函数 M（如 H、S）值，可将式（3-38）写成：

$$M(T, p) = M^{ig}(T, p) + M^R \tag{3-41}$$

式（3-41）表明，要求取真实流体的热力学性质，需要计算两部分性质。首先是理想气体的热力学性质 M^{ig} 之值，H^{ig}、S^{ig} 可用式（3-33）和式（3-35）进行计算。其次是剩余性质 M^R，它是对理想气体热力学函数校正的性质，其值取决于真实气体的 p-V-T 关系。

3.3.2　剩余性质的计算

由剩余焓的定义式（3-39），等号两边在恒温条件下同时对压力求偏导：

$$dH^R = \left[\left(\frac{\partial H}{\partial p} \right)_T - \left(\frac{\partial H^{ig}}{\partial p} \right)_T \right] dp \tag{3-42}$$

由于理想气体的 H 值只与温度有关，则 $(\partial H^{ig} / \partial p)_T = 0$，同时恒温条件下，$H$ 值与压力的关系式为：

$$\left(\frac{\partial H}{\partial p} \right)_T = -T \left(\frac{\partial V}{\partial T} \right)_p + V \tag{3-24}$$

将式（3-24）代入式（3-42），积分可得：

$$H^R = \int_{p \to 0}^{p} \left[V - T \left(\frac{\partial V}{\partial T} \right)_p \right]_T dp \tag{3-43}$$

式中，$p \to 0$ 时，流体处于理想气体状态，根据剩余性质的定义，$H^R \to 0$。

由式（3-43）可知，剩余焓的计算式仅为 p-V-T 的函数，可通过第 2 章描述的 EOS 求取。

同理，将式（3-40）在一定温度下对压力求偏导数，积分整理：

$$S^R = \int_{p \to 0}^{p} \left[\frac{R}{p} - \left(\frac{\partial V}{\partial T} \right)_p \right]_T dp \tag{3-44}$$

将式（3-33）、式（3-35）、式（3-43）和式（3-44）分别代入式（3-39）和式（3-40）可得：

$$H = H^{ig} + H^R = H_0^{ig} + \int_{T_0}^{T} C_p^{ig} dT + \int_{p \to 0}^{p} \left[V - T \left(\frac{\partial V}{\partial T} \right)_p \right]_T dp \tag{3-45}$$

$$S = S^{ig} + S^R = S_0^{ig} + \int_{T_0}^{T} \frac{C_p^{ig}}{T} dT - R \ln \frac{p}{p_0} + \int_{p \to 0}^{p} \left[\frac{R}{p} - \left(\frac{\partial V}{\partial T} \right)_p \right]_T dp \tag{3-46}$$

由式（3-45）和（3-46）知，要计算一定状态下，真实气体的 H、S 值，需要有下列三类数据：

① 基准态的 H、S 值，即确定 H_0^{ig}、S_0^{ig} 的数值，一般赋值为0。

② 理想气体恒压热容与温度的函数关系 $C_p^{ig} = f(T)$，有经验关系式，详见附录4。

③ 真实流体 p-V-T 关系，即 EOS，第2章已详细介绍，可解决 H^R、S^R 的计算。

值得特别指出的是式（3-45）和式（3-46）真实气体 H、S 的求取只需要理想气体 C_p^{ig}，避开了难求的真实气体 C_p，这就是提出剩余性质的目的，也是热力学处理问题的方法。

3.3.3　用立方型状态方程计算剩余性质

利用立方型状态方程和普遍化状态方程是计算 H^R、S^R 最常用的方法，本节主要讨论利用立方型状态方程计算 H^R、S^R。如果状态方程是 $V = V(T, p)$ 形式，可直接利用式（3-43）求取 H^R。但立方型状态方程通常是压力的显函数 $p = p(T, V)$ 形式，则需要先将 $(\partial V / \partial T)_p$ 转换成 $(\partial p / \partial T)_V$ 的形式，可将 p、V、T 用于循环关系式（3-11）可得：

$$\left(\frac{\partial p}{\partial T}\right)_V \left(\frac{\partial T}{\partial V}\right)_p \left(\frac{\partial V}{\partial p}\right)_T = -1 \tag{3-47}$$

整理得：

$$\left(\frac{\partial V}{\partial T}\right)_p = -\left(\frac{\partial p}{\partial T}\right)_V \left(\frac{\partial V}{\partial p}\right)_T$$

或：

$$\left[\left(\frac{\partial V}{\partial T}\right)_p dp\right]_T = -\left[\left(\frac{\partial p}{\partial T}\right)_V dV\right]$$

由 $d(pV) = p dV + V dp$，积分可得：

$$\int_{p_0 V_0}^{pV} d(pV) = pV - p_0 V_0 = \int_{p_0}^{p} V dp + \int_{V_0}^{V} p dV$$

又 $p_0 V_0 \rightarrow 0$ 时，$p_0 V_0 = RT$

将以上关系式代入到式（3-43）式（3-44），得：

$$H^R = pV - RT - \int_{V_0}^{V} p dV + T \int_{V_0}^{V} \left(\frac{\partial p}{\partial T}\right)_V dV \tag{3-48}$$

$$S^R = R \ln Z + \int_{V_0}^{V} \left[\left(\frac{\partial p}{\partial T}\right)_V - \frac{R}{V}\right] dV \tag{3-49}$$

式（3-48）和式（3-49）适用于以 p 为显函数的状态方程。

以 RK 方程 $p = \dfrac{RT}{V-b} - \dfrac{a}{T^{0.5}V(V+b)}$ 为例，在 V 不变的条件下对 T 求偏导数得：

$$\left(\frac{\partial p}{\partial T}\right)_V = \frac{R}{V-b} + \frac{a}{2T^{1.5}V(V+b)} \tag{3-50}$$

将 RK 方程、式（3-50）代入式（3-48）和式（3-49），整理得：

$$\frac{H^R}{RT} = Z - 1 - \frac{3a}{2bRT^{1.5}} \ln\left(1 + \frac{b}{V}\right) \tag{3-51}$$

$$\frac{S^R}{R} = \ln\frac{p(V-b)}{RT} - \frac{a}{2bRT^{1.5}} \ln\left(1 + \frac{b}{V}\right) \tag{3-52}$$

令 $A = \dfrac{ap}{R^2 T^{2.5}}$，$B = \dfrac{bp}{RT}$ 代入式（3-51）和式（3-52）可简化得：

$$\frac{H^R}{RT} = Z - 1 - \frac{3}{2}\frac{A}{B}\ln\left(1 + \frac{B}{Z}\right) \tag{3-53}$$

$$\frac{S^R}{R} = -\frac{1}{2}\frac{A}{B}\ln\left(1 + \frac{B}{Z}\right) + \ln(Z - B) \tag{3-54}$$

因此，用 RK 方程计算 H^R、S^R 关键在于计算 Z、A、B。这类方法属于分析计算法，只要有合适的状态方程，就可以利用类似于上述的方法进行计算。立方型状态方程和多常数状态方程的计算结果也比其他方法准确，表 3-2 列出了常用状态方程计算 H^R、S^R 的表达式。此外，利用剩余性质计算流体的热力学性质时一般只需计算 H 和 S，一旦计算出 H 和 S，其他的热力学性质 U、A 和 G 就可以使用定义式求得。

表 3-2　常用状态方程计算 H^R、S^R 的表达式

状态方程	$\dfrac{H^R}{RT}$	$\dfrac{S^R}{R}$
RK 方程 式(2-10)	$Z - 1 - \dfrac{3a}{2bRT^{1.5}}\ln\left(1 + \dfrac{b}{V}\right)$	$\ln\dfrac{p(V-b)}{RT} - \dfrac{a}{2bRT^{1.5}}\ln\left(1 + \dfrac{b}{V}\right)$
SRK 方程 式(2-12)	$Z - 1 - \dfrac{1}{bRT}\left[a - T\left(\dfrac{\mathrm{d}a}{\mathrm{d}T}\right)\right]\ln\left(1 + \dfrac{b}{V}\right)$ 其中　$\left(\dfrac{\mathrm{d}a}{\mathrm{d}T}\right) = -m\left(\dfrac{aa_c}{TT_c}\right)^{0.5}$	$\ln\dfrac{p(V-b)}{RT} + \dfrac{1}{bR}\left(\dfrac{\mathrm{d}a}{\mathrm{d}T}\right)\ln\left(1 + \dfrac{b}{V}\right)$
PR 方程 式(2-16)	$Z - 1 - \dfrac{1}{2\sqrt{2}\,bRT}\left[a - T\left(\dfrac{\mathrm{d}a}{\mathrm{d}T}\right)\right]\ln\dfrac{V+(\sqrt{2}+1)b}{V-(\sqrt{2}-1)b}$ 其中，　$\left(\dfrac{\mathrm{d}a}{\mathrm{d}T}\right) = -m\left(\dfrac{aa_c}{TT_c}\right)^{0.5}$	$\ln\dfrac{p(V-b)}{RT} + \dfrac{1}{2\sqrt{2}\,bR}\left(\dfrac{\mathrm{d}a}{\mathrm{d}T}\right)\ln\dfrac{V+(\sqrt{2}+1)b}{V-(\sqrt{2}-1)b}$
MH 方程 式(2-30)	$Z - 1 + \dfrac{1}{RT}\sum\limits_{i=2}^{5}\dfrac{f_i(T) - T\dfrac{\mathrm{d}f_i(T)}{\mathrm{d}T}}{(i-1)(V-b)^{i-1}}$	$\ln\dfrac{p(V-b)}{RT} - \dfrac{1}{R}\sum\limits_{i=2}^{5}\dfrac{\dfrac{\mathrm{d}f_i(T)}{\mathrm{d}T}}{(i-1)(V-b)^{i-1}}$

【例 3-3】 试采用 RK 方程计算 500K，20MPa 下乙烷的 H^R。

解： 从附录 2 查得乙烷的临界参数为：$T_c = 305.4\text{K}$，$p_c = 4.884\text{MPa}$

代入式（2-11a）和式（2-11b）得：

$$a = 0.42748\frac{R^2 T_c^{2.5}}{p_c} = 0.42748 \times \frac{8.314^2 \times 305.4^{2.5}}{4.884 \times 10^6} = 9.8613\,\text{Pa} \cdot \text{m}^6 \cdot \text{K}^{0.5} \cdot \text{mol}^{-2}$$

$$b = 0.08664\frac{RT_c}{p_c} = 0.08664 \times \frac{8.314 \times 305.4}{4.884 \times 10^6} = 4.5042 \times 10^{-5}\,\text{m}^3 \cdot \text{mol}^{-1}$$

选用 RK 方程，由 ChemEngThermCal 软件计算得其摩尔体积为：

$$V = 179.29\text{cm}^3 \cdot \text{mol}^{-1}$$

则压缩因子为：$Z = \dfrac{pV}{RT} = \dfrac{20 \times 179.29}{8.314 \times 500} = 0.8626$

$$\frac{b}{V} = \frac{B}{Z} = \frac{bp}{ZRT} = \frac{4.5042 \times 10^{-5} \times 20 \times 10^6}{0.8626 \times 8.314 \times 500} = 0.2512$$

$$\frac{A}{B} = \frac{a}{bRT^{1.5}} = \frac{9.8613}{4.5042 \times 10^{-5} \times 8.314 \times 500^{1.5}} = 2.3553$$

由式（3-53）得：

$$\frac{H^R}{RT} = Z - 1 - \frac{3}{2} \frac{A}{B} \ln\left(1 + \frac{B}{Z}\right) = 0.8626 - 1 - \frac{3}{2} \times 2.3553 \times \ln(1 + 0.2512) = -0.9291$$

则：$H^R = -0.9291 \times 8.314 \times 500 = -3862.27 \mathrm{J \cdot mol^{-1}}$

3.3.4　用普遍化状态方程计算剩余性质

在工程计算中，特别是计算高压下的热力学函数时常常缺乏所需流体的 $p\text{-}V\text{-}T$ 数据。为此，将第 2 章所介绍的压缩因子的普遍化方法 $Z = f(T_r, p_r, \omega)$ 扩展到对剩余性质的计算中。下面首先导出一般公式，然后分别介绍用普遍化压缩因子图法和普遍化第二 virial 系数法计算 H^R、S^R。

由于 $V = ZRT/p$，且压缩因子是温度的函数，可得：

$$\left(\frac{\partial V}{\partial T}\right)_p = \frac{R}{p}\left[\frac{\partial(ZT)}{\partial T}\right]_p = \frac{R}{p}\left[Z + T\left(\frac{\partial Z}{\partial T}\right)_p\right] \tag{3-55}$$

将式（3-55）代入式（3-43）和式（3-44），可得到用 Z 表示的 H^R、S^R 关系式：

$$\frac{H^R}{RT} = -T \int_{p \to 0}^{p} \left(\frac{\partial Z}{\partial T}\right)_p \frac{\mathrm{d}p}{p} \tag{3-56}$$

$$\frac{S^R}{R} = -\int_{p \to 0}^{p} \left[(Z - 1) + T\left(\frac{\partial Z}{\partial T}\right)_p\right] \frac{\mathrm{d}p}{p} \tag{3-57}$$

3.3.4.1　普遍化压缩因子图法

将式（3-56）和式（3-57）写成对比态形式：

$$\frac{H^R}{RT_c} = -T_r^2 \int_{p_r \to 0}^{p_r} \left(\frac{\partial Z}{\partial T_r}\right)_{p_r} \frac{\mathrm{d}p_r}{p_r} \tag{3-58}$$

$$\frac{S^R}{R} = -T_r \int_{p_r \to 0}^{p_r} \left(\frac{\partial Z}{\partial T_r}\right)_{p_r} \frac{\mathrm{d}p_r}{p_r} - \int_{p_r \to 0}^{p_r} (Z - 1) \frac{\mathrm{d}p_r}{p_r} \tag{3-59}$$

由 $p = p_c p_r$，$T = T_c T_r$，$Z = Z^{(0)} + \omega Z^{(1)}$，对式（3-58）和式（3-59）进行普遍化处理，整理得：

$$\frac{H^R}{RT_c} = \frac{(H^R)^0}{RT_c} + \omega \frac{(H^R)^1}{RT_c} \tag{3-60}$$

$$\frac{S^R}{R} = \frac{(S^R)^0}{R} + \omega \frac{(S^R)^1}{R} \tag{3-61}$$

与真实气体的 $p\text{-}V\text{-}T$ 性质的计算方法一样，普遍化压缩因子图法用于计算 H^R、S^R 时也需要查图。$\dfrac{(H^R)^0}{RT_c}$、$\dfrac{(H^R)^1}{RT_c}$、$\dfrac{(S^R)^0}{R}$、$\dfrac{(S^R)^1}{R}$ 皆是 T_r、p_r 的函数，可通过查图 3-3～图 3-10 得到。将物质的偏心因子和查图得到的值代入式（3-60）和式（3-61）计算，即可得到 H^R、S^R。普遍化压缩因子图法的适用范围也由图 2-10 确定。

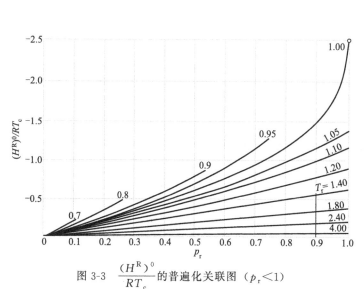

图 3-3 $\dfrac{(H^R)^0}{RT_c}$ 的普遍化关联图（$p_r < 1$）

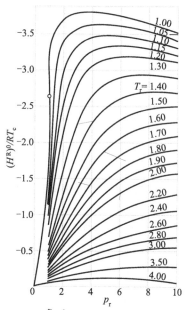

图 3-4 $\dfrac{(H^R)^0}{RT_c}$ 的普遍化关联图（$p_r > 1$）

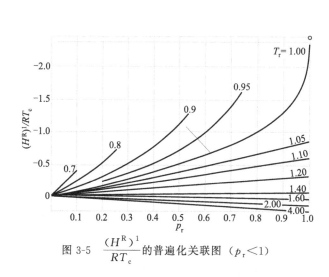

图 3-5 $\dfrac{(H^R)^1}{RT_c}$ 的普遍化关联图（$p_r < 1$）

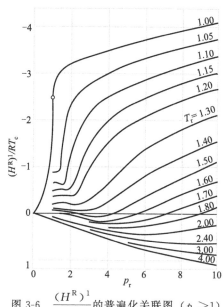

图 3-6 $\dfrac{(H^R)^1}{RT_c}$ 的普遍化关联图（$p_r > 1$）

3.3.4.2 普遍化第二 virial 系数法

virial 方程的两项截断式为：
$$Z = 1 + \frac{Bp}{RT} \tag{2-28}$$

式（2-28）在恒压下对 T 求偏导得：

$$\left(\frac{\partial Z}{\partial T}\right)_p = \frac{p}{R}\left[\frac{\partial (B/T)}{\partial T}\right]_p = \frac{p}{R}\left(\frac{1}{T}\frac{\mathrm{d}B}{\mathrm{d}T} - \frac{B}{T^2}\right) \tag{3-62}$$

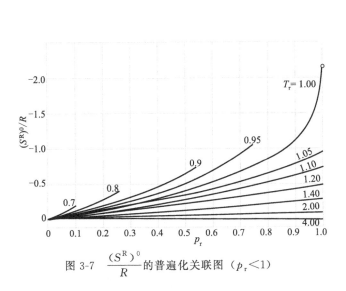

图 3-7 $\dfrac{(S^{\mathrm{R}})^0}{R}$ 的普遍化关联图 ($p_{\mathrm{r}} < 1$)

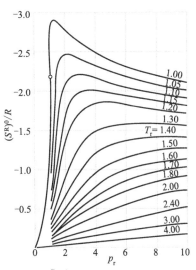

图 3-8 $\dfrac{(S^{\mathrm{R}})^0}{R}$ 的普遍化关联图 ($p_{\mathrm{r}} > 1$)

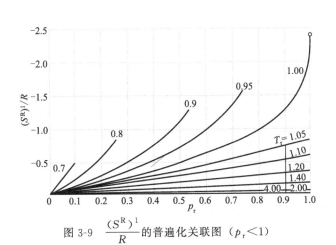

图 3-9 $\dfrac{(S^{\mathrm{R}})^1}{R}$ 的普遍化关联图 ($p_{\mathrm{r}} < 1$)

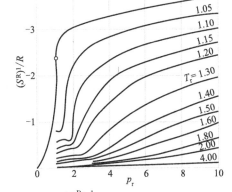

图 3-10 $\dfrac{(S^{\mathrm{R}})^1}{R}$ 的普遍化关联图 ($p_{\mathrm{r}} > 1$)

将 Z 和式（3-62）代入式（3-43）和式（3-44），并在恒温下积分，整理得：

$$\frac{H^{\mathrm{R}}}{RT} = -\frac{p}{R}\left(\frac{\mathrm{d}B}{\mathrm{d}T} - \frac{B}{T}\right) \tag{3-63}$$

$$\frac{S^{\mathrm{R}}}{R} = -\frac{p}{R}\frac{\mathrm{d}B}{\mathrm{d}T} \tag{3-64}$$

由式（2-41）知：

$$B = \frac{RT_{\mathrm{c}}}{p_{\mathrm{c}}}(B^{(0)} + \omega B^{(1)}) \tag{3-65}$$

对式（3-65）求导得：

$$\frac{\mathrm{d}B}{\mathrm{d}T} = \frac{RT_{\mathrm{c}}}{p_{\mathrm{c}}}\left(\frac{\mathrm{d}B^{(0)}}{\mathrm{d}T} + \omega\frac{\mathrm{d}B^{(1)}}{\mathrm{d}T}\right) \tag{3-66}$$

将式（3-66）代入式（3-63）和式（3-64）得：

$$\frac{H^{\mathrm{R}}}{RT} = -\frac{pT_{\mathrm{c}}}{p_{\mathrm{c}}}\left[\left(\frac{\mathrm{d}B^{(0)}}{\mathrm{d}T} - \frac{B^{(0)}}{T}\right) + \omega\left(\frac{\mathrm{d}B^{(1)}}{\mathrm{d}T} - \frac{B^{(1)}}{T}\right)\right] \tag{3-67}$$

$$\frac{S^R}{R} = -\frac{pT_c}{p_c}\left(\frac{dB^{(0)}}{dT} + \omega \frac{dB^{(1)}}{dT}\right) \tag{3-68}$$

又由于 $p = p_c p_r$，$T = T_c T_r$ 和 $dT = T_c dT_r$，可将式（3-67）和式（3-68）写成对比态形式：

$$\frac{H^R}{RT} = -p_r\left[\left(\frac{dB^{(0)}}{dT_r} - \frac{B^{(0)}}{T_r}\right) + \omega\left(\frac{dB^{(1)}}{dT_r} - \frac{B^{(1)}}{T_r}\right)\right] \tag{3-69}$$

$$\frac{S^R}{R} = -p_r\left(\frac{dB^{(0)}}{dT_r} + \omega \frac{dB^{(1)}}{dT_r}\right) \tag{3-70}$$

式中

$$B^{(0)} = 0.083 - \frac{0.422}{T_r^{1.6}}, \quad \frac{dB^{(0)}}{dT_r} = \frac{0.675}{T_r^{2.6}}$$

$$B^{(1)} = 0.139 - \frac{0.172}{T_r^{4.2}}, \quad \frac{dB^{(1)}}{dT_r} = \frac{0.722}{T_r^{5.2}}$$

式（3-69）和式（3-70）是用普遍化第二 virial 系数法计算 H^R、S^R 的公式。该方法的适用范围也由图 2-10 确定。用普遍化状态方程计算剩余性质的精度与三参数对应态关联式的精度有关，因而同样仅对非极性、非缔合分子或弱极性分子较为精确，不适用于强极性和缔合性物质。

【例 3-4】 已知在 633.15K，98.06kPa 下水的焓为 5.75×10^4 J·mol^{-1}，试应用普遍化状态方程法计算在 633.15K，9806kPa 下水的焓值。（文献值焓值为 5.345×10^4 J·mol^{-1}）

解：（1）设计计算途径

H 是状态函数，只要始态和终态一定，状态函数的值也就一定，与其所经历的途径无关。有了这样的特性，就可以设计出方便于计算的过程，如 [例 3-4] 图所示。

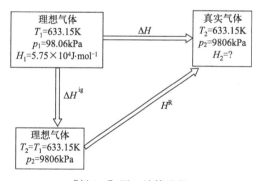

[例 3-4] 图　计算途径

（2）普遍化压缩因子图法

从附录 2 查得水的物性参数：$T_c = 647.3$K，$p_c = 22.05$MPa，$\omega = 0.344$

则对比参数为：$T_r = \dfrac{633.15}{647.3} = 0.978$，

$p_r = \dfrac{9806}{22050} = 0.445$

由于 $T_r < 1$，$p_r < 1$，依据图 2-10，两种普遍化状态方程均可用，首先使用普遍化压缩因子图法，即查图 3-3 和图 3-5，可得：

$$\frac{(H^R)^0}{RT_c} = -0.52 \quad \frac{(H^R)^1}{RT_c} = -0.60$$

则：$\dfrac{H^R}{RT_c} = \dfrac{(H^R)^0}{RT_c} + \omega \dfrac{(H^R)^1}{RT_c} = -0.52 - 0.344 \times 0.60 = -0.7264$

$H^R = -0.7264 \times 8.314 \times 647.3 = -3909.23$ J·mol^{-1}

已知 $H^{ig} = 5.75 \times 10^4$ J·mol^{-1}

则：$H = H^R + H^{ig} = -3909.23 + 57500 = 5.359 \times 10^4$ J·mol^{-1}

误差：$\dfrac{5.359 - 5.345}{5.345} \times 100\% = 0.26\%$

（3）普遍化第二 virial 系数法

由 $T_r=0.978$，$p_r=0.445$，$\omega=0.344$，则有：

$$B^{(0)}=0.083-\frac{0.422}{T_r^{1.6}}=-0.3542,\frac{dB^{(0)}}{dT_r}=\frac{0.675}{T_r^{2.6}}=0.7152$$

$$B^{(1)}=0.139-\frac{0.172}{T_r^{4.2}}=-0.04984,\frac{dB^{(1)}}{dT_r}=\frac{0.722}{T_r^{5.2}}=0.8105$$

代入式（3-69）得：

$$\frac{H^R}{RT}=-p_r\left[\left(\frac{dB^{(0)}}{dT_r}-\frac{B^{(0)}}{T_r}\right)+\omega\left(\frac{dB^{(1)}}{dT_r}-\frac{B^{(1)}}{T_r}\right)\right]$$

$$=-0.445\times[(0.7152+0.3542/0.978)+0.344\times(0.8105+0.04984/0.978)]$$

$$=-0.6113$$

则 $H^R=-RT\times0.6113=-8.314\times633.15\times0.6113=-3217.9\,\text{J}\cdot\text{mol}^{-1}$

已知 $H^{ig}=5.75\times10^4\,\text{J}\cdot\text{mol}^{-1}$

则：$H=H^R+H^{ig}=-3217.9+57500=5.428\times10^4\,\text{J}\cdot\text{mol}^{-1}$

误差：$\dfrac{5.428-5.345}{5.345}\times100\%=1.55\%$

由计算结果可知，普遍化状态方程的计算结果精确度较高。

【例 3-5】 假设氯在 300K，$1.013\times10^5\text{Pa}$（基准态）下的焓值和熵值为 0，试求氯从基准态压缩到 500K，$1.013\times10^7\text{Pa}$ 时的 ΔH、ΔS、ΔV、ΔU、ΔA、ΔG。

解：（1）设计计算途径

H、S 都是状态函数，只要始态和终态一定，状态函数的值也就一定，与其所经历的途径无关。有了这样的特性，就可以设计出方便于计算的过程，如［例 3-5］图所示。

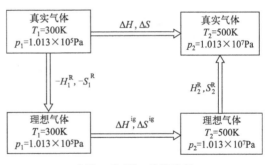

［例 3-5］图 计算途径

（2）计算 ΔV

从附录 2 查得氯的物性参数：$T_c=417\text{K}$，$p_c=7.701\text{MPa}$，$\omega=0.073$

选用 RK 方程计算始末状态的摩尔体积，首先根据式（2-11a）和式（2-11b）计算 RK 方程参数 a、b：

$$a=0.42748\frac{R^2T_c^{2.5}}{p_c}=13.625\,\text{Pa}\cdot\text{m}^6\cdot\text{K}^{0.5}\cdot\text{mol}^{-2}$$

$$b=0.08664\frac{RT_c}{p_c}=3.900\times10^{-5}\,\text{m}^3\cdot\text{mol}^{-1}$$

将 a，b 和始末状态的温度和压力代入 RK 方程 $p=\dfrac{RT}{V-b}-\dfrac{a}{T^{0.5}V(V+b)}$，参照［例 2-4］中的方法，求得始末状态的摩尔体积为：

$$V_1=223.23\text{cm}^3\cdot\text{mol}^{-1}，V_2=291.88\text{cm}^3\cdot\text{mol}^{-1}$$

则 $\Delta V=V_2-V_1=291.88-223.23=68.65\text{cm}^3\cdot\text{mol}^{-1}$

（3）计算 ΔH 和 ΔS

计算始末状态的对比参数：

$$T_{r1} = \frac{T_1}{T_c} = \frac{300}{417} = 0.719, \quad p_{r1} = \frac{p_1}{p_c} = \frac{1.013 \times 10^5}{7.701 \times 10^6} = 0.013$$

$$T_{r2} = \frac{T_2}{T_c} = \frac{500}{417} = 1.199, \quad p_{r2} = \frac{p_2}{p_c} = \frac{1.013 \times 10^7}{7.701 \times 10^6} = 1.315$$

初始状态压力较低，可视为理想气体，则：$H_1^R = 0$，$S_1^R = 0$

点(p_{r2}, T_{r2})落在图 2-10 曲线下方，用普遍化压缩因子图法计算H_2^R和S_2^R，查图 3-4、图 3-6、图 3-8 和图 3-10 分别得到：

$$\frac{(H^R)^0}{RT_c} = -1.2, \quad \frac{(H^R)^1}{RT_c} = -0.3$$

$$\frac{(S^R)^0}{R} = -0.7, \quad \frac{(S^R)^1}{R} = -0.3$$

则：

$$\frac{H^R}{RT_c} = \frac{(H^R)^0}{RT_c} + \omega \frac{(H^R)^1}{RT_c} = -1.2 - 0.073 \times 0.3 = -1.222$$

$$H_2^R = -1.222 \times 8.314 \times 417 = -4236.252 \text{J} \cdot \text{mol}^{-1}$$

$$\frac{S^R}{R} = \frac{(S^R)^0}{R} + \omega \frac{(S^R)^1}{R} = -0.7 - 0.073 \times 0.3 = -0.722$$

$$S_2^R = -0.722 \times 8.314 = -6.002 \text{J} \cdot \text{mol}^{-1} \cdot \text{K}^{-1}$$

查附录 4 得氯气的理想气体热容表达式为：

$$C_p^{ig} = 29.12471 + 0.02164781T - 1.890408 \times 10^{-5}T^2 + 56.45818 \times 10^{-8}T^3 \text{J} \cdot \text{mol}^{-1} \cdot \text{K}^{-1}$$

$$\Delta H^{ig} = \int_{T_1}^{T_2} C_p^{ig} dT = \int_{300}^{500} (29.12471 + 0.02164781T - 1.890408 \times 10^{-5}T^2 + 56.45818 \times 10^{-8}T^3) \, dT$$

$$= 29.12471 \times (500 - 300) + \frac{0.02164781}{2} \times (500^2 - 300^2) - $$

$$\frac{1.890408 \times 10^{-5}}{3} \times (500^3 - 300^3) + \frac{56.45818 \times 10^{-8}}{4} \times (500^4 - 300^4)$$

$$= 14617.546 \quad \text{J} \cdot \text{mol}^{-1}$$

$$\Delta S^{ig} = \int_{T_1}^{T_2} \frac{C_p^{ig}}{T} dT - R \ln \frac{p_2}{p_1}$$

$$= \int_{300}^{500} \frac{29.12471 + 0.02164781T - 1.890408 \times 10^{-5}T^2 + 56.45818 \times 10^{-8}T^3}{T} dT -$$

$$R \ln \frac{1.013 \times 10^7}{1.013 \times 10^5}$$

$$= -2.1495 \text{J} \cdot \text{mol}^{-1} \cdot \text{K}^{-1}$$

则 $\quad \Delta H = -H_1^R + \Delta H^{ig} + H_2^R = 0 + 14617.546 - 4236.252 = 10381.29 \text{J} \cdot \text{mol}^{-1}$

$$\Delta S = -S_1^R + \Delta S^{ig} + S_2^R = 0 - 2.1495 - 6.002 = -8.1515 \text{J} \cdot \text{mol}^{-1} \cdot \text{K}^{-1}$$

（4）计算 ΔU、ΔA 和 ΔG

根据定义式 $H = U + pV$，则：

$$\Delta U = H_2 - p_2V_2 - (H_1 - p_1V_1) = \Delta H + p_1V_1 - p_2V_2$$

$$= 10381.29 + 1.013 \times 10^5 \times 223.23 \times 10^{-6} - 1.013 \times 10^7 \times 291.88 \times 10^{-6}$$

$$=7447.20 \text{J} \cdot \text{mol}^{-1}$$

根据定义式 $A=U-TS$，则：

$$\Delta A =U_2-T_2S_2-(U_1-T_1S_1)=\Delta U+T_1S_1-T_2S_2$$
$$=7447.20+300\times0-500\times(-8.1515)$$
$$=11522.89 \text{J} \cdot \text{mol}^{-1}$$

根据定义式 $G=H-TS$，则：

$$\Delta G =H_2-T_2S_2-(H_1-T_1S_1)=\Delta H+T_1S_1-T_2S_2$$
$$=10381.29+300\times0-500\times(-8.1515)$$
$$=14456.98 \text{J} \cdot \text{mol}^{-1}$$

3.4 纯流体的热力学性质图和表

对化工过程进行工艺与设备计算和热力学分析时，需要物质在各种状态下 H、S 等热力学参数的数据，显然可以用前面介绍的各种方程解析法进行计算，但方程解析法比较复杂。工程技术人员在解决各种问题时，希望能够迅速、简便地获得所研究物质的各种热力学性质参数。为此，工程专家将一些常用物质（如水、空气、氨、氟里昂等）的 H、S、V 与 T、p 的关系制成了专用的图或表。常用的热力学性质图表有：温-熵（T-S）图、压-焓（$\ln p$-H）图、焓-熵（H-S）图、水的性质表（附录5）和氨的性质表（附录6）等，这些热力学性质图和表使用极为方便。使用热力学性质图表时，一般已知两个参数（如 T、p）就可以查得某物质对应的其他参数；一些基本的热力学过程，如等压加热或冷却、等温压缩或膨胀、节流膨胀或绝热可逆膨胀等，都可在图上清晰地显示出来。

3.4.1 热力学性质图

工程当中经常用到热力学性质图，热力学性质图有 p-V 图、p-T 图、T-S 图、$\ln p$-H 图、H-S 图等，其中 p-V 图和 p-T 图等在本书的第 2 章已经介绍，它们只作为热力学关系表达，而不是工程上直接读取数据的图。在工程上常用的热力学性质图有：①温熵图（T-S 图），以 T 为纵坐标，以 S 为横坐标；②压焓图（$\ln p$-H 图），以 $\ln p$ 为纵坐标，以 H 为横坐标；③焓熵图（H-S 图，常称 Mollier 图）。热力学性质图的特点是使用方便，易看出变化趋势，易分析问题，但读数不如数据表准确。

3.4.1.1 T-S 图

T-S 图是最常用的热力学性质图，详见图 3-11。完整的 T-S 图除了等 T 线（平行于横坐标）和等 S 线（平行于纵坐标）外，还包括：饱和曲线（饱和液相线、饱和蒸气线）、等 p 线、等 H 线、等 V 线和等干度线等。如已知两个参数（若为饱和状态，已知一个参数即可），就可以在图中找到对应状态的位置，并可以读取该状态下其他热力学参数值。

T-S 图等压线形状与 T-V 图中的等压线类似，在两相区为一水平线段，这是由于两相区内自由度 $F=C-\pi+2=1-2+2=1$，当压力一定时，温度也一定的缘故。但空气的 T-S

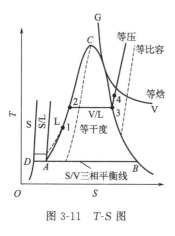

图 3-11 T-S 图

在两相区的定压线不是水平线，是向右上方倾斜的。这是因为空气是多元混合物，在两相区随着低沸点组成的蒸发，液体空气的沸点不断升高所致。由于 $(\partial S/\partial T)_p = C_p/T > 0$，在液相区和气相区的等压线均是向右倾斜上升的。即在一定压力下，熵随温度的升高而增加。随着压力升高，图中显示出汽化过程中水平线段不断缩短，当 $p = p_c$ 时，水平线段缩短为一点 C，即临界点。将不同压力下水平线段的端点连接就形成了包络线，即为饱和曲线。在饱和蒸气线右侧的区域为汽相区，在此区域的蒸气（蒸汽）为过热蒸气（蒸汽）。在饱和液相线左侧的区域为液相区，在此区域的液体为过冷液体。包络线之内为汽液共存区，该区域内相态可称为湿蒸气状态。湿蒸气中含有饱和蒸气的质量分数称为干度（x）。

在湿蒸气区域内，标有一系列的等 x 线，在等 x 线上的湿蒸气具有相同的干度。

在 T-S 图中有一系列的等焓线，它们是各条等压线上焓值相等的状态点的连线。因为 $(\partial H/\partial T)_p = C_p > 0$，故在压力一定时，焓值随温度的升高而增加。等焓线在低压区都接近水平线。这是因为压力低时，真实气体的性质接近于理想气体，而理想气体的焓值仅与温度有关。

应用 T-S 图可直接查到物质处于某一温度、压力下的 H、S 值，而且可以把许多热力过程在图上表示出来，因而能够很方便地知道这些热力过程中体系与环境所交换的热和功，以及发生的其他变化。对于可逆过程，根据热力学第二定律，如体系从状态 1 通过某一可逆过程变到状态 2，则过程发生的热交换可表示为 $Q_R = \int_1^2 \delta Q_R = \int_{S_1}^{S_2} T dS$，因此输入或输出的热量能表现为过程路线与横坐标围成的面积。附录 7 和附录 8 分别为空气和氨的 T-S 图。

3.4.1.2 ln$p$-H 图

图 3-12 是 ln$p$-H 示意图。ln$p$-H 图在分析恒压及恒焓过程时十分方便，对于一些过程的热和功的计算可用线段表示，计算方便，很广泛地用于冷冻、压缩过程。两相区内水平线的长度表示汽化热的数据。由于汽化热随着压力增高而变小，所以当趋近临界点时，这些水平线变得越来越短。由于压力对焓的影响很小，在液相区内等温线几乎是垂直的。在过热蒸气区等温线陡峭下降，在低压区又接近于垂直，这同样是由于压力对稀薄蒸气焓的影响很小的缘故。附录 9 为氨的 ln$p$-H 图。

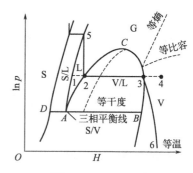

图 3-12 ln$p$-H 图

3.4.1.3 H-S 图

图 3-13 为 H-S 图，构成 H-S 图和构成 T-S 图所使用的数据是相同的。H-S 图中的等温线和等压线在两相区是倾斜的，而在 T-S 图上是水平的，这是因为 H-S 图纵坐标是 H，饱和蒸气的 H 大于饱和液体的 H。由于稳定流动过程中 H 是重要的热力学参数，而且在这

些装置中常进行接近可逆绝热（等熵）过程，所以 H-S 图使用十分简便。H-S 图广泛应用于喷管、扩压管、压缩机、汽轮机、以及换热器等设备以及与工质的状态变化有关的计算分析过程中。H-S 图常称为 Mollier 图，也有人把任何以焓为坐标的图都称为 Mollier 图。附录 10 为水蒸气的 H-S 图。

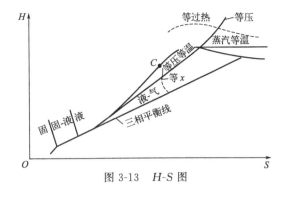

图 3-13　H-S 图

3.4.2　热力学性质表

纯物质的热力学性质经常是以表的形式报道的，它把热力学性质以一一对应的表格形式表示出来，表上可直接读得的数据一般比查曲线图得到的数据更准确。但对非确定点需要内插计算，一般用线性插值法或抛物线插值法获取近似值。最常用的热力学性质表为水和水蒸气的热力学性质表。

水和水蒸气表是收集最广泛、最完善的一种热力学性质表，目前使用的水蒸气表包括三个部分。①按温度排列的饱和水和饱和蒸汽表（附录 5.1）；②按压力排列的饱和水和饱和蒸汽表（附录 5.2）；③过冷水（未饱和水）与过热蒸汽表（附录 5.3）。附录 5 中所列的水的 H、S 等值的基准态是水的三相点。

3.4.2.1　饱和水和水蒸气表

p-V 图是工程中最常用的二维相图。由图 3-14 可知，随着压力的升高，汽化过程缩短，

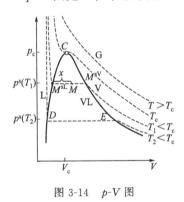

图 3-14　p-V 图

汽化热越小，饱和水与干饱和蒸汽参数差别越小，直至临界点时，两者的差别消失。在 p-V 图或 T-S 图上描述物质相变化规律，可概述为：一点（临界点）、二线（即饱和液相线和饱和汽相线）、三区（即位于饱和液相线左侧的未饱和液体区和位于饱和汽相线右侧的过热蒸汽区和两条线之间的湿蒸汽区）、五态（未饱和液态、饱和液态、湿蒸汽态、饱和蒸汽态和过热蒸汽态）。

附录 5.1 和附录 5.2 表中给出的是两相平衡时的饱和液态水和饱和水蒸气的性质。饱和压力和饱和温度是一一对应的，压力越高，饱和温度也越高，两者的关系符合 Antoine 方程。在包络线 DCE 内的湿蒸汽区，饱和液态水和饱和水蒸气共存，其自由度为 $F = C - \pi + 2 = 1 - 2 + 2 = 1$，湿蒸汽的压力和温度也是一一对应的，两者不再是相互独立的。因此，为了确定湿蒸汽的性质，常引入湿蒸汽的干度 x 作为补充参数，湿蒸汽中含有饱和蒸汽的质量分数称为干度。

$$x = \frac{m_v}{m_v + m_L} \tag{3-71}$$

式中，m_v 为湿蒸汽中所含饱和蒸汽的质量，m_L 为湿蒸汽中所含饱和液体的质量。饱

和液体的干度 $x=0$，饱和蒸汽的干度 $x=1$，湿蒸汽的干度 $0<x<1$。这样，湿蒸汽的状态参数就可以按饱和液相和饱和蒸汽所占比例组合，即杠杆规则来计算。

$$M=(1-x)M^{sL}+xM^{sV} \tag{3-72}$$

式中，M 为湿蒸汽的广度热力学性质，可以为 V、U、H、S、A、G 等；x 为湿蒸汽的干度；M^{sL}、M^{sV} 分别为饱和液相和饱和蒸汽的广度热力学性质。

3.4.2.2　过冷水和过热蒸汽表

由图 3-14 可知，一定压力下的水，如果其温度低于该压力下所对应的饱和温度，则称为过冷水或未饱和水；如其温度高于该压力下所对应的饱和温度，则称为过热蒸汽。在过冷水和过热蒸汽区域，自由度为 $F=C-\pi+2=1-1+2=2$，则需已知两个参数才能确定其状态。过冷水和过热蒸汽的性质见附录 5.3。

【例 3-6】 蒸汽动力循环装置中汽轮机出口乏汽压力为 8kPa，干度为 0.92，试求乏汽的 v、h、s 值。

解： 由附录 5.2 饱和水与饱和蒸汽表中查得 $p=8$kPa 时：

$v^{sL}=0.0010084\text{m}^3\cdot\text{kg}^{-1}$　　　$v^{sV}=18.10\text{m}^3\cdot\text{kg}^{-1}$

$h^{sL}=173.86\text{kJ}\cdot\text{kg}^{-1}$　　　$h^{sV}=2577.1\text{kJ}\cdot\text{kg}^{-1}$

$s^{sL}=0.5925\text{kJ}\cdot\text{kg}^{-1}\cdot\text{K}^{-1}$　　　$s^{sV}=8.2296\text{kJ}\cdot\text{kg}^{-1}\cdot\text{K}^{-1}$

按式（3-72），可得：

$v=(1-0.92)\times0.0010084+0.92\times18.10=16.65\text{m}^3\cdot\text{kg}^{-1}$

$h=(1-0.92)\times173.86+0.92\times2577.1=2384.84\text{kJ}\cdot\text{kg}^{-1}$

$s=(1-0.92)\times0.5925+0.92\times8.2296=7.6186\text{kJ}\cdot\text{kg}^{-1}\cdot\text{K}^{-1}$

【例 3-7】 已知 10kPa 时测得某湿蒸汽的质量体积为 $2000\text{cm}^3\cdot\text{g}^{-1}$，问其温度为多少？单位质量的 U、H、S、A 和 G 函数各是多少？

解： 查附录 5.2 可得 10kPa 时的饱和汽液相水的性质为：

[例 3-7] 表　饱和状态性质表

性质 M	饱和液相 M^{sL}	饱和汽相 M^{sV}
$T/℃$	45.833	45.833
$V/\text{m}^3\cdot\text{kg}^{-1}$	0.0010102	14.67
$H/\text{kJ}\cdot\text{kg}^{-1}$	191.83	2584.8
$S/\text{kJ}\cdot\text{kg}^{-1}\cdot\text{K}^{-1}$	0.6493	8.1511

已知 $V=2000\text{m}^3\cdot\text{g}^{-1}=2\text{m}^3\cdot\text{kg}^{-1}$，设该湿蒸汽的干度为 x，则：

$$V=V^{sL}(1-x)+V^{sV}x$$

$$x=\frac{V-V^{sL}}{V^{sV}-V^{sL}}=\frac{2-0.0010102}{14.67-0.0010102}=0.1363$$

则：$H=H^{sL}(1-x)+H^{sV}x$

$\qquad=191.83\times(1-0.1363)+2584.8\times0.1363=517.99\text{kJ}\cdot\text{kg}^{-1}$

$S=S^{sL}(1-x)+S^{sV}x$

$\qquad=0.6493\times(1-0.1363)+8.1511\times0.1363=1.6718\text{kJ}\cdot\text{kg}^{-1}\cdot\text{K}^{-1}$

$U=H-pV=517.99-10\times2=497.99\text{kJ}\cdot\text{kg}^{-1}$

$A=U-TS=497.99-(273.15+45.833)\times1.6718=-35.29\text{kJ}\cdot\text{kg}^{-1}$

$$G = H - TS = 517.99 - (273.15 + 45.833) \times 1.6718 = -15.29 \text{kJ} \cdot \text{kg}^{-1}$$

【例 3-8】 一容器内液态水和蒸汽在 1MPa 压力下处于平衡状态，质量为 1kg。假设容器内液态水和蒸汽各占一半体积，试求容器内的液态水和蒸汽的总焓。

解：设有液态水 m kg，则有蒸汽 $(1-m)$ kg。

由附录 5.2 饱和水与饱和蒸汽表中查得 $p = 1$MPa 时：

$$v^{sL} = 0.0011274 \text{m}^3 \cdot \text{kg}^{-1} \qquad v^{sV} = 0.1943 \text{m}^3 \cdot \text{kg}^{-1}$$

$$h^{sL} = 762.61 \text{kJ} \cdot \text{kg}^{-1} \qquad h^{sV} = 2776.2 \text{kJ} \cdot \text{kg}^{-1}$$

依照题意：$m v^{sL} = (1-m) v^{sV}$

即：$0.0011274 m = 0.1943 (1-m)$

求解得 $m = 0.99423$，即有饱和液态水 0.99423kg。

则容器内的液态水和蒸汽的总焓为：

$$H = m h^{sL} + (1-m) h^{sV} = 0.99423 \times 762.61 + (1 - 0.99423) \times 2776.2 = 774.23 \text{kJ}$$

【例 3-9】 （1）试确定 $p = 1$MPa，$t = 120℃$ 时水的状态及其 h、s 值。

（2）试确定 $p = 5$MPa，$s = 6.6 \text{kJ} \cdot \text{kg}^{-1} \cdot \text{K}^{-1}$ 时水的状态及其 t、h 值。

解：（1）查附录 5.1 得 $t = 120℃$ 时饱和蒸气压 $p^s = 0.19854$MPa

由于 $p > p^s$，故该状态为过冷水（也可由附录 5.2 查得与 $p = 1$MPa 对应的饱和温度 $t^s = 179.88℃$，由于 $t < t^s$，故为过冷水）。

过冷水的性质可查附录 5.3，查得在 $p = 1$MPa，$t = 120℃$ 下：

$$h = 504.3 \text{kJ} \cdot \text{kg}^{-1}, \quad s = 1.5269 \text{kJ} \cdot \text{kg}^{-1} \cdot \text{K}^{-1}$$

（2）查附录 5.2 得 $p = 5$MPa 时：

$$s^{sL} = 2.9206 \text{kJ} \cdot \text{kg}^{-1} \cdot \text{K}^{-1}, \quad s^{sV} = 5.9735 \text{kJ} \cdot \text{kg}^{-1} \cdot \text{K}^{-1}$$

而 $s = 6.6 \text{kJ} \cdot \text{kg}^{-1} \cdot \text{K}^{-1}$，即 $s > s^{sV}$，则为过热蒸汽状态。

查附录 5.3 得，当 $p = 5$MPa 时，

$$t_1 = 380℃, \quad s_1 = 6.5762 \text{kJ} \cdot \text{kg}^{-1} \cdot \text{K}^{-1}, \quad h_1 = 3148.8 \text{kJ} \cdot \text{kg}^{-1}$$

$$t_2 = 390℃, \quad s_2 = 6.6140 \text{kJ} \cdot \text{kg}^{-1} \cdot \text{K}^{-1}, \quad h_2 = 3173.7 \text{kJ} \cdot \text{kg}^{-1}$$

则：$\dfrac{t - t_1}{t_2 - t_1} = \dfrac{s - s_1}{s_2 - s_1}$

即：$\dfrac{t - 380}{390 - 380} = \dfrac{6.6 - 6.5762}{6.6140 - 6.5762}$，解得：$t = 386.30℃$

同理：$\dfrac{h - h_1}{h_2 - h_1} = \dfrac{s - s_1}{s_2 - s_1}$，解得：$h = 3164.48 \text{kJ} \cdot \text{kg}^{-1}$

3.4.3 热力学性质图和表的应用和局限

热力学性质图非常直观地表示了物质性质的变化过程。当物质状态确定后，其热力学性质均可以在热力学性质图上查得。对于纯组分单相体系，依据相律，$F = C - \pi + 2 = 1 - 1 + 2 = 2$，即给定两个参数后，其性质就完全确定，因此该状态在热力学性质图中的位置就确定了。因此，只要已知物系的变化途径和始末状态，其过程均可用热力学性质图来描述，同时这些状态函数的变化值也可直接从热力学性质图上求得。通常使用的热力学性质都是二维平面图，其变量数目一般为 2。相对于热力学性质图，热力学性质表有更高的准确度，同时也

便于进行插值计算。

热力学性质图表可以非常方便地用于表示物质的变化途径和在变化过程中热力学性质变化值，但在使用过程中应注意下列几点。

① 不同来源的热力学性质图表所选的基准态可能是不同的，因此在计算中不能轻率地混用。

② 通常用热力学性质图表计算常用工质状态变化过程中状态函数的变化值，而不用于其热力学性质绝对值的计算。

③ 已经绘制的常用工质包括空气、氨、水、各类氟里昂等物质的热力学性质图表，可以方便地用于工程设计和计算中，但其准确度不高。

本章小结

1. 课程主线：能量和物质。

2. 学习目的：计算 H、S 等数据用于化工过程能量分析。

3. 重点内容：纯流体的热力学性质的三种表示形式：方程式，图和表。

难测的 U-H-S-A-G（繁）＝可测的 p-V-T 和 C_p^{ig}（简）

真实流体热力学性质（繁）＝理想流体热力学性质（简）＋校正（剩余性质）

难测的剩余性质（繁）＝可测的 p-V-T（简）＋EOS

将常用流体的热力学性质绘制成图表，图便于直观表示流体经历的热力学过程，表便于直接查找数据。

4. 第 4 章学习思路：灵活运用开系稳流过程的热力学第一、二定律表达式 $\Delta H = Q + W_s$ 和 $\Delta S_g = S_2 - S_1 - \Delta S_f$，掌握典型的三种传递过程热力学分析方法。

 科学方法论

"剩余性质"和"剩余价值"

化工热力学主要解决的问题之一就是能量的利用转化问题，而 H、S 的计算是其重要基础，也是纯流体热力学性质计算的主要内容。科学的思维，通常是把问题推想到极致，看一下理想状况是怎样的，以便于能对这个问题较好地掌握，再对应于实际情况把真实的条件一点点加上去。真实气体 H、S 的计算就是基于理想气体的性质和剩余性质进行求算的。将真实气体的热力学性质用 M 表示，则

$$M = M^{ig} + M^R$$

其中，剩余性质 M^R 是指气体真实状态下的热力学性质 $M(T, p)$ 与同一温度和压力下当气体处于理想状态下热力学性质 $M^{ig}(T, p)$ 之间的差额。剩余性质的产生是由于气体真实状态与理想状态是两个不同的量。在此概念基础上，使用科学的方法论，我们引入经济学中的经典概念——剩余价值，帮助学生将自然学科融会贯通。

如果从马克思主义经济学的角度来看，剩余性质可类似于剩余价值的研究。其中，

财富是人类通过劳动改造大自然而获得。财富增值的秘密就在于剩余价值。马克思不仅在劳动力价值的分析中应用了热力学，而且在剩余价值的分析中也应用了热力学。我们都知道，剩余价值的创造是因为劳动力的价值与劳动所能创造的价值是两个不同的量，二者的差额就是剩余价值。如果从热力学的角度看，剩余价值其实就是劳动力价值的能量和劳动力支出的能量二者之间的差额。前者由**劳动所需的、用工资去购买的生存资料价值**所决定；后者等于**价值物化在商品中的能量**。马克思将能量收入与支出的方法论应用在剩余价值创造的研究上，体现了其理论对热力学应用的连贯性。从热力学的角度看，劳动力的"价值"对应的就是理想状态下，劳动力体现出的价值，也是补偿劳动力的能量"收入"，劳动所创造的价值，即价值物化在商品中的能量，对应的是真实情况下的劳动力的能量所有的"支出"，能量的"支出"超过了能量的"收入"，二者的差额——"剩余能量"哪里去了呢？马克思提出剩余价值的概念，证实为揭示资本家通过在市场上出售商品而无偿占有剩余价值的能量的秘密。相应地，热力学中为了避开难求的真实气体热容，提出了剩余性质。

通过类比热力学剩余性质与经济学中的剩余价值，对自然科学的基本理念进行梳理，可以为学生呈现自然科学的通性，分析热力学中能量的转化过程与人类历史长河中不同生产方式的发展的关系，并将对自然科学的研究与人类历史的发展联系起来。

习题

一、填空题

3-1 封闭系统的四个热力学基本关系式：$dU=$（　　　　　）；$dH=$（　　　　　）；$dA=$（　　　　　）；$dG=$（　　　　　）。

3-2 理想气体的恒压热容只和（　　　）有关，但高压下气体的恒压热容不再仅是（　　　）的函数，（　　　）的影响也不能忽略。

3-3 剩余性质是指气体（　　　）状态下的热力学性质 $M(T,p)$ 与同一温度和压力下当气体处于（　　　）状态下热力学性质 $M^{ig}(T,p)$ 之间的差额。引入剩余性质的目的是为了计算真实气体热力学性质时避开真实气体的（　　　）。

3-4 符合状态方程 $p(V-b)=RT$ 的流体的剩余焓和剩余熵分别是（　　　　　）和（　　　　　）。

3-5 水处于饱和蒸汽状态时，其自由度为（　　　），如要查水的饱和蒸汽热力学性质表，则需要（　　　）个已知的独立状态参数。

二、选择题

3-6 对于某均相物质，其 H 和 U 的关系为（　　　）。

A. $H \leqslant U$　　　　　B. $H > U$　　　　　C. $H = U$　　　　　D. 不能确定

3-7 某气体符合状态方程 $p(V-b)=RT$，则 $\left(\dfrac{\partial S}{\partial p}\right)_T=$（　　　）。

A. $\dfrac{R}{V-b}$　　　　　B. 0　　　　　C. $-\dfrac{R}{p}$　　　　　D. RT

3-8 对于某均相体系，$T\left(\dfrac{\partial S}{\partial T}\right)_p - T\left(\dfrac{\partial S}{\partial T}\right)_V = ($ 　　$)$。

A. 0 　　　　　　B. $\dfrac{C_p}{C_V}$ 　　　　　　C. R 　　　　　　D. $T\left(\dfrac{\partial p}{\partial T}\right)_V\left(\dfrac{\partial V}{\partial T}\right)_p$

3-9 $\left(\dfrac{\partial p}{\partial V}\right)_T\left(\dfrac{\partial T}{\partial p}\right)_S\left(\dfrac{\partial S}{\partial T}\right)_p = ($ 　　$)$。

A. $-\left(\dfrac{\partial p}{\partial T}\right)_V$ 　　　B. $\left(\dfrac{\partial p}{\partial T}\right)_V$ 　　　C. $\left(\dfrac{\partial S}{\partial V}\right)_T$ 　　　D. $\left(\dfrac{\partial V}{\partial T}\right)_S$

3-10 在以下 $T\text{-}S$ 图中有四个热力学过程，其中不可逆膨胀是（　　），可逆膨胀是（　　），不可逆压缩是（　　），可逆压缩是（　　）。

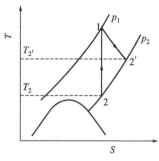 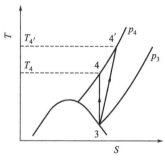

[习题 3-10] 图

A. 1→2 　　　　B. 1→2′ 　　　　C. 3→4 　　　　D. 3→4′

三、判断题

3-11 热力学基本方程 $dH = TdS + Vdp$ 不适用于相变过程。　　　　　　　　（　　）

3-12 原则上，由状态方程和 $C_p^{ig} = f(T)$ 模型就可以计算所有纯流体热力学性质的变化值。　　　　　　　　　　　　　　　　　　　　　　　　　　　　　　　　（　　）

3-13 某热力学性质是温度、压力的函数，即 $M(T, p)$，则其偏导数 $(\partial M/\partial p)_T$ 仍是温度的函数。　　　　　　　　　　　　　　　　　　　　　　　　　　　　　　（　　）

3-14 剩余性质反映的是同温同压下真实气体的状态和理想气体的状态间热力学性质的差异。　　　　　　　　　　　　　　　　　　　　　　　　　　　　　　　　　　（　　）

3-15 计算热力学性质变化时，基准态的选择是任意的，所以基准态的选择对计算结果没有影响，不同来源的热力学数据可以混用。　　　　　　　　　　　　　　　　　（　　）

四、简答题

3-16 气体热容、热力学能和焓与哪些因素有关？由热力学能和温度两个状态参数能否确定气体的状态？

3-17 热力学基本关系式 $dH = TdS + Vdp$ 是否只适用于可逆过程？

3-18 如何理解剩余性质？为什么要提出这个概念？

3-19 热力学性质图和表主要有哪些类型？各有什么特点？

3-20 氨蒸气在进入绝热汽轮机前，压力为 2.0MPa，温度为 150℃，今要求绝热汽轮机出口液氨不得大于 5%，有人提出只要控制出口压力就可以了。你认为这意见对吗？为什么？请画出 $T\text{-}S$ 图示意说明。

五、解答题

3-21 试推导 $\left(\dfrac{\partial H}{\partial T}\right)_V$ 和 $\left(\dfrac{\partial H}{\partial T}\right)_p$ 两个导数的表达式，并证明它们是不相等的。

3-22 现有符合状态方程 $p(V-b)=RT$ 的流体，其中 b 为常数，表示分子自身的体积，试证明该流体在等焓变化过程中，温度随压力的下降而上升。

3-23 某气体符合状态方程 $p(V-b)=RT$，其中 b 为常数，试计算该气体由 V_1 等温膨胀到 V_2 的熵变。

3-24 试使用 RK 方程估算 473.15K，18MPa 时 CO_2 的 H^R 和 S^R。

3-25 已知在 633.15K，98.06kPa 下水的焓为 $5.75 \times 10^4 J \cdot mol^{-1}$，熵为 $151.756J \cdot mol^{-1} \cdot K^{-1}$，试应用 RK 方程计算在 633.15K，9806kPa 下水的焓和熵，并与理想气体状态方程的计算结果进行比较。

（文献值焓和熵分别为 $H_2 = 5.345 \times 10^4 J \cdot mol^{-1}$，$S_2 = 108.35J \cdot mol^{-1} \cdot K^{-1}$）

3-26 计算氨的热力学性质时，通常把 0℃饱和液氨的焓规定为 $418.6kJ \cdot kg^{-1}$，熵为 $4.186kJ \cdot kg^{-1} \cdot K^{-1}$，此时的饱和蒸气压为 0.43MPa，汽化热为 $21432kJ \cdot kmol^{-1}$，试由此基准态数据求：

（1）400K，2MPa 气氨的焓和熵；

（2）600K，32MPa 气氨的焓和熵。

已知氨在理想气体状态时的恒压摩尔热容与温度的关联式为：

$C_p = 25.33060 + 3.493728 \times 10^{-2}T - 1.392981 \times 10^{-6}T^2 - 2.401729 \times 10^{-9}T^3 kJ \cdot kmol^{-1} \cdot K^{-1}$

3-27 请将下列纯物质经历的过程表示在 p-V 图、T-S 图和 $\ln p$-H 图上。

（1）过热蒸气等温冷凝为过冷液体；

（2）过冷液体等压加热成过热蒸气；

（3）饱和蒸气可逆绝热膨胀；

（4）饱和液体恒容加热；

（5）在临界点进行的恒温膨胀。

3-28 压力为 2.5MPa，温度为 573.15K 的水蒸气，可逆绝热膨胀到 0.6MPa，试求末态蒸汽的温度和焓值。

3-29 压力为 7.6MPa，温度为 400℃的水蒸气经绝热可逆膨胀降压到 8kPa。

（1）将过程定性地表示在 T-S 图上；

（2）试问终态湿蒸汽的干度、焓值和熵值为多少？

3-30 查水蒸气表回答下列问题。

（1）试确定 $p=7.6$MPa 的饱和水和饱和水蒸气的温度、焓值和熵值。

（2）试确定 $p=4$MPa，$T=360$℃时水的状态及其焓值和熵值。

第 4 章

化工过程能量分析

引言

能源亦称能量资源或能源资源，是国民经济的重要物质基础。能源的开发和有效利用程度以及人均消费量是生产技术和生活水平的重要标志。截至 2020 年，我国已经成为世界上最大的能源生产国，同时也是世界上最大的能源消费国。也是 2020 年，我国提出优化产业结构和能源结构，采取更加有力的政策和措施，二氧化碳的碳排放力争于 2030 年前达到峰值，努力争取到 2060 年前实现"碳中和"。碳达峰、碳中和将涉及生产生活的方方面面，对我们的生活产生翻天覆地的改变。过去 40 年，我国单位 GDP 能耗年均降幅超过 4%、累计降幅近 84%，节能降耗成效显著，能源利用效率提升较快。但与国际比较，我国单位 GDP 能耗仍是世界平均水平的 1.5 倍。"十四五"规划纲要将"单位 GDP 能源消耗降低 13.5%"作为经济社会发展主要约束性指标之一。为实现碳达峰、碳中和的双碳目标，保证可持续发展，节约能源、提高能源的利用率是重要途径。

化学工业是人类社会发展的支柱产业。化工过程始终伴随着能量的供应、转换、利用、回收和排放等环节。无论是流体的流动、传热和传质过程，或是化学反应过程都伴随着能量的变化。化工生产中涉及的能量形式主要包括热量、机械能、化学能等。各种形式的能量在一定条件下可以互相转化，如燃烧可以将化学能转化为热；通过热机可以将热转化为机械能等。这些都涉及到能量转换效率及提高能量利用率的问题。化学工业是耗能大户，能量消耗在生产费用中占有很高的比例。在化工产品中，一般产品能源成本占总成本的 20%~30%，高能耗产品的能源成本甚至达到产品成本的 70%~80%。因此，化工生产过程的节能降耗、减小生产成本就显得尤为重要。

化工生产需要消耗各种形式的能量，由热力学基本原理可知，能量不仅有数量，而且有质量（品位）。例如，1kJ 功和 1kJ 热，从热力学第一定律来看，它们数量上是相等的，但是从热力学第二定律来看，它们的质量不相当，功可以全部转化为热，而热通过热机只能部分变为功，最大的热机效率是可逆热机效率，所以说功的质量高于热。在目前性能最好的动力装置中，热最多约有 40% 能转化为功。研究化工过程中的能量变化，既要节约用能、降低能量消耗，又要经济合理地用能，热力学的基本原理为人们指引了方向。

化工过程的能量分析就是以热力学第一定律和第二定律为基础。应用理想功、损失功和有效能等概念，对化工生产过程中能量转化、传递及使用进行分析。研究各种能量转换过程中能量的利用及品位的变化、有效利用程度以及造成能量损耗和损失的原因，揭示能量损耗的大小和部位，为有效降低生产能量消耗，经济合理地利用能量和科学节能提供依据。本章主要研究化工过程能量的有效利用，学习内容和目的如下。

① 掌握敞开体系稳流系统热力学第一定律数学表达式、热力学第二定律和熵平衡方程在化工过程中的应用。

② 掌握理想功、损失功、热力学效率和有效能等概念、计算及应用，对化工过程进行熵分析和有效能分析。

③ 了解化工过程的热力学分析方法和适用范围，熟悉化工单元过程的能量分析及能量合理利用的基本原则。

4.1 热力学基本概念

4.1.1 体系与环境

进行热力学研究时必须先确定研究对象，把一部分物质与其余分开，这种分离可以是实际的，也可以是想象的。这种被划定的研究对象称为体系，亦称为物系或系统。与体系密切相关、有相互作用或影响所能及的部分称为环境。根据体系与环境的相互关系，热力学体系分为封闭体系（简称闭系）、敞开体系（简称开系）和孤立体系（也称隔离体系）等。

① 封闭体系：体系与环境仅有能量交换，而无质量交换，体系内部质量是固定的。封闭体系是以固定的物质为研究对象的，为了突出这一点，近年来倾向于把封闭体系称为限定质量体系。

② 敞开体系：体系与环境既有能量交换，也有质量交换。由于敞开体系与环境有物质交换，因此体系内部的物质是不断更新的。敞开体系实际是以一定空间范围为研究对象的，为了突出这一点，人们常把敞开体系称为限定容积体系。化工生产中大都为稳定流动体系，这种体系属于敞开体系，本章将着重讨论敞开体系的稳定流动过程。

③ 孤立体系：这是为研究方便而提出的一种模型，是一个假想的体系。体系和环境之间既无物质交换，又无能量交换。体系不受环境改变的影响。

4.1.2 平衡状态与热力学过程

状态即为某一瞬间体系呈现的宏观状况。在没有外界影响的条件下，如果体系的宏观状态不随时间而改变，亦即体系与环境之间净流量（物质和能量）为零，则称体系处于热力学平衡状态，简称平衡状态。平衡状态是一种相对静止的状态。

经典热力学中，系统的变化总是从一个平衡状态到达另一个平衡状态，这种变化称为热力学过程。热力学过程可以不加任何限制，也可以使其按某一预先指定的路径进行。热力学过程主要有：恒温过程、恒压过程、恒容过程、恒焓过程、恒熵过程、绝热过程和可逆过程等，也可以是它们的组合。

4.1.3 可逆过程与循环过程

可逆过程是系统经过一系列平衡状态所完成的，其功耗与沿同路径逆向完成该过程所获得的功是等量的。实际过程都是不可逆过程。可逆过程是实际过程欲求而不可及的理想极限。可逆过程为不可逆过程提供了效率的标准。

热力学循环是指系统经过某些过程后，又回到了初态，如 Carnot 循环是理想的热功转换循环。工业中涉及热功转换的制冷循环、动力循环等为了方便，将一个热力学循环看作是若干个特定过程的组合。

4.1.4　状态函数与过程函数

与系统状态变化的途径无关，仅取决于初态和终态的量称为状态函数。系统的各种宏观性质都是状态函数。常用的状态函数有 p、V、T、U、H、S、A 和 G 等。与系统状态变化途径有关的量称为过程函数。

一切物体都具有能，能是物质固有的特性。通常能量可分为两大类：一类是系统蓄积的能量，如动能、势能和热力学能，它们都是系统状态的函数；另一类是过程中系统和环境传递的能量，常见的有热和功，它们不是状态函数，而与过程有关。

4.1.5　热和功

热（Q）是由于体系与环境之间存在温度差而引起的能量传递，功（W）是体系与环境之间存在势差引起的能量传递，势差可以是压力差、位差和电势差等。热和功是两种本质不同且与过程传递方式有关的能量形式，热和功不是体系的性质，说体系具有若干热和功是无意义的。

能量的形式不同，但是可以相互转化或传递，在转化或传递的过程中，能量的数量是守恒的，这就是热力学第一定律，即能量转化和守恒定律。当能量以热和功的形式传入体系后，增加的是热力学能，在封闭系统非流动过程中的热力学第一定律数学表达式为：

$$\Delta U = Q + W \tag{4-1}$$

按照国际规定，体系吸热为正，$Q>0$，体系放热为负，$Q<0$；环境对体系做功，$W>0$，体系对环境做功，$W<0$。热和功不是状态函数，不能以全微分表示，微小变化过程的热和功，用 δQ 和 δW 表示。

实际上，除热以外，其他各种被传递的能量都是功。功可以分为体积功和非体积功两种。在物理化学中讨论的多为封闭体系的体积功，体积功是指在压力的作用下，体系的外参量体积发生改变时，环境对体系（或体系对环境）所做的功，其计算公式为：

$$\delta W = -p_{\text{外}}\,\mathrm{d}V \tag{4-2}$$

对于可逆过程，式（4-2）变为：

$$W_{\text{rev}} = -\int_{V_1}^{V_2} p_{\text{外}}\,\mathrm{d}V \tag{4-3}$$

式中，$p_{\text{外}}$ 为环境的压力。

由此可见，只有可逆功可以采用适当的状态方程进行积分计算，除此之外，只能通过热力学第一定律间接得到。

化工生产中经常遇到的是敞开体系的稳定流动过程，流动过程涉及到的功主要有流动功和轴功。流动功是指推动下游流体流动所做的功，表达式为：

$$W_{\text{f}} = pV \tag{4-4}$$

当工质在流进和流出控制体界面时，后面的流体推动前面的流体而前进，这样后面的流体对前面的流体必须做推动功。因此，流动功是为了推动流体通过控制体界面而传递的机械功，它是维持流体正常流动所必须传递的能量。流体流动时，随着不同截面以及温度、压力的变化而膨胀或压缩均会产生流动功。

轴功是表示流体流经设备的运动机构时通过轴传递的功，用 W_s 表示。流体流经离心泵、压缩机和膨胀机等动设备时，与外界环境交换的功即为轴功。

4.2 热力学第一定律及其应用

本节着重讨论敞开体系稳定流动过程总能量平衡方程式及其在不同条件下的具体形式的应用。

4.2.1 稳流系统的热力学第一定律

根据能量守恒定律，任何系统的能量平衡方程均可表示为：

输入系统的能量－输出系统的能量＝系统内能量的积累

在化工生产过程中，除生产的开、停车外，多数正常生产过程都可视为稳定流动（稳流）过程或接近稳流过程。稳流过程指的是在考察的时间内，沿着流体流动的途径所有各点的质量流量都相等，且不随时间而变化，能流速率也不随时间而变化，即所有质量和能量的流率均为常量。此时敞开体系内各点状态不因时间而异，且敞开体系内没有质量和能量累积的现象。因此，对于稳流系统，其能量平衡方程为：

输入系统的能量－输出系统的能量＝0

图 4-1 为敞开体系稳定流动过程示意图。图 4-1 表示一股流体从截面 1-1 通过换热器和汽轮机流到截面 2-2，在截面 1 的位高、流速、比容（比体积）、压力、热力学能分别为 z_1、u_1、v_1、p_1、U_1；截面 2 的位高、流速、比容、压力、热力学能分别为 z_2、u_2、v_2、p_2、U_2；m_1 和 m_2 分别表示进入和离开控制体的质量流量；e_1 和 e_2 分别为进入和离开物质单位质量所携带的能量，$e = U + gz + \frac{1}{2}u^2$；在流动过程中，系统从换热器中换热量为 Q，在汽轮机中对外做功为 W_s。流体在进入截面 1 前受到左侧的流体的推动，单位质量流体流动功为 $p_1 v_1$，由截面 2 离开的流体对下游流体所做的功为 $-p_2 v_2$。由于流体稳定流动，没有能量的积累，能量变化为零；并且进入和离开控制体的只有一种流体，即：$m_1 = m_2 = m$，则其能量平衡方程为：

$$m\left(U_1 + gz_1 + \frac{1}{2}u_1^2 + p_1 v_1\right) - m\left(U_2 + gz_2 + \frac{1}{2}u_2^2 + p_2 v_2\right) + Q + W_s = 0 \tag{4-5}$$

焓的定义：$h = U + pv$，代入式（4-5）并整理得：

$$\Delta H + mg\Delta z + \frac{1}{2}m\Delta u^2 = Q + W_s \tag{4-6}$$

对于 1kg 流体，式（4-6）可表达为：

$$\Delta h + g\Delta z + \frac{1}{2}\Delta u^2 = q + w_s \tag{4-7}$$

式（4-6）和式（4-7）即为开系稳流系统热力学第一定律能量平衡方程式，在工程上应用较为广泛。值得指出的是，在使用时，请注意焓、热、功等热力学性质大小写的不同含义和单位。

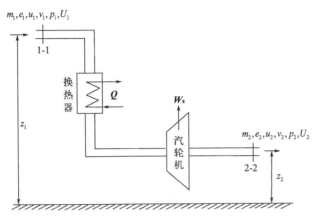

图 4-1　敞开体系稳定流动过程示意图

【例 4-1】 将 80℃ 的热水以 $15m^3 \cdot h^{-1}$ 的速率从储罐 1 输送到 12m 高的储罐 2，水泵的功率为 2.5kW，热水输送到储罐 2 前还流经一个冷却器，热水释放热量的速率为 $1.5 \times 10^6 kJ \cdot h^{-1}$，水的恒压热容为 $C_p = 4.1868kJ \cdot kg^{-1} \cdot K^{-1}$。试求储罐 2 的水温。

解：本题是典型的稳流过程，水在储罐的流动速度很慢，可以忽略动能变化，则可将式（4-6）简化为：$\Delta H + mg\Delta z = Q + W_s$

查附录 5.1 可知 80℃ 时水的比容为 $0.0010292 \ m^3 \cdot kg^{-1}$，则水的质量流率为：

$$m = \frac{15}{0.0010292} = 14574.43 kg \cdot h^{-1}$$

则焓变为：$\Delta H = mC_p \ (t_2 - t_1) = 14574.43 \times 4.1868 \times \ (t_2 - 80)$

势能变化为：$mg\Delta z = 14574.43 \times 9.81 \times 12 \times 10^{-3} = 1715.70 kJ \cdot h^{-1}$

放热量为：$Q = -1.5 \times 10^6 kJ \cdot h^{-1}$

水泵的轴功为：$W_s = 2.5 \times 3600 = 9000 kJ \cdot h^{-1}$

将上述各项代入简化的能量平衡方程，得：$mC_p \ (t_2 - t_1) + mg\Delta z = Q + W_s$

即：$14574.43 \times 4.1868 \times \ (t_2 - 80) + 1715.70 = -1.5 \times 10^6 + 9000$

解得：$t_2 = 55.54℃$

4.2.2　稳流系统的热力学第一定律的简化与应用

化工生产中，常见的流体流经的过程装置如图 4-2 所示。在应用稳流系统热力学第一定律式（4-6）或式（4-7）时，可根据具体情况作进一步的简化。常见的简化形式有以下几种。

4.2.2.1　流体流经静设备

当流体流经管道、换热器、吸收塔、精馏塔、混合器和反应器等静设备时，设备不做功，$W_s = 0$。另外，考虑动能项和势能项与焓变相比数量级差别较大，故动能项和势能项可

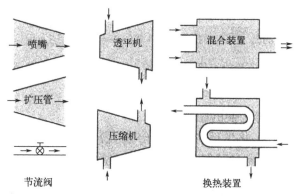

图 4-2　常见的流体流经的过程装置

以忽略，即 $mg\Delta z\approx 0$，$\frac{1}{2}m\Delta u^2\approx 0$。则式（4-6）可简化为：

$$\Delta H=Q \tag{4-8}$$

式（4-8）表明系统的焓变等于系统与环境所交换的热量，这是对稳流系统做热量衡算的基本关系式，是冷凝器、蒸发器和冷却器等设备的热负荷确定的依据，因此，在进行设备设计中进行的热量衡算，严格地讲应称为焓衡算。通过式（4-8），难求的过程量 Q 可以转化为易算的状态量的增量 ΔH 计算。

① 对于两股或多股流体混合的混合器：若忽略与环境交换热量，则式（4-8）变为：

$$\Delta H=\sum_j(m_jh_j)-\sum_i(m_ih_i)=0 \tag{4-9}$$

式中，h_i、h_j 为单位质量第 i 股输入和第 j 股输出物流的焓值；m_i、m_j 为第 i 股输入和第 j 股输出物流的质量。

如图 4-3 所示的混合器，式（4-9）为：$m_1h_1+m_2h_2=(m_1+m_2)h_3$

② 对于间接式换热器：若整个换热设备与环境交换的热量可以忽略不计，则换热设备的能量平衡方程同式（4-9），但物流之间不发生混合。

如图 4-4 所示的换热器，式（4-9）为：$m_Ah_1+m_Bh_3=m_Ah_2+m_Bh_4$

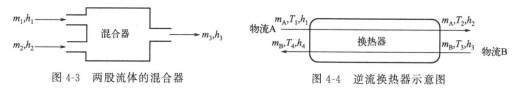

图 4-3　两股流体的混合器　　　　图 4-4　逆流换热器示意图

③ 流经节流阀或多孔塞：当流体流经阀门、孔板等静设备时，截面突然缩小，摩擦损失较大（压力损失大），除了 $W_s=0$、$mg\Delta z\approx 0$ 和 $\frac{1}{2}m\Delta u^2\approx 0$ 外，因流体速度足够快，还可以假设为绝热，即 $Q\approx 0$，则式（4-8）可进一步简化为：

$$\Delta H=0,H_1=H_2 \tag{4-10}$$

即流体通过阀门或孔板的节流过程为等焓流动。节流膨胀后能使某些流体的温度下降，因此在制冷过程中经常应用。

【例 4-2】 已知 1.4MPa 的湿蒸汽在量热计中被节流到 0.1MPa 和 403.15K，试求该湿蒸汽的干度。

解：该过程为节流过程，绝热 $Q=0$，无轴功交换 $W_s=0$，且动、势能项可忽略，即 $mg\Delta z\approx 0$ 和 $\frac{1}{2}m\Delta u^2\approx 0$，则根据式（4-10），能量平衡方程为：

$$\Delta H=0, H_1=H_2$$

查附录 5.3，0.1MPa 和 403.15K 的过热蒸汽焓值为：$h_2=2736.5\text{kJ}\cdot\text{kg}^{-1}$

则：$h_1=h_2=2736.5\text{kJ}\cdot\text{kg}^{-1}$

查附录 5.2 知，1.4MPa 的饱和液态水和饱和蒸汽焓值分别为：

$h^{\text{sL}}=830.08\text{kJ}\cdot\text{kg}^1$，$h^{\text{sV}}=2787.8\text{kJ}\cdot\text{kg}^{-1}$

设湿蒸汽的干度为 x，根据杠杆规则：$h_1=h^{\text{sL}}(1-x)+h^{\text{sV}}x$

则：$x=\dfrac{h_1-h^{\text{sL}}}{h^{\text{sV}}-h^{\text{sL}}}=\dfrac{2736.5-830.08}{2787.8-830.08}=0.9738$

【例 4-3】 有一温度为 90℃、流量为 72000kg·h^{-1} 的热水和另一股温度为 50℃、流量为 108000kg·h^{-1} 的水绝热混合，求混合后水的温度。在题设温度范围内水的比热容近似相等。

解：设绝热混合后水的温度 t_3。

流股 1：$t_1=90℃$，$m_1=72000\text{kg}\cdot\text{h}^{-1}$

流股 2：$t_2=50℃$，$m_2=108000\text{kg}\cdot\text{h}^{-1}$

取混合器及其内容物为体系，可看成稳定流动过程，设水的流速不变，

$\frac{1}{2}m\Delta u^2=0$，$mg\Delta z\approx 0$，$W_s=0$，混合室无热损失 $Q=0$。

则由式（4-10）得：$\Delta H=0$

即：$m_1C_p(t_3-t_1)+m_2C_p(t_3-t_2)=0$

亦：$72000\times(90-t_3)=108000\times(t_3-50)$

解得 $t_3=66℃$

4.2.2.2 流体流经动设备

当流体流经压缩机、汽轮机、鼓风机和泵等动设备时，动、势能项变化很小，与焓变和轴功相比数量级差别较大，可以忽略，即 $mg\Delta z\approx 0$，$\frac{1}{2}m\Delta u^2\approx 0$。则式（4-6）可简化为：

$$\Delta H=Q+W_s \tag{4-11}$$

式（4-11）是能量衡算中最常用的一个公式。

若设备散热很小，可视为与环境绝热，即 $Q\approx 0$，则式（4-11）简化为：

$$\Delta H=W_s \tag{4-12}$$

即系统与环境交换的轴功等于系统的焓变。若已知工作流体通过设备时进、出口状态下的焓值，即可求得该设备的轴功。通过式（4-12），难求的过程量 W_s 可以转化为易算的状态量的增量 ΔH 计算。

【例 4-4】 压力为 1MPa、温度为 300℃ 的水蒸气进入汽轮机可逆绝热膨胀到 0.1MPa，试求汽轮机输出的轴功。

解：设汽轮机入口为状态点 1，根据 $p_1=1\text{MPa}$，$t_1=300℃$，查附录 5.3 得：

$h_1=3052.1\text{kJ}\cdot\text{kg}^{-1}$，$s_1=7.1251\text{kJ}\cdot\text{kg}^{-1}\cdot\text{K}^{-1}$

水蒸气由状态点 1 可逆绝热膨胀至状态点 2，过程等熵，则：

$s_2 = s_1 = 7.1251 \text{kJ} \cdot \text{kg}^{-1} \cdot \text{K}^{-1}$

由附录 5.2 查出 0.1MPa 的饱和液体和饱和蒸汽的焓和熵为：

$h^{sL} = 417.51 \text{kJ} \cdot \text{kg}^{-1}$　　　　　　$h^{sV} = 2675.4 \text{kJ} \cdot \text{kg}^{-1}$

$s^{sL} = 1.3027 \text{kJ} \cdot \text{kg}^{-1} \cdot \text{K}^{-1}$　　　$s^{sV} = 7.3598 \text{kJ} \cdot \text{kg}^{-1} \cdot \text{K}^{-1}$

显然，$s^{sL} < s_2 < s^{sV}$，则状态点 2 为湿蒸汽，设其干度为 x，根据杠杆规则：

$$s_2 = s^{sL}(1-x) + s^{sV} x$$

则：$x = \dfrac{s_2 - s^{sL}}{s^{sV} - s^{sL}} = \dfrac{7.1251 - 1.3027}{7.3598 - 1.3027} = 0.9613$

则：$h_2 = h^{sL}(1-x) + h^{sV} x = (1 - 0.9613) \times 417.51 + 0.9613 \times 2675.4 = 2588.02 \text{kJ} \cdot \text{kg}^{-1}$

根据式 (4-11)，汽轮机输出轴功为：

$w_s = \Delta h = h_2 - h_1 = 2588.02 - 3052.1 = -464.08 \text{kJ} \cdot \text{kg}^{-1}$

4.2.2.3　流体流经蒸汽喷射泵及喷嘴

因流体流经设备的速度足够快，可视为绝热过程，即 $Q \approx 0$，且设备不做轴功，即 $W_s = 0$；另外，流体进出口高度变化不大，势能的改变可以忽略，即 $mg\Delta z \approx 0$，则式 (4-6) 可简化成：

$$\Delta H + \frac{1}{2} m \Delta u^2 = 0 \tag{4-13}$$

式 (4-13) 即为绝热稳定流动方程。由式 (4-13) 可知，流体流经喷射设备时，通过改变流动的截面积，将流体自身的焓转变为动能，从而获得较高的流速。由于 $u_2 \gg u_1$，$u_1 \approx 0$，所以有：

$$u_2 = \sqrt{2(h_1 - h_2)} \tag{4-14}$$

【例 4-5】　压力为 2.5MPa、温度为 353K 的空气，以可忽略的初速度进入渐缩喷管，试计算如果喷管出口处背压为 1.5MPa 时，空气经喷管射出的速度。假设气体在喷管内的流动是可逆绝热的，在此条件下的空气可当作理想气体，绝热指数 $k = 1.4$，恒压热容为 $C_p = 1.04 \text{kJ} \cdot \text{kg}^{-1} \cdot \text{K}^{-1}$；已知喷管出口压力大于临界压力，是亚声速流动。

解： 由于空气可当成理想气体，则有：

$$p_1 v_1^k = p_2 v_2^k, \frac{p_1 v_1}{T_1} = \frac{p_2 v_2}{T_2}$$

空气出口温度为：$T_2 = T_1 \left(\dfrac{p_2}{p_1}\right)^{\frac{k-1}{k}} = 353 \times \left(\dfrac{1.5}{2.5}\right)^{\frac{1.4-1}{1.4}} = 305 \text{K}$

由式 (4-14) 得空气的速度为：$u_2 = \sqrt{2(h_1 - h_2)} = \sqrt{2 C_p (T_1 - T_2)}$

即：$u_2 = \sqrt{2 \times 1.04 \times 10^3 \times (353 - 305)} = 315.97 \text{m} \cdot \text{s}^{-1}$

4.2.2.4　伯努利方程

对于不可压缩的流体在管道中的流动，若假设流体无黏性（无阻力，无摩擦），并且管道保温良好，流动过程中流体与环境无热、无轴功的交换，即 $q = 0$，$w_s = 0$。无摩擦损耗就意味着没有机械能转化为热力学能，即流体的温度和压力都不变，热力学能也不变，则

$\Delta U = 0$，且 $\Delta h = \Delta U + \Delta (pv) = \Delta (pv)$。

不可压缩流体的比容 v 不变，则 $\Delta (pv) = p\Delta v + v\Delta p = v\Delta p = \dfrac{\Delta p}{\rho}$

则式（4-7）简化为：

$$\frac{\Delta p}{\rho} + g\Delta z + \frac{1}{2}\Delta u^2 = 0 \tag{4-15}$$

式（4-15）即为伯努利方程，或称为机械能平衡式。它是稳流过程能量平衡方程在特定条件下的简化形式。

稳流系统热力学第一定律及其简化式列于表 4-1。

表 4-1　稳流系统热力学第一定律及其简化式

系统	热力学第一定律表达式	公式序号
稳流系统	$\Delta H + mg\Delta z + \dfrac{1}{2}m\Delta u^2 = Q + W_s$	式(4-6)
流体流经静设备	$\Delta H = Q$	式(4-8)
流体流经动设备	$\Delta H = Q + W_s$	式(4-11)
流体流经喷射设备	$\Delta H + \dfrac{1}{2}m\Delta u^2 = 0$	式(4-13)
伯努利方程	$\dfrac{\Delta p}{\rho} + g\Delta z + \dfrac{1}{2}\Delta u^2 = 0$	式(4-15)

4.3　热力学第二定律与熵平衡

热力学第二定律对于不同的过程有不同的表述方式。对有关热流方向、循环过程和熵等方面可用不同语言的表述。虽然表述的方式很多，但各种表述方式所阐明的是同一客观规律，因此它们都是等效的。常用的表述有如下 3 种。

① 有关热流方向的表述，常用的是 Clausius（克劳修斯）的说法：热不可能自动地从低温物体传给高温物体。

② 有关循环过程的表述，常用的是 Kelvin（开尔文）的说法：不可能从单一热源吸热使之完全变成有用功，而不引起其他变化。

③ 有关熵的表述，常用的是：孤立系统的熵只能增加，或者到达极限时保持恒定。数学表达式为：

$$\Delta S_t = \Delta S_{sys} + \Delta S_{sur} \geqslant 0 \tag{4-16}$$

热力学第二定律各种表达方式都内含共同的实质，即有关热现象的各种实际宏观过程都是不可逆的。克劳修斯的说法指出了热传导过程的不可逆性，开尔文的说法则指出了热功转化过程的不可逆性。热力学第一定律阐明能量"量"的属性，而热力学第二定律揭示了不同形式的能量在传递和转换能力上存在着"质"的差别，不同形式的能量不能无条件地互相转化。所以在能量传递及转换过程中，就呈现出一定的方向、条件及限度的特征。

热力学第一定律确定了一个重要的宏观热力学性质——热力学能，热力学能是与系统内部微观粒子运动的能量相联系的热力学性质。热力学第二定律确定了同样重要的宏观热力学性质——熵，熵是与系统内部分子运动混乱程度相联系的热力学性质。关于熵的本质，在热力学中认为熵是热力学概率的量度。Boltzmann（玻尔兹曼）用式（4-17）把 S 和 Ω 联系起来，即：

$$S = k \ln \Omega \tag{4-17}$$

式中，k 为玻尔兹曼常数；Ω 为热力学概率。由于熵与系统内部分子运动混乱程度有关，因此熵值较小的状态对应于比较有序的状态，熵值较大的状态对应于比较无序的状态。

在物理化学中对热力学第二定律已有详尽的叙述，本章对热力学第二定律只作简要的介绍，重点在于阐明熵的概念，建立敞开体系的熵平衡方程。

4.3.1　封闭体系的熵平衡方程

在物理化学中已讨论，封闭体系的热力学第二定律表达式为：

$$\Delta S_{\mathrm{sys}} \geqslant \int \frac{\delta Q_{\mathrm{R}}}{T} \tag{4-18}$$

式中，取"="时，表示为可逆过程，取">"时，表示为不可逆过程。如果将不可逆过程的表达式也写成方程形式，则不等式右边需要添加一项，这一项用 ΔS_{g} 表示，ΔS_{g} 即为熵产生，简称熵产，ΔS_{g} 指的是过程的不可逆性引起的熵的增加。则式（4-18）可改写为：

$$\Delta S_{\mathrm{sys}} = \Delta S_{\mathrm{g}} + \int \frac{\delta Q_{\mathrm{R}}}{T} \tag{4-19}$$

ΔS_{g} 产生的原因是由于有序能量（如机械能、电能）耗散为无序能量（热），并被系统吸收（混乱度增加），必然导致系统熵的增加。因此 ΔS_{g} 不是系统的性质，而是仅与过程的不可逆程度相联系。

此外，为进一步简化式（4-19），可将 $\int \frac{\delta Q_{\mathrm{R}}}{T}$ 定义为熵流，用 ΔS_{f} 表示。由定义可知，ΔS_{f} 指的是体系与外界发生热交换而引起的熵的变化。则式（4-19）可简化为：

$$\Delta S_{\mathrm{sys}} = \Delta S_{\mathrm{g}} + \Delta S_{\mathrm{f}} \tag{4-20}$$

式（4-20）即为封闭体系的熵平衡式。由此可见，封闭体系经历不可逆过程引起的熵变包括 ΔS_{g} 和 ΔS_{f} 两部分。ΔS_{f} 可以为正（吸热）、为负（放热）或者为零（绝热），视热流的方向和情况而定。实际过程中，ΔS_{g} 永远为正，且过程不可逆性越大，ΔS_{g} 越大；反之，不可逆性越小，ΔS_{g} 越小；若过程中 ΔS_{g} 为零，则不可逆性消失，过程即为可逆过程。可用 ΔS_{g} 判断过程能否发生。

$$\Delta S_{\mathrm{g}} > 0 \quad 不可逆过程$$
$$\Delta S_{\mathrm{g}} = 0 \quad 可逆过程$$
$$\Delta S_{\mathrm{g}} < 0 \quad 不可能过程$$

4.3.2　孤立体系的熵平衡方程

将 ΔS_{g} 引入到孤立体系的熵平衡方程式（4-16）中，则有：

$$\Delta S_t = \Delta S_{sys} + \Delta S_{sur} = \Delta S_g$$

即孤立体系的熵产生等于体系的总熵变。

4.3.3 敞开体系的熵平衡方程

由于过程的不可逆性造成的熵产生，削弱了系统对外做功能力，熵产生越大，造成的能效降低越大。因此，熵不仅是能量传递方向的数据，而且是能量做功效率的量度。敞开体系与环境之间同时发生能量与物质交换，此时，敞开体系的熵变除了热量的传递引起的熵流和过程的不可逆引起的熵产生外，还与输入和输出的物流熵有关。

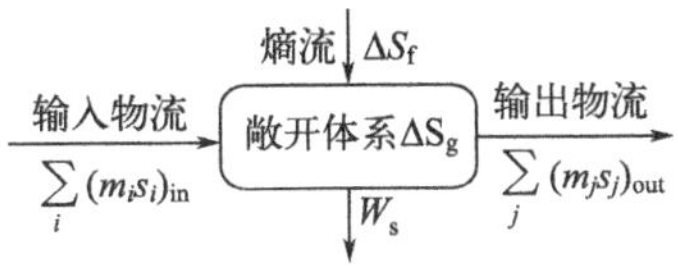

图 4-5　敞开体系熵平衡示意图

图 4-5 为敞开体系熵平衡示意图。假设体系从环境吸收热量 Q，同时对外做功 W_s，体系与环境之间不仅有能量交换，还有物质交换。随着物料的输入输出，熵也有变化，输入物流熵为 $\sum_i (m_i s_i)_{in}$，输出物流熵为 $\sum_j (m_j s_j)_{out}$。

与能量交换有联系的熵变为 $\Delta S_f = \int \dfrac{\delta Q_R}{T} = \dfrac{Q}{T_{sur}}$，其中，$T_{sur}$ 为敞开体系环境热源的绝对温度。需要指出的是能量交换中只有热量与熵变有关，功是有序的"高级能量"，功交换不产生熵变。此外，由过程的不可逆性引起的熵产生为 ΔS_g。于是，针对上述敞开体系，体系熵积累 $\dfrac{dS_{opsys}}{dt}$ 可以写成：

$$\frac{dS_{opsys}}{dt} = \Delta S_f + \Delta S_g + \sum_i (m_i s_i)_{in} - \sum_j (m_j s_j)_{out} \tag{4-21}$$

4.3.3.1 敞开体系稳流过程

对于稳定流动过程，体系本身状态不随时间改变，熵积累速率为 0，则：

$$\Delta S_g = \sum_j (m_j s_j)_{out} - \sum_i (m_i s_i)_{in} - \Delta S_f \tag{4-22}$$

式（4-22）为敞开体系稳流过程的熵平衡方程，可用于计算不可逆过程熵产生量 ΔS_g。

若仅有一股流体进出装置，输入装置的物流熵为 S_1，输出装置的物流熵为 S_2，则式（4-22）可简化为：

$$\Delta S_g = S_2 - S_1 - \Delta S_f \tag{4-23}$$

4.3.3.2 敞开体系稳流绝热过程

以式（4-23）为基础，对于稳定流动绝热过程，与环境无热交换，熵流为 0，则：

$$\Delta S_g = S_2 - S_1 = \Delta S_{sys} \tag{4-24}$$

不可逆绝热过程：$\Delta S_g > 0$，则有 $S_2 > S_1$。

流体流经节流装置一般属于稳流绝热过程。节流过程属于不可逆过程，$\Delta S_g > 0$。节流前后压降越大，产生的熵越多，不可逆程度越大。压差是做功的推动力，但流体流经节流装置并没有做出机械功，而是耗散为热，此热是流体与阀门摩擦而产生的，并为流体本身所吸收，使流体熵增加。利用熵平衡可以分析不同化工过程中能耗情况，这方面内容将在化工过程热力学分析中介绍。

对于可逆绝热过程，$\Delta S_g = 0$，则有 $S_2 = S_1$。

即输入输出的物流熵不变，因此绝热可逆的稳流过程为等熵过程。

【例 4-6】 某工厂欲经冷凝器将 150℃ 的饱和水蒸气冷凝为 150℃ 的饱和水，冷凝器用 25℃ 的大气作为冷却介质，水蒸气的流率为 $3kg \cdot s^{-1}$。试求此冷凝过程产生的熵。

解： 取冷凝器为敞开体系。因为过程稳流，且 $W_s = 0$，忽略系统动能和势能的变化，由式（4-6）得：

$$\Delta H = Q = m(h_2 - h_1) \tag{A}$$

由式（4-23）得：

$$\Delta S_g = m(s_2 - s_1) - \Delta S_f = m(s_2 - s_1) - \frac{Q}{T_{sur}} \tag{B}$$

设状态 1 为 150℃ 的饱和水蒸气，状态 2 为 150℃ 的饱和水，由附录 5.1 查得焓和熵值：

$$h_1 = 2745.4 kJ \cdot kg^{-1} \qquad s_1 = 6.8358 kJ \cdot kg^{-1} \cdot K^{-1}$$
$$h_2 = 632.15 kJ \cdot kg^{-1} \qquad s_2 = 1.8416 kJ \cdot kg^{-1} \cdot K^{-1}$$

将数据代入式（A）可得饱和蒸汽冷凝成饱和水放出的热量，即与空气交换的热量 Q：

$$Q = m(h_2 - h_1) = 3 \times (632.15 - 2745.4) = -6339.75 kJ \cdot s^{-1}$$

再将有关数据代入式（B），得该传热过程的熵产生：

$$\Delta S_g = 3 \times (1.8416 - 6.8358) - \left(\frac{-6339.75}{25 + 273.15} \right) = 6.28 kJ \cdot K^{-1} \cdot s^{-1}$$

【例 4-7】 有人声称发明了一种绝热操作，不需要外功的稳定流动装置，能将 $p_0 = 7 \times 10^5 Pa$、$T_0 = 294K$ 的空气分离成质量相等的两个流股，一股是 $p_1 = 1 \times 10^5 Pa$、$T_1 = 355K$，另一股是 $p_2 = 1 \times 10^5 Pa$、$T_2 = 233K$。假设题设条件下空气可以视为理想气体，其恒压热容 $C_p^{ig} = 25.5 J \cdot mol^{-1} \cdot K^{-1}$，试问该装置可行吗？

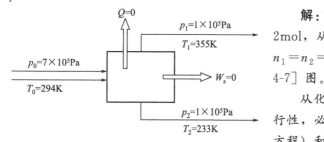

[例 4-7] 图 空气分离流程示意图

解： 根据题意，假设空气共有 $n_0 = 2mol$，从设备流出后，每股出料各含空气 $n_1 = n_2 = 1mol$。空气分离流程示意图见 [例 4-7] 图。

从化工热力学的角度衡量一个过程的可行性，必须满足热力学第一定律（能量平衡方程）和热力学第二定律（熵增原理）。

（1）热力学第一定律

对于空气分离稳流过程，可忽略设备进、出口之间的动能变化和势能变化，即 $mg\Delta z \approx 0$，$\frac{1}{2}m\Delta u^2 \approx 0$，过程绝热，即 $Q = 0$，且分离装置不做轴功，即 $W_s = 0$，则 $\Delta H = 0$，即：

$$
\begin{aligned}
\Delta H &= n_1 C_p^{ig}(T_1 - T_0) + n_2 C_p^{ig}(T_2 - T_0) \\
&= C_p^{ig}(T_1 + T_2 - 2T_0) \\
&= 25.5 \times (355 + 233 - 2 \times 294) \\
&= 0 J \cdot mol^{-1}
\end{aligned}
$$

则该装置符合热力学第一定律能量平衡方程。

（2）热力学第二定律

对于空气分离稳流绝热过程，熵流为 0，则熵平衡方程可简化为：

$$\Delta S_g = \sum_j (n_j s_j)_{out} - \sum_i (n_i s_i)_{in} = (n_1 s_1 + n_2 s_2) - n_0 s_0$$

$$= n_1(s_1 - s_0) + n_2(s_2 - s_0) = (s_1 - s_0) + (s_2 - s_0)$$

$$= \left(C_p^{ig} \ln \frac{T_1}{T_0} - R \ln \frac{p_1}{p_0} \right) + \left(C_p^{ig} \ln \frac{T_2}{T_0} - R \ln \frac{p_2}{p_0} \right)$$

$$= 25.5 \times \left(\ln \frac{355}{294} + \ln \frac{233}{294} \right) - 8.314 \times \left(\ln \frac{1 \times 10^5}{7 \times 10^5} + \ln \frac{1 \times 10^5}{7 \times 10^5} \right)$$

$$= 31.2 \mathrm{J \cdot K^{-1}} > 0$$

由于 $\Delta S_g > 0$，则该过程为不可逆过程，满足热力学第二定律。

综上所述，该过程同时满足热力学第一定律和热力学第二定律，因此该装置可行。

4.4　熵分析法

化工生产中，人们希望合理、充分地利用能量，提高能量利用率，以获得更多的功。本节根据热力学的基本原理，阐述理想功、损失功和热力学效率的概念及其计算。同时使用熵分析法对化工传递过程进行分析，以便评定实际传递过程中能量利用的完善程度，为提高能量利用效率，改进生产提供一定的依据。

4.4.1　理想功

根据热力学原理，系统发生状态变化时，可以通过各种过程来实现，不同过程对应的产功量（或耗功量）是不同的。产功过程存在一个最大功，而耗功过程存在一个最小功。并且此功在技术上可利用，故称为最大有用功或理想功，用 W_{id} 表示。

理想功 W_{id} 定义：在一定的环境条件下，体系的状态变化是按完全可逆的过程进行时，理论上可能产生的最大功或者必须消耗的最小功。过程完全可逆是指：①体系内部一切的变化必须可逆；②体系只与温度为 T_0 的环境进行可逆的热交换。

因而，理想功是一个理论的极限值，是用来作为实际功的比较标准。通过理想功与实际功的比较可以评价实际生产过程能量的利用程度，为提高能量利用率、改进化工过程及节能提供依据。化工生产中经常遇到的是稳流过程，因而讨论稳流过程的理想功更为重要。为了更好地理解完全可逆的过程所规定的传热条件的意义，现结合稳流过程理想功计算式的推导，进一步加以说明。

图 4-6 为一个稳定流动过程示意图，流体在其温度、压力、焓值和熵值为 T_1、p_1、H_1、S_1 时进入设备，在稳流可逆过程中（即无分子内摩擦损耗）膨胀做轴功 $W_{s,R}$，同时排放热量 Q，使流体的温度、压力都下

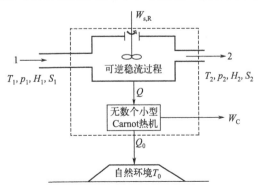

图 4-6　稳定流动过程 W_{id} 示意图

降，最后以 T_2、p_2、H_2、S_2 的状态离开设备。为了对排出的热量 Q 进行充分利用，设置一卡诺热机将一部分热量转化为功，同时实现可逆传热。卡诺热机产出的轴功称为卡诺功，用 W_C 表示，做功后有温度为 T_0 的热量 Q_0 排到外界自然环境中，外界自然环境即卡诺热机的低温热源。

流体在稳流过程中是变温的（温度由 T_1 降至 T_2），传出的热量 Q 也是随温度变化的，但卡诺热机要求恒温热源，因此可以设想安排无数个小型的卡诺热机进行连续操作，每个小卡诺热机向高温热源吸收微量热，做出微量的卡诺功。由于小卡诺热机的高温源温度变化极微小，可近似地视其为恒温热源，无数个小卡诺热机向高温源吸收的总热量为 Q，做出的总卡诺功为 W_C，向外界环境排放的总热量为 Q_0。

若将所有工质、设备和无数小型卡诺热机视作一个体系，用图中虚线框表示。则体系经历的过程符合完全可逆的规定。

过程向环境排放的总热量为 Q_0，输出的功包括可逆轴功 $W_{s,R}$ 和卡诺功 W_C，忽略动能和势能变化，应用热力学第一定律能量平衡方程式：

$$\Delta H = Q_0 + W_{s,R} + W_C \tag{4-25}$$

对过程进行功衡算，由理想功的定义，理想功应为可逆轴功 $W_{s,R}$ 与卡诺功 W_C 之和。即：

$$W_{id} = W_{s,R} + W_C \tag{4-26}$$

由稳流过程的熵衡算式：

$$\Delta S_g = S_2 - S_1 - \Delta S_f \tag{4-23}$$

对于可逆稳流过程，$\Delta S_g = 0$，则 $\Delta S_f = S_2 - S_1 = \dfrac{Q_0}{T_0}$，即 $\Delta S = \dfrac{Q_0}{T_0}$，亦即：

$$Q_0 = T_0 \Delta S \tag{4-27}$$

将式（4-26）和式（4-27）代入式（4-25）得稳流过程的理想功：

$$W_{id} = \Delta H - T_0 \Delta S \tag{4-28}$$

式（4-28）即为稳流过程理想功的计算式，是联合应用热力学第一定律和第二定律的结果。由式（4-28）可知，由于 H、S 是状态函数，稳流过程的理想功只与状态变化有关，它仅取决于流体的始末状态以及自然环境的温度 T_0，而和状态变化的具体途径无关。式（4-28）中的焓变 ΔH 和熵变 ΔS 的计算方法详见第 3 章公式解析法；对于水、氨和空气等常用工作介质，也可以通过已知温度和压力等参数查热力学性质图表求得 ΔH、ΔS。一般 T_0 是指大气或天然水源的温度。

【例 4-8】 试求 0.1013MPa 下 25℃的水变为 0℃的冰时的理想功，设环境的温度分别为 25℃和 −25℃，过程为稳定流动过程。

解：不考虑压力的影响，从热力学性质图表查出水在不同状态时的焓值和熵值，列于［例 4-8］表。

［例 4-8］表　始末状态下介质的焓值和熵值

状态	温度/K	焓/kJ·kg^{-1}	熵/kJ·kg^{-1}·K^{-1}
$H_2O(L)$	298.15	104.77	0.3670
$H_2O(S)$	273.15	−334.7	−1.2255

（1）环境温度 $T_0 = 25℃ = 298.15K$（高于冰点）时，理想功为：

$$W_{id} = \Delta H - T_0 \Delta S = (-334.74 - 104.77) - 298.15 \times (-1.2255 - 0.3670) = 35.29 \text{kJ} \cdot \text{kg}^{-1}$$

即当环境温度为 25℃ 时，需要消耗的最小功为 35.29kJ·kg^{-1}。

（2）当环境温度 $T_0' = -25℃ = 248.15\text{K}$（低于冰点）时，理想功为：

$$W_{id} = \Delta H - T_0' \Delta S = (-334.74 - 104.77) - 248.15 \times (-1.2255 - 0.3670) = -44.33 \text{kJ} \cdot \text{kg}^{-1}$$

即当环境温度为 −25℃（低于冰点）时，理想功为负值，说明当水变为冰时，不仅不需要消耗功，理论上还可以做功。

计算结果表明，即使系统的始末状态相同，但环境温度不同时，理想功也不一样。

4.4.2　损失功

理想功通过完全可逆过程才能实现，但所有的实际过程都是不可逆的。则产功过程，其产生的实际功比理想功少；消耗功的过程，其消耗的实际功比理想功多。由过程的不可逆性引起的功的损失即为损失功，用 W_L 表示。损失功 W_L 的定义为：体系在给定状态变化过程中所计算的理想功 W_{id} 与该过程实际功 W_s 的差值。W_L 可表示为：

$$W_L = W_s - W_{id} \tag{4-29}$$

损失功由过程的不可逆性引起，而不可逆过程总会引起总熵变的增加，所以损失功与总熵变必存在一定的联系。现设稳流过程体系由始态（T_1、p_1、H_1、S_1）变到末态（T_2、p_2、H_2、S_2），其理想功为［见式（4-28）］：

$$W_{id} = \Delta H_{sys} - T_0 \Delta S_{sys}$$

由热力学第一定律，忽略动能差和势能差，稳流过程的实际功为：

$$W_s = \Delta H_{sys} - Q \tag{4-30}$$

式中，Q 为体系在实际过程中与温度 T_0 的环境所交换的热量。将 W_{id} 和 W_s 代入式（4-29）得：

$$W_L = T_0 \Delta S_{sys} - Q \tag{4-31}$$

由于温度为 T_0 的环境可视为热容量极大的恒温热源，并不因为吸收或放出有限的热量而发生变化。所以对体系而言，在实际过程中所交换的热，Q 为不可逆热。而对环境来说，Q 可视为可逆热，即 $\Delta S_{sur} = -\dfrac{Q}{T_0}$，亦即 $-Q = T_0 \Delta S_{sur}$，代入式（4-31）得：

$$W_L = T_0 \Delta S_{sys} + T_0 \Delta S_{sur} = T_0 (\Delta S_{sys} + \Delta S_{sur}) = T_0 \Delta S_t \tag{4-32}$$

对于有物流进出的敞开体系稳流过程，由热力学第二定律熵平衡方程式：

$$\Delta S_g = \sum_j (m_j s_j)_{out} - \sum_i (m_i s_i)_{in} - \Delta S_f \tag{4-22}$$

则有：$\Delta S_t = \Delta S_{sys} + \Delta S_{sur} = \Delta S_g$，代入式（4-32）得：

$$W_L = T_0 \Delta S_g \tag{4-33}$$

由式（4-32）可知，损失功与孤立体系总熵变成正比。损失功的大小不仅取决于总熵变 ΔS_t，而且与环境温度有关。根据熵增原理：对于不可逆过程，$\Delta S_t > 0$，$W_L > 0$。当环境温度 T_0 一定时，ΔS_t 越大，损失功 W_L 也越大。对于可逆过程，$W_L = 0$，所以损失功 W_L 是反映实际过程的不可逆程度的另一个热力学量。

化工生产中，一切实际过程都是不可逆的。例如流体流动、传热和传质等过程，都存在流体阻力、热阻、扩散阻力等。为了使过程得以进行，必须保持一定的推动力，如流体流动的压力差、传热的温度差和扩散的浓度差等。这样，就使得系统内部产生内摩擦、混合、蜗流等扰动现象，使一部分系统内的物质由有序的机械运动转变为无序的热运动，导致系统内混乱度增大、熵产生、总熵增加，因而实际过程不可避免地有损失功。应注意的是，损失的这部分功本来是可以做功的，但由于实际过程的不可逆而使其无偿地降级为热。所以实际过程必然伴随着能量的降级，在实际生产中，应尽量减少功的损失。

【例 4-9】 试求下列介质管道运输时，由于保温不良引起的热损失与损失功，并作比较。大气温度为 $T_0 = 25℃$。

(1) 输送 $80℃$ 热水的管道到使用单位时水温已降至 $60℃$。水的恒压热容为 $C_p = 4.1868kJ \cdot kg^{-1} \cdot K^{-1}$。

(2) 蒸汽管道运输时，$145℃$ 的饱和水蒸气冷凝成同样温度和压力时的饱和液态水。

解：(1) 以管道中的水为研究系统，假设过程压力变化不影响放热，则水在输送过程的热损失为：

$$Q = mC_p \Delta T = 4.1868 \times (60-80) = -83.74kJ \cdot kg^{-1}$$

降温过程的体系的熵变为：

$$\Delta S_{sys} = mC_p \ln \frac{T_2}{T_1} = 4.1868 \times \ln \frac{60+273.15}{80+273.15} = -0.2441kJ \cdot kg^{-1} \cdot K^{-1}$$

体系放热时，环境吸热，因此环境的熵变为：

$$\Delta S_{sur} = -\frac{Q}{T_0} = \frac{83.74}{298.15} = 0.2809kJ \cdot kg^{-1} \cdot K^{-1}$$

则过程的损失功：

$$W_L = T_0(\Delta S_{sys} + \Delta S_{sur}) = 298.15 \times (-0.2441 + 0.2809) = 10.97kJ \cdot kg^{-1}$$

(2) 查附录 5.1 可得 $145℃$ 的饱和水蒸气和饱和液相水的焓值和熵值为：

$$h_1 = 2739.3J \cdot kg^{-1} \qquad s_1 = 6.8815kJ \cdot kg^{-1} \cdot K^{-1}$$
$$h_2 = 610.6kJ \cdot kg^{-1} \qquad s_2 = 1.7906kJ \cdot kg^{-1} \cdot K^{-1}$$

由热力学第一定律，忽略动能差和势能差，管道运输无轴功交换，则蒸汽冷凝过程的热损失为：

$$Q' = \Delta h = 610.6 - 2739.3 = -2128.7kJ \cdot kg^{-1}$$

由热力学第一定律，蒸汽冷凝过程的损失功为：

$$\begin{aligned} W_L' &= T_0(\Delta S_{sys} + \Delta S_{sur}) \\ &= T_0[(s_2 - s_1) + (-\Delta h/T_0)] \\ &= T_0(s_2 - s_1) - \Delta h \\ &= 298.15 \times (1.7906 - 6.8815) + 2128.7 \\ &= 610.85kJ \cdot kg^{-1} \end{aligned}$$

热水管道：$Q = -83.74kJ \cdot kg^{-1}$，　　　　$W_L = 10.97kJ \cdot kg^{-1}$

蒸汽管道：$Q' = -2128.7kJ \cdot kg^{-1}$，　　　$W_L' = 610.85kJ \cdot kg^{-1}$

由计算结果可知，与热水管道相比，由于管道保温不良引起蒸汽的冷凝造成的热损失和功损失大得多。因此，必须对管道，尤其是蒸汽管道要加强保温措施。

4.4.3 热力学效率

理想功是确定的状态变化所提供的最大功或消耗的最小功。要获得理想功，过程就必须是在完全可逆的条件下进行。由于一切实际过程都是不可逆的，因此实际过程提供的功 W_s 必然小于理想功 W_{id}，实际过程消耗的功 W_s 必然大于理想功 W_{id}，两者之比称为热力学效率，用 η_a 表示。

产功过程：
$$\eta_a = \frac{W_s}{W_{id}} \tag{4-34}$$

耗功过程：
$$\eta_a = \frac{W_{id}}{W_s} \tag{4-35}$$

当实际功无法直接求出时，可通过理想功 W_{id} 和损失功 W_L 求热力学效率 η_a，再求实际功 W_s。将式（4-29）代入上两式得：

产功过程：
$$\eta_a = \frac{W_{id} + W_L}{W_{id}} \tag{4-36}$$

耗功过程：
$$\eta_a = \frac{W_{id}}{W_{id} + W_L} \tag{4-37}$$

η_a 是反映过程可逆的程度和热力学完善性的尺度，故又称为可逆度。可逆过程，$\eta_a = 1$；不可逆过程，$\eta_a < 1$；η_a 越接近于 1，说明过程用能越合理。过程不可逆性增大，W_L 增加，η_a 减小。因此合理用能就要减少 W_L，增加 η_a。

【例 4-10】 高压水蒸气作为动力源，可驱动汽轮机做功。450℃，2.5MPa 的过热蒸汽进入汽轮机，在推动汽轮机做功的同时，蒸汽向环境散热 7.12kJ·kg^{-1}。环境温度 25℃，由于过程不可逆，实际输出的功等于可逆绝热膨胀时轴功的 85%。做功后，排出的乏汽压力为 10kPa。求此过程的理想功、损失功和热力学效率。

解：在 T-S 图上画出蒸汽汽轮机膨胀做功过程（见 [例 4-10] 图），其中 1→2 为可逆绝热膨胀过程，1→2' 为实际不可逆膨胀过程。

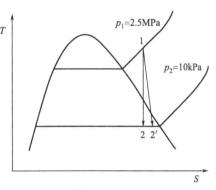

[例 4-10] 图　汽轮机膨胀做功过程示意图

由附录 5.3 查得 $T_1 = 450℃$，$p_1 = 2.5MPa$ 时的过热蒸汽焓值和熵值为：
$$h_1 = 3351.3 kJ·kg^{-1}, s_1 = 7.1763 kJ·kg^{-1}·K^{-1}$$
若蒸汽在汽轮机中绝热可逆膨胀，则熵值不变，即：
$$s_2 = s_1 = 7.1763 kJ·kg^{-1}·K^{-1}$$
由附录 5.2 查得 $p_2 = 10kPa$ 时饱和水蒸气和饱和液相水焓值和熵值为：
$$h^{sL} = 191.83 kJ·kg^{-1}, s^{sL} = 0.6493 kJ·kg^{-1}·K^{-1}$$
$$h^{sV} = 2584.8 kJ·kg^{-1}, s^{sV} = 8.1511 kJ·kg^{-1}·K^{-1}$$
比较可知：$s^{sL} < s_2 < s^{sV}$，所以状态点 2 为湿蒸汽，设其干度为 x_2，则有
$$s_2 = (1 - x_2)s^{sL} + x_2 s^{sV} = 0.6493(1 - x_2) + 8.1511 x_2 = 7.1763 kJ·kg^{-1}·K^{-1}$$
解得：$x_2 = 0.8701$

$$h_2 = (1-x_2)h^{sL} + x_2 h^{sV} = 191.83 \times (1-0.8701) + 2584.8 \times 0.8701 = 2273.95 \text{kJ} \cdot \text{kg}^{-1}$$

由此可得可逆绝热轴功为：

$$W_{s,R} = h_2 - h_1 = 2273.95 - 3351.3 = -1077.35 \text{kJ} \cdot \text{kg}^{-1}$$

而汽轮机实际上既不绝热也不可逆，设其出口状态点为 $2'$，则实际轴功：

$$W_s = 0.85 W_{s,R} = -1079.59 \times 0.85 = -915.75 \text{kJ} \cdot \text{kg}^{-1}$$

由热力学第一定律有：$\Delta h = q + W_s = h_{2'} - h_1$

$$h_{2'} = h_1 + q + W_s = 3351.3 - 7.12 - 915.75 = 2428.43 \text{kJ} \cdot \text{kg}^{-1}$$

由 $h^{sL} < h_{2'} < h^{sV}$，则状态点 $2'$ 为湿蒸汽，设其干度为 $x_{2'}$，则有：

$$h_{2'} = (1-x_{2'})h^{sL} + x_{2'}h^{sV} = 191.83(1-x_{2'}) + 2584.8 x_{2'} = 2428.43 \text{kJ} \cdot \text{kg}^{-1}$$

解得：$x_{2'} = 0.9347$

$$s_{2'} = (1-x_{2'})s^{sL} + x_{2'}s^{sV}$$

$$= 0.6493 \times (1-0.9347) + 8.1511 \times 0.9347 = 7.6612 \text{kJ} \cdot \text{kg}^{-1} \cdot \text{K}^{-1}$$

则过程的熵产生为：

$$\Delta s_g = s_{2'} - s_1 - \Delta s_f = 7.6612 - 7.1763 - (-7.12)/298.15 = 0.5088 \text{kJ} \cdot \text{kg}^{-1} \cdot \text{K}^{-1}$$

过程的理想功为：

$$W_{id} = \Delta H - T_0 \Delta S$$

$$= (2428.43 - 3351.3) - 298.15 \times (7.6612 - 7.1763)$$

$$= -1067.44 \text{kJ} \cdot \text{kg}^{-1}$$

过程的损失功为：

$$W_L = T_0 \Delta S_g = 298.15 \times 0.5088 = 151.70 \text{kJ} \cdot \text{kg}^{-1}$$

过程的热力学效率为：

$$\eta = \frac{W_s}{W_{id}} = \frac{-915.75}{-1067.44} \times 100\% = 85.79\%$$

4.4.4 化工传递过程的熵分析

完全可逆的过程是推动力无限小、速度无限慢的理想过程，在实际生产中是无法实现的。功的损耗来源于过程的不可逆性。一切实际过程总是在一定的温度差、压力差、浓度差或化学势差等推动力的作用下进行，因此实际过程都是不可逆过程，而过程的不可逆性势必带来熵增，熵增引起功的损耗，那么，实际过程的功损失是不可避免的。熵产生是功损失的根本原因，故熵分析法也称为损失功分析法。从热力学角度考虑，节能旨在尽量减小损失，避免不必要的损耗。熵分析法主要分析各种不可逆因素引起功损耗的原因并计算损失功量，其目的在于找到能量利用不合理的薄弱环节，改进生产，提高过程热力学完善性程度，从而提高能量利用率。

4.4.4.1 流体流动过程分析

当流体流过管道和设备时，由于流体与管道（或设备）之间以及流体分子之间的摩擦和扰动，使流体的一部分机械能耗散为热，导致熵产生与不可逆的功损失。为此，在确定了某工序的操作压力后，要求流体进入此工序的入口压力更高以克服阻力，这将增加压缩机、鼓风机或泵的功耗。至于高压流体经过节流装置减压，更是显著地损失了做功的能力。化工厂消耗的动力大多直接用于弥补这些损耗。

和外界无热、功交换但有压力降的流动过程，可忽略动能差和势能差，热力学第一定律能量平衡方程可简化为：

$$\Delta H = 0 \tag{4-10}$$

由热力学基本方程式：

$$\mathrm{d}H = T\mathrm{d}S + V\mathrm{d}p \tag{3-2}$$

联立式（4-10）和式（3-2）可得：

$$\mathrm{d}S = -\frac{V}{T}\mathrm{d}p \tag{4-38}$$

式（4-38）两边积分可得：

$$\Delta S = -\int_{p_1}^{p_2} \frac{V}{T}\mathrm{d}p \tag{4-39}$$

式中，ΔS 为物流的熵变。根据式（4-39），对于与外界无热交换的稳流过程，熵流 $\Delta S_f = 0$，此时，物流的熵变即为熵产，则流体流动过程的损失功为：

$$W_L = T_0 \Delta S_g = T_0 \Delta S = -T_0 \int_{p_1}^{p_2} \frac{V}{T}\mathrm{d}p \tag{4-40}$$

式中，V 和 T 分别是流体的体积和温度。不论是气体还是液体，在流动过程中，温度及比容均无太大的变化，V、T 可视为常数，因此式（4-40）可简化为：

$$W_L = \frac{T_0}{T}V(p_1 - p_2) \tag{4-41}$$

式中，T_0 为环境温度；T 为物系温度。用式（4-41）对流体流动过程进行热力学分析，讨论流体过程的损耗功的影响因素，以进行合理节能。

由式（4-41）可知，损失功正比于压差，而压差近似与流速的平方成正比，因此损失功也大致与流速的平方成正比。要减小流体流动过程的不可逆性造成的损失功，就要求尽可能减少管道上的弯头和缩扩变化，减少阀门等管件的数量，同时不能使流速过大。在化工生产中，为完成额定生产任务，如果降低流速，就势必加大管道和设备的直径，使设备投资费用增加，因此，应权衡能耗费和设备费的关系，选择一个经济合理的流速，求取最佳管径。为了减小流体流动过程的不可逆损耗，工业中还可添加减阻剂或抛光管道内表面以减小阻力损失。

由式（4-41）可知，当压力差一定时，W_L 与 T_0/T 成正比，物系温度 T 愈低，损失功愈大，温度低的流体损耗功大，因此对深冷工业，更应采用较低的流速，减小压力差或采取其他减小流体阻力的方法，以减少功的损耗。

节流过程是流体流动过程的特例，式（4-40）和式（4-41）也适用于节流过程。前已述及，流体节流压力下降，焓值不变，但流体的熵增大，因此节流是明显的不可逆过程，功损耗较大。在化工生产中，应尽可能减少这种损失，要利用流体的压力做功。此外，损失功正比于流体体积 V（即比容），由于气体比容远远大于液体比容，对气体更应该尽量少采用节流。目前，在现代化制冷装置中，气体节流都已用透平膨胀机代替，以回收一部分能量，而仍保留液体的节流阀。

4.4.4.2 传热过程分析

传热过程的不可逆损耗除了流体阻力引起的功损失外，主要来自于传热的温差。在换热设备中，由于流体的温差分布不合理，引起较大的传热温差而导致功损失。此外，设备保温不良而散热于大气中，或者低于常温的冷损失（漏热损失），此类损失直接增加了做功能力的损失或制冷机的功耗。

设某换热器的换热量为 Q，若不计换热器的散热损失，根据热力学第一定律，高温流体释放的热量 Q_H 即为低温流体得到的热量 Q_L，即 $|Q_H|=|Q_L|=Q$。

设高温流体和低温流体的温度分别为 T_H 和 T_L（$T_H > T_L$），T_H 和 T_L 可以为常量也可以为变量。根据卡诺定理，在传热前，热量 Q_H 的最大做功能力为 $|Q_H|\left(1-\dfrac{T_0}{T_H}\right)$，在传热后，热量 Q_L 的最大做功能力降至 $|Q_L|\left(1-\dfrac{T_0}{T_L}\right)$。显然，传热过程的损失功为：

$$W_L = |Q_H|\left(1-\frac{T_0}{T_H}\right) - |Q_L|\left(1-\frac{T_0}{T_L}\right) = |Q|\left(\frac{T_0}{T_L}-\frac{T_0}{T_H}\right) = \frac{T_0}{T_H T_L}(T_H - T_L)|Q|$$

$$(4-42)$$

若流体的温度都为变量，那么式（4-42）中的 T_H 和 T_L 都要用热力学平均温度 T_{Hm} 和 T_{Lm} 来代替，于是式（4-42）为：

$$W_L = \frac{T_0}{T_{Hm} T_{Lm}}(T_{Hm} - T_{Lm})|Q| \tag{4-43}$$

热力学平均温度 T_m 可用式（4-44）计算：

$$T_m = \frac{T_2 - T_1}{\ln(T_2/T_1)} \tag{4-44}$$

式中，T_1 和 T_2 分别为流体的初温和终温。

由式（4-42）和式（4-43）可知，即使换热器无散热损失，热量在数量上完全收回，热流体放出的热全部用于冷流体的升温，仍有功损失，$W_L > 0$。这是由于经过热交换后，高温热量变成低温热量，使得同一股热量的做功能力下降，即有能量的贬质。

W_L 正比于温差（$T_{Hm} - T_{Lm}$），即当环境温度 T_0、传热量 Q 及传热温度之积（$T_{Hm} T_{Lm}$）一定时，损失功与传热温差成正比，损失功随传热温差的缩小而减少。在化工生产中要完成一定的传热量，减小传热温差时，势必要增加传热面积，损失功减小但设备的投资费用会增加；加大传热温差，传热推动力增大，换热面积减少，设备投资减少，但损失功增加。因此，换热过程应有一个最适宜的温差，使能耗费和设备费之和最少。

由式（4-43）可知，W_L 与（$T_{Hm} T_{Lm}$）成反比，当传热量 Q 一定时，（$T_{Hm} T_{Lm}$）越小，损失功越大。在数学上可证明，当温差（$T_{Hm} - T_{Lm}$）越接近于零时，（$T_{Hm} T_{Lm}$）越接近最大。显然，低温传热比高温传热损失功要大。例如对于同样的传热量和同样传热温差，50K 级换热器的损失功将为 500K 级换热器的 100 倍。所以，设计高温换热时可取较大的温差，以减少换热面积。在低温工程中，传热温差应尽量小，如深冷工业换热设备的温差有时只有 1～2℃，目的就是减小功损失。

换热过程节能的主要方向应是减小传热温差，尽量做到温位匹配。减小传热温差，除可通过采用逆流换热和增加传热面积来实现外，还能通过增大流体流速以强化传热的方法来获得。由化工原理相关内容可知，流体流速增大可提高对流传热的给热系数，且给热系数大致与流速的 0.8 次方成正比。但是，流体在换热器中的流动阻力也会随流速的 1.75 次方而迅速增加，按式（4-41）可知，其流动功损耗必然增大。因此，在换热过程的节能优化设计中，必须兼顾传热与流动的功损失，兼顾节能与投资，慎重进行技术经济总评比。

在换热设备和换热过程的节能研究与工业实践中，强化传热（减小传热阻力）得到了极大的重视。在不过分增大流体流速的基础上，强化传热技术主要采用了改进传热设备的结构和形态等措施来提高传热系数，减小实际需要供给的传热温差，从而实现过程高效、节能的目的。传热设备结构和形态的改进措施有很多，如采用诸如折流栅、螺旋隔板、扰流器、螺旋和波纹换热管等能高效改变流体流向的结构部件，其特点是改变器壁附近流体的层流特性，增强流体与器壁的湍动，以达到增大传热系数和过程强化的目的。

传热过程的热力学效率（当 T_{Hm}、T_{Lm} 均大于 T_0）可根据式（4-45）计算：

$$\eta_{\mathrm{a}} = \frac{W_{\mathrm{id}}^{\mathrm{L}}}{W_{\mathrm{id}}^{\mathrm{H}}} = \frac{W_{\mathrm{id}}^{\mathrm{H}} - W_{\mathrm{L}}}{W_{\mathrm{id}}^{\mathrm{H}}} \tag{4-45}$$

式中，$W_{\mathrm{id}}^{\mathrm{H}}$、$W_{\mathrm{id}}^{\mathrm{L}}$ 为高、低温流体由所处状态变到环境状态可产出的理想功；W_{L} 为冷热流体传热时的损失功。

【例 4-11】 设计一个利用废气加热空气逆流式换热器（见 [例 4-11] 图）。0.1MPa 的空气由 293K 被加热到 398K，空气的流量为 1.500kg·s^{-1}；由 523K，0.13MPa 的废气供热，废气的流量为 1.258kg·s^{-1}。空气的恒压

[例 4-11] 图　逆流换热器示意图

热容为 $C_{pa} = 1.04$kJ·kg^{-1}·K^{-1}，废气的恒压热容为 $C_{pg} = 0.84$kJ·kg^{-1}·K^{-1}，假定空气与废气通过换热器的压力与动能变化可忽略不计，且不计换热器散热损失，环境状态为 0.1MPa 和 20℃。试求：

（1）换热器中不可逆传热的损失功；

（2）换热器的热力学效率。

解： （1）损失功

换热器传热量为：$Q = m_{\mathrm{a}} C_{pa} (T_2 - T_1) = 1.500 \times 1.04 \times (398 - 293) = 163.8$kJ·s^{-1}

过程绝热，无轴功交换，忽略动能差和势能差，由能量平衡方程式（4-9）得：

$$\Delta H = m_{\mathrm{a}} C_{pa} (T_2 - T_1) + m_{\mathrm{g}} C_{pg} (T_4 - T_3) = 0$$

即：

$$T_4 = T_3 - \frac{m_{\mathrm{a}} C_{pa} (T_2 - T_1)}{m_{\mathrm{g}} C_{pg}} = 523 - \frac{163.8}{1.258 \times 0.84} = 368\mathrm{K}$$

废气的热力学平均温度为：$T_{\mathrm{Hm}} = \dfrac{523 - 368}{\ln(523/368)} = 440.97\mathrm{K}$

空气的热力学平均温度为：$T_{\mathrm{Lm}} = \dfrac{398 - 293}{\ln(398/293)} = 342.82\mathrm{K}$

则传热过程的损失功为：

$$W_{\mathrm{L}} = \frac{T_0}{T_{\mathrm{Hm}} T_{\mathrm{Lm}}} (T_{\mathrm{Hm}} - T_{\mathrm{Lm}}) |Q| = \frac{293.15 \times (440.97 - 342.82) \times 163.8}{440.97 \times 342.82} = 31.18\mathrm{kJ·s}^{-1}$$

（2）热力学效率

废气可提供的理想功为：

$$W_{\mathrm{id}}^{\mathrm{H}} = |Q_{\mathrm{H}}| \left(1 - \frac{T_0}{T_{\mathrm{Hm}}}\right) = 163.8 \times \left(1 - \frac{293.15}{440.97}\right) = 54.91\mathrm{kJ·s}^{-1}$$

则换热器的热力学效率为：

$$\eta_a = \frac{W_{id}^L}{W_{id}^H} = \frac{W_{id}^H - W_L}{W_{id}^H} = \frac{54.91 - 31.18}{54.91} \times 100\% = 43.22\%$$

4.4.4.3 传质过程分析

化工分离过程可分为机械分离和传质分离两大类。机械分离过程的对象是两相或多相混合物，其目的只是简单地将各相加以分离。从热力学角度分析，沉降、过滤和离心分离等机械分离过程理论上不需要耗能。传质分离过程用于各种均相混合物的分离，其特点是有质量传递现象发生。本节讨论的对象是吸收、精馏、萃取和干燥等传质分离过程分析。从节能角度考虑，传质的推动力并不是越大越好，因而对传质设备的选型和设计提出了新的要求。对分离过程进行热力学分析，就是讨论分离过程的最小功，即分离的理想功。

图4-7 理想气体等温混合过程

把水和乙醇混合成为溶液是自发的过程，无需消耗能量；反之，把乙醇水溶液重新分离为纯水和乙醇，则不能自发进行，必须耗费能量。要讨论分离过程的最小功，首先需分析混合过程的损失功。如图4-7所示，有两股物流的摩尔流率分别为 n_1 与 n_2 的理想气体在混合器中等温等压混合，则混合后两种气体的摩尔分数分别为 $y_1 = \dfrac{n_1}{n_1 + n_2}$ 和 $y_2 = \dfrac{n_2}{n_1 + n_2}$。

对于该混合过程，忽略动能差和势能差，过程无轴功交换，理想气体等温混合无焓变，由热力学第一定律，$Q=0$。理想气体等温混合过程与环境没有热交换，则熵流 $\Delta S_f = 0$，根据敞开系统稳流过程熵平衡式，可得该过程的熵产生为：

$$\begin{aligned}\Delta S_g &= \sum_j (m_j s_j)_{out} - \sum_i (m_i s_i)_{in} \\ &= (S_{1out} - S_{1in}) + (S_{2out} - S_{2in}) \\ &= \Delta S_1 + \Delta S_2 \\ &= -n_1 R \ln \frac{y_1 p}{p} - n_2 R \ln \frac{y_2 p}{p} \\ &= -n_1 R \ln y_1 - n_2 R \ln y_2\end{aligned}$$

若有 i 股气体进行等温混合，则上式变成：$\Delta S_g = -R \sum_i n_i \ln y_i$。

式中，y_i 为理想气体混合物 i 组分的摩尔分数，则 $y_i < 1$，故 $\Delta S_g > 0$，说明混合过程必有熵产生。此混合过程的损耗功为：

$$W_L = -T_0 R \sum_i n_i \ln y_i \tag{4-46}$$

对1mol混合物，因每个组分 i 的摩尔分数为 y_i，则 $n_i = y_i$，故有：

$$W_L = -T_0 R \sum_i y_i \ln y_i \tag{4-47}$$

前已述及，稳定流动绝热混合过程物流的熵变即为熵产量，所以稳流等温混合过程的理想功与损耗功相等。分离过程是混合过程的逆过程，理想气体在环境温度 T_0 下进行稳定流动分离过程的理想功为：

$$W_{id(sep)} = T_0 R \sum_i n_i \ln y_i \tag{4-48}$$

同样，对于 1mol 要分离的原料混合物，其分离过程理想功为：

$$W_{id(sep)} = T_0 R \sum_i y_i \ln y_i \tag{4-49}$$

分离 1mol 理想溶液的理想功为：

$$W_{id} = T_0 R \sum x_i \ln x_i \tag{4-50}$$

式中，x_i 为理想溶液混合物 i 组分的摩尔分数。由式（4-49）和式（4-50）可知，分离理想物系所需的最小分离功只与组分的组成有关，而与各组分的物性无关。

若分离的原料为非理想溶液，其分离的最小功为：

$$W_{id} = \Delta H_m \left(1 - \frac{T_0}{T}\right) + RT_0 \sum x_i \ln \gamma_i x_i \tag{4-51}$$

式中，ΔH_m 为混合热效应；γ_i 为 i 组分的活度系数。这些热力学性质和概念将于第 6 章介绍。

若分离的产品并不要求是纯产品，而只要求达到一定的浓度，则计算分离最小功可分两步进行。第一步，将原溶液分离成纯组分，计算其消耗功；第二步，将纯组分按不同比例混合成最终产品。两步做功之和即为所求。很显然，由于第二步为混合过程，理想功为正值，两步之和的功小于分离成纯组分的功。

分离过程的理想功，即分离混合物所消耗的最小功。由于实际分离过程的种种不可逆因素的存在，能量的消耗大大超过理想功。

对化工传递过程的熵分析和损失功计算可知，动量、热量和质量的传递过程都存在阻力，需要一定的推动力才能使过程保持一定的速率。但通过加大推动力来加快过程速率的观念是欠科学的，过程的推动力愈大，不可逆程度就愈大，熵产量的增加导致能量的贬质程度就越大。因此，在实际生产过程中，应通过合理的经济平衡，根据技术经济总评比，确定最佳的推动力，达到最佳的节能效果。

4.5　有效能分析法

根据热力学第一定律，对某过程或系统的能量进行衡算，确定能量的数量利用率这是很重要的，然而它不能全面地评价能量的利用情况。根据前面章节的分析，流体经过节流，节流前后流体的焓值并未发生变化，但损失了做功能力。又如冷、热两股物流进行热交换时，在理想绝热的情况下，热流股放出的热量等于冷流股接受的热量，冷、热两流股的总能量保持不变，但它们总的做功能力却下降了。大量的实例说明物质具有的能量不仅有数量的大小，而且有品质的高低，即各种不同形式的能量转换为功的能力是不同的。

根据热力学第二定律，一切不可逆过程都存在功的损耗或能量贬质，也需要有一个衡量不同过程、不同能量可利用程度的统一指标，即能量品质指标。能量的品质问题，或者说能量转化为功的能力大小问题，这在热力学的漫长发展史上曾经被先驱者们所注意到，但并没引起足够的重视。随着对地球上有限能源需求量的日益增大，对能源的有效利用和节能问题越来越受到重视。本节主要讨论化工生产过程中能量品质的量度、计算和分析，为能量的有效利用提供指导。

4.5.1　能量的级别与有效能

为了度量能量的品质及其可利用程度，或者比较不同状态下系统的做功能力的大小，J. H. Keenen（凯南）提出了"有效能"（available energy）的概念，有效能也称为可用能（utilizable energy），或㶲（exergy），用符号 E_x 表示。比较有效能需要先确定一个基准态，并定义在此基准态下系统的做功能力为零。则有效能可定义为：**系统由所处的状态变到基准态时所做的理想功**。有效能作为能量的品质量度，习惯用正值表达；而理想功按国际规定"对外做功为负"的原则，则为负值，因此，二者大小相等、符号相反，即 $E_x = -W_{id}$。

由于系统总是处在围绕其四周的环境（大气、天然水源或大地）之中，一切变化都是在环境中进行，因此当系统的状态变到和周围环境状态完全平衡时，系统便不再具有做功能力了。所谓的**基准态就是与周围环境达到热力学平衡的状态**，即热平衡（温度相同）、力平衡（压力相同）和化学平衡（化学组成相同）的状态。热力学定义的周围环境是指其温度 $T_0 = 298.15K$、压力 $p_0 = 0.1013MPa$ 以及构成环境的物质浓度保持恒定，且物质之间不发生化学反应，彼此间处于热力学平衡。任何系统在基准态时均无做功能力，此状态也称为热力学死态或寂态。任何系统凡与环境处于热力学不平衡的状态均具有做功能力，系统与环境的状态差距越大，则其做功能力也越大。

单位能量所含的有效能称为能级，或称为有效能浓度，用 Ω 表示。能级是衡量能量品质的指标，能级的大小代表系统能量品质的优劣。Ω 越大，有效能（E_x）越高，利用价值愈大。

高级能量：$\Omega = 1$，能 100% 转化为功的能量。如势能、电能和机械能等。

僵态能量：$\Omega = 0$，完全不能转化为功的能量。如大气、天然水源或大地具有的热力学能。

低级能量：$0 < \Omega < 1$，理论上不能 100% 转化为功。如热力学能和焓等。

在能量的利用过程中，由高品质能量转化为低品质能量称为能量的贬质，能量贬质就意味着做功能力的损失。合理用能就是希望获得的功要多，消耗的功要少，损失的功要小。总而言之，就是要尽可能地充分利用能量，不仅从数量上而且从品质上进行控制、管理，要尽量地减少贬质，避免不必要的贬质。

4.5.2　稳流过程有效能计算

对于没有核、磁、电与表面张力效应的过程，稳定流动系统的有效能主要由动能有效能、势能有效能、物理有效能和化学有效能四部分组成。

动能有效能：系统所具有的宏观动能属于机械能，可以 100% 地转化为有用功。当基准态一定，即与环境模型达到平衡的状态下的动能为零时，系统的动能全部为有效能。动能有效能用 $E_{x,k}$ 表示，$E_{x,k} = \frac{1}{2} m \Delta u^2$，式中的线速度项指的是与地球表面的相对线速度。

势能有效能：系统所具有的宏观势能也属于机械能，同样能 100% 转化为有用功。当基准态一定，即与环境模型达到平衡的状态下的势能为零时，系统的势能全部为有效能。势能有效能用 $E_{x,p}$ 表示，$E_{x,p} = mg \Delta z$，势能项中的位高以当地的海平面作为计算起点。

物理有效能：系统因温度、压力与环境模型的温度、压力不同时所具有的有效能值称为物理有效能，物理有效能只能部分转化为理想功。物理有效能用 $E_{x,ph}$ 表示，化工过程中加热、冷却、压缩和膨胀过程只需考虑物理有效能。

化学有效能：系统由于组成与环境模型不同时所具有的有效能值称为化学有效能，它也只能部分转化为理想功。化学有效能用 $E_{x,ch}$ 表示。

对于稳定流动过程，物流的有效能由以上四个有效能成分构成：

$$E_x = E_{x,k} + E_{x,p} + E_{x,ph} + E_{x,ch} \tag{4-52}$$

一般情况下，$E_{x,k}$、$E_{x,p}$ 与 $E_{x,ph}$、$E_{x,ch}$ 相比较小，可以忽略。特别情况下，如在水蒸气喷射泵的出口处，水蒸气动能项值较大，则不能忽略。

除了物流的有效能外，在稳定流动过程中物流还常与环境进行热和功交换，热和功对应的有效能分别为热流有效能（也称热量有效能）和功流有效能。显而易见，功的能级为 1，功流有效能的数值等于功本身。

由于动能有效能、势能有效能和功流有效能等容易理解和计算，本节具体介绍物理有效能和热量有效能的计算，并讨论有效能和理想功的异同点和无效能等。

4.5.2.1　物理有效能的计算

前已述及，物理有效能是由于系统的温度、压力与环境不同而具有的做功能力，根据定义，当系统从任意状态（T、p）变到基准态（T_0、p_0）时：

$$E_{x,ph} = -W_{id} = -(H_0 - H) + T_0(S_0 - S) \tag{4-53}$$

式中，H、S 是流体处于目标状态的焓和熵；H_0、S_0 是流体在基准态下的焓和熵。根据第 3 章相关内容，物质的焓和熵可利用公式解析法或热力学图表求得，代入式（4-53）即可求得物理有效能。

【例 4-12】　现有四种蒸汽，分别为压力 1MPa、5MPa 和 7MPa 的饱和蒸汽以及 1MPa，285.79℃ 的过热蒸汽，若这四种蒸汽都经过充分利用，最后均排出 0.1013MPa、25℃ 的水。

（1）计算四种蒸汽的有效能和放出的热；

（2）试比较 1MPa 和 7MPa 两种饱和蒸汽的有效能和焓值；

（3）根据计算结果讨论蒸汽的合理利用。

解：（1）计算蒸汽的有效能和放出的热

由附录 5 水和水蒸气热力学性质表查出末态水和四种蒸汽的焓、熵值，为简化问题，其中末态水的焓、熵值用 25℃ 的饱和液态水的数据。由式（4-53）计算出有效能值。根据热力学第一定律，蒸汽放出的热即为 $q = \Delta h = h - h_0$。结果列于 [例 4-12] 表。

[例 4-12] 表　末态水和 4 种蒸汽的焓、熵及有效能值

名称	压力 p /MPa	温度 T /℃	熵 s /kJ·kg^{-1}·K^{-1}	焓 h /kJ·kg^{-1}	$q = h - h_0$ /kJ·kg^{-1}	$E_{x,ph}$ /kJ·kg^{-1}	$\dfrac{E_{x,ph}}{h-h_0} \times \%$ /%
水	0.1013	25	0.3670	104.77			
饱和蒸汽	1	179.88	6.5828	2776.2	2671.43	818.19	30.63
过热蒸汽	1	285.79	7.0710	3021.5	2916.73	917.93	31.47
饱和蒸汽	5	263.91	5.9735	2794.2	2689.43	1017.85	37.85
饱和蒸汽	7	285.79	5.8162	2773.5	2668.73	1044.05	39.12

(2) 由 [例 4-12] 表可知，1MPa 和 7MPa 的两种不同状态饱和蒸汽冷凝成 25℃ 水时放出的热量分别为 2671.43kJ·kg^{-1} 和 2668.73kJ·kg^{-1}，数值较为接近，但有效能却相差很大。7MPa 的饱和水蒸气的有效能比 1MPa 净高 27.7%，即高压蒸汽的做功能力强得多。

(3) 由计算结果可见：

① 压力相同 (1MPa) 时，过热蒸汽的有效能值大于饱和蒸汽的有效能值。

② 温度相同 (285.79℃) 时，高压蒸汽的焓值反而比低压蒸汽的小。

③ 温度相同 (285.79℃) 时，高压蒸汽的有效能值大于低压蒸汽的有效能值，且热转化为功的效率也较高。

④ 1MPa 和 7MPa 的饱和蒸汽所能放出的热量基本相同，但高温蒸汽的有效能值比低温蒸汽大得多。

结论：有效能的大小代表了系统的做功能力，有效能越大，其做功能力也越大。在生产中应根据情况合理选用蒸汽，不要盲目选用高压蒸汽作为工艺中的加热源，因其焓值较低压蒸汽小，且对设备的材料承压能力要求高，设备费用大，故一般以低压蒸汽 (0.1~1.0MPa) 作为工艺加热之用。高压蒸汽可作为动力的能源，以提高热量的利用率。此外，应充分合理地回收利用生产过程中释放的余热，如现代化的大型合成氨厂，利用废热锅炉回收高温转化气的热量，产生过热蒸汽推动汽轮机做功，汽轮机排出的乏汽还可作为工艺加热热源，不但可以做到能量自给，还可向外输送蒸汽或动力，这对节能减排具有重要的意义。

4.5.2.2　热量有效能的计算

热量是系统通过边界以传热的形式传递的能量，热量相对于基准态所具有的最大做功能力称为热量有效能 $E_{x,Q}$。可以设想将此热量加给一个以环境为低温热源的可逆卡诺热机，则这一可逆热机所能做出的有用功就是该热量有效能。

由卡诺热机效率 $\eta_C = \left| \dfrac{W_s}{Q_H} \right| = \dfrac{E_{x,Q}}{Q_H} = 1 - \dfrac{T_0}{T_H}$ 得：

$$E_{x,Q} = Q_H \left(1 - \frac{T_0}{T_H} \right) \tag{4-54}$$

对于恒温热源：
$$E_{x,Q} = Q \left(1 - \frac{T_0}{T} \right)$$

对于变温热源：
$$E_{x,Q} = Q\left(1 - \frac{T_0}{T_m}\right)$$

式中，T_m 为热力学平均温度，可使用式（4-44）计算。

对于仅有显热变化的过程，式（4-54）也可表示为：

$$E_{x,Q} = \int_{T_0}^{T} C_p \, dT - T_0 \int_{T_0}^{T} \frac{C_p}{T} \, dT \tag{4-55}$$

由式（4-54）和式（4-55）可知，因 $T > T_0$，热量的温度越高，热量中的有效能越大。但热量有效能总是小于热量，可见热量是低级能量，其能级 $0 < \Omega < 1$。热量有效能的大小不仅与热量 Q 有关，还与环境温度 T_0 及热源温度 T（或 T_m）有关，当环境温度确定后，相同数量的热量，在不同的温度下具有不同的热量有效能。当温度降低时，热量的数量不变，但其具有的有效能即做功能力会变小。

【例 4-13】 某工厂有两种余热可资利用，其一是高温烟道气，主要成分是二氧化碳、氮气和水汽，流量为 500kg·h^{-1}，温度 800℃，其平均等压热容为 $C_{pg} = 0.8$kJ·kg^{-1}·K^{-1}；其二是低温排水，流量为 1348kg·h^{-1}，温度 80℃，水的平均等压热容可取为 $C_{pl} = 4.18$kJ·kg^{-1}·K^{-1}，假设环境温度为 25℃。试计算两种余热中的有效能并进行比较。

解：（1）高温烟道气

高温烟道气是高温低压气体，可视为理想气体，根据式（4-55）得：

$$E_{x,烟} = m_g\left[\int_{T_0}^{T} C_{pg} \, dT - T_0 \int_{T_0}^{T} \frac{C_{pg}}{T} \, dT\right] = m_g\left[C_{pg}(T - T_0) - T_0 C_{pg} \ln\frac{T}{T_0}\right]$$

$$= 500 \times 0.8 \times \left(800 - 25 - 298.15 \times \ln\frac{1073.15}{298.15}\right)$$

$$= 1.57 \times 10^5 \text{kJ·h}^{-1}$$

高温烟道气从 800℃ 降到环境温度 25℃ 释放的热量为：

$$Q_烟 = m_g C_{pg}(T - T_0) = 500 \times 0.8 \times (25 - 800) = -3.1 \times 10^5 \text{kJ·h}^{-1}$$

（2）低温排水

$$E_{x,水} = m_l\left[\int_{T_0}^{T} C_{pl} \, dT - T_0 \int_{T_0}^{T} \frac{C_{pl}}{T} \, dT\right] = m_g\left[C_{pl}(T - T_0) - T_0 C_{pl} \ln\frac{T}{T_0}\right]$$

$$= 1348 \times 4.18 \times \left(80 - 25 - 298.15 \times \ln\frac{353.15}{298.15}\right)$$

$$= 2.55 \times 10^4 \text{kJ·h}^{-1}$$

低温排水从 80℃ 降到环境温度 25℃ 释放的热量为：

$$Q_水 = m_l C_{pl}(T - T_0) = 1348 \times 4.18 \times (25 - 80) = -3.1 \times 10^5 \text{kJ·h}^{-1}$$

比较两种余热，尽管高温烟道气与低温排水可释放的热量相同，但高温烟道气的有效能比低温排水高出一个数量级。显然，有效能才能正确评价余热资源。在评价余热时，必须注意到热量与有效能是不一致的，且与温度密切相关。

4.5.2.3 有效能与理想功的异同

有效能和理想功都可以代表系统的做功能力，但它们有所区别。根据有效能的定义式，有效能取决于给定的状态和基准态。有效能具有状态函数的特点，但它又与热力学能、焓和熵等状态函数不同，有效能与其基准态，即周围自然环境参数 T_0、p_0 及环境的物质浓度有关，因此也可将有效能视为复合的状态函数。各种形式能量所含的有效能，只要其值相同，理论做功能力都相同。

理想功是对状态变化而言，或者说是对某一过程而言的，它是两个状态的函数。对于某一过程，例如传热过程、制冷过程、化学反应过程或分离过程等应该计算其理想功；而对系统处于某状态，例如化工原料、燃料和产品应当计算其有效能为多少。对于理想功，其初态与终态不受任何限制，只有当理想功的终态正好为有效能的基准态时，理想功和有效能两个值才相等，有效能是终态为基准态的理想功。计算有效能必须确定基准态，而计算理想功只需指定环境温度 T_0。因此，有效能是理想功的特例。

某物系处于状态 1 和状态 2 时（忽略动能有效能和势能有效能），其有效能分别为：

$$E_{x1} = -(H_0 - H_1) + T_0(S_0 - S_1)$$
$$E_{x2} = -(H_0 - H_2) + T_0(S_0 - S_2)$$

当系统从状态 1 变到状态 2 时：

$$\begin{aligned} \Delta E_x &= E_{x2} - E_{x1} \\ &= -(H_0 - H_2) + T_0(S_0 - S_2) - [-(H_0 - H_1) + T_0(S_0 - S_1)] \\ &= (H_2 - H_1) - T_0(S_2 - S_1) = \Delta H - T_0 \Delta S = W_{id} \end{aligned}$$

即：
$$W_{id} = \Delta E_x \tag{4-56}$$

由式（4-56）可知，系统状态变化时，有效能的变化值就是状态变化时所做的理想功。当系统对外做功时，系统的有效能减少；而当外界对系统做功时，系统的有效能增加。它不仅适用于物理过程，也适用于化学过程。对于化学反应过程，若已知产物和反应物的有效能，其差值就是反应过程的理想功。

4.5.2.4 无效能

一切实际生产过程都是不可逆过程，而过程的不可逆性是导致能量损失的根本原因。由式（4-56）可知，系统变化过程的理想功等于有效能变化。因此，在可逆过程中，减少的有效能全部用于做功，故有效能没有损失，但对于不可逆过程，实际所做的功 W_s 的绝对值总小于有效能的减少，所以有效能必然有损失。

将损失功的定义式（4-29）和计算公式（4-33）代入式（4-56）得：

$$\Delta E_x = W_{id} = W_s - W_L = W_s - T_0 \Delta S_g \tag{4-57}$$

式中，W_s 为不可逆过程中所做的功；$T_0 \Delta S_g$ 为不可逆过程的有效能损失，此项正是不可逆过程的损失功。因不能变为有用功，故称为无效能，用符号 A_N 表示。

因此，能量可分为两部分，一部分是可转变为有用功即有效能，另一部分是不能转变为有用功的无效能。即：**系统总能量＝有效能＋无效能**

根据式（4-54），恒温热源热量有效能为：

$$E_{x,Q} = Q\left(1 - \frac{T_0}{T}\right) = Q - Q\frac{T_0}{T} \tag{4-58}$$

式中，Q 为总能量，则 $Q\dfrac{T_0}{T}$ 为热量无效能，即 $A_{N,Q}$：

$$Q = E_{x,Q} + A_{N,Q} \tag{4-59}$$

当系统温度降至环境温度时，$T_0 = T$，则 $Q\dfrac{T_0}{T} = Q$，$E_{x,Q} = 0$，即表示全部热量都变成了无效能，系统不再有做功能力，此时，$A_{N,Q} = Q$。由此可知，有效能是高级能量，无效能是僵态能量。

根据式（4-53），对于稳流过程，物系的物理有效能为：

$$E_x = -(H_0 - H) + T_0(S_0 - S) = H - [H_0 + T_0(S - S_0)] \tag{4-53}$$

式中，H 为总能量，$[H_0 + T_0(S - S_0)]$ 为无效能，当取 $H_0 = 0$ 时，即将环境态作为焓计算的基准态，此时无效能为 $T_0(S - S_0)$。

总之，能量可分为有效能和无效能两部分，其中有效能是高级能量，是有用部分，可将其转化为有用功，需要花一定代价才能得到；而无效能是僵态能量，不能转化为有用功，随处都是。因此节能的正确含义是节约有效能，能源危机实际上是有效能危机。

对于可逆过程，有效能无损失，全部变为功，$\Delta E_x = W_{id}$。对于不可逆过程，有效能减少，$\Delta E_x < 0$，但无效能增加，$\Delta A_N > 0$，根据能量守恒，有效能的减少量应等于无效能的增加量，$-\Delta E_x = \Delta A_N$，ΔA_N 即为损失功。

基于以上讨论，可将用能过程的热力学第二定律表述为：

① 在一切不可逆过程中，有效能会转化为无效能；

② 只有可逆过程，有效能才会守恒；

③ 由无效能转化为有效能是不可能的。

热力学第二定律意指能量只能沿着一个方向即耗散的方向转化。也就是说，能量贬质消耗的过程是不可逆的，因此有人称热力学第二定律为能量降级定律。推而广之，自然界发生任何事情，都有一定数量的有效能转化成无效能，而这些无效能却成了环境的"垃圾"。

自从有效能概念提出后，关于能量的概念发生了革命性的变化。能量不仅有数量，而且还有质量，能量消耗的过程是不可逆的。这个由热力学第一定律和第二定律共同确立的观点，已经被世人所公认。因此，对能量系统进行有效能分析也受到了极大的重视和发展。

4.5.3　有效能平衡方程与有效能效率

4.5.3.1　有效能平衡方程

图 4-8 是一个具有多股物流进出、和环境有热和功交换的开系稳流系统。进入系统的物流有效能为 $\left(\sum\limits_i E_{x,i}\right)_{in}$，离开系统的物流有效能为 $\left(\sum\limits_j E_{x,j}\right)_{out}$，进入系统的热量有效能为 $\sum\limits_k E_{x,Q_k}$，系统对外做功 $\sum\limits_j E_{x,w}$，并忽略过程物流的动能、势能变化。

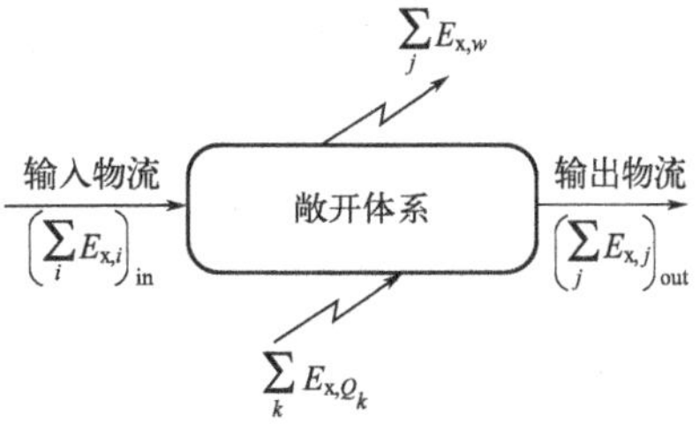

图 4-8　开系稳流系统有效能平衡示意图

对于可逆过程，系统无有效能损失，则有效能是守恒的，则开系稳流系统可逆过程有效能平衡方程式为：

$$\left(\sum_i E_{x,i} \right)_{in} + \sum_k E_{x,Q_K} = \left(\sum_j E_{x,j} \right)_{out} + \sum_j E_{x,w} \tag{4-60}$$

对于不可逆过程，有效能损失即为过程的损失功，有效能不再守恒，则不可逆过程有效能平衡方程式为：

$$\sum_i E_{x,Li} = \left(\sum_i E_{x,i} \right)_{in} + \sum_k E_{x,Q_K} - \left(\sum_j E_{x,j} \right)_{out} - \sum_j E_{x,w} \tag{4-61}$$

式中，$\sum_i E_{x,Li}$ 为不可逆过程的有效能损失。式（4-61）即为开系稳流过程的有效能平衡方程，对于只有一股物流的稳流过程，可简化为：

$$E_{x,L} = (E_x)_{in} + E_{x,Q} - (E_x)_{out} - E_{x,w} \tag{4-62}$$

式中，$E_{x,L}$ 为单股物流的有效能损失。输入输出的物流有效能差值可写为 $\Delta E_x = (E_x)_{out} - (E_x)_{in}$，则式（4-62）可写为：

$$E_{x,L} = E_{x,Q} - \Delta E_x - E_{x,w} \tag{4-63}$$

式（4-63）可用于讨论化工生产过程中的有效能损失，实际应用时可针对不同的过程对式（4-63）做相应的简化。

① 流体流经有热损失的管道、阀门、换热器、混合器等静设备时，没有轴功交换：

$$E_{x,L} = E_{x,Q} - \Delta E_x \tag{4-64}$$

若忽略过程的热损失，上式则为：

$$E_{x,L} = -\Delta E_x \tag{4-65}$$

② 当流体经蒸汽透平、膨胀机、压缩机、鼓风机和泵等动设备进行绝热可逆膨胀或压缩时：

$$E_{x,L} = -\Delta E_x - E_{x,w} \tag{4-66}$$

③ 对于循环过程，若系统内只包括循环工质，物流有效能差为 0，可由热量有效能和功量计算循环过程的有效能损失。即：

$$E_{x,L} = E_{x,Q} - E_{x,w} \tag{4-67}$$

4.5.3.2 有效能效率

热力学分析中所确定的效率是指有效能的利用率，即能量收益量与消耗量的比值。

有效能效率的定义为：$\eta = \dfrac{\text{收益量}}{\text{消耗量}}$

工程上有各种不同效率，从能量利用观点分析可分为第一定律效率和第二定律效率两种。

（1）第一定律效率 η_I

以热力学第一定律为基础，用于确定过程总能量的利用率。η_I 被定义为：

$$\eta_I = \frac{\text{过程所期望的能量}}{\text{实现期望所消耗的能量}} = \frac{E_N}{E_A}$$

式中，E_N、E_A 可以是能量、能量差或能流。

热力学第一定律效率表示过程所期望的各种形式的能量与实现期望所消耗的各种形式能量之比。在不同的过程中，能量的形式不同。例如用于蒸汽动力循环，收获的是轴功，消耗的是热量，比例系数是热机效率：$\eta_T = \dfrac{-W_s}{Q}$。

由于第一定律效率的分子和分母不是同一能级的能量，它只反映过程所需要的能量 E_A 在数量上的利用情况，却不反映不同品质的能量的利用情况，即没有反映有效能的利用情况。节能的含义应是减少有效能损失，但热力学第一定律效率不能反映有效能的利用率，这是一大缺陷，因此使其应用受到限制，它不能作为衡量过程热力学完善性的指标。正因为如此，就必须引入能表征过程热力学完善性的代表热力学第二定律的效率。

（2）有效能效率（第二定律效率 η_E）

有效能效率是以热力学第一定律和第二定律为基础，用于确定过程有效能的利用率。η_E 被定义为：

$$\eta_E = \frac{过程期望得到的总有效能}{实现期望所消耗的总有效能} = \frac{E_{x,N}}{E_{x,A}}$$

式中，$E_{x,N}$、$E_{x,A}$ 可以是有效能、有效能差或有效能流。

$$\eta_E = \frac{\sum E_{x,out}}{\sum E_{x,in}} \tag{4-68}$$

式中，$\sum E_{x,out}$ 为输出的总有效能；$\sum E_{x,in}$ 为输入的总有效能，包括物流有效能、热量有效能和功流有效能等。

求有效能效率必须对进、出系统的有效能进行有效能衡算。引入有效能损失，有效能效率可写为：

$$\eta_E = \frac{\sum E_{x,in} - \sum E_{x,L}}{\sum E_{x,in}} \tag{4-69}$$

对于可逆过程：$\sum E_{x,L} = 0$，$\sum E_{x,out} = \sum E_{x,in}$，说明有效能全部被利用，$\eta_E = 1$；对于完全不可逆过程：$\sum E_{x,in} = \sum E_{x,L}$，有效能全部损失了，$\eta_E = 0$；一般情况下，过程部分可逆，$0 < \eta_E < 1$。

有效能效率反映了有效能的利用率，是衡量过程热力学完善性的量度，其实质是反映了实际过程对理想的可逆过程的偏离程度。

【**例 4-14**】 对 ［例 4-11］ 的传热过程进行有效能分析，试求：

（1）换热器中不可逆传热的有效能损失；

（2）换热器的有效能效率；

（3）与熵分析法的结果进行比较。

解：（1）有效能损失

空气、废气在换热器内流动为稳定流动，列出换热器的有效能平衡方程，求得换热器的有效能损失，由式（4-65）有：$E_{x,L} = -\Delta E_x$。

$$\begin{aligned}
\Delta E_x &= m_a E_{x2} + m_g E_{x4} - m_a E_{x1} - m_g E_{x3} \\
&= m_a (E_{x2} - E_{x1}) - m_g (E_{x3} - E_{x4}) \\
&= m_a [(h_2 - h_1) - T_0(s_2 - s_1)] - m_g [(h_3 - h_4) - T_0(s_3 - s_4)] \\
&= m_a \left[C_{pa}(T_2 - T_1) - T_0 C_{pa} \ln \frac{T_2}{T_1} \right] - m_g \left[C_{pg}(T_3 - T_4) - T_0 C_{pg} \ln \frac{T_3}{T_4} \right] \\
&= 1.5 \times \left[1.04 \times (398 - 293) - 293.15 \times 1.04 \times \ln \frac{398}{293} \right] - \\
&\quad 1.258 \times \left[0.84 \times (523 - 368) - 293.15 \times 0.84 \times \ln \frac{523}{368} \right]
\end{aligned}$$

$$= 23.73 - 54.91$$

$$= -31.18 \text{kJ} \cdot \text{s}^{-1}$$

则 $E_{x,L} = -\Delta E_x = 31.18 \text{kJ} \cdot \text{s}^{-1}$

（2）有效能效率

$$\eta_E = \frac{\Delta E_{xg} - E_{x,L}}{\Delta E_{xg}} = \frac{54.91 - 31.18}{54.91} \times 100\% = 43.22\%$$

（3）两种分析方法的比较

熵分析法和有效能分析法得到的结果相同，对于只有热交换的体系，熵分析法的计算过程更简便。

4.6　化工过程能量分析及合理用能

化工过程能量分析的目标是用热力学的基本原理来分析和评价过程的能量利用情况，基本任务是：①确定过程中能量损失或有效能损失的大小、原因及其分布；②确定过程的效率。能量分析目的是制定节能措施、改进操作和工艺条件，以及对不同过程的评比，为实现生产和设计的最优化提供依据。

4.6.1　热力学分析的三种方法

常用的化工过程能量分析方法主要有三种，即能量衡算法、熵分析法和有效能分析法。本节介绍三种方法的本质、特点和适用范围，化工生产中合理用能的原则。

（1）能量衡算法

能量衡算法是建立在热力学第一定律基础之上的热力学分析方法。其实质是通过物料与能量的衡算分析能量转化、利用及损失情况，确定过程进、出的能量数量和能量损失，求出能量利用率。

如果仅从能量的收益和付出的差别找节能方法，找出改进的途径，应用此方法较多，但此方法的不足在于：①热力学第一定律方程说明各种能量可以互相转化，但不能指出各种能量转化的方向和限度。②从能量级别可知，能量不但有大小之分，还有品质的区别，能量衡算法只反映了能量数量的关系，没有反映能量品质的高低。③此方法只能反映能量的损失，但不能指出损失的这部分能量的利用价值。

（2）熵分析法

熵分析法是以热力学第一定律和第二定律为基础，通过计算设备或过程的熵产生量以及理想功、损失功，从而确定过程的热力学效率。根据热力学效率的大小确定设备或过程是否有改造的余地。此方法不但能够找到能量在数量上的损失，还可以确定由于过程的不可逆引起的损失功的数量，从而分析、查找损失功发生的部位及原因，提出节能降耗、提高能量利用率的途径及措施。此方法的缺陷在于只能确定过程的不可逆引起的损失功，但不能指出到底是哪种能量的损失。

（3）有效能分析法

有效能分析法与熵分析法类似，也是以热力学第一定律和第二定律为基础。在对设备或过程进行物料衡算和能量衡算的基础上，确定出、入系统的物流和能流的有效能值，由有效能平衡方程确定过程的有效能损失和有效能效率。利用有效能分析法得到的信息量最大，它可以全面反映有效能损失的部位及数量，弥补了熵分析法的不足，可以有针对性确定节能的方向和措施。

【例 4-15】 合成氨厂二段炉出口高温转化气余热利用装置见［例 4-15］图。转化气进入废热锅炉的温度为 $1000℃$，离开时为 $380℃$。其流量为 $5160m^3 \cdot (tNH_3)^{-1}$，可以忽略降温过程压力变化。废热锅炉产生 $4MPa$、$430℃$ 的过热蒸汽，蒸汽通过汽轮机做功，离开汽轮机的乏汽是压力为 $0.01234MPa$、干度为 0.9853 的湿蒸汽。乏汽进入冷凝器，用 $25℃$ 的冷却水冷凝，冷凝水用水泵打入锅炉。为简化计算，假设进入锅炉的水温为 $50℃$。转化气在题设相关温度范围的平均恒压热容 $C_p = 36kJ \cdot kmol^{-1} \cdot K^{-1}$。试用能量衡算法、熵分析法和有效能分析法评价此余热利用装置能量利用情况。

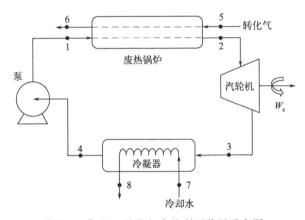

［例 4-15］图　转化气余热利用装置示意图

解： 计算以每吨氨为基准。为简化计算，忽略系统中有关设备的热损失。由水蒸气表查得各状态点的有关参数见［例 4-15］表 1。

［例 4-15］表 1　转化气余热回收装置各状态点热力学数据

状态点	物态	p/MPa	T/℃	h/kJ·kg^{-1}	s/kJ·kg^{-1}·K^{-1}
1	过冷水	4	50	212.66	0.7016
2	过热蒸汽	4	430	3285.08	6.8991
3	湿蒸汽	0.01234	50	2557.17	7.9692
4	饱和水	0.01234	50	209.26	0.7035
7	循环冷却水	0.10133	25	104.77	0.3670

注：为简化计算，假设水经水泵输送至锅炉入口状态 1 的温度为 $50℃$，状态 1 和 2 的焓、熵值通过查询附录 5.3 插值求得。状态 3 为湿蒸汽，通过查询附录 5.1 获取 $50℃$ 饱和水及饱和水蒸气的焓、熵值，再结合干度值用杠杆规则求得。

1.能量衡算法

（1）求废热锅炉的产汽量 G

对废热锅炉进行能量衡算，忽略热损失，$Q_L = 0$，无轴功交换，$W_s = 0$，由热力学第一

定律，则：$\Delta H = 0$

即：
$$\Delta H = \Delta H_{\text{水}} + \Delta H_{\text{转}} = 0 \tag{A}$$

式中，$\Delta H_{\text{水}}$ 和 $\Delta H_{\text{转}}$ 分别为锅炉中水与转化气的焓变。

$$\Delta H_{\text{转}} = nC_p(T_6 - T_5) = \frac{5160}{22.4} \times 36 \times (380 - 1000) \tag{B}$$

$$\Delta H_{\text{水}} = G(h_2 - h_1) = G(3285.08 - 212.66) \tag{C}$$

联立（A）、（B）、（C），解得：$G = 1673.46\text{kg}$

（2）废热锅炉的吸热量 Q_H

$$Q_H = \Delta H_{\text{水}} = G(h_2 - h_1) = 1673.46 \times (3285.08 - 212.66) = 5.1416 \times 10^6 \text{kJ}$$

（3）汽轮机产出轴功 W_s

$$W_s = G(h_3 - h_2) = 1673.46 \times (2557.17 - 3285.08) = -1.2181 \times 10^6 \text{kJ}$$

（4）泵消耗的轴功 W_p

$$W_p = G(h_1 - h_4) = 1673.46 \times (212.66 - 209.26) = 0.0057 \times 10^6 \text{kJ}$$

（5）冷凝器释放热 Q_L

$$Q_L = G(h_4 - h_3) = 1673.46 \times (209.26 - 2557.17) = -3.9291 \times 10^6 \text{kJ}$$

（6）热效率 η_T

$$\eta_T = \frac{-W_s}{Q_H} = \frac{1.2181 \times 10^6}{5.1416 \times 10^6} \times 100\% = 23.69\%$$

计算结果汇总列于［例 4-15］表 2。

［例 4-15］表 2　转化气余热回收装置能量衡算（以产 t NH₃ 计）

输　　入			输　　出		
项　　目	kJ	%	项　　目	kJ	%
①废热锅炉供热	5.1416×10^6	99.89	①汽轮机轴功	1.2181×10^6	23.67
②水泵轴功	0.0057×10^6	0.11	②冷凝器放热	3.9291×10^6	76.33
总　　计	5.15×10^6	100	总　　计	5.15×10^6	100

由能量衡算分析表明，输入废热锅炉用于产生过热蒸汽的余热，有 76.33% 被冷却水带走，因此节能的重点似乎在于回收这部分热量，以下通过熵衡算和有效能衡算将说明节能的重点并非在此。

2. 熵分析法

（1）转化气降温放热过程的理想功 W_{id}

$$W_{id} = \Delta H_{\text{转}} - T_0 \Delta S_{\text{转}} \tag{D}$$

式中：T_0 为冷却水的温度，即 25℃；$\Delta S_{\text{转}}$ 为转化气降温过程熵变。按题意可忽略其压力变化，则有：

$$\Delta S_{\text{转}} = nC_p \ln \frac{T_6}{T_5} \tag{E}$$

将式（E）代入式（D），可得：

$$W_{id} = \Delta H_{\text{转}} - T_0 \Delta S_{\text{转}}$$

$$= -5.1416 \times 10^6 - 298.15 \times \frac{5160}{22.4} \times 36 \times \ln \frac{653.15}{1273.15}$$

$$= -3.4913 \times 10^6 \, \text{kJ}$$

（2）废热锅炉的损失功 $W_{L,废}$

$$W_{L,废} = T_0 \Delta S_{g,废} = T_0 (\Delta S_{转} + \Delta S_{水})$$

$$= T_0 \left[n C_p \ln \frac{T_6}{T_5} + G(s_2 - s_1) \right]$$

$$= 298.15 \times \left[\frac{5160}{22.4} \times 36 \times \ln \frac{653.15}{1273.15} + 1673.46 \times (6.8991 - 0.7016) \right]$$

$$= 1.4419 \times 10^6 \, \text{kJ}$$

（3）汽轮机的损失功 $W_{L,汽}$

$$W_{L,气} = T_0 \Delta S_{g,汽} = T_0 G(s_3 - s_2)$$

$$= 298.15 \times 1673.46 \times (7.9692 - 6.8991)$$

$$= 0.5339 \times 10^6 \, \text{kJ}$$

（4）冷凝器的损失功 $W_{L,冷}$

冷凝器中乏汽等压冷凝成饱和水，设冷凝热在环境状态下排入环境。故排入环境的热量 $Q_L = G(h_4 - h_3)$，而环境吸收的热量为 $-Q_L = -G(h_4 - h_3)$，冷凝器的损失功为：

$$W_{L,冷} = T_0 \Delta S_{g,冷} = T_0 (\Delta S_{冷凝水} + \Delta S_{冷却水})$$

$$= T_0 \left[G(s_4 - s_3) - \frac{G(h_4 - h_3)}{T_0} \right]$$

$$= 298.15 \times 1673.46 \times (0.7035 - 7.9692) - 1673.46 \times (209.26 - 2557.17)$$

$$= 0.3040 \times 10^6 \, \text{kJ}$$

（5）热力学效率 η_a

$$\eta_a = \frac{-W_s}{W_{id}} = \frac{1.2181 \times 10^6}{3.4913 \times 10^6} \times 100\% = 34.89\%$$

以上计算结果汇总于 ［例 4-15］表 3。

［例 4-15］表 3　转化气余热回收装置熵衡算（以产 t NH$_3$ 计）

输　　　入			输　　　出		
项　　目	kJ	%	项　　目	kJ	%
①废热锅炉理想功	3.4913×10^6	99.84	①汽轮机轴功	1.2181×10^6	34.82
②水泵轴功	0.0057×10^6	0.16	②废热锅炉损失功	1.4419×10^6	41.22
			③汽轮机轴损失功	0.5339×10^6	15.27
			④冷凝器损失功	0.3040×10^6	8.69
总　　计	3.50×10^6	100	总　　计	3.50×10^6	100

熵分析结果表明，余热应用系统的能量损耗主要是过程的不可逆性造成，虽然从能量平衡（［例 4-15］表 2）得出，主要能耗在于冷凝器向环境释放热量，但就做功能力的损耗而言，冷凝器的损失功仅占输入功的 8.69%，更重要的是废热锅炉的损失功，占比高达 41.22%（［例 4-15］表 3）。因此系统的节能还应注意降低废热锅炉等设备的不可逆性。

3. 有效能分析法

（1）各状态点有效能值

取环境状态 $p_0 = 0.1033 \text{MPa}$，$T_0 = 298.15\text{K}$，水和水蒸气物理有效能按式（4-53）

计算：

$$E_{x,ph} = -(H_0 - H) + T_0(S_0 - S) = G[(h - h_0) - T_0(s - s_0)]$$

转化气降温属于显热变化，根据式（4-55）转化气的热量有效能由下式计算：

$$E_{x,Q} = \int_{T_0}^{T} C_p dT - T_0 \int_{T_0}^{T} \frac{C_p}{T} dT = nC_p(T - T_0) - nT_0 C_p \ln\frac{T}{T_0}$$

各状态点的有效能值计算结果列于［例4-15］表4。

［例4-15］表4　转化气余热回收装置各状态点有效能值（以产 t NH₃ 计）

状态点	物态	p/MPa	T/℃	h/kJ·kg^{-1}	s/kJ·kg^{-1}·K^{-1}	E_x/kJ
0	基准态	0.10133	25	104.77	0.3670	0
1	过冷水	4	50	212.66	0.7016	0.0136×10^6
2	过热蒸汽	4	430	3285.08	6.8991	2.0630×10^6
3	湿蒸汽	0.01234	50	2557.17	7.9692	0.3109×10^6
4	饱和水	0.01234	50	209.26	0.7035	0.0070×10^6
5	转化气入	—	1000	—	—	4.4963×10^6
6	转化气出	—	380	—	—	1.0050×10^6

（2）按生产吨氨计算的输入余热回收系统有效能

循环气输入有效能：4.4936×10^6 kJ

水泵输入轴功有效能：0.0057×10^6 kJ

（3）按生产吨氨计算的输出余热回收系统有效能

循环气输出有效能：1.0050×10^6 kJ

汽轮机输出轴功有效能：1.2181×10^6 kJ

（4）由各设备的有效能平衡计算不可逆有效能损失

废热锅炉不可逆有效能损失：

$$E_{x,L废} = E_{x5} + E_{x1} - E_{x6} - E_{x2}$$
$$= (4.4963 + 0.0136 - 1.0050 - 2.0630) \times 10^6$$
$$= 1.4419 \times 10^6 \text{kJ}$$

汽轮机不可逆有效能损失：

$$E_{x,L汽} = E_{x2} - E_{x3} - E_{x,w} = (2.0630 - 0.3109 - 1.2181) \times 10^6 = 0.5340 \times 10^6 \text{kJ}$$

冷凝器不可逆有效能损失：

$$E_{x,L冷} = E_{x3} - E_{x4} = (0.3109 - 0.0070) \times 10^6 = 0.3040 \times 10^6 \text{kJ}$$

冷凝器外排热量是在环境温度下进行，因此冷凝器外排热量虽大但流出的热量有效能

$$E_{x,Q} = Q_L\left(1 - \frac{T_0}{T_0}\right) = 0$$

（5）有效能效率

系统有效能效率：

$$\eta_E = \frac{\text{汽轮机轴功} + \text{循环气输出有效能}}{\text{循环气输入有效能}} = \frac{1.2181 \times 10^6 + 1.0050 \times 10^6}{4.4963 \times 10^6} \times 100\% = 49.44\%$$

汽轮机有效能效率：

$$\eta_{E,汽} = \frac{E_{x3} + E_{x,w}}{E_{x2}} = \frac{0.3109 \times 10^6 + 1.2181 \times 10^6}{2.0630 \times 10^6} \times 100\% = 74.12\%$$

废热锅炉有效能效率：

$$\eta_{E,废} = \frac{E_{x6} + E_{x2}}{E_{x5} + E_{x1}} = \frac{1.0050 \times 10^6 + 2.0630 \times 10^6}{4.4963 \times 10^6 + 0.0136 \times 10^6} \times 100\% = 68.03\%$$

冷凝器有效能效率：

$$\eta_{E,冷} = \frac{E_{x4}}{E_{x3}} = \frac{0.0070 \times 10^6}{0.3109 \times 10^6} \times 100\% = 2.24\%$$

以上计算结果汇总于［例 4-15］表 5。

[例 4-15] 表 5 　转化气余热回收装置有效能衡算（以产 t NH$_3$ 计）

输　入			输　出		
项　　目	kJ	%	项　　目	kJ	%
①循环气有效能 ②水泵轴功	4.4936×10^6 0.0057×10^6	99.81 0.19	①循环气有效能 ②汽轮机轴功 ③废热锅炉有效能损失 ④汽轮机有效能损失 ⑤冷凝有效能损失	1.0050×10^6 1.2181×10^6 1.4419×10^6 0.5340×10^6 0.3040×10^6	22.32 27.05 32.02 11.86 6.75
总　　　计	4.50×10^6	100	总　　　计	4.50×10^6	100

有效能衡算结果可知，冷凝器的有效能效率仅为 2.24%，似乎节能潜力较大，但冷凝器的有效能损失仅占总有效能损失的 6.75%，而废热锅炉的有效能损失高达 32.02%，因此节能的重点是减小废热锅炉等设备的传热不可逆性，减少其有效能损失。

📚 生产案例

目前发电系统的能效评价的主流方法有热量法（能量衡算法）、热平衡分析法和有效能分析法。热量法以热力学第一定律为基础，仅从能量数量的角度考察能源利用情况，不注重能量转化过程。热平衡分析方法是以热力系统和热力循环部分作为研究对象，以热效率为评价准则，基于质量平衡和能量平衡方程，分析系统内能量的利用情况。有效能分析法是以热力学第一、第二定律为基础，从能量品质的角度来评价能源的利用情况，可以准确分析系统中各部分能量损失的大小以及分布状况。有效能分析方法对参数的准确度依赖较大，目前实现能耗的在线监测和诊断在工程应用上还存在一定的难度，可借助 Aspen Plus 流程模拟软件实现过程参数的准确提供。有效能分析法比热平衡方法更科学、合理地阐明系统中能量的利用、消耗和损失情况，为提高系统中的能量利用和转化过程的效率指出方向。

将煤化学链燃烧应用于燃煤发电过程，提出带有二氧化碳捕集的化学链燃煤发电系统，以期实现燃煤发电近零碳排放。图 4-9 为近零碳排放燃煤发电系统简图，系统主要分为四个子系统：化学链燃烧子系统（CLC）、余热回收子系统（HRSG）、蒸汽轮机发电子系统（ST）以及二氧化碳压缩捕集子系统（CCS）。各个子系统主要参数见表 4-2。

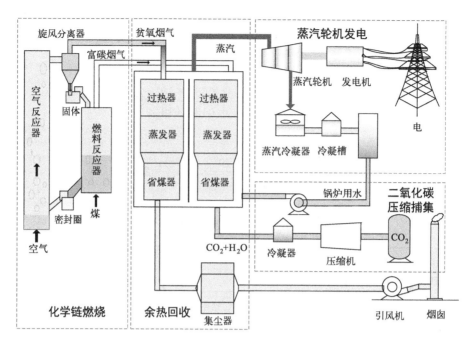

图 4-9　近零碳排放燃煤发电系统简图

表 4-2　近零碳排放燃煤发电系统的各单元参数

参数	值	单位	参数	值	单位
化学链燃烧子系统(CLC)			蒸汽轮机发电子系统(ST)		
煤	Illinois No. 6 烟煤		锅炉给水温度	579.15	K
载氧体	Fe_2O_3		主蒸汽参数	866.15/24.2	K/MPa
反应器类型	CFB		高压蒸汽轮机出口蒸汽参数	636.15/6.4	K/MPa
煤进料量	63.33	kg/s	高压蒸汽出口再热温度	866.15/6.4	K/MPa
燃料反应器温度/压力	1173.15/0.1	K/MPa	高/中/低压蒸汽轮机的级数	2/2/5	级
空气反应器温度/压力	1223.15/0.1	K/MPa	高/中/低压蒸汽轮机等熵效率	90/92/87	%
二氧化碳循环比率	0.65～0.70		蒸汽轮机机械效率	100	%
余热回收子系统(HRSG)			二氧化碳压缩捕集子系统(CCS)		
省煤器温度(低压/高压)	403.15/579.15	K	二氧化碳冷凝温度	297.15	K
蒸发器温度(主)	866.15	K	压缩级数	5	
废气温度(AR/FR)	353.15/363.15	K	压缩机的等熵效率	80	%
空气预热温度	550.15	K	压缩机电机效率	94	%
换热网络的最小温度	10.00	K	二氧化碳压缩压力	15	MPa
循环的二氧化碳温度	673.15	K	冷却水进/出口温度	292.15/308.15	K
			中间冷却二氧化碳温度	318.15	K

以有效能分析法为基础，基于 Aspen Plus 模拟数据，进行了化学链燃煤电厂的全局有效能分析。整体的有效能分布结果见图 4-10。

对于燃煤发电系统的能效指标，采用发电煤耗率和发电效率来表征发电系统的优劣。发电煤耗的定义：单位发电（kW·h）所需要的煤耗（g），见公式（4-70）。发电效率定义：

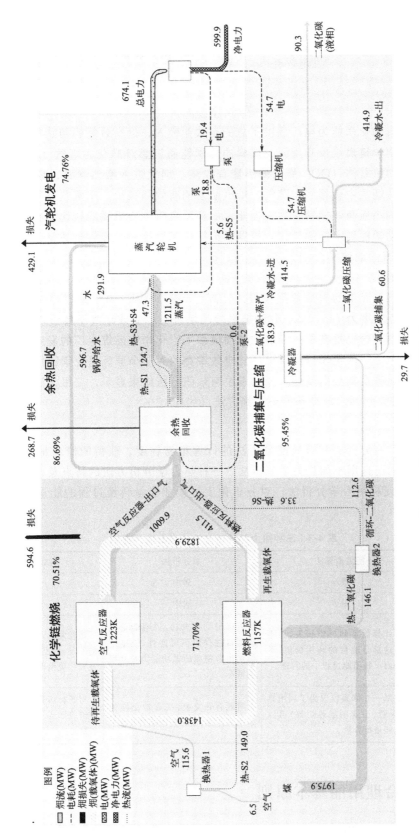

图 4-10 整体火电厂系统有效能分布

电力输出（kW·h）与总的热输入（kW·h）之比，见公式（4-71）。对系统中单元或者子系统的能量利用情况，采用有效能效率表示，即公式（4-69）。

$$发电煤耗[g/(kW·h)] = \frac{输入煤量}{输出电量} \tag{4-70}$$

$$\eta_{net} = \frac{W_{out}}{E_{coal}} \tag{4-71}$$

煤和空气含有的化学能为电厂提供了总的有效能输入，是有效能的初始来源。燃料煤所含的有效能进入化学链燃烧反应单元，燃料的化学能通过燃烧转化为烟气（空气反应器气、燃料反应器气）和氧载体（OC）所含的热量有效能。烟气进入换热网络，烟气所含的热量有效能经换热后从烟气中转移到水蒸气，烟气所含的有效能减少。水蒸气进入蒸汽轮机发电系统，蒸汽所含的热量有效能转化为机械能，后在发电机中由机械能转化为电能，最终实现了化石能源煤的化学能到电能的转化。根据模拟结果和系统有效能评价方法，CLC、HRSG、ST、CCS部分的有效能效率分别为70.51%、86.69%、74.76%、95.45%，系统整体的有效能效率为30.27%。

在化学链燃烧单元中的有效能损失最大，高达594.6MW。由于燃料煤的性质不同，该系统的燃烧有效能效率为71.70%，化学链燃烧的燃烧有效能效率高于传统燃烧有效能效率（50.0%～67.6%）。这也是在相同二氧化碳捕集率下，化学链燃煤电厂的发电效率高于传统燃烧发电厂的原因之一。化学链燃煤电厂发电效率高的另一个原因是化学链燃烧具有低能耗和高效率的二氧化碳富集分离属性。全局系统有效能分析结果显示，二氧化碳捕集压缩过程的有效能效率为95.45%，远高于传统捕集方法（约40.7%）。

能量衡算法、熵分析法和有效能分析法的计算难易程度、获得的信息量及特点各不相同，可根据具体情况选用不同热力学分析法。三种热力学分析方法的特点及选用原则列于表4-3。综合运用这三种热力学分析法，对分析化工过程和能量转换过程的能量有效利用途径有重要意义。

表4-3　三种热力学分析方法特点及选用原则

项目	能量衡算法	熵分析法	有效能分析法
计算工作量	最小	居中	最大
得到的信息量	最少	居中	最多
特点	可计算能量的排出损失，而不考虑这部分能量的利用价值，不能全面反映用能过程中的问题。	可以得到损失功，说明能量损失源自过程的不可逆性，但是不能给出各物流的做功能力及其损失情况。	虽较复杂，但可以克服熵衡算的不足，得出各物流的做功能力及其损失情况。
选用原则	如果一个体系仅仅为了利用热能（采暖、工业用加热炉等）可以选用能量衡算法。	对既有热交换，又有功交换的定组成体系，最好选用熵分析法。	对既有热交换，又有功交换的变组成体系，最好选用有效能分析法。

4.6.2　合理用能基本原则

当前碳达峰和碳中和的双碳目标对于化工行业既是挑战，又是机遇，提高化工生产过程的能量利用效率是最经济简单的节能减排方式。节能问题，涉及面很广，它既有能源政策、管理方面的问题，又有工艺、设备、控制、材料以及其他的节能技术问题。就节能技术而论，各行业有其各自的特点和具体情况，可以提出很多节能措施，然而节能的基本原理有共同之处，其中最重要的就是必须遵守合理用能的基本原则。只有合理用能，才能获得高的能量有效利用率，达到节能的目的。在用能过程中要注意以下几点。

（1）防止能量的无偿降级（能量品位降低）

正确合理地使用能源是能量有效利用的首要问题，其基本原则就是**按质用能，按需供能**。要按用户所需要能量的能级要求，选择适当的能量供应，不要供给过高品质的能量，否则就是浪费，也不能大幅度地将能量降级使用。例如用高温热源去加热低温物料；将高压蒸汽节流以后降温、降压使用，或由于设备的保温不好造成的热损失（或冷量损失）等都是能量的无偿降级现象，应尽量避免。

（2）设计中采用最佳推动力

任何实际的化工过程都必须在一定的推动力下，以一定的速率进行。推动力越大，传递过程速率也越快，设备投资费用可以降低，但有效能损失增大，能耗费用增加。反之，减小推动力，可减少有效能损失，能耗费用减少，但为了保证产量只有扩大设备规模，则设备投资费用增大。能耗费和设备费此消彼长，两者是对立的。采用最佳推动力的原则，就是确定过程最佳的推动力，通过技术和经济总评比，谋求合理解决这一矛盾，使总费用最小，实现对立统一。

（3）合理组织能量利用梯度

化工厂中许多化学反应为放热反应，放出的热量不仅数量大而且温度较高，这是化工生产中一种宝贵的余热资源，应有效地组织能量的梯级利用和多效利用。对于温度较高的反应热可通过废热锅炉产生高压蒸汽，再将高压蒸汽先通过汽轮机进行做功或发电，最后用低压乏汽作为加热热源使用，即先用功后用热的原则。对热量也要按其能级高低回收使用，例如用高温热源加热高温物料，用中温热源加热中温物料，用低温热源加热低温物料，可以减少有效能的损失，从而达到较高的能量利用率。按能量级别高低综合利用能量的概念称为总能概念。

本章小结

1. 课程主线：能量和物质。

2. 学习目的：应用热力学第一定律和第二定律分析具体化工过程能量利用的薄弱环节，提出改善过程能量利用效率的措施。

3. 重点内容：两个定律，三种分析方法，一个用能原则。

① 开系稳流过程的热力学第一定律（能量守恒）：

$$\Delta H = Q + W_s \Rightarrow \begin{cases} 静设备：Q（繁）= \Delta H（简） \\ 动设备：W_s（繁）= \Delta H（简） \end{cases}$$

② 开系稳流过程的热力学第二定律（过程的方向和限度）：

$$\Delta S_t(\text{繁}) = \Delta S_{sys} + \Delta S_{sur} = S_2 - S_1 - \Delta S_f = \Delta S_g(\text{简}) \Rightarrow \begin{cases} \Delta S_g > 0 & \text{不可逆过程} \\ \Delta S_g = 0 & \text{可逆过程} \\ \Delta S_g < 0 & \text{不可能过程} \end{cases}$$

③ 熵分析法：

$$实际功（繁）＝理想功（简）＋校正$$

$$W_s = W_{id} + W_L, \quad W_L = T_0 \Delta S_g \Rightarrow \begin{cases} W_L > 0 & \text{不可逆过程} \\ W_L = 0 & \text{可逆过程} \\ W_L < 0 & \text{不可能过程} \end{cases}$$

$$绝对量的比较（繁）\rightarrow 相对量的比较（简）$$
$$实际过程（繁）＝可逆过程（简）＋校正（可逆度）$$

④ 有效能分析法（能量的本质是做功能力）：

$$系统总能量（繁）＝有效能（简）＋无效能$$

$$E_{x,L} = E_{x,Q} - \Delta E_x - E_{x,w} = \sum_i (E_{x,i})_{in} - \sum_j (E_{x,j})_{out} \Rightarrow \begin{cases} E_{x,L} > 0 & \text{不可逆过程} \\ E_{x,L} = 0 & \text{可逆过程} \\ E_{x,L} < 0 & \text{不可能过程} \end{cases}$$

⑤ 三传过程的熵分析

不可逆过程的损失功与过程的推动力有关，推动力增大，则损失功增大。实际过程中，功损失是不可避免的。应通过合理的经济平衡，确定最佳推动力，通过技术经济的总评比，达到最佳的节能效果，实现对立统一。

⑥ 合理用能原则：按质用能，按需供能

4. 第 5 章学习思路：计算动力循环和制冷循环过程的热和功，并分析循环的能量利用情况，提出改进措施。

 **熵增原理感悟**

人生就是不断对抗"熵增"的过程

根据热力学第二定律，孤立系统的熵只能增加，或者到达极限时保持恒定，即熵增原理。如果将它推论至整个宇宙的发展中，就如物理学家薛定谔所说："自然万物都趋向从有序到无序，即熵值增加。"任何一个系统，只要是封闭的，且无外力做功，它就会不断趋于混乱和无序，最终走向死亡。这个规律包括我们所有生命和非生命的演化规律，生命里又包含着个人和群体的演化规律。非生命：比如物质总是向着熵增演化，热水会慢慢变凉，铁会生锈，手机和电脑总是会越来越卡，电池电量会越来越弱，太阳会不断燃烧衰变……直到宇宙的尽头——热寂。生命与个人：比如自律总是比懒散痛苦，放弃总是比坚持轻松，堕落总是比奋进容易。只有少部分意志坚定的人能做到自我管理，大多数人都是作息不规律，饮食不规律，学习不规律。生命与群体：比如大公司的组织架构会变得臃肿，员工会变得官僚化，整体效率和创新能力也会下降。所以电脑和手机需要定期清理垃圾，人要保持清醒和自律，企业要不断地调整结构，这些都是为了对抗熵增原理。

从熵增原理可知，任何一个系统，只要满足封闭系统，而且无外力做功，它就会趋于混乱和无序。对个人来说，工作、生活、学习、心情、成长和人际关系等都与此相关。生活中，每天会有各种各样的琐事涌来，如果我们任由其发展，那我们的生活就会变得越来越混乱。如果要想恢复到有秩序的状态，就不得不付出非常大的代价。这样的例子身边比比皆是，如生活一团乱麻，不知道自己要什么，想改变现状也不知道如何入手，只能浑浑噩噩，得过且过。这种状态就是生活陷入了极度的"熵增"状态，被无数的混乱的事情率着走，丧失了生活的掌控权。再比如情绪，很多时候，我们感到难过、烦躁、焦虑，其实是因为情绪太过混乱，很多感情交织在一起，让人无从下手。这些杂七杂八的东西堆积在一起，就会扰乱我们的注意力，让我们无法专注地做一件事情。类似的还有作息不规律、饮食不规律、懒散等等，都是因为事情总趋于熵增。如果我们不主动投入能量做熵减，生活就会脱离我们的掌控。

那我们要如何对抗熵增，实现超越呢？熵增的条件有两个：封闭系统和无外力做功，我们只要打破这两个条件，就有可能实现熵减，主要途径有以下几个方面。

（1）坚持自律，主动作为。人在没有外力干涉下，是不断地走向无序状态的。我们不能等到生活脱离了掌控，才后知后觉地介入。而是要坚持自律，主动作为，把无序变成有序。每天都保持清晰的思维，主动投入时间和精力，去理清自己的思绪，理清每天所做之事，理清想要的是什么。再比如学习时，大脑是一片浆糊，怎么办呢？可以画思维导图。思维导图的第一性原理就是降低信息的混乱度，让知识变得有序。

（2）接受外功，提升自己的思想政治和道德修养。新时代思想政治教育工作，坚持育人导向，突出价值引领，具备高能量的品质，对精神方面熵增的大学生来说，是一种能量极高的负熵输入，对抑制大学生精神方面的熵增具有非常重要的意义。习近平总书记在思想政治理论课教师座谈会上强调："青少年阶段是人生的'拔节孕穗期'，最需要精心引导和栽培"。大学是形成科学的思维方法、培育科学思维能力的关键时期。通过思想政治教育，使其产生负熵流，实现系统和谐有序，促进精神方面自主地从低有序状态向高有序状态发展。

（3）保持开放，就是要一直保持与外界交流的状态。在没有外力干涉的情况下，人的本能都是越来越走向封闭。对于个人来说，如果没有外力督促，就会活在自己固有的思维里，或者活在自己的偏见里。如果仔细检查我们过往犯过的错误就会发现，绝大多数过失都是我们自己的"思维局限"带来的，所以人的思维和认知必须保持开放，要随时接纳各种新鲜信息，把过去的熵埋葬，然后拥抱新的明天，比如去新的环境（旅行），获取新的认知（学习），结交新的朋友（社交）。

（4）远离平衡态。我们极容易陷入平衡态，如我们尝试了一件新的事情，认识了一个新朋友，会很快熟悉，并待在这种状态之下，认知里面叫"舒适圈"。如果发现自己的生活很久没有波澜了，应该是已经掉进平衡态了。我们要时刻提醒自己，不断地走出各种舒适圈，远离平衡态，主动去迎接各种挑战，不断超越自己，给自己新的目标、新的计划。

（5）不断学习，提升自己。学习的本质是做功，一个系统只有外力在做功，才会拥有源源不断的能量支持。根据熵增原理，一旦自己熵减了，那么所处环境就会加剧熵增，也就是说环境会变得越来越恶劣。如果要使自己更优秀，就需要更强的减熵能力，这就需要我们通过学习，不断地提升自己，减少大量的无用功，以适应更恶劣的环境。

习题

一、填空题

4-1　流体流经压缩机和汽轮机等功交换设备时，一般（　　）能项和（　　）能项很小，可以忽略；而流体流经管道、换热器和吸收塔设备时，除了以上两项可忽略以外，（　　）能项也可以忽略。

4-2　热力学第二定律典型表述，克劳修斯说法：热不可能（　　）从低温物体传给高温物体。开尔文说法：不可能从单一热源吸热使之完全变为（　　）而不引起其他变化。热力学第二定律的各种表述实质就是"自发过程都是（　　）的"。

4-3　ΔS_g 是由于过程（　　）而引起的熵的增加，即为熵产生，简称熵产。ΔS_f 是系统与外界发生（　　）而引起的熵的变化，称为熵流。

4-4　理想功是沿（　　）的途径从一个状态变到另一个状态所能产生的（　　）或必须消耗的（　　）。虽然功是一个过程量，但理想功可视作一个（　　）量。

4-5　在相同的始末态下，实际过程比完全可逆过程（　　）或（　　）称为损失功。损失功与孤立体系的（　　）成正比，同时与（　　）有关。

4-6　在化工生产和设计过程中，都要力求（　　）管路上的弯头、缩扩变化，同时不能使（　　）过大，以减少有效能损失。

4-7　传热过程节能的主要方向应是尽量减小（　　），做到（　　）分布合理，尤其对低温换热器更为重要。

4-8　一定状态下体系的有效能是指体系由该状态变到与（　　）成完全平衡状态时，此过程的理想功。热量相对于基准态所具有的最大做功能力称为（　　）。

4-9　能量在（　　）过程都是守恒的，但有效能只能在（　　）过程才守恒，对于（　　）过程，部分有效能会转化为（　　）损失掉。

4-10　合理用能的基本原则是（　　）、（　　）。

二、选择题

4-11　气体经过稳流绝热膨胀过程，对外做功，如忽略宏观动能、势能变化，无摩擦损失，则此过程气体焓值（　　）。

　　A. 增加　　　　　　　B. 减少　　　　　　　C. 守恒　　　　　　　D. 不能确定

4-12　某封闭体系经历一可逆过程。体系所做的功为15kJ，排出的热量为5kJ。则流体的熵变（　　）。

　　A. 大于零　　　　　　B. 小于零　　　　　　C. 等于零　　　　　　D. 不可判断

4-13　某流体在稳流装置内经历一个不可逆过程。加给装置的功为25kJ，从装置排出的热量（即流体放热）是10kJ。则流体的熵变（　　）。

　　A. 大于零　　　　　　B. 小于零　　　　　　C. 等于零　　　　　　D. 不可判断

4-14　某流体在稳流装置内经历一个不可逆过程，加给装置的功是25kJ，从装置带走的热量（即流体吸热）是10kJ。则流体的熵变（　　）。

　　A. 大于零　　　　　　B. 小于零　　　　　　C. 等于零　　　　　　D. 不可判断

4-15 某流体在稳流装置中经历了一个不可逆绝热过程，装置所产生的功为25kJ，则流体的熵变（　　）。

　　A. 大于零　　　　　　B. 小于零　　　　　　C. 等于零　　　　　　D. 不可判断

4-16 稳定流动系统的能量累积等于零，熵的累积（　　）。

　　A. 大于零　　　　　　B. 小于零　　　　　　C. 等于零　　　　　　D. 不确定

4-17 从合理用能角度出发，在流体输送过程中，其他条件都相同的情况下，同样物质的高温流体比低温流体流速（　　）。

　　A. 大　　　　　　　　B. 小　　　　　　　　C. 相等　　　　　　　D. 可大可小

4-18 有一机械能大小为1000kJ，另有一恒温热源其热量大小为1000kJ，则恒温热源的热量有效能（　　）机械能有效能。

　　A. 大于　　　　　　　B. 小于　　　　　　　C. 等于　　　　　　　D. 不能确定

4-19 从合理用能角度讲，流体输送中流速的合理选择，取决于（　　）。

　　A. 损失功最小　　　　　　　　　　　B. 管道尺寸小，投资费用少

　　C. 损失功和管道折旧两者费用总和最少　D. 无要求

4-20 对于任何实际过程，系统的有效能会（　　）。

　　A. 增加　　　　　　　B. 减少　　　　　　　C. 守恒　　　　　　　D. 可增加，也可减少

三、判断题

4-21 热温商（Q/T）即为过程的熵变。（　　）

4-22 不可逆过程中系统的熵只能增大不能减少。（　　）

4-23 系统经历一个不可逆循环后，系统的熵值必定增大。（　　）

4-24 热力学第二定律指出：热从低温物体传递给高温物体是不可能的。（　　）

4-25 稳定流动可逆绝热过程的熵产等于零，因而损失功等于零。（　　）

4-26 轴功是过程函数，而理想功具有状态函数的属性。（　　）

4-27 高压蒸汽的有效能较低压蒸汽的有效能大，而且转化为功的效率也高。（　　）

4-28 在0.8MPa下蒸发1kg水所需热量比在0.1MPa下蒸发1kg水所需热量少。（　　）

4-29 有效能实际上就是理想功，即 $E_x = W_{id}$。（　　）

4-30 一个系统从状态1分别经历可逆过程R和不可逆过程NR到达状态2，则过程R的理想功大于过程NR的理想功。（　　）

四、简答题

4-31 空气被压缩机绝热压缩后温度如何变化？

4-32 为什么节流装置通常用于制冷？

4-33 写出稳定流动系统热力学第一定律的一般形式，并写出当流体流经泵和流经换热器时系统热力学第一定律的简化形式。

4-34 如何利用热力学第一定律测量湿蒸汽的干度？

4-35 热力学第二定律的各种表述都是等效的，试证明：违反了克劳休斯说法，则必定违反开尔文说法。

4-36 何为理想功、可逆功、损失功？理想功与可逆功有何区别？

4-37 何为有效能？计算有效能有何作用？简述理想功和有效能的异同点。

4-38 对没有熵产生的过程，其有效能损失是否必定为零？

4-39 在化工传递过程中如何确定最佳推动力？

4-40 总结典型化工过程热力学分析的本质、特点和适用范围。

五、解答题

4-41 有人声称他发明了一套稳定流动的装置，进口是 300℃，1.0MPa 蒸汽，出口是 110℃，0.1MPa 蒸汽。该装置绝热，并且每通过 1kg 蒸汽可近似产功 355kJ。该装置可信吗？试应用热力学第一、第二定律检验该过程的合理性。

4-42 有人设计了一种装置，每 1kg 的 373K 饱和水蒸气在此装置中经过一系列步骤后，能连续地向 353K 的高温储热器输送 1850kJ 的热量，以便更有效地加以利用。蒸汽最后在 0.1013MPa、293K 时冷凝为水离开装置，假设可供利用的冷却水温度为 293K，其量不限。试判断该装置设计是否合理？

4-43 水蒸气在汽轮机中从 1MPa，573K 可逆绝热膨胀到 0.1MPa，试求每 kg 水蒸气所做的轴功。

4-44 设有 $T_1 = 500K$，$p_1 = 0.1MPa$ 的空气，其质量流量为 $m_1 = 10kg \cdot s^{-1}$，与 $T_2 = 300K$，$p_2 = 0.1MPa$，$m_2 = 5kg \cdot s^{-1}$ 的空气流在绝热下相互混合，求混合过程的熵产生量。设在上述有关温度范围内，空气的平均恒压热容为 $C_p^{ig} = 1.04kJ \cdot kg^{-1} \cdot K^{-1}$。

4-45 水蒸气在 2.5MPa 和 320℃ 下进入喷嘴，进口速度可忽略，并在 500kPa 下排出。假设水蒸气在喷嘴中等熵膨胀，试问排出速度是多少？当排出蒸汽流量为 $0.75kg \cdot s^{-1}$ 时，喷嘴出口的截面积是多少？

4-46 12MPa、700℃ 的水蒸气供给一台汽轮机，排出的水蒸气的压力为 0.6MPa。

(1) 在汽轮机中进行绝热可逆膨胀，求过程理想功和损失功。

(2) 如果等熵效率为 0.88，求过程的理想功、损失功和热力学效率。

4-47 一台汽轮机，输入的是压力为 1570kPa 和温度为 484℃ 的过热蒸汽，排出的蒸汽压力为 8kPa。汽轮机中过程不是可逆也不是绝热，实际输出的功等于可逆绝热时轴功的 88%。由于保温不完善，在环境温度 25℃ 时，损失于环境的热量为 $7.12kJ \cdot kg^{-1}$，已知 1570kPa，484℃ 过热蒸汽的热力学性质为 $H = 3428.7kJ \cdot kg^{-1}$，$S = 7.4881kJ \cdot kg^{-1} \cdot K^{-1}$，试求该过程的理想功、损失功及热力学效率。

4-48 有两股压力分别为 12.0MPa 和 1.5MPa 的饱和蒸汽。

(1) 如用于做功，经稳流过程变成 25℃ 的饱和水，求 W_{id}。

(2) 如用作加热介质，经换热器后变成 25℃ 的饱和水，求换热量 Q。

(3) 环境温度为 25℃，对计算结果作综合分析，在化工设计和生产过程中如何合理地使用这两股蒸汽？

4-49 环境温度为 25℃，10kg 水由 15℃ 加热到 60℃。试求：

(1) 加热过程需要的热量和理想功。

(2) 上述过程中的有效能和无效能。

(3) 若此热量分别由 0.6865MPa 和 0.3432MPa 的饱和蒸汽加热（利用相变热），求加热过程的有效能损失。

4-50 有一股温度为 90℃、流量为 $72000kg \cdot h^{-1}$ 的热水和另一股温度为 50℃、流量为 $108000kg \cdot h^{-1}$ 的水绝热混合。试分别用熵分析和有效能分析计算混合过程的有效能损失。大气温度为 25℃。问此过程用哪种分析方法求有效能损失较简便？为什么？

◀ 第5章 ▶

动力循环与制冷循环

引言

相变是自然界常见的现象，相变时的潜热能量变化与无相变时的显热能量变化相比通常高几个数量级。当液体吸收热量转化为气体时，体积会急剧膨胀可推动汽轮机对外做功，将热转变为机械能；同样，当气体温度降到临界温度以下消耗能量使其压缩时，体积会骤减而被液化。人们利用能量的变化引起的工作介质 $p\text{-}V\text{-}T$ 状态变化实现热功转换，建立了动力循环与制冷循环等过程，从而发明了蒸汽机、汽车、空调和冰箱等，大量商品的工业化生产得以实现，同时也改变了我们的生活。

将热转化为机械能的循环为动力循环，也叫正向循环，实现正向循环的主要设备是各种热机。动力循环常以水和水蒸气为工作介质，是能将热转化为机械能的热力循环，是目前最普遍的发电方式。在大型化工厂中，蒸汽动力循环为全厂提供动力、供热以及供给工艺用的蒸汽。比如大型合成氨厂，利用工艺过程本身释放的热量来产生高压水蒸气，用高压水蒸气经汽轮机产生机械功来驱动压缩机或发电机等设备，汽轮机产生的乏汽还可用于工艺加热的热源。

将热从低温热源传给高温热源，以消耗外界的功或热为代价的循环为制冷循环，也叫逆向循环。以获得冷量为目的的逆向循环设备被称为制冷机，以制热为目的的逆向循环设备是热泵。一般将制冷温度在−100℃及以上的称为普冷，将制冷温度低于−100℃的称为深冷。制冷循环广泛应用于化工生产中的低温反应、气体液化以及生活中的冰箱、空调和冷库等多个方面。

这两类循环都是由工质的吸热、放热、压缩和膨胀四个过程所组成，因此可用稳态流动系统的热力学第一定律和第二定律分析和讨论这两类循环。本章主要介绍动力循环与制冷循环的工作原理、循环中工质状态的变化、能量利用与消耗的计算，并以热效率为指标评价循环的经济性，对循环过程进行热力学分析，提出改进循环效率的措施。

5.1　气体的压缩与膨胀

5.1.1　气体的压缩

化工生产中常用的压气机有通风机（<115kPa）、鼓风机（115～350kPa）和压缩机（>350kPa）。压气机按其构造和工作原理的不同，可分为活塞式压气机和叶轮式压气机。从热力学观点来看，压气机需消耗电能或机械能，实现气体由低压到高压的状态变化。压气机被广泛地应用于动力、化工和制冷等工程中，压缩的介质为各种气体和蒸气（蒸汽）。

5.1.1.1　单级压缩

气体的压缩过程有两种极限情况，分别是绝热压缩和等温压缩。对于实际压缩过程，无论采取什么样的保温或冷却措施，都很难实现绝对的绝热压缩或等温压缩。所以实际压缩过程总是处于等温压缩与绝热压缩之间，称为多变压缩过程。用比较接近这两个理想情况的真实情况来描述就是：若压缩过程进行得很快，被压缩的气体来不及散热，就接近于绝热压缩过程。如果压缩过程进行得特别慢，且气缸壁得到良好的冷却，就接近于等温压缩过程。一般是更多地接近绝热过程。由于绝热可逆过程是恒熵过程，用 T-S 图是表达这两个极限过程最简单的方法。

在正常工况下，气体压缩过程可视为稳定流动过程。压缩过程的理论轴功可用开系稳定流动热力学第一定律来描述，忽略动能变化和势能变化，即：

$$\Delta H = Q + W_s \tag{4-11}$$

式（4-11）具有普遍意义，可适用于任何介质的可逆和不可逆过程。对于可逆过程，轴功可按式（5-1）计算：

$$w_{s,R} = \int_{p_1}^{p_2} V\mathrm{d}p \tag{5-1}$$

将合适的状态方程代入式（5-1）积分即可计算可逆压缩过程的理论功耗。根据式（5-1），$w_{s,R}$ 在 p-V 图上可由 $V=f(p)$、p 轴上 p_1 和 p_2 之间包围的面积表示，则 $w_{s,R}$ 的单位就是 V 和 p 单位的乘积。用国际单位制（SI）表示，即 $(\mathrm{m^3 \cdot mol^{-1}}) \cdot (\mathrm{N \cdot m^{-2}}) = \mathrm{J \cdot mol^{-1}}$。

工业中的压缩过程，气体的压力经常很高，不能按照理想气体处理。对真实流体，真实气体状态方程形式一般都比较复杂，很难获得解析式，计算过程相对繁琐。为简化问题，针对真实气体的计算，如果不需要很高的准确度，可引入压缩因子进行校正。对于理想气体，$p_1 V_1 = p_2 V_2 = RT$；对于真实气体，$pV = ZRT$。若压缩机进、出口的压缩因子 Z_1，Z_2 差别不大，可取其平均值 $Z_m = (Z_1 + Z_2)/2$，并将 Z_m 视为常数。等温压缩、绝热压缩和多变压缩过程的温度变化和轴功列于表 5-1。

表 5-1　不同可逆压缩过程的温度变化和轴功

过程	温度	理想气体轴功	真实气体轴功
等温压缩	$T_2 = T_1$	$w_{s,R} = RT_1 \ln \dfrac{p_2}{p_1}$	$w_{s,R} = ZRT_1 \ln \dfrac{p_2}{p_1}$
绝热压缩	$\dfrac{T_2}{T_1} = \left(\dfrac{p_2}{p_1}\right)^{\frac{k-1}{k}}$	$w_{s,R} = \dfrac{k}{k-1}RT_1\left[\left(\dfrac{p_2}{p_1}\right)^{\frac{k-1}{k}} - 1\right]$	$w_{s,R} = \dfrac{k}{k-1}ZRT_1\left[\left(\dfrac{p_2}{p_1}\right)^{\frac{k-1}{k}} - 1\right]$
多变压缩	$\dfrac{T_2}{T_1} = \left(\dfrac{p_2}{p_1}\right)^{\frac{m-1}{m}}$	$w_{s,R} = \dfrac{m}{m-1}RT_1\left[\left(\dfrac{p_2}{p_1}\right)^{\frac{m-1}{m}} - 1\right]$	$w_{s,R} = \dfrac{m}{m-1}ZRT_1\left[\left(\dfrac{p_2}{p_1}\right)^{\frac{m-1}{m}} - 1\right]$

注：k 为绝热指数，k 值与气体性质和温度有关，一般空气的 $k=1.4$；m 为多变指数，一般 $1<m<k$。

用图 5-1 可以更加直观地描述上述三种压缩过程的轴功和状态的变化。根据积分式（5-1），在图 5-1(a) 中，轴功 $w_{s,R}$ 是由纵轴、$p=p_1$、$p=p_2$ 和过程的路径围成的区域的面积。比较三种压缩过程，由图 5-1 可知：

$$(w_{s,R})_{绝热} > (w_{s,R})_{多变} > (w_{s,R})_{等温}$$

$$V_{2,绝热} > V_{2,多变} > V_{2,等温}$$

$$T_{2,绝热} > T_{2,多变} > T_{2,等温}$$

由图 5-1(b) 可知，等温压缩的气体终态温度显著低于绝热压缩，这是由于等温压缩过

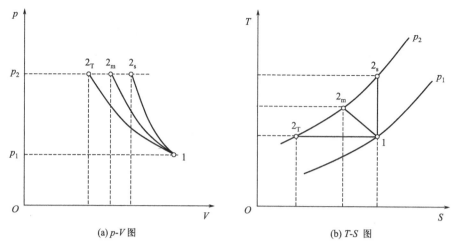

(a) p-V 图   (b) T-S 图

图 5-1   压缩过程的 p-V 图和 T-S 图

1-2_T—等温过程；1-2_s—绝热过程；1-2_m—多变过程

程热量能够被及时地移出气缸，而绝热过程由于没有移走压缩轴功转化的热，而这部分热使得气体的温度升高较多，引起设备材料强度下降，对机器的安全运行不利。所以，有效地冷却被压缩气体，使实际压缩过程尽可能接近于等温压缩过程，不仅可以减少耗功量，而且可使被压缩气体的温升较小，保证压气机气缸得到良好的润滑。从安全和减少压缩过程消耗的功率两方面考虑，都应尽量减小压缩过程的多变指数，使过程接近于等温过程。

从上述分析可以看出，利用 p-V 图分析轴功比较方便；用 T-S 图分析体系状态变化时，两个极限情况可以分别用水平变化过程（等温过程）和垂直变化过程（等熵过程）表示，比较方便。

【例 5-1】 设空气的初态为 $p_1 = 1$atm，$T_1 = 25℃$，今将 1kmol·s^{-1} 空气压缩至 $p_2 = 10$atm。试比较可逆等温、绝热和多变压缩过程（$k = 1.4$，$m = 1.2$）的功耗、终态温度和压缩时气体放出的热量。空气平均热容为 $C_p = 1.04$kJ·kg^{-1}·K^{-1}。

解：空气的进出口压力不高，可视为理想气体。

（1）可逆等温压缩过程

轴功：$(w_{s,R})_{等温} = RT_1 \ln \dfrac{p_2}{p_1} = 8.314 \times 298.15 \times \left(\ln \dfrac{10}{1} \right) \times 10^{-3} = 5.708$kJ·$mol^{-1}$

则：$(W_{s,R})_{等温} = n (w_{s,R})_{等温} = 5708$kJ·$s^{-1}$

终态温度：$T_{2,等温} = T_1 = 25℃$

放出的热量：$Q = \Delta H - W_s = -W_s = -5708$kJ·$s^{-1}$

（2）可逆绝热压缩过程

轴功：

$$(w_{s,R})_{绝热} = \frac{k}{k-1} RT_1 \left[\left(\frac{p_2}{p_1} \right)^{\frac{k-1}{k}} - 1 \right]$$

$$= \frac{1.4}{1.4-1} \times 8.314 \times 298.15 \times \left[\left(\frac{10}{1} \right)^{\frac{1.4-1}{1.4}} - 1 \right] \times 10^{-3} = 8.075 \text{kJ·mol}^{-1}$$

则：$(W_{s,R})_{绝热} = n (w_{s,R})_{绝热} = 8075$kJ·$s^{-1}$

终态温度：$T_{2,绝热}=T_1\left(\dfrac{p_2}{p_1}\right)^{\frac{k-1}{k}}=298.15\times\left(\dfrac{10}{1}\right)^{\frac{1.4-1}{1.4}}=575.64\text{K}=302.49℃$

放出的热量：$Q=0$

（3）可逆多变压缩过程

轴功：

$$(w_{s,R})_{多变}=\dfrac{m}{m-1}RT_1\left[\left(\dfrac{p_2}{p_1}\right)^{\frac{m-1}{m}}-1\right]$$

$$=\dfrac{1.2}{1.2-1}\times8.314\times298.15\times\left[\left(\dfrac{10}{1}\right)^{\frac{1.2-1}{1.2}}-1\right]\times10^{-3}=6.958\text{kJ}\cdot\text{mol}^{-1}$$

则：$(W_{s,R})_{多变}=n\ (w_{s,R})_{多变}=6958\text{kJ}\cdot\text{s}^{-1}$

终态温度：$T_{2,多变}=T_1\left(\dfrac{p_2}{p_1}\right)^{\frac{m-1}{m}}=298.15\times\left(\dfrac{10}{1}\right)^{\frac{1.2-1}{1.2}}=437.62\text{K}=164.47℃$

空气的热容：$C_p=1.04\text{kJ}\cdot\text{kg}^{-1}\cdot\text{K}^{-1}=30.16\text{kJ}\cdot\text{kmol}^{-1}\cdot\text{K}^{-1}$

放出的热量：

$Q=\Delta H-W_s=nC_p\Delta T-W_s=1\times30.16\times(164.47-25)-6958=-2752\text{kJ}\cdot\text{s}^{-1}$

计算结果列于［例 5-1］表中。

［例 5-1］表　不同压缩过程的末态温度、轴功和换热量

过程	终态温度/℃	轴功/kJ·s^{-1}	热量/kJ·s^{-1}
等温压缩	25	5708	−5708
绝热压缩	302.49	8075	0
多变压缩	164.47	6958	−2752

计算结果表明，从相同的初态压缩到相同的终压时，绝热过程的温升最大，等温过程无温升；绝热过程消耗的轴功最大，等温过程的最小；等温过程放热最多，多变过程各项指标皆介于等温过程和绝热过程之间。根据此题也可知，在此压缩比下绝热过程和多变过程的温升很大。对于某些气体，终温过高有可能引发聚合或生焦的反应，而使压缩过程无法正常进行。

本题利用了理想气体作绝热可逆压缩过程和多变压缩过程时 p、V、T 间存在的特殊函数关系计算压缩过程的终温，这是物理化学中已经详细讨论过的内容。若要严格计算，必须使用真实气体的 p-V-T 关系。由此又一次说明 p-V-T 关系的重要性。

5.1.1.2　多级压缩

若要将气体从常压压缩到很高的压力，单级压缩满足不了要求。这是由于实际的压缩过程是接近绝热的，出口压力受到压缩后温度的限制，而终温必须低于压缩机润滑油的闪点。另外，过高的温度会造成气体分解或聚合，这是工艺不允许的。此外，过高的温度还会造成管道、气缸和阀门等腐蚀和损坏。因此，必须采用多级压缩、级间冷却的方法。

多级压缩的具体过程是先将气体压缩到某一中间压力，然后通过一个中间冷却器，使其等压冷却，气体温度下降到原来进压缩机时的初态温度。依此进行多次压缩和冷却，使气体压力增大，而温度不至于升得过高。这样，整个压缩过程可向等温压缩过程趋近，还可以减

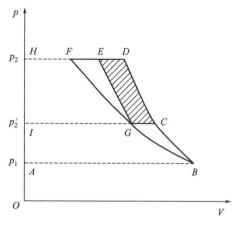

图 5-2 两级压缩过程的 p-V 图

少功耗。图 5-2 为两级压缩过程的 p-V 图。

由图 5-2 可知，气体从 p_1 加压到 p_2，进行单级等温压缩，其功耗在 p-V 图上可用曲线 ABGFHA 所包围的面积表示。若进行单级绝热压缩，则是曲线 ABCDHA 所包围的面积。现讨论两级压缩过程。先将气体绝热压缩到某中间压力 p'_2，此为第一级压缩，以曲线 BC 表示，所耗的功为曲线 BCIAB 所包围的面积。然后将压缩气体导入中间冷却器，冷却至初温，此冷却过程以直线 CG 表示。第二级绝热压缩，沿曲线 GE 进行，所耗的功为曲线 GEHIG 所包围的面积。显然，两级压缩与单级压缩相比较，节省的功为 CDEGC 所包围的面积。

分析表明，分级越多，理论上可节省的功就越多。若增多到无穷级，就可趋近等温压缩。实际上，分级不宜太多，否则装置和控制会过于复杂，摩擦损失和流动阻力也随之增大，一般依据压缩比的大小，分为二、三级，多级压缩一般很少超过四级。

若实际压缩为 n 级，则多变压缩过程的最小总功耗为：

$$w_{s,R} = \frac{nm}{m-1}RT_1\left[\left(\frac{p_{n+1}}{p_1}\right)^{\frac{m-1}{nm}} - 1\right] \tag{5-2}$$

5.1.1.3 实际压缩

以上介绍压缩功的计算都只适用于无任何摩擦损耗的可逆过程。实际过程都存在摩擦，必定有一部分功耗散为热。例如压气机内流体流动阻力、可能存在涡流、湍流以及气体泄漏等均造成部分损耗。另外，由于传动机械和轴承的机械摩擦，活塞与气缸的摩擦等也要消耗一部分功。因此，实际需要的功 w_s 要比可逆轴功 $w_{s,R}$ 大。设 η_m 为考虑各种摩擦损耗因素的机械效率，即：

$$\eta_m = \frac{w_{s,R}}{w_s} \tag{5-3}$$

η_m 值由压气机的类型以及实际情况而异，原则上只能由实验测定。

5.1.2 气体的膨胀

工业上常利用高压气体的节流膨胀和做外功的绝热膨胀来获得低温和冷量。电厂中蒸汽产生动力的装置、化工厂或石化企业中高压气体提供动力的装置，都是以气体的膨胀过程来实现热功转换。节流膨胀和做外功的绝热膨胀的工作环境不同，其评价的能量利用效果也不相同。

5.1.2.1 节流膨胀

当气体在管道中流动时，遇到节流元件，如阀门、孔板等，由于局部阻力，气体压力显著降低，称为节流膨胀。由于过程进行得很快，可以认为是绝热的，即 $Q=0$，且无轴功交换，即 $W_s = 0$。节流前后的速度变化也不大，动能变化和势能变化可以忽略不计，根据稳定流动的能量平衡方程式（4-10）可知：

$$\Delta H = 0 \tag{4-10}$$

绝热节流过程是等焓过程。节流时存在摩擦阻力损耗，故节流过程是不可逆过程，节流后熵值一定增加。流体节流时，由于压力变化而引起的温度变化称为节流效应或 Joule-Thomson 效应。微小压力变化与所引起的温度变化的比值，称为微分节流效应系数或 Joule-Thomson 效应系数，以 μ_J 表示，即：

$$\mu_J = \left(\frac{\partial T}{\partial p}\right)_H \tag{5-4}$$

将点函数间的循环关系式（3-11）用于 p、T、H 得：

$$\left(\frac{\partial T}{\partial p}\right)_H \left(\frac{\partial p}{\partial H}\right)_T \left(\frac{\partial H}{\partial T}\right)_p = -1 \tag{3-11}$$

由热容的定义得：

$$C_p = \left(\frac{\partial H}{\partial T}\right)_p \tag{3-16}$$

由热力学基本关系式 $dH = TdS + Vdp$ 和 Maxwell 关系式可得：

$$\left(\frac{\partial H}{\partial p}\right)_T = V - T\left(\frac{\partial V}{\partial T}\right)_p \tag{3-24}$$

得 μ_J 与气体 p、V、T 及 C_p 的关系：

$$\mu_J = \left(\frac{\partial T}{\partial p}\right)_H = -\frac{\left(\frac{\partial H}{\partial p}\right)_T}{\left(\frac{\partial H}{\partial T}\right)_p} = \frac{T\left(\frac{\partial V}{\partial T}\right)_p - V}{C_p} \tag{5-5}$$

对于理想气体，由于 $pV = RT$，则 $\left(\frac{\partial V}{\partial T}\right)_p = \frac{R}{p}$，代入式（5-5）可得 $\mu_J = 0$，说明理想气体在节流过程中温度不发生变化，即理想气体节流前后温度不变。

对于真实气体，选取适当的状态方程利用式（5-5）可近似算出 μ_J 的值。同一气体在不同状态下节流可以具有不同的 μ_J 值，对应不同的温度变化，见表 5-2。3 种效应可以用 T-p 图上的一系列等焓线来说明。由 μ_J 的定义式可知，μ_J 值就是某一条等焓线上某一点的斜率值。$\mu_J = 0$ 的点为等焓线上的最高点，也称为转化点。连接每条等焓线上的转化点，可得到一条转化曲线，见图 5-3。

表 5-2　不同 μ_J 对应节流后的温度变化

$T\left(\frac{\partial V}{\partial T}\right)_p - V$	μ_J	ΔT	节流后温度
>0	>0	<0	温度降低(冷效应)
$=0$	$=0$	$=0$	温度不变(零效应)
<0	<0	>0	温度升高(热效应)

表 5-3 列出了一些常见气体的最高转化温度。图 5-4 是实验确定的不同气体的转化曲线。由表 5-3 可知，大部分气体的最高转化温度较高，如氮、氧等，它们在室温下即可利用

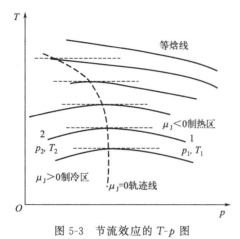

图 5-3 节流效应的 T-p 图

节流膨胀获得冷效应。结合图 5-4 可知，氢、氦的转换温度远低于室温，欲使其节流后产生冷效应，必须在节流前进行预冷。所以氮容易液化，而氢和氦特别难液化。由图 5-4 可知，转化曲线把 T-p 图划分成两个区域：在曲线区域以内 $\mu_J>0$，是冷效应区，初态落在此区域内时，节流后温度降低；在曲线区域以外 $\mu_J<0$，是热效应区，初态落在该区域内时，节流后温度升高。因此，利用转化曲线可以确定节流膨胀后获得低温的操作条件。

节流过程中，压力变化所引起的温度变化 ΔT_H 称为积分节流效应。实际节流时多用此指标。

$$\Delta T_H = T_2 - T_1 = \int_{p_1}^{p_2} \mu_J \, \mathrm{d}p \tag{5-6}$$

式中，T_1，p_1 分别为节流膨胀前温度、压力；T_2，p_2 分别为节流膨胀后温度、压力。

表 5-3　常见气体的最高转化温度

名称	氦	氢	氮	一氧化碳	空气	氧	甲烷
T/℃	-234	-69	331	371	377	498	680

工程上，积分节流效应 ΔT_H 值直接利用热力学图求得最为简便，见图 5-5。在 T-S 图上根据节流前状态点（p_1，T_1）确定初态点 1，由点 1 沿等焓线（1→2）交节流后压力 p_2 的等压线得点 2，点 2 对应的温度 T_2 即为节流后的温度。

5.1.2.2　绝热可逆膨胀

流体从高压向低压做绝热膨胀时，若通过膨胀机来实现，则可对外做功。如果过程是可逆的，称为等熵膨胀，特点是膨胀前后熵值不变。在等熵膨胀过程中，当压力的微小变化所引起的温度变化称为微分等熵膨胀效应系数，以 μ_S 表示：

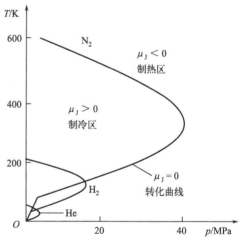

图 5-4　不同气体的转化曲线

$$\mu_S = \left(\frac{\partial T}{\partial p}\right)_S = \frac{T\left(\frac{\partial V}{\partial T}\right)_p}{C_p} \tag{5-7}$$

式中，$C_p>0$，$T>0$，$\left(\frac{\partial V}{\partial T}\right)_p>0$，因此 μ_S 必为正值。这表明任何气体进行等熵膨胀后气体的温度必定下降，总是得到制冷效应。

气体等熵膨胀时，压力变化所引起的温度变化称为积分等熵膨胀效应 ΔT_S：

$$\Delta T_S = T_{2'} - T_1 = \int_{p_1}^{p_2} \mu_S \, \mathrm{d}p \tag{5-8}$$

式中，T_1，p_1 为分别为等熵膨胀前温度、压力；$T_{2'}$，p_2 分别为等熵膨胀后温度、压力。

工程上，积分等熵膨胀效应 ΔT_S 也可在 $T\text{-}S$ 图上表示，见图 5-5。在 $T\text{-}S$ 图上根据等熵膨胀前状态点（p_1，T_1）确定初态点 1，由点 1 沿等熵线（$1\rightarrow2'$）交节流后压力 p_2 的等压线得点 $2'$，点 $2'$ 对应的温度 $T_{2'}$ 即为等熵膨胀后的温度。

由图 5-5 可以明显看出，相同的压差，$\Delta T_S > \Delta T_H$，因此绝热做外功膨胀的制冷量总是高于节流膨胀，这也是工业上将其用于大中型气体液化装置中，做大幅度降温用的原因。此外，由于节流膨胀设备简单，操作方便，常用于普冷和小型深冷装置，特别是家用空调、冰箱均采用节流膨胀制冷。两种膨胀原理的优缺点比较见表 5-4。两种膨胀各具优、缺点，工程上常将两种膨胀结合并用。

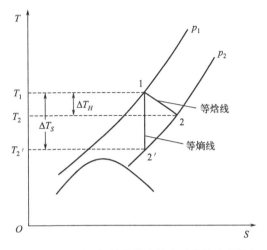

图 5-5　$T\text{-}S$ 图上的等焓节流效应及等熵膨胀效应

表 5-4　节流膨胀与绝热做外功膨胀优缺点比较

膨胀类型	节流膨胀	绝热做外功膨胀
特点	$\Delta H = 0$	$\Delta S = 0$
ΔT 与制冷量	ΔT_H 小/制冷量小	ΔT_S 大/制冷量大
预冷	少数气体需预冷方能使温度下降	不需预冷，任何气体温度均下降
W_s	$W_s = 0$	$W_s < 0$
设备、操作、投资	节流阀/结构简单/操作方便/投资小	膨胀机/结构复杂/操作复杂/投资大
流体相态	汽液两相区、液相区	不适于出现液滴的场合
应用	普冷、小型深冷	大、中型的气体液化

5.1.2.3　绝热不可逆膨胀

实际上对外做轴功的绝热膨胀并不是可逆的，总是存在摩擦、泄漏和冷损等，因此不是等熵过程，而是向着熵增大的方向进行，它介于等焓和等熵膨胀之间。不可逆过程的程度可用等熵效率 η_S 来衡量。

$$\eta_S = \frac{w_s}{w_{s,R}} \tag{5-9}$$

显然，实际膨胀机所做的轴功小于可逆膨胀所做的轴功。等熵效率 η_S 也称为相对内部效率，反映的是膨胀机内部的损失，它与膨胀机的结构设计有关，一般可达到 $80\% \sim 90\%$。

【例 5-2】　压缩机出口的空气状态为 $p_1 = 90\text{atm}$，$T_1 = 300\text{K}$，如果分别进行节流膨胀和可逆绝热做外功膨胀到 $p_2 = 2\text{atm}$，试求膨胀后气体的温度、膨胀机所做的功和膨胀过程损失的功，并对两种膨胀过程进行比较。环境温度取 298.15K。

解：（1）节流膨胀

查附录 7 空气的 $T\text{-}S$ 图，在始态 $p_1 = 90\text{atm}$，$T_1 = 300\text{K}$ 下空气的焓熵值为：

$$h_1 = 13012 \text{kJ} \cdot \text{kg}^{-1}, s_1 = 87.03 \text{kJ} \cdot \text{kg}^{-1} \cdot \text{K}^{-1}$$

由 h_1 的等焓线与 p_2 的等压线交点查得节流膨胀后的温度是 $T_2 = 280\text{K}$，对应的熵值：$s_2 = 118.41 \text{kJ} \cdot \text{kg}^{-1} \cdot \text{K}^{-1}$

损失功：$w_L = T_0 \Delta s_t = 298.15 \times (118.41 - 87.03) = 9355.95 \text{kJ} \cdot \text{kg}^{-1}$

（2）可逆绝热膨胀

从压缩机出口状态作等熵线与 p_2 的等压线的交点得出可逆绝热膨胀后的温度 $T_{2'} = 98\text{K}$，对应焓值：$h_{2'} = 7614.88 \text{kJ} \cdot \text{kg}^{-1}$

可逆膨胀所做的功：$w_{s,R} = \Delta h = 7614.88 - 13012 = -5397.12 \text{kJ} \cdot \text{kg}^{-1}$

对于可逆绝热膨胀的损失功：$w_{L'} = 0$

计算结果列于 [例 5-2] 表。比较两种膨胀过程，绝热可逆膨胀既可回收能量，又可以获得更低的温度，降温幅度大。从热力学角度考虑，绝热可逆膨胀比节流膨胀更节能，应作为首选。但由表 5-4 可知，其设备投资比较大。因此，究竟选择哪一种膨胀过程更合适，应根据最终需求，在能耗费与设备费之间找到平衡。

[例 5-2] 表　节流膨胀与绝热可逆膨胀比较

过　程	T_2/K	$\Delta T/\text{K}$	$w_s/\text{kJ} \cdot \text{kg}^{-1}$	$w_L/\text{kJ} \cdot \text{kg}^{-1}$
节流膨胀	280	−20	0	9355.95
绝热可逆膨胀	98	−202	−5397.12	0

5.2　蒸汽动力循环

蒸汽动力循环是目前工程上使用最广泛的动力循环之一，是现代社会获取电能的主要方式。它以水蒸气为工质，先将热转变为机械能，然后再转变为电能。蒸汽动力循环装置主要由四种设备组成：锅炉（也称蒸汽发生器）、蒸汽轮机（也称透平蒸汽机）、冷凝器和水泵。工质周而复始地流过上述四种设备，工质的聚集态发生变化（液态→饱和蒸汽→过热蒸汽→湿蒸汽→液态）构成了等压吸热、绝热膨胀、等压放热和绝热压缩四个步骤的封闭热力循环，使吸自高温热源的热一部分转变成有用功输出，实现热功转换。

化工生产需要机械动力和热。通常，大型化工厂是用矿物燃料燃烧作为热源产生高压水蒸气，或者直接利用某些放热化学反应系统的反应热作为热源，利用它们的"余热"作为水蒸气动力装置的能源提供热并产生动力，对于节约能源、降低成本和增加效率具有重大意义。譬如大型合成氨厂，为避免能量形式多次转换的损失和启动电流对电网电压造成大的波动，利用工艺过程本身释放的热量产生高压水蒸气，可以直接推动汽轮机产生机械动力来驱动压缩机和发电机等。本节介绍水蒸气动力循环过程，并应用 T-S 图进行热力学分析。

5.2.1　卡诺循环

蒸汽动力循环并不采用卡诺循环，但讨论它有助于更好地认识热功转换。物理化学课程中已详述过卡诺循环，工作于高温和低温两个热源之间的卡诺热机，又称卡诺循环。它由两个等温可逆过程和两个绝热可逆过程构成。如果以水蒸气为工质，在湿蒸汽区，工质可以实现等温吸热和等温放热过程。水可以在锅炉内等温等压吸热汽化为水蒸气，经汽轮机膨胀后水蒸气又可在冷凝器内等温等压放热而冷凝为水。这样便可以实现卡诺循环，其循环过程即 1→2→3→4→1，如图 5-6 所示。卡诺循环各设备对应的热力过程和热功量列于表 5-5。

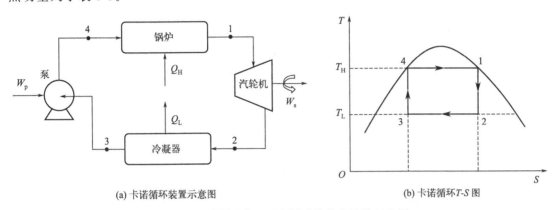

(a) 卡诺循环装置示意图　　　　　　　(b) 卡诺循环 T-S 图

图 5-6　卡诺循环装置示意图及其热力过程 T-S 图

表 5-5　卡诺循环各设备热力过程和热功量

设备	过程	工质状态变化	能量转化
锅炉	4→1，等温等压可逆吸热	饱和水→饱和蒸汽	$Q_H = H_1 - H_4$
汽轮机	1→2，绝热可逆膨胀	饱和蒸汽→湿蒸汽	$W_s = H_2 - H_1$
冷凝器	2→3，等温等压可逆放热	湿蒸汽→湿蒸汽	$Q_L = H_3 - H_2$
水泵	3→4，绝热可逆压缩	湿蒸汽→饱和水	$W_p = H_4 - H_3$

以卡诺循环的四个设备和工质为体系，过程所作净功：

$$W_N = W_s + W_p$$
$$(-)(-)(+)$$

$\qquad\qquad\qquad\qquad\qquad\qquad\qquad\qquad\qquad\qquad\qquad$ (A)

忽略动能差和势能差，根据热力学第一定律：

$$\Delta H = Q + W_N$$

$\qquad\qquad\qquad\qquad\qquad\qquad\qquad\qquad\qquad\qquad\qquad$ (B)

对于循环过程，$\Delta H = 0$，故：

$$W_N = W_s + W_p = -Q_H - Q_L$$
$$(-)\ (-)\ (+)\qquad(+)\ (-)$$

$\qquad\qquad\qquad\qquad\qquad\qquad\qquad\qquad\qquad\qquad\qquad$ (C)

则卡诺循环的热效率为：

$$\eta_C = \frac{-W_N}{Q_H} = \frac{Q_H + Q_L}{Q_H} = 1 + \frac{Q_L}{Q_H}$$

$\qquad\qquad\qquad\qquad\qquad\qquad\qquad\qquad\qquad\qquad\qquad$ (D)

对于可逆热机，由热力学第二定律有：

$$\Delta S_g = \Delta S_{sys} + \Delta S_{sur} = -\frac{Q_H}{T_H} - \frac{Q_L}{T_L} = 0$$

$\qquad\qquad\qquad\qquad\qquad\qquad\qquad\qquad\qquad\qquad\qquad$ (E)

即：

$$\frac{Q_L}{Q_H} = -\frac{T_L}{T_H}$$

$\qquad\qquad\qquad\qquad\qquad\qquad\qquad\qquad\qquad\qquad\qquad$ (F)

代入式（D）得：

$$\eta_C = \frac{-W_N}{Q_H} = 1 - \frac{T_L}{T_H}$$

(5-10)

由式（5-10）可知，卡诺热机的效率与循环工质的性质无关，只与吸热温度（高温源温度 T_H）和排热温度（低温源温度 T_L）有关。显然，当 T_H 升高，T_L 降低时，η_C 增大。

卡诺循环由 4 个可逆过程构成，是效率最高的热力循环。它可以最大限度地将高温热源输入的热量转变为功，但它却不能付之实践。主要原因在于：

① 汽轮机出口状态点 2 为湿蒸汽，湿蒸汽中所含的饱和水会使设备发生浸蚀和液击现象，导致不能正常运转。实践表明，汽轮机带水量不得超过 10%（质量分数）。

② 泵的入口状态点 3 为湿蒸汽，湿蒸汽中所含的饱和蒸汽会使设备发生汽缚现象，影响泵的正常运行。

③ 任何实际过程都必须有推动力，可逆过程在实际生产中无法实现。

虽然卡诺循环是一个理想的、不能实现的动力循环，但其效率可以为实际热机效率提供一个做比较用的最高标准。

5.2.2 朗肯循环

5.2.2.1 理想朗肯循环

Rankine（朗肯）循环是第一个具有实践意义的水蒸气动力循环。理想朗肯循环也由 4 个步骤组成，其装置示意图和热力过程见图 5-7 和表 5-6。理想朗肯循环与卡诺循环主要的区别有两点：一是加热步骤 4→1，水在汽化后继续加热，使之成为过热蒸汽，这样在进入汽轮机膨胀后不至于产生过多的饱和水；二是冷凝步骤 2→3 进行完全的冷凝，这样进入水泵时全部是饱和液态水。

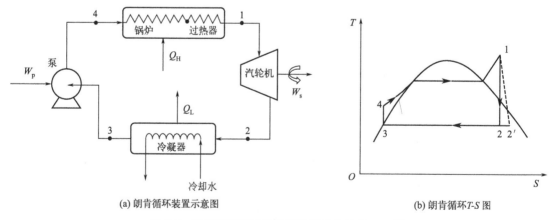

(a) 朗肯循环装置示意图　　　　　　　(b) 朗肯循环 T-S 图

图 5-7　朗肯循环装置示意图及其热力过程 T-S 图

表 5-6 中，泵输送水时，由于液态水的不可压缩性，压缩过程中水的体积变化非常小，过程可逆，消耗的压缩功亦可按式（5-11）计算，即：

$$W_p = \int_{p_3}^{p_4} V_{水} \, dp = V_{水}(p_4 - p_3)$$

(5-11)

表 5-6　朗肯循环各设备热力过程和热功量

设备	过程	工质状态变化	能量转化
锅炉	$4 \rightarrow 1$，等压吸热	过冷水→过热蒸汽	$Q_H = H_1 - H_4$
汽轮机	$1 \rightarrow 2$，绝热可逆膨胀	过热蒸汽→湿蒸汽	$W_s = H_2 - H_1$
冷凝器	$2 \rightarrow 3$，等温等压放热	湿蒸汽→饱和水	$Q_L = H_3 - H_2$
水泵	$3 \rightarrow 4$，绝热可逆压缩	饱和水→过冷水	$W_p = H_4 - H_3 = \int_{p_3}^{p_4} V_{水} \, dp = V_{水} \Delta p$

评价蒸汽动力循环的经济性指标是热效率与汽耗率。

热效率是工质对外产出的净功与锅炉吸收的热量的比值，用 η 表示：

$$\eta = -\frac{W_s + W_p}{Q_H} = \frac{H_1 - H_2 + H_3 - H_4}{H_1 - H_4}$$

蒸汽动力循环中，由于液态水比容数值非常小，水泵的耗功远小于汽轮机的产功量，即 $W_p \ll W_s$，即使其增压很大，水泵的耗功也相对很小，常忽略不计，即 $W_p \approx 0$，则热效率可近似为：

$$\eta \approx -\frac{W_s}{Q_H} = \frac{H_1 - H_2}{H_1 - H_4} \tag{5-12}$$

汽耗率是蒸汽动力装置中输出 $1\mathrm{kW} \cdot \mathrm{h}$ 的净功所消耗的蒸汽量。用 SSC（specific steam consumption）表示：

$$\mathrm{SSC} = -\frac{1}{W_s + W_p}(\mathrm{kg} \cdot \mathrm{kJ}^{-1}) \approx -\frac{3600}{W_s}(\mathrm{kg} \cdot \mathrm{kW}^{-1} \cdot \mathrm{h}^{-1}) \tag{5-13}$$

显然，热效率越高，汽耗率越低，表明循环越完善。

5.2.2.2　实际朗肯循环

实际的流动过程不可避免地存在着摩擦损失，因而都是不可逆的。尽管如此，仍可对各个过程进行分析后做出一些简化。锅炉和冷凝器的摩擦损失比较小，这两个设备中的过程仍可近似作为等压过程处理；泵的功耗非常小，不可逆性的影响也可以忽略，唯有汽轮机的不可逆性是不能忽略的。

蒸汽在汽轮机的膨胀实际上不是等熵的，而是向着熵增加的方向偏移，在图 5-7(b) 中用 $1 \rightarrow 2'$ 表示。因此，实际朗肯循环如图 5-7(b) 中的 $1 \rightarrow 2' \rightarrow 3 \rightarrow 4 \rightarrow 1$ 所示。在 5.1.2 节中已说明，实际产功量与可逆过程产功量之比为等熵效率 η_S，用于表征膨胀过程的不可逆性。若已知 η_S，可用式（5-14）计算汽轮机实际产功量：

$$W_s = \eta_S W_{s,R} \tag{5-14}$$

实际朗肯循环的热效率为：

$$\eta \approx -\frac{W_s}{Q_H} = \frac{H_1 - H_{2'}}{H_1 - H_4} \tag{5-15}$$

【例 5-3】　某核潜艇以蒸汽动力循环提供动力的循环如［例 5-3］图 1 所示。锅炉从温度为 $450^\circ\mathrm{C}$ 的核反应堆吸入热量 Q_H 产生压力为 4MPa、温度为 $400^\circ\mathrm{C}$ 的过热蒸汽（点 1），过热蒸汽经汽轮机膨胀做功后于 8kPa 压力下排出（点 2），乏汽在冷凝器中向环境温度 $25^\circ\mathrm{C}$ 下进行恒压放热 Q_L 变为饱和水（点 3），然后经泵返回锅炉（点 4）完成循环，已知汽轮机的

额定功率为 $18 \times 10^4 \mathrm{kW}$，汽轮机作不可逆的绝热膨胀，其等熵效率为 80%，而水泵可视为作可逆绝热压缩，试求：

(1) 此动力循环中蒸汽的质量流量；

(2) 汽轮机出口乏汽的干度；

(3) 循环的热效率和汽耗率。

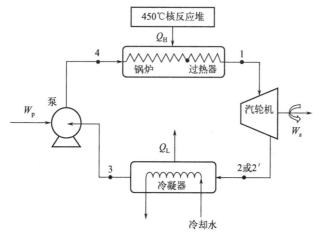

[例 5-3] 图 1　动力循环装置示意图

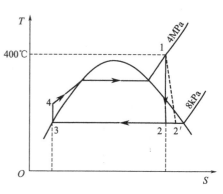

[例 5-3] 图 2　动力循环热力过程 T-S 图

解： 根据 [例 5-3] 图 1 作出该动力循环的 T-S 图，见 [例 5-3] 图 2。其中 $1 \rightarrow 2$ 为绝热可逆膨胀过程，$1 \rightarrow 2'$ 为实际不可逆膨胀过程。

状态点 1（过热蒸汽）：

由 $p_1 = 4 \mathrm{MPa}$，$T_1 = 400℃$ 查附录 5.3 插值得：

$$h_1 = 3240.7 + \frac{4-2.5}{5-2.5} \times (3198.3 - 3240.7) = 3215.26 \mathrm{kJ \cdot kg^{-1}}$$

$$s_1 = 7.0178 + \frac{4-2.5}{5-2.5} \times (6.6508 - 7.0178) = 6.7976 \mathrm{kJ \cdot kg^{-1} \cdot K^{-1}}$$

状态点 2（湿蒸汽）：

若蒸汽在汽轮机中绝热可逆膨胀，对应于状态点 $1 \rightarrow 2$，熵值不变，则：

$$s_2 = s_1 = 6.7976 \mathrm{kJ \cdot kg^{-1} \cdot K^{-1}}$$

由附录 5.2 查得 $p_2 = 8 \mathrm{kPa}$ 时饱和水蒸气和饱和水焓值和熵值为：

$$h^{\mathrm{sL}} = 173.86 \mathrm{kJ \cdot kg^{-1}}, s^{\mathrm{sL}} = 0.5925 \mathrm{kJ \cdot kg^{-1} \cdot K^{-1}}$$

$$h^{\mathrm{sV}} = 2577.1 \mathrm{kJ \cdot kg^{-1}}, s^{\mathrm{sV}} = 8.2296 \mathrm{kJ \cdot kg^{-1} \cdot K^{-1}}$$

比较可知：$s^{\mathrm{sL}} < s_2 < s^{\mathrm{sV}}$，所以状态点 2 为湿蒸汽，设其干度为 x_2，则有

$$s_2 = (1-x_2)s^{\mathrm{sL}} + x_2 s^{\mathrm{sV}} = 0.5925(1-x_2) + 8.2296 x_2 = 6.7976 \mathrm{kJ \cdot kg^{-1} \cdot K^{-1}}$$

解得：$x_2 = 0.8125$

$$h_2 = (1-x_2)h^{\mathrm{sL}} + x_2 h^{\mathrm{sV}} = 173.86 \times (1 - 0.8125) + 2577.1 \times 0.8125 = 2126.49 \mathrm{kJ \cdot kg^{-1}}$$

由此可得可逆绝热轴功为：

$$w_{\mathrm{s,R}} = h_2 - h_1 = 2126.49 - 3215.26 = -1088.77 \mathrm{kJ \cdot kg^{-1}}$$

状态点 $2'$（湿蒸汽）：

汽轮机等熵效率为 80%，设其出口状态点为 $2'$，则实际轴功：

$$w_s = 0.80 w_{s,R} = -1088.77 \times 0.80 = -871.02 \text{kJ} \cdot \text{kg}^{-1}$$

由热力学第一定律有：$\Delta h = q + w_s = h_{2'} - h_1$

且 $q=0$，$h_{2'} = h_1 + w_s = 3215.26 - 871.02 = 2344.24 \text{kJ} \cdot \text{kg}^{-1}$

由 $h^{sL} < h_{2'} < h^{sV}$，则状态点 $2'$ 为湿蒸汽，设其干度为 $x_{2'}$，则有：

$$h_{2'} = (1-x_{2'})h^{sL} + x_{2'}h^{sV} = 173.86(1-x_{2'}) + 2577.1 x_{2'} = 2344.24 \text{kJ} \cdot \text{kg}^{-1}$$

解得：$x_{2'} = 0.9031$

$$s_{2'} = (1-x_{2'})s^{sL} + x_{2'}s^{sV} = 0.5925 \times (1-0.9031) + 8.2296 \times 0.9031 = 7.4896 \text{kJ} \cdot \text{kg}^{-1} \cdot \text{K}^{-1}$$

状态点 3（饱和水）：

由附录 5.2 查得 $p_3 = 8\text{kPa}$ 时饱和水焓值和熵值为：

$$h_3 = 173.86 \text{kJ} \cdot \text{kg}^{-1}, s_3 = 0.5925 \text{kJ} \cdot \text{kg}^{-1} \cdot \text{K}^{-1}, v_3 = 1.0084 \times 10^{-3} \text{m}^3 \cdot \text{kg}^{-1}$$

状态点 4（过冷水）：

由 $p_4 = p_1 = 4\text{MPa}$，水泵可视为可逆绝热压缩过程，则其功耗为：

$$w_p = v_3(p_4 - p_3) = 1.0084 \times 10^{-3} \times (4 \times 10^6 - 8 \times 10^3) \times 10^{-3} = 4.03 \text{kJ} \cdot \text{kg}^{-1}$$

则：$h_4 = h_3 + w_p = 173.86 + 4.03 = 177.89 \text{kJ} \cdot \text{kg}^{-1}$

（1）动力循环中蒸汽的质量流量

由汽轮机的额定功率为 $18 \times 10^4 \text{kW}$，且 $w_s = -871.02 \text{kJ} \cdot \text{kg}^{-1}$，则蒸汽的质量流量

为：$m = \dfrac{N_T}{-w_s} = \dfrac{18 \times 10^4}{871.02} = 206.65 \text{kg} \cdot \text{s}^{-1}$

（2）汽轮机出口乏汽的干度

汽轮机出口状态点为 $2'$，干度为 $x_{2'} = 0.9031$。

（3）循环的热效率和汽耗率

$$\eta_{实际} = -\frac{w_s + w_p}{q_H} = -\frac{w_s + w_p}{h_1 - h_4} = \frac{871.02 - 4.03}{3215.26 - 177.89} \times 100\% = 28.54\%$$

$$SSC_{实际} = -\frac{3600}{w_s} = \frac{3600}{871.02} = 4.13 \text{kg} \cdot \text{kW}^{-1} \cdot \text{h}^{-1}$$

若汽轮机作等熵膨胀，则循环的理论热效率为：

$$\eta_{理论} = -\frac{w_{s,R} + w_p}{q_H} = -\frac{w_{s,R} + w_p}{h_1 - h_4} = \frac{1088.77 - 4.03}{3215.26 - 177.89} \times 100\% = 35.71\%$$

$$SSC_{理论} = -\frac{3600}{w_{s,R}} = \frac{3600}{1088.77} = 3.31 \text{kg} \cdot \text{kW}^{-1} \cdot \text{h}^{-1}$$

由计算结果可知，水泵功耗很小，一般可忽略；汽轮机的不可逆损失使得循环的热效率降低，汽耗率增加。

5.2.2.3 蒸汽参数对热效率的影响

将朗肯循环与卡诺循环进行比较，对于功交换设备，水泵功耗可忽略，主要分析汽轮机。卡诺循环在汽轮机中进行的是可逆绝热膨胀过程，为了提高朗肯循环的热效率，应该减少汽轮机内的不可逆损失，这一措施主要是靠改进机械设备效率来完成的，而此效率目前已经达到 $80\% \sim 90\%$，继续减小不可逆损失的潜力不大。

对于热交换设备，卡诺循环的工质是在高温热源的温度 T_H 下吸热，在低温热源的温度

T_L 下排热，这两个传热过程都是无温差的可逆传热过程。朗肯循环吸热和排热都是在有温差的情况下进行的不可逆传热过程。朗肯循环的吸热过程是在不同温度下分三个阶段进行的，如图 5-7(b) 所示，三个阶段的吸热温度都比高温燃烧气的温度低得多，其中以冷凝水加热至沸点最为突出。整个吸热过程的平均温度与高温燃烧气温度相差很大，这是朗肯循环最主要的问题。因此，提高朗肯循环热效率的主要措施是设法减小传热的温差。当然，降低冷凝温度（即排热温度）也可以提高朗肯循环的热效率，但这受到冷却水温度（天然水源的温度）以及冷凝器合理尺寸的限制。同时，结合第 4 章［例 4-15］对蒸汽动力循环的热力学分析可知，不可逆损失最显著的设备是废热锅炉，提高朗肯循环热效率的关键是设法提高吸热过程的平均温度。

虽然实际热机各过程均不可逆，但其效率仍然与平均吸热和放热温度有关。当平均吸热温度升高，平均放热温度降低时，热效率增大。本节由热效率定义式结合 $T\text{-}S$ 图来分析如何改变蒸汽参数提高热效率。

$$\eta = -\frac{W_N}{Q_H} \tag{5-16}$$

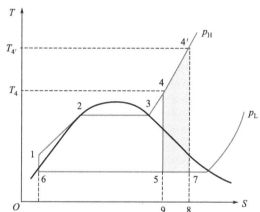

图 5-8　蒸汽温度对循环热效率的影响

（1）提高蒸汽过热温度

由图 5-8 可知，汽轮机入口蒸汽压力恒定时，若提高入口蒸汽的过热温度，工质温度由 T_4 提高到 $T_{4'}$ 时可使平均吸热温度提高，减小传热温差，传热不可逆性减小。在汽轮机的出口压力（工程上也称为背压）不变时，汽轮机将热转化为功的比率随过热温度的提高相应地增大。如图 5-8 所示，增加的循环净功量由阴影面积表示，提高蒸汽温度增加的吸热量由面积 $4\text{-}4'\text{-}8\text{-}9\text{-}4$ 表示，则新增加的这部分热量转化为功的比例比原循环高，从而提高了整个循环的热效率。

此外，提高蒸汽过热温度，而汽轮机进出口压差不变时，汽轮机出口乏汽的干度增加，有利于汽轮机的安全运行，汽轮机的相对内部效率也可提高。但温度的提高受到设备材料性能的限制，不能无限地提高，一般过热蒸汽的最高温度不宜超过 600℃。

（2）提高蒸汽的压力

在其他条件都不变的情况下，提高蒸汽的压力也可使平均吸热温度提高，从而使热效率增大。由图 5-9 可见，当压力由 p_H 提高到 p'_H 时，汽液平衡线由 $2\to3$ 变为 $2'\to3'$，因而使循环的净功增加量为 $1\text{-}2\text{-}7'\text{-}4'\text{-}3'\text{-}2'\text{-}1'\text{-}1$ 围成的面积，同时减少量为 $3\text{-}4\text{-}5\text{-}7\text{-}7'\text{-}3$ 围成的面积，净功变化并不大，但蒸汽吸收的热量有明显的减少，净减量约为面积 $5\text{-}7\text{-}8\text{-}9\text{-}5$ 围成的面积。即净功基本未变而吸热量减少，热效率提高。

此外，压力提高会产生一些问题，如设备的强度问题。随着压力的提高，乏汽干度会迅速降低，即乏汽的湿含量增加，这将引起汽轮机内部效率降低，还会使汽轮机中的叶片受到浸蚀，不利于安全操作。通常乏汽干度应控制在 0.9 以上。因此，为了提高循环的热效率，必须同时提高汽轮机的进汽压力和进汽温度，但同时会受到设备材料性能的限制。

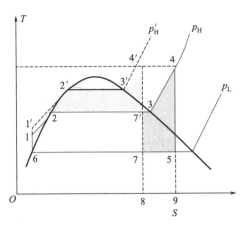

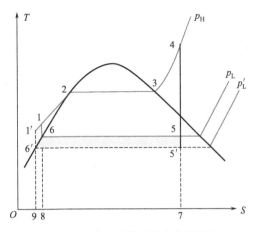

图 5-9　蒸汽压力对循环热效率的影响　　　　图 5-10　背压对循环热效率的影响

（3）降低背压

背压指汽轮机排出的乏汽压力。乏汽冷凝时将一部分热量排往冷却介质，其中所含的有效能无法利用，因而产生了浪费。降低背压可降低乏汽的冷凝温度，使产功量增加。由图 5-10 可见，当背压由 p_L 降低到 p_L' 时，循环的净功增加，增加量如阴影部分面积所示，而工质吸收的热量会增加，增加量为 1′-1-8-9-1′ 所围成的面积。即降低背压时所增加的功多于增加的热，因而提高了整个循环的热效率。

需要注意的是，降低背压是有限度的，并且冷凝温度必须高于外界环境温度，以保证足够的传热温差。此外，降低背压会降低乏汽的干度，其后果与单独提高蒸汽压力类似。有时，乏汽的背压还与其利用有关，若乏汽用作加热（热电循环），则其压力的选择还要考虑加热用户的要求。

5.2.2.4　朗肯循环的改进

在朗肯循环的范围内，调整蒸汽参数来提高蒸汽动力循环的热效率的潜力有限。为了进一步提高热效率，发展出从汽轮机中部抽出一部分蒸汽用于预热冷凝水的"回热循环"技术。另外，将汽轮机中部某压力下的蒸汽全部导入锅炉再加热，然后再送回汽轮机的"再热循环"技术等都已被大型化工企业和发电厂所采用。此外，一些大型化工厂既需要动力供给又有各种供热需求，"热电循环"可以同时满足这两种需求。

（1）回热循环

朗肯循环热效率不高的原因是供给锅炉的水温相对较低，从而降低了蒸汽等压加热过程的平均吸热温度，并增加了锅炉内高温烟气和供水之间温差传热引起的不可逆损失。回热，就是利用汽轮机中部分蒸汽来加热锅炉供水，使压缩水的低温预热阶段在锅炉外的回热器中进行，从而提高循环水的平均吸热温度，提高热效率。现代大型化工企业和发电厂普遍采用抽气回热循环。图 5-11 为回热循环的装置示意图和 T-S 图。

高压水 6 进入锅炉被加热为过热蒸汽 1，然后进入汽轮机膨胀做功，膨胀到 $p_{2'}$ 时，抽出部分蒸汽引入到回热器，其余的过热蒸汽继续由状态 2′ 膨胀到状态 2，再经冷凝器冷凝为饱和水 3，此饱和水用水泵送入回热器，在回热器中与从汽轮机抽出的部分蒸汽混合进行能量交换，使水温提高达到状态 5，而后再用水泵送入锅炉循环使用。

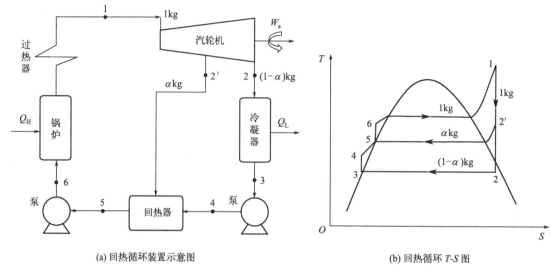

(a) 回热循环装置示意图　　　　　　(b) 回热循环 $T\text{-}S$ 图

图 5-11　回热循环装置示意图及其热力过程 $T\text{-}S$ 图

回热循环中抽气的质量分数的计算可以通过对回热器的能量分析求得。假定进入汽轮机的蒸汽量为 1kg，汽轮机的抽气量为 αkg，忽略散热损失，依据热力学第一定律可得：

$$\Delta H = 0 \tag{4-10}$$

即：

$$\alpha(h_{2'} - h_5) = (1 - \alpha)(h_5 - h_4)$$

抽气量为：

$$\alpha = \frac{h_5 - h_4}{h_{2'} - h_4} \tag{5-17}$$

回热循环的热效率：

$$\eta_{回热} = \frac{Q_H + Q_L}{Q_H} = 1 - \frac{(1-\alpha)(h_2 - h_3)}{h_1 - h_6} \tag{5-18}$$

式(5-17) 和式(5-18)中各状态点的焓值可根据给定的条件从水蒸气图表查得。

(2) 再热循环

前已述及，提高汽轮机的进口压力可以提高热效率，但如不相应提高温度，将引起乏汽干度降低而影响汽轮机的安全操作。为了解决这一问题而提出了再热循环。再热循环是使高压过热蒸汽在汽轮机中先膨胀到某一中间压力，然后全部导入锅炉中特设的再热器进行再加热，蒸汽的温度升高后送入低压汽轮机再膨胀到一定的排汽压力，这样就可以避免乏汽湿含量过高的缺点。

如图 5-12 所示，高压过热蒸汽由状态点 2 等熵膨胀到某一中间压力时的饱和状态点 3 (膨胀后的状态点也可以在过热区)，产功为 $W_{s,H}$；饱和蒸汽在再热器中吸收热量 Q_{RH} 后升高温度，其状态沿等压线由 3 变至 4 (再热温度与新汽温度相同，也可以不同)，最后再等熵膨胀到一定排汽压力时的湿蒸汽状态点 5，产功为 $W_{s,L}$。

由以上讨论得到，再热循环的热效率为：

$$\eta_{再热} = \frac{-\sum W}{\sum Q} = \frac{-(W_{s,H} + W_{s,L} + W_p)}{Q_H + Q_{RH}} \tag{5-19}$$

目前超高压(如蒸汽初压为 13MPa 和 24MPa 或更高)的大型电厂几乎毫无例外地采用再热循环。根据蒸汽初始参数的情况，一般都进行一次或最多二次再热。我国自行设计制造的亚临界压力 30 万千瓦的汽轮发电机组即为一次中间再热式的，进汽初始参数为

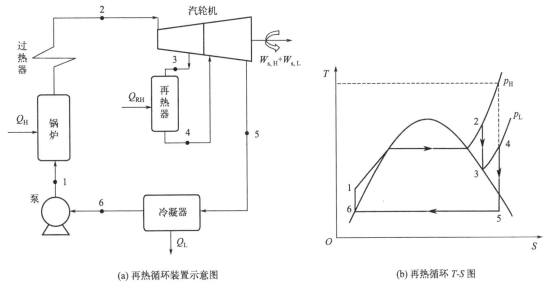

(a) 再热循环装置示意图   (b) 再热循环 T-S 图

图 5-12   再热循环装置示意图及其热力过程 T-S 图

16.2MPa、550℃，再热温度亦为 550℃。

（3）热电循环

化工生产中，不仅需要动力，还需要不同品位的热量以满足工艺条件的需求。因此，既提供动力又供给热量的热电循环更适用于化工生产的特点。热电循环有背压式汽轮机联合供电供热与抽汽式汽轮机联合供电供热两种形式。

背压式汽轮机的排汽压力大于大气压力，排汽的参数根据用户的需要来确定。此循环的装置简图与 T-S 图如图 5-13 所示。朗肯循环以 1-2′-3′-4′-1 表示，热电循环以 1-2-3-4-1 表示。

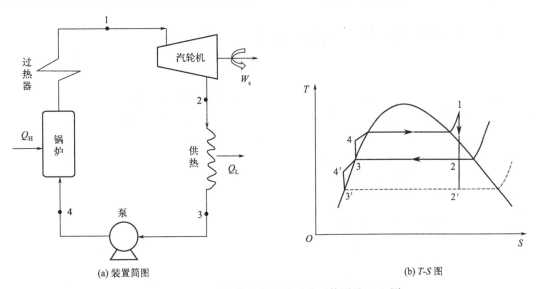

(a) 装置简图   (b) T-S 图

图 5-13   背压式汽轮机热电循环装置简图及 T-S 图

此循环类似于朗肯循环，所不同的是利用汽轮机排汽中冷凝放热量直接供热，所以背压式汽轮机的排汽压力与供热温度相对应。

热电循环的效率通常同时用热效率 η 与能量利用系数 ξ 来评价。

$$\xi = \frac{\text{循环中产出的功与提供的热量}}{\text{循环中输入的热量}} = \eta + \frac{q_L}{q_H} \qquad (5\text{-}20)$$

式中，η 为循环的热效率；q_L 为循环中提供的热量；q_H 为循环中输入的总热量。

背压式汽轮机联合供电供热的热电循环中供给动力与供热量会相互牵制，不能单独调节。为了克服这一缺点，可采用抽气式汽轮机的热电循环。图 5-14 表示此循环的装置简图与 T-S 图。此循环的 T-S 图与回热循环十分类似，由于控制中间的抽气量以同时满足供电与供热两方面的要求，因此大型化工厂大多采用抽气式汽轮机的热电循环。

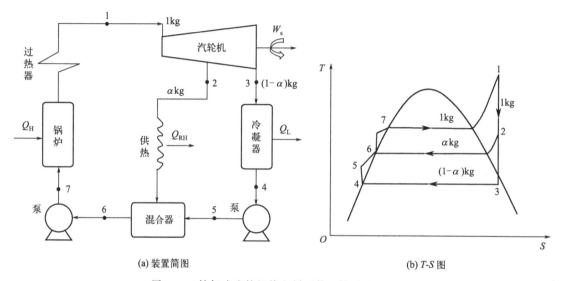

(a) 装置简图   (b) T-S 图

图 5-14　抽气式汽轮机热电循环装置简图及 T-S 图

5.3　内燃机和燃气轮机热力过程分析

蒸汽动力循环是通过外燃的方式以水和水蒸气作为工质把热转化为机械能，循环的效率比较低，逐渐无法满足人们对能量使用更高的需求。更轻便、更高效的动力系统——内燃机、燃气轮机应运而生，它们普遍用于汽车、轮船和航空航天器等，其工作原理是通过汽油、柴油和燃气等分别与空气混合燃烧时产生的高温产物作为工质直接提供动力驱动机械装置。下面分别介绍内燃机和燃气轮机热力过程分析。

5.3.1　内燃机热力过程分析

内燃机是使用气体或液体燃料，在气缸中燃烧生成的燃气作为工质驱动循环的机械装置。活塞式内燃机按燃烧方式的不同，可分为点燃式内燃机（或称汽油机）和压燃式内燃机（或称柴油机）。相应的内燃机循环分为恒容加热循环、恒压加热循环和混合加热循环。

5.3.1.1　恒容加热循环

恒容加热理想循环是汽油机实际工作循环的理想化过程，由法国人 Alphonse Beau de

Rochas（波德罗夏）于 1862 年提出，由德国工程师 Nikolaus Otto（奥托）于 1876 年付诸实践，也称奥托循环。

内燃机的实际工作循环可通过装在气缸上的示功器将活塞在气缸中的位置与工质压力的关系曲线描绘下来，即示功图。图 5-15 就是一个四冲程汽油机的实际工作循环的示功图。

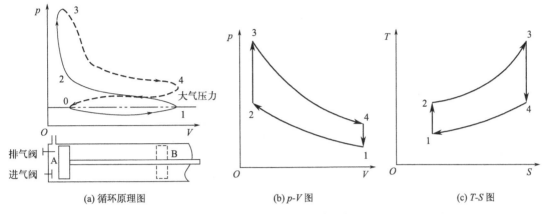

(a) 循环原理图　　　　　(b) p-V 图　　　　　(c) T-S 图

图 5-15　四冲程内燃机恒容循环原理图及其热力过程 p-V、T-S 图

活塞由左止点向右止点即图中自 A 向 B 移动时，将燃料与空气的混合物经进气阀吸入气缸中，活塞的这一行程叫做吸气冲程。在示功图上以 0→1 表示。吸气过程中，气缸中的压力略低于大气压力。活塞到达右止点时，进气阀关闭，进气停止。活塞随即反向移动，气缸中的可燃气体被压缩升温，称为压缩冲程（图中 1→2）。当活塞接近左止点时，点火装置将可燃气体点燃，气缸内瞬时生成高温高压燃烧产物。因燃烧过程进行极快，在燃烧的瞬间活塞移动极小，可以认为工质在恒容条件下被加热（2→3）。活塞到达左止点后，工质膨胀，推动活塞做功（3→4），称为工作冲程。膨胀终了时排气阀打开，废气开始排出。活塞从右止点返回时，继续将废气排出气缸外，称为排气冲程（4→0），至此完成一个工作循环，即四冲程恒容加热循环。当活塞再度下行时，则进入一个新的循环。

由此可见，内燃机是一个敞开体系，每一个循环都要从外界吸入工质，循环结束时又将废气排于外界。而蒸汽动力循环中，工质是循环使用的。按恒容加热循环工作的内燃机适合燃用汽油，因为汽油挥发性强，容易在气缸外预先制成可燃气体，所以这种内燃机常称汽油机或点燃式内燃机。汽油机广泛地应用在汽车、飞机等轻型发动机上。

5.3.1.2　恒压加热循环

1901 年，德国工程师 Rudolf Diesel（狄塞尔）提出了燃料在恒压下燃烧的内燃机循环，也称 Diesel 循环。其理论示功图如图 5-16 所示。活塞由左止点向右止点移动，将空气吸入气缸，为吸气冲程 0→1。活塞从右止点返回，此时进气阀关闭，空气被绝热压缩到燃料的着火点以上，为压缩冲程 1→2。活塞反行时，装在气缸顶部的喷嘴将燃料喷入气缸，燃料的微粒遇到高温空气立即燃烧。随着活塞的移动，燃料不断喷入并燃烧，这一燃烧过程 2→3 的压力基本保持不变。燃料喷射停止时，燃烧也随即结束，这时活塞靠高温高压燃烧产物的膨胀而继续被推向右方做功，形成工作冲程 3→4。最后活塞反方向移动，将废气排出气缸，是为排气冲程 4→0，从而完成一个循环。

该循环发动机依靠被压缩后的高温空气使燃料着火燃烧，燃料可使用柴油，所以常称作

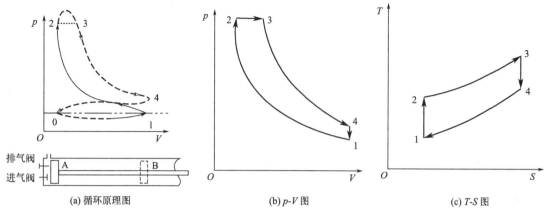

(a) 循环原理图　　　　(b) p-V 图　　　　(c) T-S 图

图 5-16　内燃机恒压加热循环原理图及其热力过程 p-V、T-S 图

柴油机或压燃式内燃机。但应该指出，现代高速柴油机并非单纯按恒压加热循环工作，而是按照一种既有恒压加热又有恒容加热的混合加热循环工作。

5.3.2　燃气轮机热力过程分析

燃气轮机装置也是一种以空气及燃气为工质的旋转式热力发动机，它的结构类似汽轮机，但它是利用气体燃烧产物作为工质推动叶轮回转做功。燃气轮机装置主要由三个部分组成：燃气轮机、压气机和燃烧室。

图 5-17 是燃气轮机工作的原理图，叶轮式压气机从外界吸入空气，压缩后送入燃烧室，同时油泵连续将燃料油喷入燃烧室与高温压缩空气混合，在恒压下进行燃烧。生成的高温燃气进入燃气轮机膨胀做功，废气则排入大气。图 5-17 中 1→2 是工质在压气机中等熵压缩过程，2→3 是在燃烧室中的恒压加热过程，3→4 是工质在燃气轮机中的等熵膨胀做功的过程，最后工质在恒压下排热 4→1，该循环亦称为 Brayton（布雷顿）循环。

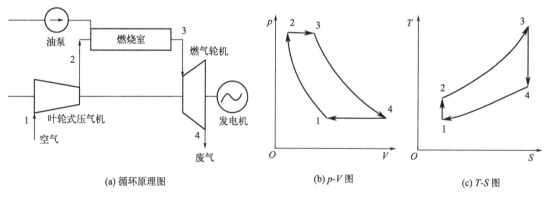

(a) 循环原理图　　　　(b) p-V 图　　　　(c) T-S 图

图 5-17　燃气轮机工作原理图及其热力过程 p-V、T-S 图

燃气轮机装置循环的热效率仅与增压比（p_2/p_1）有关。增压比越大，则热效率越高。一般燃气轮机装置增压比为 3～10。在理论上，燃气轮机叶轮可以高速转动，其工质可以完全膨胀，具有体积小、功率大，且结构紧凑的优点，而且运行平稳，没有活塞式内燃机那样往复运动的机构。但是，燃气轮机的叶片长期工作在较高温度下，其材料要耐高温和高强

度。此外，用于压气机的功率也很大。目前燃气轮机装置主要用于机车、飞机和船舰等作动力，以及作为固定动力厂的备用装置。

5.4 制冷循环

使物系的温度降到低于周围环境物质（大气或天然水源）的温度的过程称为制冷过程。制冷广泛用于气体液化、空气调节和食品冷藏等，在工业上用于制冰、气体脱水干燥等。在化工生产中，很多过程都需要制冷，例如盐类结晶、低温下气液混合物的分离等。在石油化工中润滑油的净化、低温反应以及挥发性烃类的分离等，另外像合成橡胶、煤气、人造纤维与制药工程等均需要制冷。

热力学第二定律指出，热不能自发地由低温物体传向高温物体。要使非自发过程成为可能，必须消耗能量。制冷循环就是消耗外功或热而实现热由低温热源传向高温热源的逆向循环。消耗外功的制冷循环，如空气压缩制冷、蒸汽压缩制冷。消耗热的制冷循环，如吸收式制冷、蒸汽喷射制冷。目前应用最广泛的是蒸汽压缩制冷与吸收式制冷。

5.4.1 逆卡诺循环

热机通过热力学循环将热量由高温热源传递到低温热源并对外做功，理想的热机循环是卡诺循环。制冷循环是连续地从低温热源吸收热量，然后将热量连续地排放到高温环境的过程，热流的方向与热机相反，因而是热机的逆向循环。与热机对应，理想的制冷循环是逆卡诺循环。

逆卡诺循环也是由两个等温过程和两个绝热过程构成，功和热的关系与卡诺循环是一样的。但由于是外部向体系做功（指净功），所以 $W_N > 0$；而体系向外部放热（指净热），即 $Q < 0$。图 5-18 是逆卡诺循环装置的示意图和工作过程的 T-S 图。循环各设备对应的热力过程和热功量列于表 5-7。与热机相反，制冷循环的蒸发器（吸热端）置于低温（被冷却）系统，冷凝器（放热端）置于高温环境。由于节流膨胀是不可逆过程，所以逆卡诺循环装置中使用膨胀机实现绝热可逆膨胀过程。

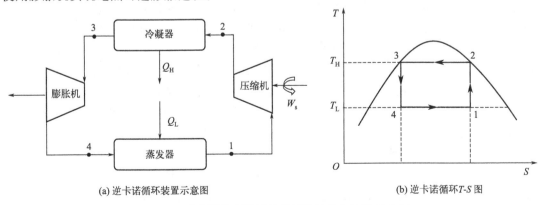

(a) 逆卡诺循环装置示意图　　　　　　(b) 逆卡诺循环 T-S 图

图 5-18　逆卡诺循环装置示意图及其热力过程 T-S 图

表 5-7　逆卡诺循环各设备热力过程和热功量

设备	过程	工质状态变化	能量转化
压缩机	1→2,绝热可逆压缩	湿蒸汽→饱和蒸汽	$W_{s1}=H_2-H_1$
冷凝器	2→3,等温等压可逆放热	饱和蒸汽→饱和水	$Q_H=H_3-H_2$
膨胀机	3→4,绝热可逆膨胀	饱和水→湿蒸汽	$W_{s2}=H_4-H_3$
蒸发器	4→1,等温等压可逆吸热	湿蒸汽→湿蒸汽	$Q_L=H_1-H_4$

以逆卡诺循环装置和工作介质为体系，由热力学第一定律：

$$\Delta H=Q+W_N \tag{G}$$

循环的放热量：
$$Q_H=T_H(s_3-s_2) \tag{H}$$

循环的吸热量：
$$Q_L=T_L(s_1-s_4) \tag{I}$$

过程 1→2 和 3→4 均为等熵过程，则有：

$$s_1=s_2,s_3=s_4 \tag{J}$$

由于 $T_L<T_H$，且 $s_1>s_4$，则 $|Q_L|<|Q_H|$，即制冷剂向高温物体放出的热量大于从低温物体所吸收的热量。制冷剂完成一次循环后，本身又回复到初始状态，$\Delta H=0$。联合式（G）~式（J）得：

$$W_N=-\sum Q=-(Q_H+Q_L)=(T_H-T_L)(s_1-s_4) \tag{5-21}$$

显然，$W_N>0$，即制冷需要消耗外功。

制冷循环的效率由制冷效能系数（或称制冷系数）来度量，用 ε 表示，制冷系数 ε 定义为单位功耗所获得的制冷量。对于逆卡诺循环：

$$\varepsilon_C=\frac{Q_L}{W_N}=\frac{T_L(s_1-s_4)}{(T_H-T_L)(s_1-s_4)}=\frac{T_L}{T_H-T_L} \tag{5-22}$$

由式(5-22)可知，逆卡诺循环的制冷系数仅取决于高温热源与低温热源的温度 T_H 和 T_L，与工质的性质无关。不难证明，在相同温度区间工作的制冷循环，制冷系数以逆卡诺循环为最大。虽然逆卡诺循环难以实现，但它可作为实际制冷循环热力学性能完善程度的比较标准。

5.4.2　蒸汽压缩制冷循环

虽然逆卡诺循环是效率最高的循环，但是在实际中，因为缺乏处理湿蒸汽的压缩机和膨胀机，湿蒸汽中的液滴造成"液击"容易损坏机器，同时压缩机气缸里液滴的迅速蒸发会使压缩机的容积效率降低，在工业上难以应用。实际的制冷过程通常是避免在汽液两相区进行压缩的，即把蒸发器中的制冷剂汽化到干蒸汽状态，使压缩过程移到过热蒸汽区。膨胀设备也常常用节流阀代替膨胀机，优点是可以用于两相区，缺点是降低了效率。

单级蒸汽压缩制冷循环是由压缩机、冷凝器、节流阀和蒸发器组成，由于引入节流过程，制冷循环在压焓图上表示比较方便，其装置示意图、$T\text{-}S$ 图和 $\ln p\text{-}H$ 图如图 5-19 所示。蒸汽压缩制冷循环中的蒸发器置于低温空间。循环中，采用低沸点物质作为制冷剂，利用制冷剂在蒸发器内等温等压汽化吸热及在冷凝器内等压冷却、冷凝放热的性质，实现低温吸热、高温放热的过程。由于汽化潜热较大，制冷效果完善。应用稳定流动过程的能量平衡方程，进行蒸汽压缩制冷循环的基本计算。循环各设备对应的热力过程和热功量列于表 5-8。

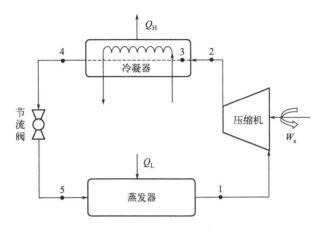

(a) 蒸汽压缩制冷循环装置示意图

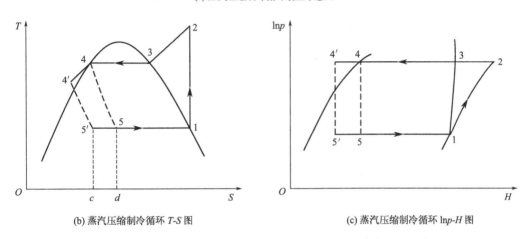

(b) 蒸汽压缩制冷循环 T-S 图   (c) 蒸汽压缩制冷循环 $\ln p$-H 图

图 5-19　蒸汽压缩制冷循环装置示意图及其热力过程 T-S 图、$\ln p$-H 图

表 5-8　蒸汽压缩循环各设备热力过程和热功量

设备	过程	工质状态变化	能量转化
压缩机	1→2,绝热可逆压缩	饱和蒸汽→过热蒸汽	$W_s = H_2 - H_1$
冷却冷凝器	2→3→4,等压冷却冷凝放热	过热蒸汽→饱和蒸汽→饱和液相	$Q_H = H_4 - H_2$
节流阀	4→5,节流膨胀	饱和液相→湿蒸汽	$H_4 = H_5$
蒸发器	5→1,等温等压吸热	湿蒸汽→饱和蒸汽	$Q_L = H_1 - H_4$

在给定的操作条件下，单位质量的制冷剂在一次循环中所获得的冷量，即蒸发器在低温环境吸收的热量，称为单位制冷量，用 q_L 表示。对于蒸发器，流体流动中的动能差和势能差可忽略，无散热损失，无轴功交换，则：

$$q_L = h_1 - h_4 \, \text{kJ} \cdot \text{kg}^{-1} \tag{5-23}$$

制冷装置的制冷能力 Q_L 是制冷剂在给定的操作条件下，每小时从低温空间吸取的热量，其单位为 $\text{kJ} \cdot \text{h}^{-1}$。则制冷剂每小时的循环量 m 为：

$$m = \frac{Q_L}{q_L} \quad \text{kg} \cdot \text{h}^{-1} \tag{5-24}$$

前已述及，评价蒸汽压缩制冷循环的技术经济指标用制冷系数 ε 表示。ε 定义为制冷装置提供的单位制冷量与压缩单位质量制冷剂所消耗的功量之比，则：

$$\varepsilon = \frac{Q_L}{W_s} = \frac{H_1 - H_4}{H_2 - H_1} = \frac{h_1 - h_4}{h_2 - h_1} \tag{5-25}$$

工程上，为了提高制冷系数，常采用过冷措施。即处于状态 4 的饱和液体在给定的冷凝压力下再度冷却为过冷液体 4′（为简化计算，4′点过冷液体的性质用 4′点温度对应的饱和液体代替），过冷液体仍进行节流膨胀。在图 5-19 中表示为 1-2-3-4-4′-5′-1 循环，与未过冷的 1-2-3-4-5-1 循环比较，单位质量制冷剂的耗功量相同，但单位制冷量增加，增加量在 T-S 图可用 5-5′-c-d-5 围成的面积表示，所以制冷系数增大。此外，对液体进行过冷，还可以防止液体在节流阀前汽化，保证节流阀的稳定运行。

【例 5-4】 某蒸汽压缩制冷装置，采用氨作制冷剂，制冷能力为 $4.186 \times 10^5 \text{kJ} \cdot \text{h}^{-1}$，蒸发温度为 $-26℃$，冷凝温度为 $20℃$，设压缩机作可逆绝热压缩，试绘制此循环的 T-S 图和 $\ln p$-H 图，并求：

（1）制冷剂每小时的循环量；

（2）压缩机消耗的功率；

（3）冷凝器的热负荷；

（4）循环的制冷系数；

（5）相同温度区间内，逆卡诺循环的制冷系数。

解：作出此循环的 T-S 图、$\ln p$-H 图，由附录 8 和附录 9 确定各状态点的焓值。

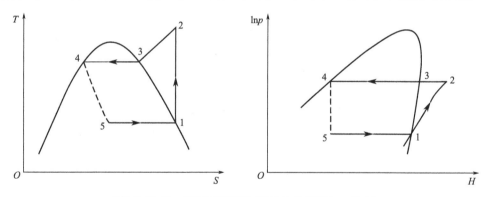

[例 5-4] 图　蒸汽压缩制冷循环 T-S 图和 $\ln p$-H 图

状态点 1：蒸发温度 $-26℃$ 时，制冷剂为饱和蒸汽的焓值和熵值：

$h_1 = 1430 \text{kJ} \cdot \text{kg}^{-1}$，$s_1 = 6.0 \text{kJ} \cdot \text{kg}^{-1} \cdot \text{K}^{-1}$

状态点 2：过热蒸汽，由于 $1 \rightarrow 2$ 为等熵过程，则 $s_2 = s_1 = 6.0 \text{kJ} \cdot \text{kg}^{-1} \cdot \text{K}^{-1}$，结合冷凝温度 $20℃$，查得：

$p_2 = 0.86 \text{MPa}$，$t_2 = 100℃$，$h_2 = 1680 \text{kJ} \cdot \text{kg}^{-1}$

状态点 4：由 $t_4 = 20℃$，$p_4 = p_3 = 0.86 \text{MPa}$，可得饱和液氨的焓值和熵值：$h_4 = 290 \text{kJ} \cdot \text{kg}^{-1}$，$s_4 = 1.3 \text{kJ} \cdot \text{kg}^{-1} \cdot \text{K}^{-1}$

状态点 5：$4 \rightarrow 5$ 过程是等焓的节流膨胀过程，故 $h_5 = h_4 = 290 \text{kJ} \cdot \text{kg}^{-1}$

(1) 制冷剂的循环量

$$m = \frac{Q_L}{q_L} = \frac{Q_L}{h_1 - h_4} = \frac{4.186 \times 10^5}{1430 - 290} = 367.19 \text{kg} \cdot \text{h}^{-1}$$

(2) 压缩机消耗的功率

$$P_T = mw_s = \frac{m(h_2 - h_1)}{3600} = \frac{367.19 \times (1680 - 1430)}{3600} = 25.50 \text{kW}$$

(3) 冷凝器的放热量

$$Q_H = \Delta H = m(h_4 - h_2) = 367.19 \times (290 - 1680) = -5.1040 \times 10^5 \text{kJ} \cdot \text{h}^{-1}$$

(4) 循环的制冷系数

$$\varepsilon = \frac{h_1 - h_4}{h_2 - h_1} = \frac{1430 - 290}{1680 - 1430} = 4.56$$

(5) 相同温度区间内，逆卡诺循环的制冷系数

$$\varepsilon_C = \frac{T_L}{T_H - T_L} = \frac{273.15 - 26}{20 - (-26)} = 5.37$$

5.4.3　制冷工质的选择

5.4.3.1　制冷剂的选择

实际制冷循环的制冷能力、压缩机功耗，各设备的操作压力、结构尺寸、使用的材料等都与制冷剂的性质有密切的关系。工业上应用比较广泛的制冷剂有氨、二氧化碳、二氧化硫、乙烷和乙烯等十几种，其中以氨的应用最为广泛。实际操作中，以 "制冷剂的蒸发温度（汽化温度）≤低温冷源的温度" 和 "制冷剂的冷凝温度（液化温度）≥高温热源的温度" 为基本原则优选制冷剂。此外，从工作原理和生产上的安全性、经济性等方面考虑，对制冷剂的性质提出如下要求。

① 汽化潜热要大。潜热大则制冷量也大，因此对于一定制冷能力的制冷机所需要的制冷剂的循环量就小。这样可以降低功率消耗，提高经济效益。氨在此方面占绝对优势，它的潜热要比氟里昂大 10 倍左右。

② 工作温度下的蒸气压要合适，冷凝压力不宜过高，蒸发压力不宜过低。因为冷凝压力过高会提高设备耐压和密封的要求，将增加压缩机和冷凝器的设备费用；蒸发压力过低，就会有空气进入制冷装置，导致系统操作不稳定。在这方面氨作为制冷剂也是比较理想的。

③ 凝固点要低，以免在低温下凝固阻塞管路。

④ 饱和蒸气的比容要小，以减小设备的体积。

⑤ 临界温度应远高于环境温度，使循环不在临界点附近运行，而运行于具有较大汽化潜热的范围之内。

⑥ 制冷剂应具有化学稳定性。制冷剂对于循环经过的设备的任何部分不能有显著的腐蚀破坏作用。此外，制冷剂常有漏失，漏到大气中的制冷剂蒸气对操作人员的身体健康不应有毒害或强烈的刺激作用。在这方面，氨和二氧化硫均会刺激人体器官，倘若吸入过多，对人身健康还会产生永久性损害。

⑦ 为了安全操作，制冷剂不应有易燃性和爆炸性。从经济上考虑，制冷剂应价廉易得。

目前，还没有一种制冷剂能完全满足上述要求，因此在实际选择时只要利大于弊即可。氨作为制冷剂，其优点多于缺点，故在工业上被广泛应用。自 20 世纪 30 年代以来，小型的家用制冷机大都用氟里昂类化合物作为工质，但氟里昂等会破坏臭氧层，使全球气候变暖，导致生态破坏，现已采用 R134a（1,1,1,2-四氟乙烷等环保制冷剂）代替。

5.4.3.2 载冷剂的选择

载冷剂是在冷却过程中使用的一种中间介质，起传递冷量的作用。它先用制冷剂冷却，然后被送到冷却设备中吸收需要被冷却的物体或空间的热量，再返回重新被冷却。载冷剂通常为液体，一般不发生相变。从减小载冷剂循环量、输送功耗和换热面积等方面考虑，好的载冷剂应具备比热容大、黏度和密度小、导热系数大等特点。常用的载冷剂有两类：一类是无机盐氯化钠、氯化镁和氯化钙的水溶液，又称冷冻盐水；另一类是有机化合物，如甲醇、乙醇和乙二醇的溶液或水溶液等。

冷冻盐水和有机化合物作载冷剂各有优缺点：冷冻盐水价格低廉，但冷冻盐水中的氯离子易腐蚀设备，使用时需添加缓蚀剂；甲醇、乙醇等对设备不腐蚀，但易挥发，需要不断地补充载冷剂，乙二醇的沸点较高，不易挥发，但黏度大，需要较大的输送动力。

此外，载冷剂具有一定的冻结温度，冻结温度与溶液的浓度有关。因此，在选用冷冻盐水的种类和浓度时，要首先考虑需要什么样的低温，选用的温度要高于冷冻盐水的冻结温度。譬如，饱和氯化钠水溶液的冻结温度为 $-21℃$，实际应用温度不宜低于 $-18℃$。

5.4.4 吸收式制冷循环

根据热力学第二定律可知，制冷过程是热量由低温热源向高温热源传递的过程，实现这一过程需要以能量的消耗作为补偿。在蒸汽压缩制冷循环中压缩机消耗的是机械功或电，由第 4 章可知，功和电的能级为 1，品质最高。若这部分能耗直接取自于低品质能量，则可以真正做到节能减排。

吸收式制冷循环的特点就是直接利用低品质的热制冷，且所需热源温度较低，可以充分利用低温热，如化工厂的低压蒸汽、热水、烟道气以及某些工艺气体余热等低品位热均可作为热源。也可直接利用燃料燃烧释放的热，还可以利用太阳的辐射热，这对综合利用能量，提高经济效益，具有重要的意义。尤其是在低温热源多、供电较紧张的地方，具有明显的优势。

吸收式制冷循环是利用二元溶液组分蒸气压的差异来实现制冷的。二元溶液中蒸气压高（低沸点、易挥发）组分用作制冷剂，蒸气压低（高沸点、难挥发）组分用作吸收剂。如常用的氨吸收制冷的工质即氨水溶液，其中氨易挥发，用作制冷剂，水相对难挥发，用作吸收剂。图 5-20 为氨水吸收式制冷循环工作原理。图中虚线框中是由吸收器、再生器（解吸器）、溶液泵、换热器及调节阀所组成，它替代了蒸汽压缩制冷装置中的压缩机，实现与压缩机同样的升压效果，被称为"化学泵"。除此之外，其他的组成部分与蒸汽压缩制冷相同。

氨和水工质的循环如下：从蒸发器出来的氨蒸气进入吸收器，在吸收器中被稀氨水吸收（吸收器用冷却水冷却，维持低温，有利于吸收），吸收器出来的浓氨水和再生器来的稀氨水在换热器进行热交换（热量充分利用），降温后的稀氨水进入吸收器以吸收氨，提高温度的浓氨水进入再生器；由于再生器处于较高压力，吸收器出来的浓氨水循环到再生器必须用泵

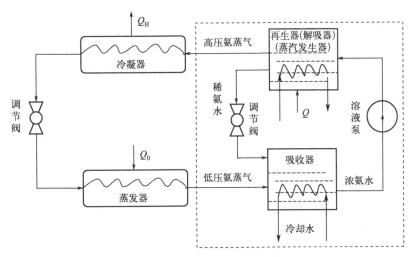

图 5-20　氨水吸收式制冷循环工作原理

增压输送，浓氨水在再生器中被外部热源（加热介质可利用蒸汽或其他废热）加热蒸出氨蒸气，氨蒸气进入冷凝器冷凝成液氨，然后经节流膨胀，以饱和汽液相共存的状态进入蒸发器蒸发吸热，完成一次制冷循环。

吸收式制冷装置的技术经济指标用热力系数 ξ 表示：

$$\xi = \frac{Q_0}{Q} \tag{5-26}$$

式中，Q_0 为吸收式制冷循环的制冷量；Q 为热源供给的热量。

吸收式制冷循环的优点有：①利用低品质的热以及工业生产中的余热或废热实现制冷剂的"压缩"；②装置中无昂贵的压缩机，设备成本低廉。其缺点是热力系数低，装置体积较庞大。

近年来太阳能的利用越来越广泛，因此若条件许可，可设计一种太阳能制冷设备。它的原理是采用太阳辐射热作为再生器的热源，利用太阳的辐射热使制冷剂汽化。这种装置在南方炎热地带最为经济，因为夏季最热的时期也是最需要制冷的时期，恰好可以利用炽热的阳光来创造凉爽的室内工作环境。

5.4.5　热泵和热管

热泵和热管的工作原理与制冷循环相同，但它们的工作温度范围和要求的效果有所不同。制冷循环是将低温热源的热量传给自然环境，以造成和维持低温空间；热泵和热管则从自然环境中吸收热量，并将它输送到人们所需要的温度较高的物体中去。

5.4.5.1　热泵

热泵在工业余热回收、蒸发浓缩、蒸馏、发酵和产品干燥等化工过程中的应用十分广泛。热泵实质上是一种能源采掘装置，它以消耗一部分高品质的能源（机械能或电能等）为代价，把自然环境（水、空气等）或其他低温热源中贮存的能量加以利用转变成为高温的热量。图 5-21 为热泵循环装置示意图及其热力过程 T-S 图。

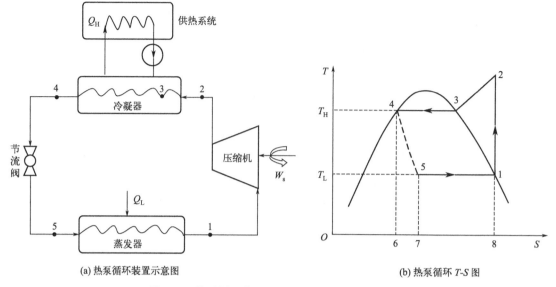

(a) 热泵循环装置示意图   (b) 热泵循环 T-S 图

图 5-21   热泵循环装置示意图及其热力过程 T-S 图

在蒸发器中制冷剂蒸发吸取自然水源或环境大气中的热量而蒸发，经压缩后的制冷剂在冷凝器中放出热量加热供热系统的回水，然后由循环泵送到热用户用作采暖或热水供应等；在冷凝器中，制冷剂凝结成饱和液体，经节流降压降温进入蒸发器，蒸发吸热后汽化为饱和蒸气，从而完成一个循环。热泵循环的经济性以消耗单位功量所得到的供热量来衡量，称为制热系数 ε_{HP}，即：

$$\varepsilon_{HP} = \frac{|Q_H|}{|W_s|} \tag{5-27}$$

可逆热泵（逆卡诺循环）的制热系数为：

$$\varepsilon_{HPC} = \frac{T_H}{T_H - T_L} \tag{5-28}$$

式(5-28)的推导方法与式(5-22)相同。可逆热泵的制热系数只与两个热源的温度有关，与工质性质无关。

根据式(5-28)可以导出制热系数与制冷系数的关系式，即：

$$\varepsilon_{HP} = \frac{|Q_H|}{|W_s|} = \frac{|Q_L| + |W_s|}{|W_s|} = \frac{|Q_L|}{|W_s|} + 1 = \varepsilon + 1 \tag{5-29}$$

由式(5-29)可知，循环制冷系数越高，制热系数也越高。热泵以花费一部分高质能 (W_s) 为代价从自然环境中获取能量 (Q_L)，并连同所花费的高质能一起向用户供热 (Q_H)，节约了高质能而有效地利用了低水平的热。因此热泵是一种比较合理的供热装置。经过合理设计，可使装置在不同的温差范围内运行，热泵也可以用作制冷机。因此，用户可使用同一套装置（冷暖两用空调）在夏季作制冷机，使室内气温低于室外；冬季作热泵使室内气温高于室外，做到一机两用。

【例 5-5】   某热泵按逆卡诺循环工作的功率为 12kW，环境温度为 -15℃，用户要求供热温度为 90℃。试求：

(1) 供热量；

（2）如热泵实际制冷循环的制热系数是逆卡诺循环的 0.7 倍，热泵功率为多少才能保证供热量？

（3）同样的供热量，如直接使用电热器供热，所需消耗的功率？

解：（1）热泵按逆卡诺循环运行。根据题意 $T_H=90℃$，$T_L=-15℃$，由式(5-28)，逆卡诺循环供制热系数 ε_{HPC} 为：$\varepsilon_{HPC}=\dfrac{T_H}{T_H-T_L}=\dfrac{273.15+90}{90-(-15)}=3.46$

则供热量为：$|Q_H|=\varepsilon_{HPC}|W_s|=3.46\times12=41.52kW$

其中，热泵从周围环境取得的热量：$|Q_L|=|Q_H|-|W_s|=41.52-12=29.52kW$

供热量中有 $\dfrac{29.52}{41.52}\times100\%=71.10\%$ 是热泵从周围环境中所提取，可见这种供热方式是经济的。

（2）实际循环的制热系数 ε'_{HP} 为：$\varepsilon'_{HP}=0.7\varepsilon_{HPC}=0.7\times3.46=2.42$

即 $\varepsilon'_{HP}=\dfrac{|Q_H|}{|W'_s|}=\dfrac{41.52}{|W'_s|}=2.42$，则 $|W'_s|=\dfrac{41.52}{2.42}=17.16kW$

即实际循环热泵的功率要达到 17.16kW 才能满足供热要求。消耗的电功率比逆卡诺循环多了 5.16kW。

（3）直接使用电热器供热，有 $W_{s,电热器}=|Q_H|=41.52kW$

3 种供热方式比较见［例 5-5］表。

［例 5-5］表　3 种供热方式比较

供热方式	逆卡诺循环	实际循环	电热器
耗电量/kW	12	17.16	41.52
制热系数	3.46	2.42	1

5.4.5.2　热管

热管的一种典型结构如图 5-22 所示。它由密封的管壳、紧贴于壳体内表面的吸液芯和壳体抽真空后封装在壳体内的工作液组成。当热源对热管的一端（热端）加热时，工作液受热沸腾而蒸发，蒸汽（蒸气）在压差的作用下高速地流向热管的另一端（冷端），在冷端放出潜热而凝结。冷凝液在吸液芯毛细抽吸力的作用下从冷端返回热端。如此循环不已，热量就会从热端不断地传到冷端。因此热管的工作过程是由液体的蒸发、蒸汽的流动、蒸汽的凝结和凝结液的回流组成的闭合循环。

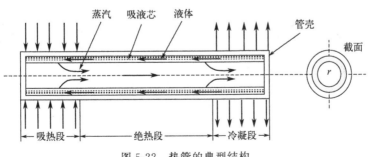

图 5-22　热管的典型结构

如把热管垂直或倾斜放置，热端在下，冷端在上，则热管内可不需吸液芯，蒸汽在冷端凝结后可靠本身的重力沿管壁回流到热端。这种热管叫重力热管，它的结构最为简单。

根据热管的工作范围，可以将热管分为低温热管、常温热管、中温热管和高温热管。对不同温度的热管应选用不同的工作液，如对低温热管可选用制冷剂作工作液，对常温和中温热管可选用水，对高温热管可选用液态金属钠等。

热管具有许多独特的优点，主要表现在以下几个方面。

① 较大的传热能力。因为蒸发和凝结时换热系数特别大，工作液的汽化潜热很大，因此热管具有很强的传热能力。一根外直径为 20mm 的铜水热管的导热能力是同直径紫铜棒的 8000 倍。

② 良好的等温性。热管表面的温度取决于蒸汽的温度分布、相变时的温差以及通过管壁和吸液芯的温降。蒸汽处于饱和状态，蒸汽流动和相变时的温差很小，而管壁和吸液芯比较薄，所以热管的表面温差很小，当热流密度很低时可以得到高度等温的表面。

③ 热流方向可逆。除重力热管外，其他热管的传热方向是可逆的，即任何一端都可以受热成为热端，而另一端向外放热成为冷端。

④ 热管流密度可调。通过改变冷、热两端的换热表面积，可以使热管的热流密度随之变化。利用热管的这一特性，可将集中的热流分散处理，作优良的散热器使用，又可将分散的热流集中使用，作优良的集热器使用。

热管还有许多独特的优点，如充入惰性气体做成可控热管，制成各种形状供不同目的使用等。随着热管技术的逐渐成熟，热管在工业上已得到了广泛的实际应用。如太阳能热管集热器、热管换热器和我们日常使用的笔记本电脑的散热等问题上都采用了热管技术。

本章小结

1. 课程主线：能量和物质。

2. 学习目的：能计算各类循环过程的热和功，并分析其能量利用情况，提出改进措施。

3. 重点内容：动力循环和制冷循环（以工质的**相变**实现**热功转化**）

实际过程（**繁**）＝理想过程（**简**）＋校正

理想朗肯循环（**繁**）＝卡诺循环（**简**）＋校正

实际朗肯循环（**繁**）＝理想朗肯循环（**简**）＋校正（**等熵效率**）

蒸汽压缩制冷循环（**繁**）＝逆卡诺循环（**简**）＋校正（**等熵膨胀→等焓膨胀**）

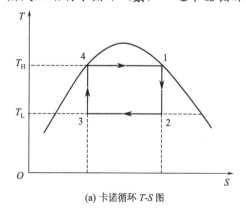
(a) 卡诺循环 T-S 图

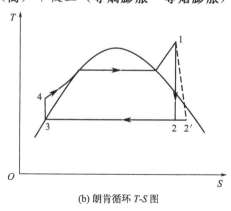
(b) 朗肯循环 T-S 图

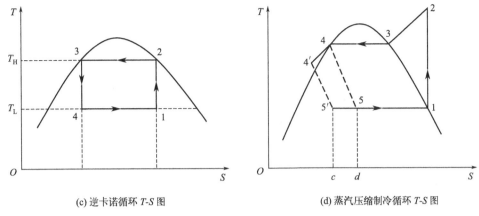

(c) 逆卡诺循环 T-S 图   (d) 蒸汽压缩制冷循环 T-S 图

[本章小结] 图

效率：工作在给定的两个热源（热源温度 $T_H > T_L$）之间的理想蒸汽动力循环、理想蒸汽压缩制冷循环和理想热泵循环对应的热机效率 η_C、制冷系数 ε_C 和制热系数 ε_{HPC} 只与高低温热源温度有关，与工质无关。它们是循环效率的极限，实际循环过程只能向它们靠拢，不可能达到。

$$\eta_C = \left| \frac{W_s}{Q_H} \right| = \frac{T_H - T_L}{T_H} = 1 - \frac{T_L}{T_H}$$

$$\varepsilon_C = \left| \frac{Q_L}{W_s} \right| = \frac{T_L}{T_H - T_L}$$

$$\varepsilon_{HPC} = \frac{|Q_H|}{|W_s|} = \frac{|Q_L| + |W_s|}{|W_s|} = \varepsilon_C + 1 = \frac{T_H}{T_H - T_L}$$

4.第 6 章学习思路：溶液热力学性质计算是相平衡基础，为传质分离服务。
溶液（**繁**）＝纯物质（**简**）＋校正（**偏摩尔性质**）
实际气体（**繁**）＝理想气体（**简**）＋校正（**逸度系数**）
实际溶液（**繁**）＝理想溶液（**简**）＋校正（**活度系数**）

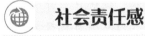 **社会责任感**

关于"双碳"，我们能做什么？

世界气象组织发布的《2020 年全球气候状况》报告显示，2020 年是有气象记录以来 3 个最暖年份之一。全球平均气温每升高 1℃，海平面可能会上升超过 2m，这会导致像巴厘岛、马尔代夫这样海拔较低的沿海地区面积逐渐缩小甚至消失，岛上的居民将不得不迁往别处。有研究认为，如果全球平均气温上升 5℃，地球的整体环境将被完全破坏，甚至有可能引发生物大灭绝。

导致全球变暖的"罪魁祸首"是人类活动不断排放的温室气体。温室气体主要包括二氧化碳、甲烷、氧化亚氮、氢氟碳化物、全氟化碳和六氟化硫等。这些气体使大气的保温作用增强，从而导致全球温度升高。

在日益严峻的形势下，碳减排成为全球重要国家形成的共识。作为世界上最大的能源生产国和消费国，中国也加入了减排大军，2020年9月，提出将采取更加有力的政策和措施，实现"30·60"双碳目标，即中国将在2030年前实现"碳达峰"，碳排放量达到峰值后不再增长；2060年前实现"碳中和"，"排放的碳"与"吸收的碳"相等。

双碳目标很大，但是离不开每个人，我们每个人都可以为低碳环保贡献自己的一份力量。

浪费1度电，意味着：消耗0.4kg标准煤；排放0.272kg碳粉尘；排放0.997kg二氧化碳；排放0.03kg二氧化硫。

多消耗1L汽油，相当于：产生2.3kg二氧化碳排放量；产生0.627kg碳排放量。

多消耗1L柴油，相当于：产生2.63kg二氧化碳排放量；产生0.717kg碳排放量。

如果我们节约1度电，就可以：让25W的灯泡亮40h；灌溉小麦0.14亩；生产啤酒15瓶；洗净50kg的衣服。

如果我们节约1L油，1辆1.6L排量的汽车跑约11.8km；少用1个塑料袋，节能标准煤0.04g，相应减排二氧化碳0.1g；每月少开1天车，每年节油约44L，相应减排二氧化碳98kg；把空调温度调高1度，每年节电约22度，相应减排二氧化碳27.5kg；每天少抽1支烟，每年节能标准煤0.14kg，相应减排二氧化碳0.37kg。

低碳生活，我们可以做到：纸张双面打印、复印，使用再生纸；适当调低电脑屏幕亮度，1h内不使用就顺手关上；每天少抽1根烟，夏季少喝1瓶啤酒；少买不必要的衣服，使用简单包装的商品；手洗轻便的衣服，不滥用洗衣粉；选购小排量汽车，每月少开1天车；尽量使用公共交通工具。

除了个人的努力，双碳目标的实现更是离不开企业的贡献。石油和化工产业是我国工业门类中规模最大、产品最多、辐射面最广的行业，涉及国计民生。化工行业碳排量在工业领域占比16.7%，不可否认，"碳达峰"和"碳中和"对化工行业将带来深远影响。一是随着人民生活水平的不断提高，对生态环保的要求也越来越高，化工企业承担着艰巨的减排降碳义务。二是随着各地相继落实"碳达峰"和"碳中和"要求，各省区将进一步压缩煤炭消费总量，未来煤炭、能耗和碳排放指标更为稀缺。三是"碳达峰"和"碳中和"无疑将加快产业转型升级，推动化工产业创新、集约、绿色、低碳发展。我们需要转变发展方式、优化产业结构、促进产业升级，提高资源利用效率。

作为化工专业的大学生，除了个人为双碳目标努力外，更要了解国家相关政策，系统掌握化工原理、化工热力学、化学反应工程和绿色化工工艺等专业知识，利用自己的专业技能服务于双碳目标。

习题

一、填空题

5-1 蒸汽动力循环装置中的四个设备是：（　　　）、（　　　）、（　　　）和（　　　）。

5-2 理想朗肯循环的四个过程是：（　　　　　）、（　　　　　）、（　　　　　）和（　　　）。

5-3 蒸汽压缩制冷循环的四个过程是：（　　　　）、（　　　　）、（　　　　）和（　　　　）。

5-4 设某制冷循环的制冷量为$|Q_0|$，需要功量$|W_s|$，则该循环向周围环境的排热量$|Q|=$（　　　　）。

5-5 有两个温度不同的恒温热源，$T_H=400K$，$T_L=300K$。

① 若在两热源间进行理想动力循环，则其最高热机效率为（　　　　）；

② 若在两热源间进行理想制冷循环，则其最大制冷系数为（　　　　）；

③ 若在两热源间进行理想热泵循环，则其最大制热系数为（　　　　）。

二、选择题

5-6 下列气体压缩过程中，（　　）过程消耗的功最小。

A. 等温压缩　　　　　　　　　　　　　B. 多变指数 1.2 的多变压缩

C. 多变指数 1.3 的多变压缩　　　　　　D. 绝热压缩

5-7 关于制冷原理，以下说法不正确的是（　　）。

A. 在相同初态下，等熵膨胀温度降比节流膨胀温度降大。

B. 只有当$\mu_J>0$，经节流膨胀后，气体温度才会降低。

C. 任何气体经等熵膨胀后，温度都会下降。

D. 任何气体经节流膨胀后，温度都会下降。

5-8 理想气体经过节流膨胀后，温度会（　　）。

A. 上升　　　　　　　B. 下降　　　　　　　C. 不变　　　　　　　D. 以上都有可能

5-9 真实气体经过节流膨胀后，温度会（　　）。

A. 上升　　　　　　　B. 下降　　　　　　　C. 不变　　　　　　　D. 以上都有可能

5-10 制冷循环中制冷剂经过节流膨胀后的状态是（　　）。

A. 过冷液体　　　　　　　　　　　　　B. 汽液共存状态

C. 饱和蒸汽（蒸气）或过热蒸汽（蒸气）　D. 以上都不是

5-11 一个热泵要提供 2000kJ·h^{-1}的热量来使一幢房子温度维持在 20℃。如果房子外面是-20℃，需要的最小功率是（　　）。

A. 273kJ·h^{-1}　　　B. 316kJ·h^{-1}　　　C. 385kJ·h^{-1}　　　D. 184kJ·h^{-1}

5-12 发动机在 100℃水的工质下工作，出口流体温度为 20℃，则发动机的最大工作效率约等于（　　）。

A. 80%　　　　　　　B. 21%　　　　　　　C. 58%　　　　　　　D. 32%

5-13 蒸汽动力循环装置热力学分析表明，有效能损失最多的设备是（　　）。

A. 锅炉　　　　　　　B. 汽轮机　　　　　　C. 冷凝器　　　　　　D. 水泵

5-14 经历一个实际热机的循环过程，体系工质的熵变（　　）。

A. >0　　　　　　　　B. =0　　　　　　　　C. <0　　　　　　　　D. 以上都有可能

5-15 在门窗紧闭房间有一台电冰箱正在运行，若敞开冰箱大门就有一股凉气扑面，使人感到凉爽。通过敞开冰箱大门，则房间的温度将会（　　）。

A. 下降　　　　　　　B. 不变　　　　　　　C. 上升　　　　　　　D. 不能确定

三、判断题

5-16 一般情况下，经绝热可逆膨胀后，流体的温度下降。（　　）

5-17 由热力学分析可知：相对于等温与多变压缩过程而言，绝热压缩过程的功耗最大。（　　）

5-18 即使工质不发生相变，也能实现制冷循环和动力循环。（　　）

5-19　对同一朗肯循环动力装置，如果汽轮机的进出口蒸汽压力一定，仅提高进口蒸汽温度，则整个循环的热效率上升，出口蒸汽干度上升。　　　　　　　　　　　（　　）

5-20　某工质在封闭系统进行不可逆循环后，其熵值要增加。　　　　　　　　　（　　）

四、简答题

5-21　理想朗肯循环与卡诺循环有何区别与联系？实际动力循环为什么不采用卡诺循环？

5-22　影响朗肯循环热效率的因素有哪些？如何提高循环的热效率？

5-23　蒸汽动力循环中，若将膨胀做功后的乏汽直接送入锅炉中使之吸热变为新蒸汽，从而避免在冷凝器中放热，是否可以提高热效率？为什么？

5-24　蒸汽压缩制冷循环与逆卡诺循环有何区别与联系？实际制冷循环为什么不采用逆卡诺循环？

5-25　影响蒸汽压缩制冷循环热效率的因素有哪些？

5-26　如果物质没有相变的性质，能否实现动力循环和制冷循环？

5-27　制冷循环可产生低温，同时是否可以产生高温呢？为什么？

5-28　对动力循环来说，热效率越高，做功越大；对制冷循环来说，制冷系数越大，耗功越少。这种说法对吗？

5-29　如何在夏天利用火热的太阳来创造凉爽的工作环境？

5-30　蒸汽压缩制冷循环过程中，制冷剂蒸发吸收的热量是否等于制冷剂冷却和冷凝放出的热量？

五、解答题

5-31　有一台空气压缩机，为气动调节仪表供应压缩空气，平均空气流量为 $600kg\cdot h^{-1}$，进气初态为 $25℃$，$0.1MPa$，压缩到 $0.8MPa$。假设压缩过程可近似为绝热可逆压缩，绝热指数取 $k=1.4$，试求压缩机出口空气温度以及消耗功率。

5-32　某化工厂加氢工段要求以 $20kg\cdot h^{-1}$ 的速率将氢气从 $0.3MPa$，$45℃$ 的初始状态，加压至 $2.15MPa$ 的固定床反应器中，试分别求按等温压缩、绝热压缩和多变压缩过程的功耗。设氢气进出口平均压缩因子为 1.02，绝热指数取 $k=1.4$，多变指数为 $m=1.3$。若反应器温度为 $180℃$，问出压缩机的氢气应采取何种措施来达到反应器的温度？

5-33　由氨的 T-S 图将 $1kg$ 氨从 $8.17atm$ 的饱和液体节流膨胀至 $0.68atm$ 时，求：

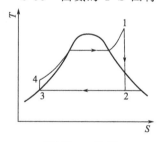

[习题 5-34] 图

（1）膨胀后有多少氨汽化？

（2）膨胀后温度 T_2 为多少？

（3）分离出的氨蒸气再绝热可逆压缩到 $p_{2'}=5.45atm$ 时，温度 $T_{2'}$ 为多少？

5-34　有一蒸汽动力装置的 T-S 图如图所示，已知：该装置产功 $W_s=10^5kJ\cdot h^{-1}$，$H_1=3327kJ\cdot kg^{-1}$，$H_2=2695kJ\cdot kg^{-1}$，$H_3=249kJ\cdot kg^{-1}$，$H_4=250kJ\cdot kg^{-1}$，忽略装置的散热损失，试求：

（1）每小时蒸汽的循环量 $G(kJ\cdot h^{-1})$；

（2）锅炉传给水的热量 $Q_H(kJ\cdot h^{-1})$；

（3）装置的热效率 η_T；

（4）设环境温度 $T_0=25℃$，若 Q_H 来自 $800℃$ 的恒温热源，计算总过程的损耗功 W_L。

5-35　某蒸汽动力装置按理想朗肯循环工作，锅炉的压力为 $2.5MPa$，产生 $450℃$ 的过热蒸汽，乏汽的压力为 $25kPa$，蒸汽的流量为 $6\times10^4kJ\cdot h^{-1}$。试绘制循环的 T-S 图，并求：

（1）过热蒸汽每小时从锅炉吸收的热量 Q_H；

（2）乏汽的干度和它在冷凝器中放出的热量 Q_L；

（3）汽轮机的做功量 W_s 和水泵的耗功量 W_p；

（4）该动力循环的热效率 η。

5-36　某蒸汽动力循环操作条件如下：冷凝器出来的饱和水，由泵从 0.04MPa 加压至 5MPa 进入锅炉，蒸汽离开锅炉时被过热器加热至 430℃。求：

（1）循环的最高效率。

（2）在锅炉和冷凝器压力下饱和温度之间运行的卡诺循环的效率，以及离开锅炉的过热蒸汽温度和冷凝器饱和温度之间运行的卡诺循环的效率。

（3）若汽轮机是不可逆绝热操作，等熵效率为 75%。求此时的循环效率。

5-37　某蒸汽压缩制冷装置，采用氨作制冷剂，制冷能力为 $10^6 kJ \cdot h^{-1}$，蒸发温度为 -15℃，冷凝温度为 30℃，设压缩机作可逆绝热压缩，试求：

（1）制冷剂每小时的循环量；

（2）压缩机消耗的功率及处理的蒸汽量；

（3）冷凝器的放热量；

（4）节流后制冷剂中蒸汽的含量；

（5）循环的制冷系数；

（6）相同温度区间内，逆卡诺循环的制冷系数。

5-38　采用氟里昂 12（R-12）作制冷制的蒸汽压缩制冷装置，为了进行房屋取暖，将此制冷装置改用于热泵，已知蒸发器温度为 15℃，冷凝器温度为 50℃，冷凝器向房屋排放 $6.6 \times 10^4 kJ \cdot h^{-1}$ 的热量，R-12 进入压缩机时为饱和蒸气，压缩机作绝热压缩，压缩后温度为 60℃，进入冷凝器后冷却冷凝为饱和液体后进入节流阀。假设压缩后 R-12 的过热蒸气可看作理想气体，其恒压热容为定值 $C_p = 0.684 kJ \cdot kg^{-1} \cdot K^{-1}$，试求：

（1）进入蒸发器的 R-12 的干度；

（2）此热泵所消耗的功率；

（3）若采用电炉直接供给相同数量的热量，电炉的功率为多少？

R-12 的有关热力学参数见下表：

[习题 5-3] 表

温度/℃	饱和压力/kPa	$H/kJ \cdot kg^{-1}$		$S/kJ \cdot kg^{-1} \cdot K^{-1}$	
		H_1	H_g	S_1	S_g
15	491	50.1	193.8	0.1915	0.6902
50	1219	84.9	206.5	0.3037	0.6797

5-39　某一理想热泵的制热系数为 8，从低温热源吸热，传热给高温热源的温度为 45℃，试求：

（1）低温热源的温度为多少？

（2）若低温热源温度再低，则对热泵机器的要求又是如何？

（3）若理想热泵换成普通空调压缩机，低温热源温度对机器功耗的影响又如何？

5-40　热泵是一个逆向运转的热机，其原理可用来作为空气调节器进行制冷或制热。设冬季运行时的室外平均温度为 4℃，冷凝器（用于制热）平均温度为 35℃。设夏季运行时的室外平均温度为 35℃，蒸发器（用于制冷）平均温度为 4℃，若要求制热（冷量）为 $9.6 \times 10^4 kJ \cdot h^{-1}$，试求空调运行时最小理论功率。

第 6 章

溶液热力学性质的计算

引言

　　溶液是由两种或两种以上的组分混合而成的一种均相体系，也称为均相混合物。按混合物所处状态的不同，可分为气体溶液、液体溶液及固体溶液。溶液热力学在工程上的应用十分广泛，该分支学科与传质分离过程及流体的物性学有着密切的联系，因而溶液性质的研究和考察遍及化工、冶金、能源、材料和生物技术等各个重要领域。凡是有溶液存在的、伴有热和能的过程，都有溶液热力学的研究对象。

　　纯流体的热力学性质的计算在第 2 章和第 3 章作过介绍，当不同的纯物质按一定组成混合为溶液后，溶液的性质并不是由纯物质性质作简单的加成，这一点已在 2.4 节讨论气体溶液时引入混合规则进行充分说明。本章主要讨论液体溶液的热力学性质。本章将引入化学势、偏摩尔性质、混合变量、理想溶液和超额性质等重要概念来描述溶液和组分的热力学性质之间的关系，并进一步研究真实溶液性质的计算问题，其中最重要的热力学性质是逸度系数和活度系数。

　　本章通过讨论溶液热力学性质的概念和计算，为第 7 章研究相平衡热力学尤其是汽液平衡打基础，主要学习内容和目的如下。

　　① 通过均相敞开体系的热力学基本方程引出化学势 μ_i 的概念，用于表征溶液中各组分在相间传递和化学反应中的推动力。

　　② 真实溶液的性质不能用纯物质性质简单加和，则引入偏摩尔性质 $\overline{M_i}$ 表征溶液中各组分性质对溶液性质的贡献。同时，对比发现化学势与偏摩尔 Gibbs 自由能相等，即狭义的化学势的定义式 $\mu_i = \overline{G_i}$，为 μ_i 的计算提供思路。

　　③ 在不同纯物质混合成溶液的过程中，经常出现混合体积效应和热效应，为提高化工设计精度，引入混合变量 ΔM 和偏摩尔混合变量 $\Delta \overline{M_i}$ 对混合效应进行校正。

　　④ 当体系处于相平衡时，溶液中各组分在不同相态中的化学势相等，为了表征相平衡，尤其是汽液平衡时组分在汽相和液相中的分配情况，必须计算化学势。化学势难以直接测量，为简化问题，可借助 $\mu_i = \overline{G_i}$ 计算，而 $\overline{G_i}$ 同样难以直接测量，需要通过可测的 p-V-T 关系进行推算。在真实体系性质推算过程中，为进一步简化问题，引入逸度表示校正压力，引入逸度系数表征真实气体对理想气体的偏离程度。

　　⑤ 由于缺乏必要的实验数据，液态溶液中组分的逸度系数的计算较困难。为简化问题，通过定义一种理想溶液，对于真实溶液，引入活度 a_i 表示校正浓度，引入活度系数 γ_i 表征真实溶液对理想溶液的偏离程度。同时，为计算 γ_i，引入超额性质 M^E 表征真实溶液和理想溶液的性质差额。研究发现，超额 Gibbs 自由能 G^E/RT 与组分活度系数 $\ln\gamma_i$ 是一对溶液性质与组分偏摩尔性质的关系，由不同的 G^E 表达式可以得到不同的 γ_i 模型，要求能够针对不同特点的体系选用合适的 γ_i 模型。

6.1　均相敞开体系的热力学基本方程和化学势

　　在讨论溶液热力学关系时，用 M 表示溶液的摩尔性质，用 M_t 表示溶液的总性质，且

M 代表 U、H、S、A、G 等，两者之间的数量关系为：$M_t = nM$。

对于均相定组成体系（封闭体系），n 为常数，M、nM 和 M_t 在公式中可以相互统一转换。

$$
\begin{aligned}
&dU = TdS - pdV & d(nU) = Td(nS) - pd(nV) & & dU_t = TdS_t - pdV_t \\
&dH = TdS + Vdp \Leftrightarrow & d(nH) = Td(nS) + (nV)dp & \Leftrightarrow & dH_t = TdS_t + V_t dp \\
&dA = -SdT - pdV & d(nA) = -(nS)dT - pd(nV) & & dA_t = -S_t dT - pdV_t \\
&dG = -SdT + Vdp & d(nG) = -(nS)dT + (nV)dp & & dG_t = -S_t dT + V_t dp
\end{aligned}
$$

但是对于含有 N 个组分的均相变组成体系（敞开体系），这种互换性是不成立的。这时 $M_t/M = n$ 已不是一个常数，敞开体系的 M_t 还与溶液中各组分的物质的量 n_i 有关系，如 $U_t = U_t(S_t, V_t, n_1, n_2, \cdots, n_N)$，$G_t = G_t(T, p, n_1, n_2, \cdots, n_N)$ 等，则：

$$
\begin{cases}
dU_t = d(nU) = Td(nS) - pd(nV) + \sum_{i=1}^{N} \left[\frac{\partial(nU)}{\partial n_i}\right]_{S_t, V_t, n_{j(\neq i)}} dn_i \\
dH_t = d(nH) = Td(nS) + (nV)dp + \sum_{i=1}^{N} \left[\frac{\partial(nH)}{\partial n_i}\right]_{S_t, p, n_{j(\neq i)}} dn_i \\
dA_t = d(nA) = -(nS)dT - pd(nV) + \sum_{i=1}^{N} \left[\frac{\partial(nA)}{\partial n_i}\right]_{T, V_t, n_{j(\neq i)}} dn_i \\
dG_t = d(nG) = -(nS)dT + (nV)dp + \sum_{i=1}^{N} \left[\frac{\partial(nG)}{\partial n_i}\right]_{T, p, n_{j(\neq i)}} dn_i
\end{cases}
\tag{6-1}
$$

式（6-1）即为均相敞开体系的热力学基本方程。式中，$\left[\frac{\partial(nG)}{\partial n_i}\right]_{T, p, n_{j(\neq i)}}$ 表示恒温、恒压、溶液中除 i 组分之外的其他所有组分 j 的物质的量均不变的无限大的体系中，组分 i 的物质的量变化 1mol 时，体系的做功能力的变化量，此功不包括机械功，属于化学功。由 H、A 和 G 的定义式分析可知，式（6-1）中的 4 个偏导数彼此相等，称为化学势，用 μ_i 表示：

$$
\mu_i = \left[\frac{\partial(nU)}{\partial n_i}\right]_{S_t, V_t, n_{j(\neq i)}} = \left[\frac{\partial(nH)}{\partial n_i}\right]_{S_t, p, n_{j(\neq i)}} = \left[\frac{\partial(nA)}{\partial n_i}\right]_{T, V_t, n_{j(\neq i)}} = \left[\frac{\partial(nG)}{\partial n_i}\right]_{T, p, n_{j(\neq i)}}
\tag{6-2}
$$

式（6-2）是广义的化学势 μ_i 定义式。它的物理意义是物质在相间传递和化学反应中的推动力。它表达了不同条件下，溶液热力学性质（nU、nH、nA、nG）随组分物质的量（n_i）的变化率。则（6-1）可简化表达为：

$$
\begin{cases}
d(nU) = Td(nS) - pd(nV) + \sum_{i=1}^{N} \mu_i dn_i \\
d(nH) = Td(nS) + (nV)dp + \sum_{i=1}^{N} \mu_i dn_i \\
d(nA) = -(nS)dT - pd(nV) + \sum_{i=1}^{N} \mu_i dn_i \\
d(nG) = -(nS)dT + (nV)dp + \sum_{i=1}^{N} \mu_i dn_i
\end{cases}
\tag{6-3}
$$

均相敞开体系的热力学基本方程表达了均相敞开体系与环境之间的能量和物质的传递规律。对于封闭体系，$dn_i = 0$，式（6-3）可还原成封闭体系的热力学基本方程。

对于 1mol 的溶液，由于 $n_i = nx_i = x_i$，$dn_i = dx_i$，则式(6-3) 可以进一步简化表达为：

$$\begin{cases} dU = TdS - pdV + \sum_{i=1}^{N} \mu_i dx_i \\ dH = TdS + Vdp + \sum_{i=1}^{N} \mu_i dx_i \\ dA = -SdT - pdV + \sum_{i=1}^{N} \mu_i dx_i \\ dG = -SdT + Vdp + \sum_{i=1}^{N} \mu_i dx_i \end{cases} \quad (6-4)$$

如同纯物质热力学性质计算的方法那样，希望把任一偏导数都化成只包含 p、V、T、S、C_p 或 C_v、n_i 以及仅有 p、V、T、n_i 导数的函数形式。目的在于用可测量表示难测量，化繁为简。按照推导 Maxwell 关系式的方法由式(6-4) 可得大量的偏导数关系式，其中最重要的两个为：

$$\left(\frac{\partial \mu_i}{\partial p} \right)_{T,n} = \left[\frac{\partial (nV)}{\partial n_i} \right]_{T,p,n_{j(\neq i)}} = \left(\frac{\partial V_t}{\partial n_i} \right)_{T,p,n_{j(\neq i)}} \quad (6-5)$$

$$\left(\frac{\partial \mu_i}{\partial T} \right)_{p,n} = - \left[\frac{\partial (nS)}{\partial n_i} \right]_{T,p,n_{j(\neq i)}} = - \left(\frac{\partial S_t}{\partial n_i} \right)_{T,p,n_{j(\neq i)}} \quad (6-6)$$

由式(6-5) 和式(6-6) 可以看出，温度或压力对化学势的影响可分别由组分变化对体系的总熵变化和总体积变化来计算。

6.2 偏摩尔性质

6.2.1 偏摩尔性质的定义

前已述及，溶液的热力学性质不仅和温度、压力有关，而且随体系内各组分的相对含量即系统的组成的变化而变化。在化工生产中，乙醇与水混合形成溶液时，常伴随着体积减小的现象，现通过乙醇和水混合前后的体积变化为例说明这一问题。在大气压和室温下，保持温度和压力不变，将乙醇和水按不同比例混合，测得溶液混合前后的体积数据列于表 6-1。

表 6-1　乙醇 (1)-水 (2) 二元溶液的体积与乙醇组成的关系

乙醇质量分数/%	V_1/cm^3	V_2/cm^3	V^{cal}/cm^3	V^{exp}/cm^3	$\Delta V/cm^3$
10	12.67	90.36	103.03	101.84	1.19
20	25.34	80.32	105.66	103.24	2.42
30	38.01	70.28	108.29	104.84	3.45
40	50.68	60.24	110.92	106.93	3.99
50	63.35	50.20	113.55	109.43	4.12
60	76.02	40.16	116.18	112.22	3.96

乙醇质量分数/%	V_1/cm^3	V_2/cm^3	V^{cal}/cm^3	V^{exp}/cm^3	$\Delta V/cm^3$
70	88.69	30.12	118.81	115.25	3.56
80	101.36	20.08	121.44	118.56	2.88
90	114.03	10.04	124.07	122.25	1.82

注：V_1 和 V_2 为乙醇和水混合前的体积；V^{cal} 为按混合前的体积加和所得的溶液体积；

V^{exp} 为实验测得的溶液体积；ΔV 为计算值与实验值之差，即 $V^{cal}-V^{exp}$。

由表 6-1 数据可知，溶液的总体积不等于各纯组分体积的简单加和，且两者差值随溶液组成的变化而变化。这一现象说明，用来描述理想溶液的简单加和规则并不适用于描述真实溶液。不同的物质在液体状态时，分子之间的作用力并不相同。水的极性非常大，乙醇极性相对较弱，当乙醇和水混合后由于两种分子相互作用，使分子之间空隙减小，缩短了乙醇分子与水分子之间的距离，溶液的密度增大，总体积就减小。因此，溶液性质不能简单用纯物质摩尔性质 M_i 表征溶液中各组分性质对溶液性质的贡献。

以上实验现象说明，为了表征真实溶液中各组分性质对溶液性质的贡献，必须引入新的热力学函数及相应的热力学关系。为此，引入偏摩尔性质 $\overline{M}_i$ 表征溶液中各组分性质对溶液性质的真正贡献，它在处理溶液的热力学性质时非常重要。

若某单相溶液敞开体系含有 N 个组分，则体系的某一总广度性质 nM 是该体系温度、压力和各组分的物质的量的函数，即：$nM=nM(T, p, n_1, n_2, \cdots, n_N)$，对 nM 进行全微分得：

$$d(nM) = \left[\frac{\partial(nM)}{\partial T}\right]_{p,n} dT + \left[\frac{\partial(nM)}{\partial p}\right]_{T,n} dp + \sum_{i=1}^{N}\left[\frac{\partial(nM)}{\partial n_i}\right]_{T,p,n_{j(\neq i)}} dn_i \qquad (6-7)$$

式中，偏导数 $\left[\dfrac{\partial(nM)}{\partial n_i}\right]_{T,p,n_{j(\neq i)}}$ 对于溶液热力学性质有重要作用，用符号 $\overline{M}_i$ 表示，即：

$$\overline{M}_i = \left[\frac{\partial(nM)}{\partial n_i}\right]_{T,p,n_{j(\neq i)}} \qquad (6-8)$$

式中，$\overline{M}_i$ 被称为溶液中组分 i 的偏摩尔性质。式(6-8)即为**偏摩尔性质的定义式**，其物理含义是在给定的 T、p 和组成下，向含有组分 i 的无限多的溶液中加入 $1mol$ 的组分 i 所引起体系的某一广度热力学性质的增量。这样，我们就可以将偏摩尔性质完全理解为组分 i 在溶液中的摩尔性质。显然，偏摩尔性质是强度性质，它是 T、p 和组成的函数，与体系的物质的量无关。

将式(6-8)与式(6-2)对比可知，虽然化学势可以使用 4 种偏导数进行定义，但是只有使用 Gibbs 自由能定义时，其恒定前提才是 T、p 及其他组分组成均不变，故只有偏摩尔 Gibbs 自由能才等于化学势，即：

$$\mu_i = \left[\frac{\partial(nG)}{\partial n_i}\right]_{T,p,n_{j(\neq i)}} = \overline{G}_i \qquad (6-9)$$

由于相平衡和化学平衡时，各相 T、p 相等，即处于恒温、恒压条件下，故 Gibbs 自由能函数成为研究热力学平衡问题的主线。

在数学上，溶液性质 nM 是各组成物质的量的一次齐次函数，Euler 定律对于这类函数给出的普遍关系是：

$$nM = \sum_i n_i \overline{M}_i \qquad (6\text{-}10)$$

两边同时除以 n 后，由 $\dfrac{n_i}{n} = x_i$，可得更常用的形式：

$$M = \sum_i x_i \overline{M}_i \qquad (6\text{-}11)$$

式中，x_i 是溶液中组分 i 的摩尔分数。

对于二元溶液，式(6-11) 展开为：

$$M = x_1 \overline{M}_1 + x_2 \overline{M}_2 \qquad (6\text{-}12)$$

式(6-11) 和式(6-12) 表明溶液的性质与各组分的偏摩尔性质之间呈线性加和关系，被称为**集合式**。

对于纯物质，摩尔性质与偏摩尔性质是相同的。

6.2.2　偏摩尔性质之间的关系

研究溶液的热力学性质，主要涉及四类性质，可用下列符号表达并区分：

纯组分 i 的摩尔性质 M_i：V_i、U_i、H_i、S_i、A_i、G_i…

溶液的摩尔性质 M：V、U、H、S、A、G…

溶液中组分 i 的偏摩尔性质 $\overline{M}_i$：$\overline{V}_i$、$\overline{U}_i$、$\overline{H}_i$、$\overline{S}_i$、$\overline{A}_i$、$\overline{G}_i$…

溶液的总性质 nM 或 M_t：nV、nU、nH、nS、nA、nG…

$\qquad\qquad\qquad$ 或 V_t、U_t、H_t、S_t、A_t、G_t…

可以证明，偏摩尔性质之间的函数关系与纯物质摩尔性质的函数关系相似，只需要把纯物质关系式中的摩尔性质换成相应的偏摩尔量即可。需要注意的是，只有广度量才有相应的偏摩尔性质，所以在替换时，强度量 T 和 p 保持不变。表 6-2 列出了部分摩尔性质关系式以及与之相对应的偏摩尔性质的关系式。

表 6-2　偏摩尔性质之间的部分关系式

纯组分 i 摩尔性质间的关系式	溶液中组分 i 偏摩尔性质间的关系式	
$H = U + pV$	$\overline{H}_i = \overline{U}_i + p\overline{V}_i$	$\mathrm{d}\overline{H}_i = T\mathrm{d}\overline{S}_i + \overline{V}_i\mathrm{d}p$
$A = U - TS$	$\overline{A}_i = \overline{U}_i - T\overline{S}_i$	$\mathrm{d}\overline{A}_i = -\overline{S}_i\mathrm{d}T - p\mathrm{d}\overline{V}_i$
$G = H - TS$	$\overline{G}_i = \mu_i = \overline{H}_i - T\overline{S}_i$	$\mathrm{d}\overline{G}_i = \mathrm{d}\mu_i = -\overline{S}_i\mathrm{d}T + \overline{V}_i\mathrm{d}p$
$\left(\dfrac{\partial H}{\partial p}\right)_T = V - T\left(\dfrac{\partial V}{\partial T}\right)_p$	$\left(\dfrac{\partial \overline{H}_i}{\partial p}\right)_{T,n} = \overline{V}_i - T\left(\dfrac{\partial \overline{V}_i}{\partial T}\right)_{p,n}$	…

6.2.3　偏摩尔性质的计算

偏摩尔性质的计算方法有两种。第一种是由溶液性质与组成的模型用定义式计算，第二种是由截距法公式计算。

（1）用**偏摩尔性质定义式**计算

一般来说，在热力学性质测定实验中，先测定出溶液总性质 nM 与物质的量 n_i 数据，然后利用这些数据建立模型 $nM = nM(T, p, n_1, n_2, \cdots, n_N)$，再按偏摩尔性质定义式 (6-8) 求偏导计算溶液中组分 i 的偏摩尔性质 $\overline{M}_i$。

(2) 用**截距法公式**计算

截距法公式是关联偏摩尔性质与溶液的摩尔性质及组成的方程式。由定义式(6-8) 出发，经过推导可得：

$$\overline{M}_i = M - \sum_{\substack{k=1 \\ k \neq i}}^{N} \left[x_k \left(\frac{\partial M}{\partial x_k} \right)_{T, p, x_{j(\neq i,k)}} \right] \tag{6-13}$$

式中，i 为所讨论的组分；k 为不包括 i 在内的其他组分；j 指不包括 i 及 k 的组分。式 (6-13) 即为广义的截距法公式，表示偏摩尔性质 $\overline{M}_i$ 在 M-x_1 直角坐标系曲线中的截距位置，已知 M-x_1 关系时，即可求算溶液中组分 i 的偏摩尔性质。对于二元溶液，在恒定的 T、p 下，因两个变量 x_1、x_2 满足关系式 $x_1 + x_2 = 1$，微分可得 $\mathrm{d}x_1 + \mathrm{d}x_2 = 0$，即 $\mathrm{d}x_1 = -\mathrm{d}x_2$，运用式(6-13) 可得：

$$\begin{cases} \overline{M}_1 = M + (1 - x_1) \dfrac{\mathrm{d}M}{\mathrm{d}x_1} \\[2mm] \overline{M}_2 = M - x_1 \dfrac{\mathrm{d}M}{\mathrm{d}x_1} \end{cases} \tag{6-14a}$$

$$\begin{cases} \overline{M}_1 = M - x_2 \dfrac{\mathrm{d}M}{\mathrm{d}x_2} \\[2mm] \overline{M}_2 = M + (1 - x_2) \dfrac{\mathrm{d}M}{\mathrm{d}x_2} \end{cases} \tag{6-14b}$$

式(6-14) 称为狭义的截距法公式。若通过实验测得在指定 T、p 下不同组成 x_1 时的 M 值，并将实验数据关联成 M-x_1 的解析式，则可按定义式(6-8) 或式(6-14) 用解析法求出导数值来计算偏摩尔性质。

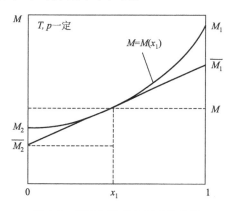

图 6-1 偏摩尔性质与组成的关系

对于二元溶液可通过实验数据图解截距法公式。将实验数据绘制成 M-x_1 曲线图，如图 6-1 所示。若欲求某一浓度 x_1 下的偏摩尔量，则在 M-x_1 曲线上找到该点，过该点作曲线的切线。根据图上的几何关系及二元截距法公式(6-14)，便可证明，左边纵坐标轴上的截距为组分 2 的偏摩尔性质 $\overline{M}_2$，右边纵坐标轴上的截距为组分 1 的偏摩尔性质 $\overline{M}_1$。

由图 6-1 亦可知，当组成趋近于两个端点处时，溶液的摩尔性质和组分的偏摩尔性质均趋近于纯组分的摩尔性质，即：

$$\begin{cases} \lim\limits_{x_1 \to 1} M = \lim\limits_{x_1 \to 1} \overline{M}_1 = M_1 \\[2mm] \lim\limits_{x_1 \to 0} M = \lim\limits_{x_1 \to 0} \overline{M}_2 = M_2 \end{cases} \tag{6-15}$$

【**例 6-1**】 某二元溶液在 293K 和 0.10133MPa 下的焓可用下式表示：

$$H = 100x_1 + 150x_2 + x_1 x_2 (10x_1 + 5x_2) \text{J} \cdot \text{mol}^{-1} \tag{A}$$

试确定在该温度、压力状态下：

(1) 用 x_1 表示的 $\overline{H}_1$ 和 $\overline{H}_2$；

(2) 纯组分的焓 H_1、H_2 的数值；

(3) 无限稀溶液的偏摩尔焓 $\overline{H}_1^\infty$ 和 $\overline{H}_2^\infty$ 的数值。

解：依题意，偏摩尔性质的求取，可采用截距法公式或定义式计算。

(1) 用 $x_2 = 1 - x_1$ 代入式(A)，并化简得

$$H = 100x_1 + 150(1-x_1) + x_1(1-x_1)[10x_1 + 5(1-x_1)]$$
$$= -5x_1^3 - 45x_1 + 150 \text{J} \cdot \text{mol}^{-1} \tag{B}$$

方法1：用截距法公式计算

由 (B) 求导得：$\dfrac{\mathrm{d}H}{\mathrm{d}x_1} = -15x_1^2 - 45$

则由截距法公式(6-14) 可得组分 1，2 的偏摩尔焓为：

$$\overline{H}_1 = H + x_2 \frac{\mathrm{d}H}{\mathrm{d}x_1} = H + (1-x_1)\frac{\mathrm{d}H}{\mathrm{d}x_1}$$
$$= (-5x_1^3 - 45x_1 + 150) + (1-x_1)(-15x_1^2 - 45) = 10x_1^3 - 15x_1^2 + 105 \text{J} \cdot \text{mol}^{-1}$$

$$\overline{H}_2 = H - x_1\frac{\mathrm{d}H}{\mathrm{d}x_1} = -5x_1^3 - 45x_1 + 150 - x_1(-15x_1^2 - 45) = 10x_1^3 + 150 \text{J} \cdot \text{mol}^{-1}$$

方法2：用定义式计算

式(A) 两边同时乘以 n，得：

$$nH = -5x_1^3 n - 45x_1 n + 150n = -5\frac{n_1^3}{n^2} - 45n_1 + 150(n_1 + n_2)$$

由定义式(6-8) 可得组分 1 的偏摩尔焓为：

$$\overline{H}_1 = \left[\frac{\partial(nH)}{\partial n_1}\right]_{T,p,n_2} = -5n_1^3 \frac{-2}{n^3}\frac{\partial n}{\partial n_1} - 5\times 3n_1^2 \frac{1}{n^2} - 45 + 150\frac{\partial n}{\partial n_1}$$

由于 $n = n_1 + n_2$，则 $\dfrac{\partial n}{\partial n_1} = 1$，$\dfrac{\partial n}{\partial n_2} = 1$，因此：

$$\overline{H}_1 = 10x_1^3 - 15x_1^2 + 105 \text{J} \cdot \text{mol}^{-1}$$

同理，组分 2 的偏摩尔焓为：

$$\overline{H}_2 = \left[\frac{\partial(nH)}{\partial n_2}\right]_{T,p,n_1} = \left\{\frac{\partial}{\partial n_2}\left[-5\frac{n_1^3}{(n_1+n_2)^2} - 45n_1 + 150(n_1+n_2)\right]\right\}_{T,p,n_1} = 10x_1^3 +$$

$150 \text{J} \cdot \text{mol}^{-1}$

(2) 根据式(6-15) 可得纯组分 1，2 的焓值：

$$H_1 = \lim_{x \to 1} H = -5\times 1^3 - 45\times 1 + 150 = 100 \text{J} \cdot \text{mol}^{-1}$$

或 $H_1 = \lim_{x \to 1}\overline{H}_1 = 10\times 1^3 - 15\times 1^2 + 105 = 100 \text{J} \cdot \text{mol}^{-1}$

$$H_2 = -5\times 0^3 - 45\times 0 + 150 = 150 \text{J} \cdot \text{mol}^{-1}$$

或 $H_2 = \lim_{x \to 1}\overline{H}_2 = 10\times 0^3 + 150 = 150 \text{J} \cdot \text{mol}^{-1}$

(3) 根据 $\overline{H}_1 = 10x_1^3 - 15x_1^2 + 105 \text{J} \cdot \text{mol}^{-1}$，在 $x_1 \to 0$ 时取极限，可得纯组分 1 的在无限稀释时的偏摩尔焓值：$\overline{H}_1^\infty = \lim_{x_1 \to 0}\overline{H}_1 = 10\times 0^3 - 15\times 0^2 + 105 = 105 \text{J} \cdot \text{mol}^{-1}$

同理，在 $x_2 \to 0$，即 $x_1 \to 1$ 时取极限，可得纯组分 2 的在无限稀释时的偏摩尔焓值：

$$\overline{H}_2^\infty = \lim_{x_2 \to 0} \overline{H}_2 = \lim_{x_1 \to 1} \overline{H}_2 = 10 \times 1^3 + 150 = 160 \text{J} \cdot \text{mol}^{-1}$$

对照两种求偏摩尔性质的方法，对于二元系，用截距法公式会更简单。但对于二元以上体系，狭义截距法公式(6-14)已不再适用，而偏摩尔性质的定义式(6-8)是适合任意多元溶液的。

6.2.4 偏摩尔性质间的 Gibbs-Duhem 方程

Gibbs-Duhem 方程是关联溶液中各组分的偏摩尔性质间的表达式。

溶液的总性质是 T、p 和各组分物质的量的函数。由式(6-7)和式(6-8)可得：

$$\text{d}(nM) = \left[\frac{\partial(nM)}{\partial T}\right]_{p,n} \text{d}T + \left[\frac{\partial(nM)}{\partial p}\right]_{T,n} \text{d}p + \sum_{i=1}^{N} \overline{M}_i \text{d}n_i \tag{6-16}$$

另一方面，对式(6-10)等式两边同时全微分，有：

$$\text{d}(nM) = \sum_{i=1}^{N} n_i \text{d}\overline{M}_i + \sum_{i=1}^{N} \overline{M}_i \text{d}n_i \tag{6-17}$$

结合(6-16)和式(6-17)可得：

$$\sum_{i=1}^{N} n_i \text{d}\overline{M}_i = \left[\frac{\partial(nM)}{\partial T}\right]_{p,n} \text{d}T + \left[\frac{\partial(nM)}{\partial p}\right]_{T,n} \text{d}p \tag{6-18}$$

若式(6-18)的两边同时除以总物质的量 n，等式右边第一项、第二项中的下标 n 因各组分物质的量不变可改写为摩尔分数 x，此时：

$$\sum_{i=1}^{N} x_i \text{d}\overline{M}_i = \left(\frac{\partial M}{\partial T}\right)_{p,x} \text{d}T + \left(\frac{\partial M}{\partial p}\right)_{T,x} \text{d}p \tag{6-19}$$

式(6-19)即为 Gibbs-Duhem 方程的一般形式。它描述了均相敞开体系中强度性质 T、p 和各组分偏摩尔性质之间的依赖关系。

在恒定 T、p 下，Gibbs-Duhem 方程的形式简化为：

$$\sum_{i=1}^{N} x_i \text{d}\overline{M}_i = 0 \tag{6-20}$$

对于二元溶液，式(6-20)可写为：

$$x_1 \text{d}\overline{M}_1 + x_2 \text{d}\overline{M}_2 = 0 \tag{6-21}$$

对式(6-21)进行积分，可得：

$$\overline{M}_1 = M_1 - \int_0^{x_2} \frac{x_2}{1-x_2} \frac{\text{d}\overline{M}_2}{\text{d}x_2} \text{d}x_2 \tag{6-22}$$

Gibbs-Duhem 方程主要有两方面用途：一是利用式(6-21)来检验实验测得的溶液偏摩尔性质数据的正确性；二是利用式(6-22)由一个组分的偏摩尔性质推算二元溶液中另一个组分的偏摩尔性质。

【例 6-2】 有人建议采用下述模型来表示某 T、p 下二元系的偏摩尔 Gibbs 自由能与组成的关系：

$$\overline{G}_1 = G_1 + RT\ln x_1 \tag{A}$$

$$\overline{G}_2 = G_2 + RT\ln x_2 \tag{B}$$

式中，G_1，G_2 是该温度、压力下纯组分摩尔 Gibbs 自由能；x_1，x_2 是摩尔分数。试用热力学方法说明两个表达式是否正确。

解：在 T、p 一定的条件下，由 Gibbs-Duhem 方程知：

$$x_1 d\overline{G}_1 + x_2 d\overline{G}_2 = 0$$

等式两边同时除以 dx_1，$x_1 \dfrac{d\overline{G}_1}{dx_1} + x_2 \dfrac{d\overline{G}_2}{dx_1} = 0$

又 $dx_1 = -dx_2$，则 $x_1 \dfrac{d\overline{G}_1}{dx_1} - x_2 \dfrac{d\overline{G}_2}{dx_2} = 0$

由式（A）和式（B）可得：$\dfrac{d\overline{G}_1}{dx_1} = RT \dfrac{1}{x_1}$，$\dfrac{d\overline{G}_2}{dx_2} = RT \dfrac{1}{x_2}$

则 $x_1 \dfrac{d\overline{G}_1}{dx_1} - x_2 \dfrac{d\overline{G}_2}{dx_2} = RT \left(x_1 \dfrac{1}{x_1} - x_2 \dfrac{1}{x_2} \right) = 0$

由此可见，题设表达式符合 Gibbs-Duhem 方程，从热力学上分析是正确的。

【例 6-3】 在 25℃ 和 0.1MPa 时，测得甲醇（1）-水（2）二元系统的组分 2 的偏摩尔体积近似为：

$$\overline{V}_2 = -3.2 x_1^2 + 18.1 \, \text{cm}^3 \cdot \text{mol}^{-1}$$

已知该温度和压力下纯甲醇的摩尔体积为 $V_1 = 40.7 \text{cm}^3 \cdot \text{mol}^{-1}$，试求该条件下甲醇的偏摩尔体积和混合物的摩尔体积。

解：在保持 T、p 不变的情况下，由 Gibbs-Duhem 方程，有

$$x_1 d\overline{V}_1 + x_2 d\overline{V}_2 = 0$$

移项、整理得：$d\overline{V}_1 = -\dfrac{x_2}{x_1} d\overline{V}_2 = -\dfrac{x_2}{x_1}(-2 \times 3.2 x_1 dx_1) = 6.4 x_2 dx_1 = -6.4 x_2 dx_2$

积分之：$\displaystyle\int_{V_1}^{\overline{V}_1} d\overline{V}_1 = -\int_0^{x_2} 6.4 x_2 dx_2 = -3.2 x_2^2$

则：$\overline{V}_1 = V_1 - 3.2 x_2^2 = -3.2 x_2^2 + 40.7 \text{cm}^3 \cdot \text{mol}^{-1}$

根据集合式（6-12）可得溶液的摩尔体积为：

$$
\begin{aligned}
V &= x_1 \overline{V}_1 + x_2 \overline{V}_2 \\
&= x_1(-3.2 x_2^2 + 40.7) + x_2(-3.2 x_1^2 + 18.1) \\
&= -3.2(1-x_1)^2 + 18.1(1-x_1) + 40.7 x_1 \text{cm}^3 \cdot \text{mol}^{-1}
\end{aligned}
$$

6.3 混合变量

在 T、p 不变的条件下，混合过程也会引起组分摩尔性质的变化。如前已述及的由乙醇与水混合为溶液时出现的体积收缩现象；又如用水稀释纯硫酸形成溶液时，出现的放热现象等。这都说明混合过程中溶液的体积或焓发生了变化。在化工设计和生产中，需要知道混合性质的变化，以断定混合过程中溶液的体积是否膨胀，设计容器是否需要留有余地，设计时是否需增设换热器用于供热或冷却等。

归根到底，溶液的性质来源于实验测定。在缺少实验数据时，可以用模型来估算溶液的

性质。但在某些情况下，特别是液体溶液的摩尔性质，与同温、同压下的纯组分的摩尔性质具有更直接的关系。为了表达这种关系，引入一个新的热力学性质——混合变量 ΔM。

6.3.1 混合变量的定义

在 T、p 不变的条件下，由 N 个纯物质混合为 1mol 溶液时混合过程性质变化如图 6-2 所示。

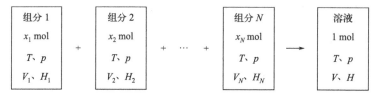

图 6-2 混合过程性质变化示意图

因此，混合变量被定义为恒温、恒压条件下，由各纯组分混合形成 1mol 溶液时热力学性质的变化，即：

$$\Delta M = M - \sum x_i M_i \tag{6-23}$$

式中，M 可以代表 V、U、H、S、A、G 等广度量。将式(6-11) 代入到式(6-23) 中得：$\Delta M = M - \sum x_i M_i = \sum x_i \overline{M}_i - \sum x_i M_i = \sum x_i (\overline{M}_i - M_i)$。

令 $\Delta \overline{M}_i = \overline{M}_i - M_i$，则：

$$\Delta M = \sum x_i \Delta \overline{M}_i \tag{6-24}$$

对照式(6-11)，式(6-24) 亦为集合式形式。式中，$\Delta \overline{M}_i = \overline{M}_i - M_i$ 定义为组分 i 的偏摩尔混合变量。它与溶液的混合变量 ΔM 关系，符合偏摩尔性质的定义式、偏摩尔性质的截距法公式和恒温恒压下的 Gibbs-Duhem 方程。对于二元溶液，有：

$$\begin{cases} \Delta \overline{M}_1 = \left[\dfrac{\partial (n \Delta M)}{\partial n_1} \right]_{T,p,n_2} \\[4mm] \Delta \overline{M}_2 = \left[\dfrac{\partial (n \Delta M)}{\partial n_2} \right]_{T,p,n_1} \end{cases} \tag{6-25}$$

$$\begin{cases} \Delta \overline{M}_1 = \Delta M - x_2 \dfrac{\mathrm{d} \Delta M}{\mathrm{d} x_2} \\[4mm] \Delta \overline{M}_2 = \Delta M - x_1 \dfrac{\mathrm{d} \Delta M}{\mathrm{d} x_1} \end{cases} \tag{6-26}$$

$$x_1 \mathrm{d} \Delta \overline{M}_1 + x_2 \mathrm{d} \Delta \overline{M}_2 = 0 \tag{6-27}$$

6.3.2 混合体积变化

对于二元溶液，在 T、p 不变的条件下，由两种纯物质混合为 1mol 溶液时混合过程的体积变化为：

$$\Delta V = V - \sum x_i V_i = (x_1 \overline{V}_1 + x_2 \overline{V}_2) - (x_1 V_1 + x_2 V_2) = x_1 (\overline{V}_1 - V_1) + x_2 (\overline{V}_2 - V_2)$$

令 $\Delta \overline{V}_i = \overline{V}_i - V_i$，则：

$$\Delta V = \sum x_i \Delta \overline{V}_i = x_1 \Delta \overline{V}_1 + x_2 \Delta \overline{V}_2 \qquad (6\text{-}28)$$

式中，$\Delta \overline{V}_1$ 和 $\Delta \overline{V}_2$ 为组分 1 和组分 2 的偏摩尔混合体积变化；ΔV 为溶液的混合体积变化。

ΔV、$\Delta \overline{V}_1$ 和 $\Delta \overline{V}_2$ 三者之间的关系除集合式外，还满足定义式、截距法公式和 Gibbs-Duhem 方程。

【例 6-4】 303K 和 101.33kPa 下，苯（1）和环己烷（2）二元溶液摩尔体积可用下式表示：

$$V = -2.64x_1^2 - 16.8x_1 + 109.4 \mathrm{cm}^3 \cdot \mathrm{mol}^{-1}$$

试确定在该温度、压力状态下 $\overline{V}_1$、$\overline{V}_2$ 和 ΔV 的表达式。

解：（1）依题意，已知 $V\text{-}x_1$ 关系式，对于二元系，选用截距法式求取 $\overline{V}_1$、$\overline{V}_2$。

首先，对 V 求导得：$\dfrac{\mathrm{d}V}{\mathrm{d}x_1} = -5.28x_1 - 16.8$

由式(6-14)，得组分 1，2 的偏摩尔体积：

$$\overline{V}_1 = V + (1-x_1)\frac{\mathrm{d}V}{\mathrm{d}x_1}$$

$$= -2.64x_1^2 - 16.8x_1 + 109.4 + (1-x_1)(-5.28x_1 - 16.8)$$

$$= +2.64x_1^2 - 5.28x_1 + 92.6 \mathrm{cm}^3 \cdot \mathrm{mol}^{-1}$$

$$\overline{V}_2 = V - x_1\left(\frac{\mathrm{d}V}{\mathrm{d}x_1}\right)$$

$$= -2.64x_1^2 - 16.8x_1 109.4 - x_1(-5.28x_1 - 16.8)$$

$$= 2.64x_1^2 + 109.4 \mathrm{cm}^3 \cdot \mathrm{mol}^{-1}$$

（2）纯组分 1，2 的摩尔体积为：

$$V_1 = \lim_{x_1 \to 1} V = -2.64 \times 1^2 - 16.8 \times 1 + 109.4 = 89.96 \mathrm{cm}^3 \cdot \mathrm{mol}^{-1}$$

$$V_2 = \lim_{x_1 \to 0} V = -2.64 \times 0^2 - 16.8 \times 0 + 109.4 = 109.4 \mathrm{cm}^3 \cdot \mathrm{mol}^{-1}$$

（3）根据溶液混合变量的定义，有：

$$\Delta V = V - \sum x_i V_i$$

$$= V - x_1 V_1 - x_2 V_2$$

$$= (-2.64x_1^2 - 16.8x_1 + 109.4) - 89.96x_1 - 109.4x_2$$

$$= -2.64x_1^2 - 106.76x_1 + 109.4(1-x_2)$$

$$= -2.64x_1^2 + 2.64x_1$$

$$= 2.64x_1(1-x_1)$$

$$= 2.64x_1 x_2 \mathrm{cm}^3 \cdot \mathrm{mol}^{-1}$$

6.3.3 混合焓变

除形成溶液时混合过程有体积变化外，有时系统还需要与环境交换热量才能维持混合后系统的 T、p 不变。根据热力学第一定律，由于等压条件下交换的热量等于混合过程的焓变化，对于二元溶液有：

$$\Delta H = Q = H - \sum x_i H_i = (x_1 \overline{H}_1 + x_2 \overline{H}_2) - (x_1 H_1 + x_2 H_2) = x_1 (\overline{H}_1 - H_1) + x_2 (\overline{H}_2 - H_2)$$

令 $\Delta \overline{H}_i = \overline{H}_i - H_i$，则：

$$\Delta H = \sum x_i \Delta \overline{H}_i = x_1 \Delta \overline{H}_1 + x_2 \Delta \overline{H}_2 \tag{6-29}$$

式中，$\Delta \overline{H}_1$ 和 $\Delta \overline{H}_2$ 为组分 1 和组分 2 的偏摩尔混合焓变；ΔH 为溶液的混合焓变。

同样地，组分 i 偏摩尔混合焓变与溶液的热效应之间的关系除集合式外，亦符合定义式、截距法公式和 Gibbs-Duhem 方程。

【例 6-5】 在 298K、0.1MPa 下，组分 1 和组分 2 的混合热与溶液组成间的关系式为：
$\Delta H = x_1 x_2 (10 x_1 + 5 x_2) \text{J} \cdot \text{mol}^{-1}$

在相同的温度和压力下，纯组分的摩尔焓分别为：
$H_1 = 418 \text{J} \cdot \text{mol}^{-1}$，$H_2 = 628 \text{J} \cdot \text{mol}^{-1}$

求 298K、0.1MPa 下无限稀释偏摩尔焓 $\overline{H}_1^\infty$ 和 $\overline{H}_2^\infty$。

解： 已知溶液的摩尔性质与浓度的关系式，可按截距法公式先求组分偏摩尔混合焓变，再结合纯组分的摩尔焓得组分偏摩尔焓，取极限即得无限稀释时的偏摩尔焓。

(1) 将 ΔH 的表达式整理为 x_1 的单值函数关系，即：

$$\Delta H = x_1 (1 - x_1)(10 x_1 + 5 - 5 x_1) = 5(-x_1^3 + x_1) \tag{A}$$

将式 (A) 对 x_1 进行求导，有：$\dfrac{\text{d} \Delta H}{\text{d} x_1} = -15 x_1^2 + 5$ $\tag{B}$

(2) 将式 (A) 和式 (B) 代入到截距法公式 (6-14) 中，整理得：

$$\begin{aligned}
\Delta \overline{H}_1 &= \Delta H + (1 - x_1) \frac{\text{d} \Delta H}{\text{d} x_1} \\
&= 5(-x_1^3 + x_1) + (1 - x_1)(-15 x_1^2 + 5) \\
&= 5(2 x_1^3 - 3 x_1^2 + 1) \text{J} \cdot \text{mol}^{-1}
\end{aligned} \tag{C}$$

$$\begin{aligned}
\Delta \overline{H}_2 &= \Delta H - x_1 \frac{\text{d} \Delta H}{\text{d} x_1} \\
&= 5(-x_1^3 + x_1) - x_1 (-15 x_1^2 + 5) \\
&= 10 x_1^3 \text{J} \cdot \text{mol}^{-1}
\end{aligned} \tag{D}$$

(3) 由式 (C) 和式 (D) 得组分 1 和组分 2 的偏摩尔焓为：
$\overline{H}_1 = H_1 + \Delta \overline{H}_1 = 2 x_1^3 - 15 x_1^2 + 423 \text{J} \cdot \text{mol}^{-1}$
$\overline{H}_2 = H_2 + \Delta \overline{H}_2 = 10 x_1^3 + 628 \text{J} \cdot \text{mol}^{-1}$

(4) 则组分 1 和组分 2 的无限稀释的偏摩尔焓为：
$\overline{H}_1^\infty = \lim\limits_{x_1 \to 0} \overline{H}_1 = 2 \times 0^3 - 15 0^2 + 423 = 423 \text{J} \cdot \text{mol}^{-1}$
$\overline{H}_2^\infty = \lim\limits_{x_1 \to 1} \overline{H}_2 = 10 \times 1^3 + 628 = 638 \text{J} \cdot \text{mol}^{-1}$

6.4 逸度和逸度系数

当体系处于相平衡时，溶液中各组分在不同相态中的化学势相等，为了表征相平衡，尤其是汽液平衡时组分在汽相和液相中的分配情况，必须计算化学势。化学势难以直接测量，为简化问题，可借助 $\mu_i = \overline{G_i}$ 计算，而 $\overline{G_i}$ 同样难以直接测量，需要通过可测的 $p\text{-}V\text{-}T$ 关系进行推算。在真实体系性质推算过程中，为进一步简化问题，引入逸度（纯物质逸度 f_i，溶液逸度 f_m，溶液中组分逸度 $\hat{f}_i$）表示校正压力，引入逸度系数（纯物质逸度系数 φ_i，溶液逸度系数 φ_m，溶液中组分逸度系数 $\hat{\varphi}_i$）表征真实气体对理想气体的偏离程度。

6.4.1 逸度和逸度系数的定义

6.4.1.1 纯物质逸度和逸度系数的定义

对于 1mol 纯流体，Gibbs 自由能与温度和压力的热力学基本方程为：

$$dG = -SdT + Vdp \tag{3-4}$$

若记纯流体为 i，恒温时有：

$$dG_i = V_i dp \tag{6-30}$$

当流体 i 为理想气体时，则 $V_i = \dfrac{RT}{p}$，代入式（6-30）得：

$$dG_i = RT d\ln p \tag{6-31}$$

当流体 i 为真实气体时，式（6-30）中的 V_i 需要用真实气体的状态方程来描述。可以想象，这时得到的 dG_i 公式将不会像式（6-31）那样简单，且积分也较困难。为了化繁为简，Lewis 等采用一个新的热力学函数 f_i 来代替式（6-31）中的纯组分压力 p，以保持式（6-31）的简单形式而适用于任何气体的计算。即：

$$dG_i = RT d\ln f_i \tag{6-32a}$$

式中，f_i 称为纯物质 i 的逸度，其单位与压力的单位相同，其物理意义是物质发生迁移（传递或溶解时）的一种推动力。针对状态变化，式（6-32a）积分后可用来计算逸度的变化值，但不能确定它的绝对值。于是，Lewis 等根据符合实际和简单性的原则，补充了下列条件：

$$\lim_{p \to 0} \frac{f_i}{p} = 1 \tag{6-32b}$$

由式（6-32b）可知，理想气体的逸度等于其压力，$f_i = p$，这赋予了逸度计算的一个起点。

逸度和压力之比称为逸度系数，纯物质 i 的逸度系数用 φ_i 表示，定义式为：

$$\varphi_i = \frac{f_i}{p} \tag{6-32c}$$

纯物质 i 的逸度和逸度系数的完整定义由式（6-32a）、式（6-32b）和式（6-32c）共同给出。显然，对于理想气体，$\varphi_i = 1$。真实气体的逸度系数可以大于 1，等于 1，也可以小于 1，它是温度、压力的函数，当压力 $p \to 0$ 时，表现为理想气体行为。因此，逸度系数 φ_i 表征了真实气体对理想气体的偏离程度。

6.4.1.2 溶液逸度和逸度系数的定义

类似于纯物质，可以把溶液作为一个整体来考虑，则溶液逸度 f_m 和逸度系数 φ_m 的定义与纯物质相类似。通常为了简便，可省去 f_m 和 φ_m 的下标 m。

$$
\begin{cases}
\mathrm{d}G_{\mathrm{m}} = RT\,\mathrm{d}\ln f_{\mathrm{m}} \\[2mm]
\lim_{p \to 0} \dfrac{f_{\mathrm{m}}}{p} = 1 \\[2mm]
\varphi_{\mathrm{m}} = \dfrac{f_{\mathrm{m}}}{p}
\end{cases}
\tag{6-33}
$$

6.4.1.3 溶液中组分逸度和逸度系数的定义

溶液中组分 i 的逸度记为 $\hat{f}_i$，逸度系数记为 $\hat{\varphi}_i$，以便与纯物质的逸度和逸度系数加以区别。由于组分 i 在溶液中所表现出的摩尔 Gibbs 自由能与纯态时的摩尔 Gibbs 自由能不同，前者为偏摩尔性质 Gibbs 自由能 $\overline{G}_i$。因此恒温时溶液中组分逸度和逸度系数的定义式为：

$$
\begin{cases}
\mathrm{d}\overline{G}_i = RT\,\mathrm{d}\ln \hat{f}_i \\[2mm]
\lim_{p \to 0} \dfrac{\hat{f}_i}{p y_i} = 1 \\[2mm]
\hat{\varphi}_i = \dfrac{\hat{f}_i}{p y_i}
\end{cases}
\tag{6-34}
$$

式中，y_i 为组分 i 在溶液中的摩尔分数；p 为系统的压力。

至此，已有三种逸度，纯物质 i 的逸度 f_i、溶液逸度 f_{m} 以及溶液中组分 i 的逸度 $\hat{f}_i$；相应地，也有三种逸度系数，φ_i、φ_{m} 和 $\hat{\varphi}_i$。

应该注意，逸度和逸度系数的这些关系式不仅适用于气体，同样也适用于液体和固体。

引入逸度和逸度系数的概念，对研究相平衡有重要意义。以溶液为例，当汽、液两相达到平衡时，溶液中各组分在不同相态中的化学势相等，即 $\mu_i^{\mathrm{V}} = \mu_i^{\mathrm{L}}$，而 $\mu_i = \overline{G}_i$，则 $\overline{G}_i^{\mathrm{V}} = \overline{G}_i^{\mathrm{L}}$，通过逸度和逸度系数的定义式可以推导出以逸度表示的汽液平衡准则，即：

$$
\hat{f}_i^{\mathrm{V}} = \hat{f}_i^{\mathrm{L}}
\tag{6-35}
$$

溶液中组分逸度和逸度系数的定义式是计算溶液相平衡的基础（详见第 7 章）。

6.4.1.4 溶液逸度和溶液中组分逸度的关系

从逸度的定义式出发，可以推导得到溶液逸度和溶液中组分的逸度之间的关系，即 $\ln \dfrac{\hat{f}_i}{y_i}$ 是 $\ln f_{\mathrm{m}}$ 的偏摩尔性质，根据偏摩尔性质的定义式，则：

$$
\ln \frac{\hat{f}_i}{y_i} = \left[\frac{\partial (n \ln f_{\mathrm{m}})}{\partial n_i} \right]_{T, p, n_{j(\neq i)}}
\tag{6-36}
$$

将式（6-36）两边减去恒等式 $\ln p = \left[\dfrac{\partial (n \ln p)}{\partial n_i} \right]_{T, p, n_{j(\neq i)}}$，同时依据 φ_{m} 和 $\hat{\varphi}_i$ 的定义式，可得：

$$
\ln \hat{\varphi}_i = \left[\frac{\partial (n \ln \varphi_{\mathrm{m}})}{\partial n_i} \right]_{T, p, n_{j(\neq i)}}
\tag{6-37}
$$

即 $\ln \hat{\varphi}_i$ 是 $\ln \varphi_{\mathrm{m}}$ 的偏摩尔性质。这两对溶液摩尔性质与溶液中组分偏摩尔性质同样满足相应的集合式、截距法公式及 Gibbs-Duhem 方程。

6.4.2 逸度和逸度系数的计算

在逸度计算中往往先计算逸度系数，而后依据逸度系数的定义式求算逸度。如纯物质的逸度系数 φ_i 确定后，其逸度即为 $f_i = p\varphi_i$。

6.4.2.1 纯物质逸度和逸度系数的计算

对于纯物质 i，联立式(6-30) 和式(6-32a) 得：$\mathrm{d}G_i = RT\mathrm{d}\ln f_i = V_i\mathrm{d}p$

等式两边减去恒等式 $RT\mathrm{d}\ln p = \dfrac{RT}{p}\mathrm{d}p$，可得：$RT\mathrm{d}\ln\dfrac{f_i}{p} = \left(V_i - \dfrac{RT}{p}\right)\mathrm{d}p$

依据 φ_i 定义式，可得：$\mathrm{d}\ln\varphi_i = \left(\dfrac{V_i}{RT} - \dfrac{1}{p}\right)\mathrm{d}p = (Z_i - 1)\dfrac{\mathrm{d}p}{p}$

在恒温下，将上式从压力为零的状态积分到压力为 p 的状态，并考虑到当 $p \to 0$ 时，$\varphi_i \to 1$，可得到纯物质逸度系数的计算式：

$$\ln\varphi_i = \frac{1}{RT}\int_{p\to 0}^{p}\left(V_i - \frac{RT}{p}\right)\mathrm{d}p = \int_{p\to 0}^{p}(Z_i - 1)\,\mathrm{d}\ln p \tag{6-38}$$

由式(6-38) 可知，逸度系数的计算可依据流体的 $p\text{-}V\text{-}T$ 关系，即通过状态方程计算，第 2 章中介绍过的各类状态方程均可用于计算。如果有足够的 $p\text{-}V\text{-}T$ 实验数据，还可以用图解积分法计算。

(1) 利用立方型状态方程计算逸度系数

当用立方型状态方程来求解逸度系数时，只需要把状态方程所描述的 $p\text{-}V\text{-}T$ 关系代入到式(6-38) 进行积分运算即可。

首先，以克劳修斯状态方程为例来说明逸度系数的计算过程。即某纯物质的 $p\text{-}V\text{-}T$ 关系满足 $p = \dfrac{RT}{V-b}$，则 $\dfrac{RT}{p} = V_i - b_i$ 或 $V_i - \dfrac{RT}{p} = b_i$，代入到逸度系数的计算式(6-38) 积分之，得：

$$\ln\varphi_i = \frac{1}{RT}\int_{p\to 0}^{p}\left(V_i - \frac{RT}{p}\right)\mathrm{d}p = \frac{1}{RT}\int_{p\to 0}^{p}b_i\mathrm{d}p = \frac{b_i p}{RT} \tag{6-39}$$

利用同样的方法，将立方型状态方程代入式(6-38) 推导可得逸度系数计算式，为了便于应用，表 6-3 列出了常用立方型状态方程的纯物质逸度系数计算式。

表 6-3　常用立方型状态方程的纯物质逸度系数计算式

立方型状态方程	逸度系数计算式
RK 方程,式(2-10)	$\ln\varphi_i = (Z_i - 1) - \ln\left(Z_i - \dfrac{b_i p}{RT}\right) - \dfrac{a_i}{b_i RT^{1.5}}\ln\left(1 + \dfrac{b_i}{V_i}\right)$
SRK 方程,式(2-12)	$\ln\varphi_i = (Z_i - 1) - \ln\left(Z_i - \dfrac{b_i p}{RT}\right) - \dfrac{a_i}{b_i RT}\ln\left(1 + \dfrac{b_i}{V_i}\right)$
PR 方程,式(2-16)	$\ln\varphi_i = (Z_i - 1) - \ln\left(Z_i - \dfrac{b_i p}{RT}\right) - \dfrac{1}{2\sqrt{2}\,b_i RT}\ln\dfrac{V_i + (\sqrt{2}+1)b_i}{V_i - (\sqrt{2}-1)b_i}$

(2) 利用普遍化状态方程计算逸度系数

在第 2 章中已经介绍过三参数普遍化状态方程表达流体的 $p\text{-}V\text{-}T$ 关系，普遍化状态方程实际上包括两种：普遍化压缩因子图法和普遍化第二 virial 系数法。一般来说，普遍化压缩因子图法适用于高压系统，通过查图来推算 $p\text{-}V\text{-}T$ 关系，而普遍化第二 virial 关系式用于低压系统，且采用公式计算。同样地，逸度系数的计算也有相应的方法。

当状态点在图 2-10 曲线下方或 $V_r \geqslant 2$ 时，用普遍化第二 virial 系数法。其基本方程是取 virial 方程两项截断式，即 $Z=1+\dfrac{Bp}{RT}$，则 $Z-1=\dfrac{Bp}{RT}$，将其代入式(6-38)中。在恒温的条件下有：

$$\ln \varphi_i = \int_{p \to 0}^{p} (Z_i - 1) \frac{\mathrm{d}p}{p} = \int_{p \to 0}^{p} \frac{B_i}{RT} \mathrm{d}p \tag{6-40}$$

对于特定的物质，第二 virial 系数 B 仅是温度的函数，与压力无关。故可以视为常数，有：$\ln\varphi_i = \int_{p \to 0}^{p} \frac{B_i}{RT} \mathrm{d}p = \frac{B_i p}{RT} = \frac{B_i p_c}{RT_c} \frac{p_{r,i}}{T_{r,i}}$

即：

$$\ln\varphi_i = \frac{p_{r,i}}{T_{r,i}} \left[B^{(0)} + \omega B^{(1)} \right]_i \tag{6-41}$$

由式(6-41)可知，逸度系数的计算关键，是求出第二 virial 系数，其计算式在第 2 章中表示如下：

$$B^{(0)} = 0.083 - \frac{0.422}{T_r^{1.6}} \tag{2-42}$$

$$B^{(1)} = 0.139 - \frac{0.172}{T_r^{4.2}} \tag{2-43}$$

此外，Pitzer 将三参数普遍化压缩因子图与 $\ln\varphi_i$ 的计算式相关联得到：

$$\ln\varphi_i = \ln\varphi_i^{(0)} + \omega_i \ln\varphi_i^{(1)} \tag{6-42a}$$

或

$$\varphi_i = \varphi_i^{(0)} \left[\varphi_i^{(1)} \right]^{\omega_i} \tag{6-42b}$$

式中，$\varphi_i^{(0)}$，$\varphi_i^{(1)}$ 分别为简单流体的普遍化逸度系数和普遍化逸度系数的校正值，均为对比温度、对比压力的函数。图 6-3～图 6-6 即为普遍化逸度系数关联图，可供查用。

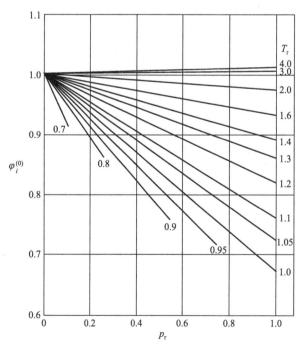

图 6-3 $\varphi_i^{(0)}$ 的普遍化关联图（$p_r < 1$）

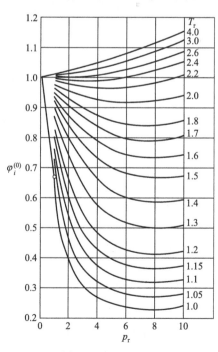

图 6-4 $\varphi_i^{(0)}$ 的普遍化关联图（$p_r > 1$）

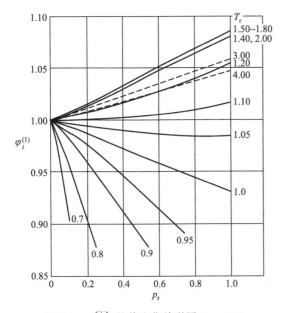

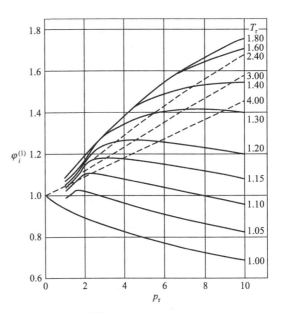

图 6-5 $\varphi_i^{(1)}$ 的普遍化关联图（$p_r < 1$）　　　　　图 6-6 $\varphi_i^{(1)}$ 的普遍化关联图（$p_r > 1$）

【例 6-6】 用 RK 方程和普遍化状态方程计算丙烷在 520K、3.86MPa 下的逸度系数和逸度。

解：（1）从附录 2 中查出丙烷的物性参数：

$T_c = 369.8K$，$p_c = 4.246MPa$，$\omega = 0.152$

对比参数为：$T_r = \dfrac{T}{T_c} = \dfrac{520}{369.8} = 1.4062$，　　　$p_r = \dfrac{p}{p_c} = \dfrac{3.86}{4.246} = 0.9091$

将有关数据代入式(2-11)，可得：

$$a = 0.42748 \frac{R^2 T_c^{2.5}}{p_c} = 0.42748 \times \frac{8.314^2 \times 369.8^{2.5}}{4246000} = 18.30\,\text{Pa} \cdot \text{m}^6 \cdot \text{K}^{0.5} \cdot \text{mol}^{-2}$$

$$b = 0.08664 \frac{R T_c}{p_c} = 0.08664 \times \frac{8.314 \times 369.8}{4246000} = 6.2736 \times 10^{-5}\,\text{m}^3 \cdot \text{mol}^{-1}$$

选用 RK 方程，利用 ChemEngThermCal 软件计算得 $V_i = 999.27\,\text{cm}^3 \cdot \text{mol}^{-1}$，$Z_i = 0.8922$，再将 V_i，Z_i，a 和 b 代入 RK 方程对应的逸度系数计算公式得：$\varphi_i = 0.8967$

丙烷的逸度为：$f_i = p\varphi_i = 3.86 \times 0.8967 = 3.46\,\text{MPa}$

（2）因为 $T_r = 1.4062$，$p_r = 0.9091$ 落在普遍化第二 virial 系数法的计算范围内，故选用式(6-41)计算纯组分的逸度系数。

根据式(2-44)～式(2-45)，可得：

$$B^{(0)} = 0.083 - \frac{0.422}{T_r^{1.6}} = 0.083 - \frac{0.422}{1.4062^{1.6}} = -0.1616$$

$$B^{(1)} = 0.139 - \frac{0.172}{T_r^{4.2}} = 0.139 - \frac{0.172}{1.4062^{4.2}} = 0.0979$$

由式(6-41)，可得：

$$\ln\varphi_i = \frac{0.9091}{1.4062} \times (-0.1616 + 0.152 \times 0.0979) = -0.0949$$

$$\varphi_i = 0.9095$$

丙烷的逸度为：$f_i = p\varphi_i = 3.86 \times 0.9095 = 3.51\text{MPa}$

6.4.2.2 溶液逸度和逸度系数的计算

若把溶液视为一个整体，则计算纯物质逸度系数的计算公式都可以用来计算溶液的逸度系数。需要注意的是，当用状态方程来计算逸度系数时，状态方程的参数，如 RK 方程的 a、b，不再单纯代表纯物质的特征参数，而是与溶液的组分 i 的组成密切相关。此时，逸度系数的计算方法应该由相应的计算公式和**混合规则**所构成。不同的状态方程适用不同的混合规则，详见第 2 章表 2-1。

6.4.2.3 溶液中组分逸度和逸度系数的计算

参照式(6-38)，可以写出计算溶液中组分逸度系数的基本关系式：

$$\ln \hat{\varphi}_i = \frac{1}{RT} \int_{p \to 0}^{p} \left(\overline{V}_i - \frac{RT}{p} \right) \mathrm{d}p = \int_{p \to 0}^{p} (\overline{Z}_i - 1) \, \mathrm{d}\ln p \tag{6-43}$$

式中，$\overline{Z}_i$ 为流体偏摩尔压缩因子。该式不论对气态溶液还是对液态溶液均适用。由式(6-43) 又可导出：

$$\ln \hat{\varphi}_i = \frac{1}{RT} \int_{nV \to \infty}^{nV} \left[\frac{RT}{nV} - \left(\frac{\partial p}{\partial n_i} \right)_{T, nV, n_{j(\neq i)}} \right] \mathrm{d}(nV) - \ln Z_\mathrm{m} \tag{6-44}$$

式中，Z_m 为体系温度 T 和总压 p 下溶液的压缩因子。

式(6-43) 和式(6-44) 都可以用来计算溶液中组分逸度系数。若状态方程为体积 V 的显函数形式 $V = V(T, p)$ 时，用式(6-43) 方便。对于以 p 为显函数的状态方程，即 $p = p(T, V)$ 时，则应用式(6-44) 更简便。

（1）用 virial 方程计算

以 virial 方程两项截断式为例，有：

$$Z_\mathrm{m} = 1 + \frac{B_\mathrm{m} p}{RT} \tag{2-30}$$

对于 n mol 二元气体混合物，式(2-30) 两边同时乘以 n，得：

$$nZ_\mathrm{m} = n + \frac{nB_\mathrm{m} p}{RT}$$

在 T、p 和 n_2 均不变的条件下对 n_1 求偏微分得偏摩尔压缩因子 $\overline{Z}_i$：

$$\overline{Z}_1 = \left[\frac{\partial (nZ_\mathrm{m})}{\partial n_1} \right]_{T,p,n_2} = \left[\frac{\partial n}{\partial n_1} \right]_{T,p,n_2} + \frac{p}{RT} \left[\frac{\partial (nB_\mathrm{m})}{\partial n_1} \right]_{T,p,n_2} = 1 + \frac{p}{RT} \left[\frac{\partial (nB_\mathrm{m})}{\partial n_1} \right]_{T,p,n_2}$$

二元气体混合物的第二 virial 系数 B_m 仅是温度和组成的函数，即：

$$B_\mathrm{m} = \sum_{j}^{2} \sum_{i}^{2} y_i y_j B_{ij} = y_1^2 B_{11} + 2 y_1 y_2 B_{12} + y_2^2 B_{22}$$

则：$\left[\dfrac{\partial (nB_\mathrm{m})}{\partial n_1} \right]_{T,p,n_2} = B_{11} + \left(\dfrac{1}{n} - \dfrac{n_1}{n^2} \right) n_2 \delta_{12} = B_{11} + (1 - y_1) y_2 \delta_{12} = B_{11} + y_2^2 \delta_{12}$

式中，$\delta_{12} = 2 B_{12} - B_{11} - B_{22}$

则：$\overline{Z}_1 = 1 + \dfrac{p}{RT} (B_{11} + y_2^2 \delta_{12})$

将 $\overline{Z}_i$ 代入式(6-43)，得：

$$\ln \hat{\varphi}_1 = \int_{p \to 0}^{p} (\overline{Z}_i - 1) \, \mathrm{dln}p = \int_{p \to 0}^{p} \frac{p}{RT} (B_{11} + y_2^2 \delta_{12}) \frac{\mathrm{d}p}{p} = \int_{p \to 0}^{p} \frac{B_{11} + y_2^2 \delta_{12}}{RT} \mathrm{d}p$$

在恒温恒组成下对上式积分，得：

$$\ln\hat{\varphi}_1 = \frac{p}{RT}(B_{11} + y_2^2 \delta_{12}) \tag{6-45a}$$

同理，可得：

$$\ln\hat{\varphi}_2 = \frac{p}{RT}(B_{22} + y_1^2 \delta_{12}) \tag{6-45b}$$

对于多元溶液，组分 i 的逸度系数计算式为：

$$\ln \hat{\varphi}_i = \frac{p}{RT}\left[B_{ii} + \frac{1}{2} \sum_j \sum_k y_j y_k (2\delta_{jk} - \delta_{kj}) \right] \tag{6-46}$$

式中，$\begin{cases} \delta_{ji} = 2B_{ji} - B_{jj} - B_{ii} \\ \delta_{jk} = 2B_{jk} - B_{jj} - B_{kk} \end{cases}$；$B_{ji}$、$B_{ik}$ 为交叉第二 virial 系数，相应的计算公式见 2.4.3 节。

（2）用立方型状态方程计算

当气体混合物的密度接近或超过临界值时，virial 方程不再适用，可选用立方型状态方程计算逸度系数。由于是计算气体混合物中组分的 $\hat{\varphi}_i$，故需考虑状态方程中纯组分的参数和组成的关系，从而求算混合物的参数，应该指出，混合规则对组分逸度系数的计算相当敏感，即使状态方程不变，但混合规则不同时，组分逸度系数的表达形式也有所改变，这点在进行具体计算中务必加以注意。

将立方型状态方程和其相应的混合规则代入式（6-44）后可以得出组分的逸度系数计算式，表 6-4 列出了与一些常用的立方型状态方程和混合规则所对应的组分逸度系数计算式。

表 6-4 常用立方型状态方程和混合规则所对应的组分逸度系数计算式

立方型状态方程	混合规则	逸度系数计算式
vdW 方程 式(2-8)	$\begin{cases} a_m = (\sum y_i \sqrt{a_i})^2 \\ b_m = \sum y_i b_i \end{cases}$	$\ln\hat{\varphi}_i = \dfrac{b_i}{V_m - b_m} - \ln\left[Z_m\left(1 - \dfrac{b_m}{V_m}\right) \right] - \dfrac{2\sqrt{a_m a_i}}{b_m RT}$
RK 方程 式(2-10)	$\begin{cases} a_m = (\sum y_i \sqrt{a_i})^2 \\ b_m = \sum y_i b_i \end{cases}$	$\ln\hat{\varphi}_i = \dfrac{b_i(Z_m - 1)}{b_m} - \ln\left[Z_m\left(1 - \dfrac{b_m}{V_m}\right) \right] + \dfrac{a_m b_i / b_m - 2\sqrt{a_m a_i}}{b_m RT^{1.5}} \ln\left(1 + \dfrac{b_m}{V_m}\right)$
RK 方程 式(2-10)	$\begin{cases} a_m = \sum\sum y_i y_j a_{ij} \\ b_m = \sum y_i b_i \end{cases}$	$\ln\hat{\varphi}_i = \dfrac{b_i(Z_m - 1)}{b_m} - \ln\left[Z_m\left(1 - \dfrac{b_m}{V_m}\right) \right] + \dfrac{a_m b_i / b_m - 2\sum y_i a_{ij}}{b_m RT^{1.5}} \ln\left(1 + \dfrac{b_m}{V_m}\right)$
SRK 方程 式(2-12)	$\begin{cases} a_m = \sum\sum y_i y_j a_{ij} \\ b_m = \sum y_i b_i \end{cases}$	$\ln\hat{\varphi}_i = \dfrac{b_i(Z_m - 1)}{b_m} - \ln\left[Z_m\left(1 - \dfrac{b_m}{V_m}\right) \right] + \dfrac{a_m b_i / b_m - 2\sum y_i a_{ij}}{b_m RT} \ln\left(1 + \dfrac{b_m}{V_m}\right)$
PR 方程 式(2-16)	$\begin{cases} a_m = \sum\sum y_i y_j a_{ij} \\ b_m = \sum y_i b_i \end{cases}$	$\ln\hat{\varphi}_i = \dfrac{b_i(Z_m - 1)}{b_m} - \ln\left[Z_m\left(1 - \dfrac{b_m}{V_m}\right) \right]$ $+ \dfrac{a_m b_i / b_m - 2\sum y_i a_{ij}}{2\sqrt{2} b_m RT} \ln\dfrac{V_m + (\sqrt{2}+1)b_m}{V_m - (\sqrt{2}-1)b_m}$

从表 6-4 可清楚地看出，状态方程相同，混合规则不同，$\hat{\varphi}_i$ 的表达式是不同的；混合规则相同，而状态方程不同，$\hat{\varphi}_i$ 的表达式也是不同的。因此，在应用时，必须同时选用状态方程和混合规则。

需要指出的是，由于 vdW 方程和 RK 方程都只能适用于气（汽）相 p-V-T 性质的计算，计算液相时误差较大，故表 6-4 中与其对应的组分逸度系数表达式更多地用于气（汽）相。而 SRK 方程和 PR 方程都能较精确地代表非极性、弱极性或一些简单液相系统的 p-V-T 性质，故这两个方程的组分逸度系数表达式常同时应用于气（汽）、液两相，是第 7 章中计算汽液平衡的基础。

6.4.3　液体的逸度

根据纯流体逸度的定义，可得恒温时纯液体逸度和逸度系数的定义：

$$\begin{cases} \mathrm{d}G_i^{\mathrm{L}} = RT\,\mathrm{d}\ln f_i^{\mathrm{L}} \\[2mm] \lim_{p \to 0} \dfrac{f_i^{\mathrm{L}}}{p} = 1 \\[2mm] \varphi_i^{\mathrm{L}} = \dfrac{f_i^{\mathrm{L}}}{p} \end{cases} \tag{6-47}$$

式(6-38) 是计算纯物质逸度的通用表达式，可用于纯气体，亦可用于纯液体及纯固体。在计算纯液体的逸度时，由于在积分区间内存在着从蒸气到汽液共存，再到液体的相变化过程，使得流体的摩尔体积不连续。因此，须采用分为三段积分的方法，这三段分别为：由理想蒸气到饱和蒸气，由饱和蒸气变为饱和液体的相变，将饱和液体压缩至实际状态的液体，则：

$$\ln \varphi_i^{\mathrm{L}} = \ln \frac{f_i^{\mathrm{L}}}{p} = \frac{1}{RT}\int_{p \to 0}^{p_i^{\mathrm{s}}} \left(V_i - \frac{RT}{p}\right)\mathrm{d}p + \Delta\left(\ln \frac{f_i^{\mathrm{s}}}{p_i^{\mathrm{s}}}\right) + \frac{1}{RT}\int_{p_i^{\mathrm{s}}}^{p} \left(V_i - \frac{RT}{p}\right)\mathrm{d}p \tag{6-48}$$

根据式(6-38)，右边第一项积分所计算的是饱和蒸气 i 的逸度系数，即：

$$\int_{p \to 0}^{p_i^{\mathrm{s}}} \left(V_i - \frac{RT}{p}\right)\mathrm{d}p = RT\ln \varphi_i^{\mathrm{s}} = RT\ln \frac{f_i^{\mathrm{s}}}{p_i^{\mathrm{s}}}$$

对于第二项，由于恒温恒压的相变化时 $(\Delta G)_{T,p} = 0$，则：

$$\Delta\left(\ln \frac{f_i^{\mathrm{s}}}{p_i^{\mathrm{s}}}\right)_{相变化} = \left(\frac{\Delta G}{RT}\right)_{相变化} = 0$$

第三项与第一项类似，此时体积为液体的体积，展开得：

$$\frac{1}{RT}\int_{p_i^{\mathrm{s}}}^{p} \left(V_i - \frac{RT}{p}\right)\mathrm{d}p = \int_{p_i^{\mathrm{s}}}^{p} \frac{V_i^{\mathrm{L}}}{RT}\mathrm{d}p - \ln \frac{p}{p_i^{\mathrm{s}}}$$

将以上三项加和代入式(6-48) 整理得：

$$\ln \varphi_i^{\mathrm{L}} = \ln \frac{f_i^{\mathrm{L}}}{p} = \ln f_i^{\mathrm{L}} - \ln p = \ln \frac{f_i^{\mathrm{s}}}{p_i^{\mathrm{s}}} + \int_{p_i^{\mathrm{s}}}^{p} \frac{V_i^{\mathrm{L}}}{RT}\mathrm{d}p - \ln \frac{p}{p_i^{\mathrm{s}}}$$

即：$\ln f_i^{\mathrm{L}} = \ln f_i^{\mathrm{s}} + \displaystyle\int_{p_i^{\mathrm{s}}}^{p} \frac{V_i^{\mathrm{L}}}{RT}\mathrm{d}p$

亦即：

$$f_i^{\mathrm{L}} = f_i^{\mathrm{s}} \exp\!\int_{p_i^{\mathrm{s}}}^{p} \frac{V_i^{\mathrm{L}}}{RT}\mathrm{d}p \tag{6-49a}$$

式中，V_i^{L} 是纯液体 i 的摩尔体积；f_i^{s} 是处于体系温度 T 和对应饱和蒸气压 p_i^{s} 下的逸度。

虽然液体的摩尔体积是温度、压力的函数，但液体在远离临界点时可视为不可压缩流

体，这种情况下，式(6-49a) 可简化为

$$f_i^{\text{L}}=f_i^{\text{s}}\exp\left[\frac{V_i^{\text{L}}(p-p_i^{\text{s}})}{RT}\right]=p_i^{\text{s}}\varphi_i^{\text{s}}\exp\left[\frac{V_i^{\text{L}}(p-p_i^{\text{s}})}{RT}\right] \tag{6-49b}$$

由式(6-49) 可看出，纯液体 i 在 T 和 p 时的逸度为该温度下的饱和蒸气压 p_i^{s} 乘以两项校正系数。其一为逸度系数 φ_i^{s}，用来校正饱和蒸气对理想气体的偏离；另一项为指数校正项 $\exp\left[\dfrac{V_i^{\text{L}}(p-p_i^{\text{s}})}{RT}\right]$，称为 Poynting 因子，校正压力对逸度的影响，但由于液相摩尔体积数值很小，它仅在高压时才产生显著作用，中低压条件下，Poynting 因子约为 1。

【例 6-7】 试计算液态水在 323.15K 和下列压力下的逸度和逸度系数。（1）饱和蒸气压；（2）2MPa；（3）20MPa。

解：查附录 5.1，温度为 323.15K 时，饱和蒸气压为 $p_i^{\text{s}}=12335\text{Pa}$

且 $v^{\text{sL}}=1.0121\text{cm}^3\cdot\text{g}^{-1}=1.8218\times10^{-5}\text{m}^3\cdot\text{mol}^{-1}$

（1）$p_i^{\text{s}}=12335\text{Pa}$ 较低，可视为理想气体，则：

$\varphi_i^{\text{s}}=1,\ f_i^{\text{sL}}=f_i^{\text{sV}}=p_i^{\text{s}}=12335\text{Pa}$

（2）由式(6-49)，有：

$$\begin{aligned}
f_i^{\text{L}}&=p_i^{\text{s}}\varphi_i^{\text{s}}\exp\left[\frac{V_i^{\text{L}}(p-p_i^{\text{s}})}{RT}\right]\\
&=12335\times1\times\exp\left[\frac{1.8218\times10^{-5}\times(2\times10^6-12335)}{8.314\times323.15}\right]\\
&=12502\text{Pa}
\end{aligned}$$

则 $\varphi_i^{\text{L}}=\dfrac{f_i^{\text{L}}}{p}=\dfrac{12502}{2\times10^6}=0.006251$

（3）同理，由式(6-49)，有：

$$\begin{aligned}
f_i^{\text{L}}&=p_i^{\text{s}}\varphi_i^{\text{s}}\exp\left[\frac{V_i^{\text{L}}(p-p_i^{\text{s}})}{RT}\right]\\
&=12335\times1\times\exp\left[\frac{1.8218\times10^{-5}\times(20\times10^6-12335)}{8.314\times323.15}\right]\\
&=14125\text{Pa}
\end{aligned}$$

则 $\varphi_i^{\text{L}}=\dfrac{f_i^{\text{L}}}{p}=\dfrac{14125}{20\times10^6}=0.0007063$

由计算结果可知，当过冷液相压力较高时，其偏离理想气体程度极大，校正压力远小于体系压力。

6.4.4　温度和压力对逸度的影响

6.4.4.1　温度对逸度的影响

将纯物质逸度的定义式 $\mathrm{d}G_i=RT\mathrm{dln}f_i$ 从理想气体积分到真实状态，得：$G_i-G_i^{\text{ig}}=RT\mathrm{dln}\dfrac{f_i}{p}$。在恒压下，将该等式两边同除以温度后再对温度求导，并应用 $\left[\dfrac{\partial\left(G_i/T\right)}{T}\right]=$

$-\dfrac{H_i}{RT^2}$，便可得温度对纯物质逸度的影响，即：

$$\left(\frac{\partial \ln f_i}{\partial T}\right)_p = -\frac{H_i - H_i^{ig}}{RT^2} = -\frac{H^R}{RT^2} \tag{6-50}$$

同理可得温度对溶液中组分逸度的影响：

$$\left(\frac{\partial \ln \hat{f}_i}{\partial T}\right)_{p,x} = -\frac{\overline{H}_i - H_i^{ig}}{RT^2} \tag{6-51}$$

由式（6-50）和式（6-51）可知，若 $\overline{H}_i - H_i^{ig} < 0$，温度增加，则逸度增大，物质逃逸该系统的能力增大；反之，$\overline{H}_i - H_i^{ig} > 0$，温度增加，逸度减小，物质逃逸该系统的能力就变弱。

6.4.4.2　压力对逸度的影响

恒温下，联立式（6-30）和式（6-32a）得：$\mathrm{d}G_i = RT\mathrm{d}\ln f_i = V_i\mathrm{d}p$，对该式整理可得压力对纯组分逸度的影响，即：

$$\left(\frac{\partial \ln f_i}{\partial p}\right)_T = \frac{V_i}{RT} \tag{6-52}$$

同样，压力对溶液中组分逸度的影响为：

$$\left(\frac{\partial \ln \hat{f}_i}{\partial p}\right)_{T,x} = \frac{\overline{V}_i}{RT} \tag{6-53}$$

由于 $V_i > 0$，$\overline{V}_i > 0$，故压力越大，逸度越大，物质逃逸该系统的能力就越强。

6.5　理想溶液和标准态

在 6.4 节中，讨论了由状态方程计算逸度系数，进而计算逸度的方法，其中许多关系式具有普适性。特别是式（6-43）和式（6-44），它们既能用于汽相也能用于凝聚相。但是这样做有时并不实用，因为所需的积分要求提供在恒温和恒组成下从理想气体状态（零密度）到凝聚相（包括两相区域）的全部密度范围内的体积数据。要获得液态溶液的这些数据是一件繁重的工作，迄今很少有这类数据的报道。因此，为了计算液态溶液的逸度和其他热力学性质，需要化繁为简。工程上开发了一种更加简单且实用的方法，即对于每个体系选择一个与研究状态同温、同压、同组成的理想溶液作基准态，然后在此基础上加以修正，以求得真实溶液的热力学性质。显然，这种方法类似于真实气体的性质是按理想气体的贡献加上对理想气体行为偏离的校正而得到的那样。

6.5.1　理想溶液的定义与标准态

6.5.1.1　理想溶液的定义

理想溶液指的是，在恒温恒压下，每一组分的逸度正比于它在溶液中的浓度，通常为摩尔分数。也就是说，在某一恒定的温度和压力下，对于理想溶液中的任一组分 i，其逸度表达式为：

$$\hat{f}_i^{\mathrm{id}} = f_i^0 x_i \tag{6-54}$$

式中，上角标"id"表示理想溶液；f_i^0 为标准态逸度，它取决于温度和压力，与 x_i 无关。

理想溶液和理想气体一样，是一种极限状态。它假设组成溶液的各组分结构、性质相近，分子间作用力相等，分子体积相同。通常可以将同分异构体、光学异构体和紧邻同系物等构成的溶液视为理想溶液。

6.5.1.2　理想溶液模型与标准态

标准态的选择是任意的，但通常情况下有两种。实际溶液在 $x_i \rightarrow 1$ 和 $x_i \rightarrow 0$ 的溶液组成曲线的两个端点处，具有理想溶液的特征。选用这两个端点的溶液特征作为标准态，可以化繁为简。

（1）第一种模型和标准态

理想溶液的组分逸度可以从溶液中组分逸度与纯物质逸度之间的关系得到。在相同温度和压力下，纯物质的逸度系数及溶液中组分的逸度系数的计算公式为：

$$\ln \varphi_i = \frac{1}{RT} \int_{p \rightarrow 0}^{p} \left(V_i - \frac{RT}{p} \right) \mathrm{d}p \tag{6-38}$$

$$\ln \hat{\varphi}_i = \frac{1}{RT} \int_{p \rightarrow 0}^{p} \left(\overline{V}_i - \frac{RT}{p} \right) \mathrm{d}p \tag{6-43}$$

式(6-43) 和式(6-38) 相减，得：

$$\ln \frac{\hat{\varphi}_i}{\varphi_i} = \ln \frac{\hat{f}_i}{x_i f_i} = \frac{1}{RT} \int_{p \rightarrow 0}^{p} (\overline{V}_i - V_i) \, \mathrm{d}p \tag{6-55}$$

当体系为理想溶液时，混合前后体积不发生变化，$\overline{V}_i = V_i$，于是式(6-55) 可简化为：

$$\hat{f}_i^{\mathrm{id}} = f_i x_i \tag{6-56}$$

式(6-56) 表明，理想溶液中组分的逸度与其摩尔分数成正比，比例系数为纯物质的逸度，这个关系称为 Lewis-Randall 规则，也是 Raoult 定律的普遍化形式。

比较式(6-56) 和式(6-54) 可知：第一种标准态的逸度选择为纯物质逸度，记为：

$$f_i^0(\mathrm{LR}) = \lim_{x_i \rightarrow 1} \frac{\hat{f}_i^{\mathrm{id}}}{x_i} = f_i \tag{6-57}$$

（2）第二种模型和标准态

在有些情况下，溶液中组分的逸度 $\hat{f}_i$ 与 x_i 的简单关系仅适用于很小的组成范围。这种溶液被称为理想的稀溶液，符合 Henry 定律关系式。于是有理想溶液的第二种模型：

$$\hat{f}_i^{\mathrm{id}} = H_i x_i \tag{6-58}$$

因此，第二种标准态是选取与溶液相同的温度和压力下，组分 i 在溶液中的浓度趋于无限稀释时的逸度为标准态逸度，它通常等于溶质 i 在溶剂中的 Henry 常数 H_i，即：

$$f_i^0(\mathrm{HL}) = \lim_{x_i \rightarrow 0} \frac{\hat{f}_i^{\mathrm{id}}}{x_i} = H_i \tag{6-59}$$

几种理想溶液模型的适用压力情况列于表 6-5。

表 6-5　几种理想溶液模型的适用压力

定　律	模　型	适用压力	说　明
Raoult 定律	$p_i = p_i^s x_i$	低压	稀溶液的溶剂近似遵守 Raoult 定律
Henry 定律	$\hat{f}_i^{id} = H_i x_i$	低压	稀溶液的溶质近似遵守 Henry 定律
Lewis-Randall 规则	$\hat{f}_i^{id} = f_i x_i$	任意压力	溶液中的任一组分 i

6.5.2　理想溶液的特征及关系式

对于理想溶液，在微观上，各组分由于结构、性质相近，分子间作用力相等，分子体积相同，如苯-甲苯二元溶液。在宏观上，各组分混合形成溶液时，没有体积效应，没有热效应，即理想溶液的混合体积变化为零、混合焓变化为零。理想溶液相关的重要的特征关系式列于表 6-6。特别指出的是，由于混合过程属于自发的熵增过程，所以混合前后的熵和与熵有关的热力学性质有变化。

表 6-6　理想溶液性质的部分重要的特征关系式

序号	混合变量 ΔM_i	摩尔性质 M_i	偏摩尔性质 $\overline{M}_i$
1	$\Delta V^{id} = 0$	$V_m^{id} = \sum x_i \overline{V}_i^{id} = \sum x_i V_i$	$\overline{V}_i^{id} = V_i$
2	$\Delta H^{id} = 0$	$H_m^{id} = \sum x_i \overline{H}_i^{id} = \sum x_i H_i$	$\overline{H}_i^{id} = H_i$
3	$\Delta U^{id} = 0$	$U_m^{id} = \sum x_i \overline{U}_i^{id} = \sum x_i U$	$\overline{U}_i^{id} = U_i$
4	$\Delta S^{id} = -R \sum x_i \ln x_i$	$S_m^{id} = \sum x_i \overline{S}_i^{id}$	$\overline{S}_i^{id} = S_i - R \ln x_i$
5	$\Delta G^{id} = RT \sum x_i \ln x_i$	$G_m^{id} = \sum x_i \overline{G}_i^{id}$	$\overline{G}_i^{id} = G_i + RT \ln x_i$
6		$\ln f_m^{id} = \sum x_i \ln \dfrac{\hat{f}_i^{id}}{x_i}$	$\hat{f}_i^{id} = f_i^0 x_i$

6.5.3　理想溶液模型的用途

图 6-7 描述了真实溶液中组分 i 的逸度 $\hat{f}_i$ 与 x_i 的非线性关系和两种理想溶液中组分 i 的逸度 $\hat{f}_i^{id}$ 与 x_i 的线性关系。第一种理想溶液模型中，$\hat{f}_i^{id}$ 与 x_i 线性关系的斜率为纯组分的逸度 f_i，第二种理想溶液模型中，$\hat{f}_i^{id}$ 与 x_i 的线性关系的斜率为纯组分的 Henry 常数 H_i。但是这个模型是以系统 T、p 下的 $x_i \rightarrow 0$ 无限稀释溶液为标准态，在 $x_i \rightarrow 1$ 时的斜率并不存在，因此它是一个虚拟的标准态。

由图 6-7 可见，在曲线的两个端点 $x_i \rightarrow 0$ 和 $x_i \rightarrow 1$ 的切线表示了 Henry 定律和 Lewis-

Randall 规则两个理想化的模型。理想溶液的模型提供了两个用途：第一，理想溶液的性质在一定条件下，能够近似地反映某些真实溶液的性质，可简化计算，在适当的浓度范围内，提供了近似的组分 i 的逸度 $\hat{f}_i$ 值；第二，提供了可与实际的 $\hat{f}_i$ 比较的标准值。

若一个溶液在全浓度范围内都是理想溶液，则图 6-7 中的三条线将完全重合，此时，式 (6-56) 与式(6-58)相同。在这种情况下，$f_i^0 = f_i = H_i$，$\hat{f}_i^{id} = \hat{f}_i$。

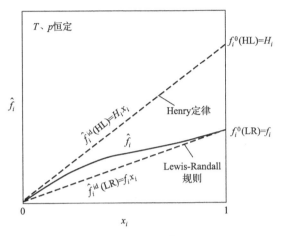

图 6-7　真实溶液组分逸度 $\hat{f}_1$ 与 x_1 的关系

【例 6-8】　试从 Lewis-Randall 规则 $\hat{f}_i^{id} = f_i x_i$ 推导出理想溶液的 ΔG^{id} 和 ΔS^{id} 与组成 x_i 的关系式。

解：根据式(6-34)，对于理想溶液，恒温时有：

$$d\overline{G}_i^{id} = RT d\ln \hat{f}_i^{id}$$

将上式从纯态积分至任意组成得：

$$\Delta \overline{G}_i^{id} = RT \ln \frac{\hat{f}_i^{id}}{f_i}$$

根据混合变量的定义，$\Delta G = \sum x \Delta \overline{G}_i$，对于理想溶液：

$$\Delta G^{id} = \sum x_i \Delta \overline{G}_i^{id} = \sum x_i RT \ln \frac{\hat{f}_i^{id}}{f_i} = RT \sum x_i \ln \frac{f_i x_i}{f_i} = RT \sum x_i \ln x_i$$

根据理想溶液无热效应的特征，在恒温下，$\Delta G^{id} = \Delta H^{id} - T\Delta S^{id} = -T\Delta S^{id}$，则：

$$\Delta S^{id} = -\frac{\Delta G^{id}}{T} = -\frac{RT \sum x_i \ln x_i}{T} = -R \sum x_i \ln x_i$$

6.6　活度系数和超额性质

对于真实气体，引入逸度来校正压力，引入逸度系数表征真实气体对理想气体的偏离程度。处理真实溶液时的思路也一样，在真实溶液中，引入活度来校正浓度，并用活度系数来表示真实溶液对理想溶液的偏离程度。

6.6.1 活度和活度系数的定义

对于理想溶液，组分 i 的逸度符合式(6-54)，即 $\hat{f}_i^{id}=f_i^0 x_i$，对于真实溶液，同样希望溶液中组分逸度和浓度之间仍有类似式(6-54)的简单关系。为此，Lewis 通过引入一个校正浓度 a_i 来代替浓度 x_i 实现了这一目的。

则对于真实溶液，组分 i 的逸度表示为：

$$\hat{f}_i=f_i^0 a_i \tag{6-60}$$

这个校正浓度被称为"活度"，其值等于该组分的逸度与其标准态的逸度之比，其定义式为：

$$a_i=\frac{\hat{f}_i}{f_i^0} \tag{6-61}$$

很显然，对于理想溶液，有：

$$a_i=\frac{\hat{f}_i^{id}}{f_i^0}=\frac{\hat{f}_i^0 x_i}{f_i^0}=x_i \tag{6-62}$$

同时，定义活度系数 γ_i：

$$\gamma_i=\frac{a_i}{x_i} \tag{6-63}$$

应用式(6-61)、式(6-63)和式(6-54)，得：

$$\gamma_i=\frac{a_i}{x_i}=\frac{\hat{f}_i}{f_i^0 x_i}=\frac{\hat{f}_i}{\hat{f}_i^{id}} \tag{6-64}$$

由式(6-64)可知，活度系数 γ_i 可以视为组分 i 在真实溶液中逸度 $\hat{f}_i$ 与在同温、同压、同组成下理想溶液中的逸度 $\hat{f}_i^{id}$ 之比，则活度系数 γ_i 能表示真实溶液对理想溶液的偏差。活度系数 γ_i 用于度量溶液非理想性，通常有三种情形。

① 对于纯物质 i，其活度和活度系数都等于 1，即：

$$\lim_{x_i \to 1} a_i=1, \lim_{x_i \to 1} \gamma_i=1$$

② 对于理想溶液，组分 i 的活度等于其浓度，活度系数等于 1，即：

$$a_i=x_i, \gamma_i=1$$

③ 对于真实溶液，可能大于 1，也可能小于 1。当 $\gamma_i>1$ 时，$\hat{f}_i>f_i^{id}$，真实溶液组分 i 的逸度大于理想溶液组分 i 的逸度，溶液对理想溶液具有正偏差。当 $\gamma_i<1$ 时，$\hat{f}_i<f_i^{id}$，真实溶液组分 i 的逸度小于理想溶液组分 i 的逸度，溶液对理想溶液具有负偏差。具有正偏差的体系比具有负偏差的体系多得多，与 $\gamma_i=1$ 的差距也可能大得多。

【例 6-9】 25℃、20atm 下，二元溶液中组分 1 的分逸度 $\hat{f}_1$ 可表示为：

$$\hat{f}_1=40x_1^3-80x_1^2+50x_1 \quad atm$$

试确定在该温度、压力状态下：

(1) 纯组分 1 的逸度与逸度系数；

（2）组分 1 的亨利系数 H_1；

（3）γ_1 与 x_1 的关系式（若组分 1 以 Lewis-Randall 规则为标准态）。

解：（1）当 $x_1=1$ 时，对组分 1 的逸度取极限，得纯组分 1 的逸度为：

$$f_1 = \lim_{x_1 \to 1} \hat{f}_1 = \lim_{x_1 \to 1} (40x_1^3 - 80x_1^2 + 50x_1) = 10\,\text{atm}$$

纯组分 1 的逸度系数为：$\varphi_1 = \dfrac{f_1}{p} = \dfrac{10}{20} = 0.5$

（2）根据理想溶液的定义，组分 1 的亨利系数 H_1 为：$H_1 = \lim\limits_{x_1 \to 0} \dfrac{\hat{f}_1}{x_1}$

因此：$H_1 = \lim\limits_{x_1 \to 0} \dfrac{40x_1^3 - 80x_1^2 + 50x_1}{x_1} = \lim\limits_{x_1 \to 0} 40x_1^2 - 80x_1 + 50 = 50\,\text{atm}$

（3）若组分 1 以 Lewis-Randall 规则为标准态，则标准态逸度等于纯态的逸度，即：
$f_1^0 = f_1 = 10\,\text{atm}$

因此，γ_1 与 x_1 的关系式为：

$$\gamma_1 = \frac{\hat{f}_1}{x_1 f_1^0} = \frac{\hat{f}_1}{x_1 f_1} = \frac{40x_1^3 - 80x_1^2 + 50x_1}{10x_1} = 4x_1^2 - 8x_1 + 5$$

6.6.2 活度系数标准态的选择

由定义式（6-61）和式（6-63）可知，活度和活度系数与标准态逸度有关，因此，其值大小与所选择的标准态有关。如果不指明所选择的标准态，活度和活度系数就没有任何意义。在 6.5.1 节中已介绍的两种逸度的标准态都可以方便地用于活度和活度系数的计算。

标准态的选择不只局限于以上两种方法，例如在离子溶液中还有另外的标准态，在此不作介绍。本节主要讨论两种标准态下活度系数的关系。

溶液中同一组分，在不同的标准态下的逸度分别为：

$$\hat{f}_i^{\,\text{L}} = f_i x_i \gamma_i \qquad\qquad f_i^0(\text{LR}) = f_i$$

$$\hat{f}_i^{\,\text{L}} = H_i x_i \gamma_i^* \qquad\qquad f_i^0(\text{HL}) = H_i$$

式中，γ_i^* 为组分 i 在溶液中的非对称活度系数（即在第二种标准态下的活度系数，以区别于第一种标准态下的活度系数）。二者逸度相等时有：

$$f_i x_i \gamma_i = H_i x_i \gamma_i^*$$

即：

$$\frac{\gamma_i}{\gamma_i^*} = \frac{H_i}{f_i} \tag{6-65}$$

对于二元溶液，H_i / f_i 仅与 T、p 有关。利用组分 $x_i \to 0$ 时的无限稀释活度系数 γ_i^∞ 的含义 $\gamma_i^\infty = \lim\limits_{x_i \to 0} \gamma_i$ 和 $\lim\limits_{x_i \to 0} \gamma_i^* = 1$，可得：

$$\gamma_i^\infty = \lim_{x_i \to 0} \gamma_i = \lim_{x_i \to 0} \left(\gamma_i^* \frac{H_i}{f_i} \right) = \frac{H_i}{f_i} \tag{6-66}$$

式（6-66）说明了两种标准态逸度之间的关系，二者之比值等于对应组分的无限稀释活度系数。由式（6-65）和式（6-66）得：$\dfrac{\gamma_i}{\gamma_i^*} = \gamma_i^\infty$，等式两边同时取对数，整理得：

$$\ln\gamma_i - \ln\gamma_i^* = \ln\gamma_i^\infty \tag{6-67}$$

式(6-67)即为组分 i 不同的标准状态下活度系数之间的关系。

6.6.3 超额性质

6.6.3.1 超额性质的定义

在第3章中，为了方便计算真实气体的热力学性质定义了剩余性质。同样，为了方便研究真实溶液的热力学性质，本节将引入"超额性质"（excess property）这个重要的热力学函数。

所谓超额性质是指在相同的温度、压力和组成下真实溶液与理想溶液的性质之差，记为 M^E，即：

$$M^E = M - M^{id} \tag{6-68}$$

M^E 在文献中有的也称为过量性质或过剩性质。超额性质 M^E 与剩余性质 M^R 虽然都描述了真实状态与理想状态之间的差别，但两者是有区别的。

此外，依据混合性质的概念：

$$\Delta M = M - \sum x_i M_i \tag{6-23}$$

$$\Delta M^{id} = M^{id} - \sum x_i M_i \tag{6-69}$$

将式(6-23)减去式(6-69)得：

$$\Delta M - \Delta M^{id} = M - M^{id} = M^E \tag{6-70}$$

根据超额性质的定义，又可以定义混合过程的超额性质变化，用 ΔM^E 表示：

$$\Delta M^E = \Delta M - \Delta M^{id} \tag{6-71}$$

比较式(6-70)及式(6-71)得：

$$\Delta M^E = M^E \tag{6-72}$$

超额性质之间的关系也如同纯物质的热力学性质一样。由于超额 Gibbs 自由能 G^E 在相平衡问题中最重要，因此将超额 Gibbs 自由能 G^E 与其他相关性质的关系列于表 6-7。

从 G^E 与 ΔM 的关系式可以看出，对于体积和焓来说，体系的超额性质和其混合性质是一致的，而对于熵和与熵有关的热力学函数，它们的超额性质不等于混合性质。

表 6-7　G^E 与其他相关性质的关系

G^E 与 M^E 的关系式	G^E 与 ΔM 的关系式
$G^E = H^E - TS^E$ $G^E = U^E + pV^E - TS^E$	$G^E = \Delta G - \Delta G^{id}$ $G^E = \Delta G - RT\sum x_i \ln x_i$
$\left(\dfrac{\partial G^E}{\partial p}\right)_{T,x} = V^E$	$\left(\dfrac{\partial G^E}{\partial p}\right)_{T,x} = \Delta V$
$\left(\dfrac{\partial G^E}{\partial T}\right)_{p,x} = -S^E$	$\left(\dfrac{\partial G^E}{\partial T}\right)_{p,x} = -\Delta S - R\sum x_i \ln x_i$
$\left[\dfrac{\partial (G^E/T)}{\partial T}\right]_{p,x} = -\dfrac{H^E}{T^2}$	$\left[\dfrac{\partial (G^E/T)}{\partial T}\right]_{p,x} = -\dfrac{\Delta H}{T^2}$

6.6.3.2 超额 Gibbs 自由能与活度系数的关系

在 T、p 不变时，将式(6-34)，即 $\mathrm{d}\overline{G}_i = RT\mathrm{dln}\hat{f}_i$ 从标准态积分至真实溶液状态，得：

$$\overline{G}_i - G_i^0 = RT\ln\frac{\hat{f}_i}{f_i^0} \tag{6-73}$$

式中，G_i^0 为标准态时组分 i 的 Gibbs 自由能。

根据活度的定义，并以纯物质为标准态，得：

$$\overline{G}_i - G_i = RT\ln a_i \tag{6-74}$$

因此，真实溶液的混合 Gibbs 自由能变化为：

$$\Delta G = \sum x_i \Delta \overline{G}_i = \sum x_i (\overline{G}_i - G_i) = RT\sum x_i \ln a_i \tag{6-75}$$

对理想溶液，有 $a_i = x_i$，则：

$$\Delta G^{\mathrm{id}} = RT\sum x_i \ln x_i \tag{6-76}$$

式(6-75) 与式(6-76) 相减得：

$$G^{\mathrm{E}} = \Delta G^{\mathrm{E}} = \Delta G - \Delta G^{\mathrm{id}} = RT\sum x_i \ln a_i - RT\sum x_i \ln x_i = RT\sum x_i \ln\frac{a_i}{x_i}$$

又 $\gamma_i = \dfrac{a_i}{x_i}$，则：

$$\frac{G^{\mathrm{E}}}{RT} = \sum x_i \ln\gamma_i \tag{6-77}$$

式(6-77) 为集合式形式，可知 $\ln\gamma_i$ 相当于 G^{E}/RT 的偏摩尔性质，因此，根据偏摩尔性质的定义，有：

$$\ln\gamma_i = \left[\frac{\partial(nG^{\mathrm{E}}/RT)}{\partial n_i}\right]_{T,p,n_{j(\neq i)}} \tag{6-78}$$

也可以写成另一种形式：

$$\ln\gamma_i = \frac{\overline{G}_i^{\mathrm{E}}}{RT} \tag{6-79}$$

此外，$\ln\gamma_i$ 与 G^{E}/RT 还符合截距法公式和 Gibbs-Duhem 方程。对于二元溶液，有：

$$\begin{cases} \ln\gamma_1 = \dfrac{G^{\mathrm{E}}}{RT} - x_2 \dfrac{\mathrm{d}(G^{\mathrm{E}}/RT)}{\mathrm{d}x_2} \\[3mm] \ln\gamma_2 = \dfrac{G^{\mathrm{E}}}{RT} - x_1 \dfrac{\mathrm{d}(G^{\mathrm{E}}/RT)}{\mathrm{d}x_1} \end{cases} \tag{6-80}$$

$$x_1 \mathrm{dln}\gamma_1 + x_2 \mathrm{dln}\gamma_2 = 0 \tag{6-81}$$

式(6-77) ~式(6-81) 是非常重要的公式，它们将 G^{E}、γ_i 和 x_i 三者之间联系起来。其中，$\ln\gamma_i$ 是偏摩尔性质，表征组分的非理想性；G^{E}/RT 为溶液性质，代表真实溶液与相同温度、相同压力和相同组成条件下的理想溶液性质的差额，表征真实溶液的非理想性。

【例 6-10】 某二元溶液的逸度可以表示为：$\ln f = -Ax_1^2 + Bx_1 + C$

式中，A、B、C 仅为 T、p 的函数，两个组分均以 Lewis-Randall 规则为标准态，试求 $\dfrac{G^{\mathrm{E}}}{RT}$、$\ln\gamma_1$、$\ln\gamma_2$ 的关系式。

解：（1）$\ln\dfrac{\hat{f}_i}{x_i}$ 为 $\ln f$ 的偏摩尔性质，由二元系偏摩尔性质的截距法公式可得：

$$\ln\left(\dfrac{\hat{f}_1}{x_1}\right)=\ln f+(1-x_1)\dfrac{\mathrm{d}\ln f}{\mathrm{d}x_1}$$

$$=-Ax_1^2+Bx_1+C+(1-x_1)(-2Ax_1+B)$$

$$=-Ax_1^2+Bx_1+C+2Ax_1^2-2Ax_1-Bx_1+B$$

$$=Ax_1^2-2Ax_1+B+C$$

同理可得：$\ln\left(\dfrac{\hat{f}_2}{x_2}\right)=Ax_1^2+C$

（2）两个组分均以 Lewis-Randall 规则为标准态，则由活度系数的定义得：

$$\gamma_i=\dfrac{a_i}{x_i}=\dfrac{\hat{f}_i}{f_i^0 x_i}=\dfrac{\hat{f}_i}{f_i x_i}$$

等式两边取对数，则有：$\ln\gamma_i=\ln\left(\dfrac{\hat{f}_i}{f_i x_i}\right)=\ln\left(\dfrac{\hat{f}_i}{x_i}\right)-\ln f_i$

由 $\ln f=-Ax_1^2+Bx_1+C$，得：

$\ln f_1=\lim\limits_{x_1=1}(\ln f)=-A+B+C$，$\ln f_2=\lim\limits_{x_1=0}(\ln f)=C$

则：$\ln\gamma_1=\ln\left(\dfrac{\hat{f}_1}{x_1}\right)-\ln f_1$

$$=Ax_1^2-2Ax_1+B+C-(-A+B+C)$$

$$=Ax_1^2-2Ax_1+A$$

$$=A\,(x_1^2-2x_1+1)$$

$$=A\,(1-x_1)^2$$

$$=Ax_2^2$$

同理可得：$\ln\gamma_2=Ax_1^2$

（3）$\ln\gamma_i$ 是 G^{E}/RT 的偏摩尔性质，由集合式（6-77）得：

$$\dfrac{G^{\mathrm{E}}}{RT}=x_1\ln\gamma_1+x_2\ln\gamma_2=Ax_1x_2^2+Ax_2x_1^2=Ax_1x_2(x_1+x_2)=Ax_1x_2$$

【例 6-11】 已知环己烷（1）-苯（2）体系在 40℃时的超额 Gibbs 自由能表达式是 $\dfrac{G^{\mathrm{E}}}{RT}=$ 0.458x_1x_2 和 $f_1=24.6\mathrm{kPa}$，$f_2=24.3\mathrm{kPa}$，以 Lewis-Randall 规则为标准态，求 $\ln\gamma_1$、$\ln\gamma_2$、$\hat{f}_1$、$\hat{f}_2$ 和 $\ln f$。

解： $\ln\gamma_i$ 为 G^{E}/RT 的偏摩尔性质，可选用偏摩尔性质的定义式得：

$$\ln\gamma_1=\left[\dfrac{\partial(nG^{\mathrm{E}}/RT)}{\partial n_1}\right]_{T,p,n_2}=\left[\dfrac{\partial(n0.458n_1n_2/n^2)}{\partial n_1}\right]_{T,p,n_2}=\left[\dfrac{\partial(0.458n_1n_2/n)}{\partial n_1}\right]_{T,p,n_2}$$

$$=0.458n_2\left[\dfrac{\partial(n_1/n)}{\partial n_1}\right]_{T,p,n_2}=0.458n_2\left(\dfrac{1}{n}-\dfrac{n_1}{n^2}\right)=0.458\dfrac{n_2}{n}\left(1-\dfrac{n_1}{n}\right)$$

$$=0.458x_2(1-x_1)=0.458x_2^2$$

同理可得：$\ln\gamma_2 = 0.458x_1^2$

以 Lewis-Randall 规则为标准态，根据活度系数的定义：$\gamma_i = \dfrac{a_i}{x_i} = \dfrac{\hat{f}_i}{f_i^0 x_i}$

则有：$\hat{f}_i = f_i^0 \gamma_i x_i = f_i \gamma_i x_i$

即：$\hat{f}_1 = f_1 \gamma_1 x_1 = 24.6x_1 \mathrm{e}^{0.458x_2^2}$，$\hat{f}_2 = f_2 \gamma_2 x_2 = 24.3x_2 \mathrm{e}^{0.458x_1^2}$

根据溶液中组分逸度与混合物溶液逸度的集合式得：

$$\ln f = x_1 \ln\frac{\hat{f}_1}{x_1} + x_2 \ln\frac{\hat{f}_2}{x_2} = x_1 \ln(24.6\mathrm{e}^{0.458x_2^2}) + x_2 \ln(24.3\mathrm{e}^{0.458x_1^2})$$

整理得：$\ln f = 3.20x_1 + 3.19x_2 + 0.458x_1 x_2$

6.7　活度系数模型

对活度系数和超额 Gibbs 自由能的研究可知 $\ln\gamma_i$ 为 G^E/RT 的偏摩尔性质，根据偏摩尔性质的定义式(6-78)可知，G^E 是构建溶液的 γ_i 与其 T、p 和组成关系的桥梁。对溶液来说，因目前还没有一种理论能够包容所有液体的非理想性，所以还找不到一个通用的 G^E 模型来解决所有的问题。表达 G^E-x_i 的关联式很多，但大多数关联式是在一定的溶液理论基础上，通过适当的假设或简化再结合经验提出的半理论半经验的模型。通过 G^E 所获得的 $\ln\gamma_i$-x_i 的活度系数模型中都包含待定参数，这些参数要通过实验数据来拟合确定。

活度系数模型一般可分成两大类型：

① 经验型　这类模型以 Margules、van Laar 方程为代表，早期被提出时是纯经验的，后来发展到与**正规溶液**理论相联系。它们对于较简单的系统能获得较理想的结果。

② 局部组成概念型　这类模型以 Wilson、NRTL 等方程为代表，多数是建立在**无热溶液**理论之上。

实验表明，后一类模型更为优秀，能从较少的特征参数关联和推算混合物的相平衡，特别是关联非理想性较高系统的汽液平衡获得了满意的结果。本节将根据溶液的分类，并从应用的角度来介绍几种最具代表性的活度系数模型。

6.7.1　Redlich-Kister 经验式和溶液理论

通常 G^E/RT 是 T、p 和组成的函数，但对于中低压下的液体，p 对 G^E/RT 的影响很小。所以，压力对活度系数的影响可以忽略。对于二元溶液，在恒温时，Redlich-Kister 模型将超 G^E/RT 表示为组成 x_i 的无穷幂级数关系：

$$\frac{G^E}{RT} = x_1 x_2 [A + B(x_1 - x_2) + C(x_1 - x_2)^2 + \cdots] \tag{6-82}$$

式中，A、B、C…等为经验常数，通过拟合活度系数的实验数据求出。若将上式截至到二次项，则可导出如下活度系数方程：

$$\begin{cases} \ln\gamma_1 = x_2^2 \left[A + B(3x_1 - x_2) + C(x_1 - x_2)(5x_1 - x_2) + \cdots \right] \\ \ln\gamma_2 = x_1^2 \left[A + B(x_1 - 3x_2) + C(x_1 - x_2)(x_1 - 5x_2) + \cdots \right] \end{cases} \tag{6-83}$$

A、B、$C\cdots$等经验常数取不同的符号和数值时，可以用来描述理想溶液、正规溶液等不同类型的体系。当 $A = B = C = \cdots = 0$，有 $\ln\gamma_1 = \ln\gamma_2 = 0$，亦即 $\gamma_1 = \gamma_2 = 1$，此时溶液为理想溶液。

所谓**正规溶液**，Hildebrand 定义为："当极少量的一个组分从理想溶液迁移到有相同组成的真实溶液时，如果没有熵的变化，并且总的体积不变，此真实溶液称为正规溶液"。正规溶液与理想溶液相比，两者的超额体积为零（$V^E = 0$），且混合熵变等于理想混合熵变（$\Delta S = \Delta S^{\mathrm{id}}$，$S^E = 0$）。理想溶液的混合热等于零（$H^E = 0$），但正规溶液的混合热不等于零（$H^E \neq 0$）。这就是正规溶液的非理想性原因所在，即：

$$G^E = H^E - TS^E = H^E \tag{6-84}$$

因此，正规溶液可理解为将极少量的一个组分从理想溶液迁移到具有相同组成的真实溶液时，没有熵变，总体积不变，只有焓发生变化。

对于某些由分子大小相差甚远的组分所构成的溶液，特别是聚合物溶液，正规溶液理论就不适用了。因为这类溶液的超额焓为零（$H^E = 0$），称为**无热溶液**。无热溶液的非理想性来自于超额熵（$S^E \neq 0$），即：

$$G^E = H^E - TS^E = -TS^E \tag{6-85}$$

Flory 和 Huggins 在似晶格模型的基础上，采用统计力学的方法导出无热溶液超额熵的方程：

$$S^E = -R \sum_{i=1}^{N} x_i \ln \frac{\phi_i}{x_i} \tag{6-86}$$

式中，ϕ_i 为组分 i 的体积分数。对于二元溶液，超额 Gibbs 自由能函数可写为：

$$\frac{G^E}{RT} = x_1 \ln \frac{\phi_1}{x_1} + x_2 \ln \frac{\phi_2}{x_2} \tag{6-87}$$

无热溶液模型适用于由分子大小相差甚远、而相互作用力很相近的物质构成的溶液，特别是高聚物溶液。由 Flory-Huggins 方程求得的活度系数往往小于 1，则无热溶液模型通常只能用来预测对 Raoult 定律呈现负偏差体系的性质，不能用于极性相差大的体系。现在用得最为广泛的 Wilson 方程及 NRTL 方程都是在无热溶液的基础上获得的。

6.7.2　Margules 方程

在应用式(6-82) 时，如果 $A \neq 0$，$B = C = \cdots = 0$，则：

$$\frac{G^E}{RT} = A x_1 x_2 \tag{6-88}$$

当温度一定时，A 就是确定的。根据式(6-78)，对式(6-88)求偏导，可得：

$$\begin{cases} \ln\gamma_1 = A x_2^2 \\ \ln\gamma_2 = A x_1^2 \end{cases} \tag{6-89}$$

这些性质表现在 $G^E/RT - x_i$、$\ln\gamma_i - x_i$ 图像关系上，在 $x_1 = 0.5$ 时互成镜像，对称性非常显著，故称它们为**对称性方程**（或称**单参数 Margules 方程**）。

在这个模型中，常数 A 等于无限稀释活度系数的自然对数值，即：

$$\ln\gamma_1^\infty = \ln\gamma_2^\infty = A \tag{6-90}$$

在应用式（6-82）时，如果 $A \neq 0$，$B \neq 0$，$C = \cdots = 0$，则：

$$\frac{G^E}{x_1 x_2 RT} = A + B(x_1 - x_2) = (A - B) + 2Bx_1 \tag{6-91}$$

此时 $G^E/x_1 x_2 RT$ 与 x_1 之间呈线性关系。如果定义 $A + B = A_{21}$ 和 $A - B = A_{12}$，则：

$$\frac{G^E}{x_1 x_2 RT} = A_{21}x_1 + A_{12}x_2 \tag{6-92}$$

根据式（6-78），对式（6-88）求偏导，可得：

$$\begin{cases} \ln\gamma_1 = x_2^2 \left[A_{12} + 2(A_{21} - A_{12})x_1 \right] \\ \ln\gamma_2 = x_1^2 \left[A_{21} + 2(A_{12} - A_{21})x_2 \right] \end{cases} \tag{6-93}$$

式（6-93）就是著名的**两参数 Margules 方程**。

由式（6-93）可知，模型参数 A_{12}、A_{21} 与无限稀释活度系数的关系为：

$$\begin{cases} A_{12} = \lim_{x_1 \to 0} \ln\gamma_1 = \ln\gamma_1^\infty \\ A_{21} = \lim_{x_2 \to 0} \ln\gamma_2 = \ln\gamma_2^\infty \end{cases} \tag{6-94}$$

另一方面，根据式（6-92）和图 6-8，可通过实验数据来回归 $G^E/x_1 x_2 RT$ 与 x_1 直线的斜率和截距，从而求得模型参数 A_{12}、A_{21}。

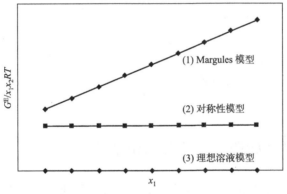

图 6-8　$G^E/x_1 x_2 RT$-x_1 的关系

6.7.3　van Laar 方程

按照 van Laar 理论，对于二元系，G^E/RT 与组成的关系为：

$$\frac{G^E}{RT} = \frac{x_1 x_2 A'_{12} A'_{21}}{A'_{12}x_1 + A'_{21}x_2} \tag{6-95}$$

根据式（6-78），对式（6-95）求偏导得：

$$\ln\gamma_1 = \frac{A'_{12}}{\left(1 + \dfrac{A'_{12}x_1}{A'_{21}x_2}\right)^2}, \ \ln\gamma_2 = \frac{A'_{21}}{\left(1 + \dfrac{A'_{21}x_2}{A'_{12}x_1}\right)^2} \tag{6-96}$$

与式（6-94）相似，模型参数 A'_{12}、A'_{21} 与无限稀释活度系数的关系为

$$\begin{cases} A'_{12}=\lim_{x_1 \to 0} \ln \gamma_1 = \ln \gamma_1^{\infty} \\ A'_{21}=\lim_{x_2 \to 0} \ln \gamma_2 = \ln \gamma_2^{\infty} \end{cases} \tag{6-97}$$

另一方面，根据式（6-95）整理得：

$$\frac{x_1 x_2}{G^E/RT}=\frac{A'_{12}x_1+A'_{21}x_2}{A'_{12}A'_{21}}=\frac{x_1}{A'_{21}}+\frac{x_2}{A'_{12}}=\frac{1}{A'_{12}}+\left(\frac{1}{A'_{21}}-\frac{1}{A'_{12}}\right)x_1 \tag{6-98}$$

由式（6-98）和图 6-9 可知，$RTx_1 x_2/G^E$ 与 x_1 之间呈线性关系，可通过实验数据来回归直线的斜率 $(1/A'_{21}-1/A'_{12})$ 和截距 $1/A'_{12}$，从而求出模型参数 A'_{12}、A'_{21}。

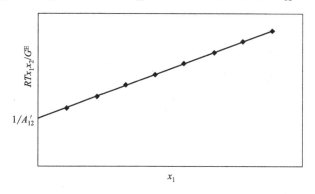

图 6-9　$RTx_1 x_2/G^E$-x_1 的关系

Redlich-Kister 展开式、Margules 方程和 van Laar 方程等在为二元体系拟合汽液平衡数据时提供了很大的弹性。然而，这些方程缺乏理论基础，所以在推广到多元体系时没有一个合理的基础。此外，它们并没有具体指出参数与温度的清晰关系，虽然通过一个特定的基础可以做到这一点。

6.7.4　局部组成概念与 Wilson 方程

溶液的组成通常采用摩尔分数和体积分数等来表示。例如，在二元溶液中当物质的量相等的纯组分 1 和 2 混合后，则溶液的组成为 $x_1=x_2=0.5$，这只是溶液组成的宏观量度。从微观上看，只有当所有分子间的作用力均相等，组分 1 和 2 作随机混合时才是如此。在实际体系中，由于构成溶液的各组分分子间的相互作用力一般并不相等，因此分子间的混合通常是非随机的，局部区域内溶液的组成并非为 0.5。这种局部区域中组分的比率和溶液中组分的宏观比率不一定相同的情况被认为是一种局部组成现象（图 6-10）。

1964 年，Wilson 将局部组成概念应用于 Flory-Huggins 模型，首先提出了基于局部组成概念的超额 Gibbs 自由能表达式：

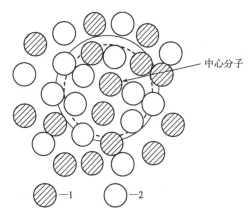

图 6-10　局部组成示意图

$$\frac{G^E}{RT} = -\sum_{i=1}^{N} x_i \ln\left(\sum_{j=1}^{N} \Lambda_{ij} x_j\right) \tag{6-99}$$

式中，Λ_{ij} 称为 Wilson 参数，$\Lambda_{ij} = \dfrac{V_j}{V_i} \exp\left(-\dfrac{g_{ij} - g_{ji}}{RT}\right)$，$(g_{ij} - g_{ji})$ 为二元交互作用能量参数，其值可正可负。通常情况下，$\Lambda_{ij} \neq \Lambda_{ji}, \Lambda_{ij} > 0, \Lambda_{ii} = \Lambda_{jj} = 1$。

根据式 (6-78)，对式 (6-99) 求偏导，可得著名的 **Wilson 方程**：

$$\ln \gamma_i = 1 - \ln\sum_j x_j \Lambda_{ij} - \sum_k \frac{x_k \Lambda_{ki}}{\sum_j x_j \Lambda_{kj}} \tag{6-100}$$

对于二元溶液：

$$\frac{G^E}{RT} = -x_1 \ln(x_1 + \Lambda_{12} x_2) - x_2 \ln(\Lambda_{21} x_1 + x_2) \tag{6-101}$$

$$\begin{cases} \ln\gamma_1 = -\ln(x_1 + \Lambda_{12} x_2) + x_2\left(\dfrac{\Lambda_{12}}{x_1 + \Lambda_{12} x_2} - \dfrac{\Lambda_{21}}{x_2 + \Lambda_{21} x_1}\right) \\[3mm] \ln\gamma_2 = -\ln(x_2 + \Lambda_{21} x_1) - x_1\left(\dfrac{\Lambda_{12}}{x_1 + \Lambda_{12} x_2} - \dfrac{\Lambda_{21}}{x_2 + \Lambda_{21} x_1}\right) \end{cases} \tag{6-102}$$

$$\begin{cases} \Lambda_{12} = \dfrac{V_2}{V_1} \exp\left(-\dfrac{g_{12} - g_{11}}{RT}\right) \\[3mm] \Lambda_{21} = \dfrac{V_1}{V_2} \exp\left(-\dfrac{g_{21} - g_{22}}{RT}\right) \end{cases} \tag{6-103}$$

Wilson 方程的突出优点在于：

① 可以准确地描述非极性或极性互溶物系的活度系数，例如它可以很好地回归烃醇类物系，而用其他方程回归时效果不佳。

② 二元交互作用参数 $(g_{ij} - g_{ji})$ 受温度影响较小，在不太宽的温度范围内通常将它视作常数，但 Wilson 参数 Λ_{ij} 却并非常数，它随溶液温度的变化而变化，因此 Wilson 方程实际上包含了温度对活度系数的影响。

③ Wilson 方程对二元溶液是一个两参数方程，且对多元体系的描述也仅用二元参数即可，这是 Wilson 方程优于早期多元活度系数方程的重要体现。也就是说，对于多元体系，只需要知道两两之间的二元交互作用参数，便可以使用 Wilson 方程推算多元体系的相平衡数据。这也是局部组成型方程的突出优点。

Wilson 方程也存在缺点，它不能用于部分互溶体系。Wilson 方程在关联汽液平衡数据时的成功促进了局部组成改进模型的发展，最著名的是 Renon 和 Prausnitz 提出的 NRTL 方程及 Abrams 和 Prausnitz 提出的 UNIQUAC 方程。进一步卓有成效的成果是在 UNIQUAC 方程基础上发展的 UNIFAC 方法，它通过组成溶液分子的各种基团贡献来计算活度系数。

【例 6-12】 计算下列甲醇 (1)-水 (2) 体系的逸度及组分的逸度。

(1) $p = 101.325\text{kPa}$，$T = 81.48℃$，$y_1 = 0.582$ 的汽相；

(2) $p = 101.325\text{kPa}$，$T = 81.48℃$，$x_1 = 0.2$ 的液相。

已知液相符合 Wilson 方程，其模型参数为 $\Lambda_{12} = 0.43738$，$\Lambda_{21} = 1.11598$。

解：(1) 由于系统的压力较低，则汽相可以作理想气体处理，得：

$$\hat{f}_1^V = p y_1 = 101.325 \times 0.582 = 58.971\text{kPa}$$

$$\hat{f}_2^V = py_2 = 101.325 \times (1 - 0.582) = 42.354 \text{kPa}$$

理想气体混合物的逸度等于其总压，即：$f^V = p = 101.325 \text{kPa}$

（2）液相是非理想溶液，组分逸度可以由活度系数计算，根据式（6-64），以 Lewis-Randall 规则为标准态，则：$\hat{f}_i^L = f_i^0 x_i \gamma_i$

在该体系温度压力下，汽相可视为理想气体，$\varphi_i^s \approx 1$，Poynting 因子约为 1，由式（6-49），则：$f_i^0 = f_i^L = p_i^s \varphi_i^s \exp\left[\dfrac{V_i^L(p - p_i^s)}{RT}\right] \approx p_i^s$

饱和蒸气压 p_i^s 可由 Antoine 方程计算，查附录 3 得甲醇和水的 Antoine 方程系数，并计算得 p_i^s 列于 ［例 6-12］ 表中。

［例 6-12］ 表　甲醇（1）和水（2）在 $T = 81.48℃$ 下的饱和蒸气压

组分	A_i	B_i	C_i	p_i^s/kPa
甲醇(1)	7.20587	1582.271	239.726	190.48
水(2)	7.074056	1657.459	227.02	50.28

活度系数 γ_i 由 Wilson 模型计算，计算二元系统在 $T = 354.63\text{K}$ 和 $x_1 = 0.2$，$x_2 = 1 - x_1 = 0.8$ 时两组分的活度系数分别：

$$\ln\gamma_1 = -\ln(x_1 + \Lambda_{12} x_2) + x_2\left(\frac{\Lambda_{12}}{x_1 + \Lambda_{12} x_2} - \frac{\Lambda_{21}}{x_2 + \Lambda_{21} x_1}\right)$$

$$= -\ln(0.2 + 0.43738 \times 0.8) + 0.8 \times \left(\frac{0.43738}{0.2 + 0.43738 \times 0.8} - \frac{1.11598}{0.8 + 1.11598 \times 0.2}\right)$$

$$= 0.5980 + 0.8 \times (0.7954 - 1.0907)$$

$$= 0.3618$$

$$\gamma_1 = 1.4359$$

$$\ln\gamma_2 = -\ln(x_2 + \Lambda_{21} x_1) + x_1\left(\frac{\Lambda_{21}}{x_2 + \Lambda_{21} x_1} - \frac{\Lambda_{12}}{x_1 + \Lambda_{12} x_2}\right)$$

$$= -\ln(0.8 + 1.11598 \times 0.2) + 0.2 \times \left(\frac{1.11598}{0.8 + 1.11598 \times 0.2} - \frac{0.43738}{0.2 + 0.43738 \times 0.8}\right)$$

$$= -0.02293 + 0.2 \times (1.090681 - 0.795375)$$

$$= 0.03613$$

$$\gamma_2 = 1.0368$$

液相的组分逸度分别为：

$$\hat{f}_1^L = p_1^s \gamma_1 x_1 = 190.48 \times 1.4359 \times 0.2 = 54.70 \text{kPa}$$

$$\hat{f}_2^L = p_2^s \gamma_2 x_2 = 50.28 \times 1.0368 \times 0.8 = 41.70 \text{kPa}$$

溶液的总逸度由集合式计算：

$$\ln f_m = \sum_{i=1}^{N} x_i \ln\frac{\hat{f}_i}{x_i} = 0.2 \times \ln\frac{54.70}{0.2} + 0.8 \times \ln\frac{41.70}{0.8} = 4.2852$$

$$f_m = 72.62 \text{kPa}$$

6.7.5 NRTL 方程

NRTL 方程是 1968 年由 Renon 和 Prausnitz 提出的。与 Wilson 方程相类似，它也是根据局部组成的概念，采用双液体理论所获得的一个半经验方程。

Renon 等考虑到由于局部组成的存在，混合过程是非随机的，在联系局部组成、总体组成和 Boltzmann 因子的关系式中，引入了一个能反映系统混合非随机特征的参数（Non-Random Parameter）α_{12}。于是，对于二元溶液，NRTL 方程为：

$$\frac{G^E}{RT} = x_1 x_2 \left(\frac{\tau_{21} G_{21}}{x_1 + x_2 G_{21}} + \frac{\tau_{12} G_{12}}{x_2 + x_1 G_{12}} \right) \tag{6-104}$$

$$\begin{cases} \ln \gamma_1 = x_2^2 \left[\dfrac{\tau_{21} G_{21}^2}{(x_1 + x_2 G_{21})^2} + \dfrac{\tau_{12} G_{12}}{(x_2 + x_1 G_{12})^2} \right] \\[3mm] \ln \gamma_2 = x_1^2 \left[\dfrac{\tau_{12} G_{12}^2}{(x_2 + x_1 G_{12})^2} + \dfrac{\tau_{21} G_{21}}{(x_1 + x_2 G_{21})^2} \right] \end{cases} \tag{6-105}$$

式中，$G_{21} = \exp(-\alpha_{12}\tau_{21})$，$G_{12} = \exp(-\alpha_{12}\tau_{12})$，$\tau_{21} = \dfrac{g_{21} - g_{11}}{RT}$，$\tau_{12} = \dfrac{g_{12} - g_{22}}{RT}$。

对于多元体系，NRTL 方程的通式为：

$$\frac{G^E}{RT} = \sum_j x_i \frac{\displaystyle\sum_i \tau_{ji} G_{ji} x_j}{\displaystyle\sum_k G_{ki} x_k} \tag{6-106}$$

$$\ln \gamma_i = \frac{\displaystyle\sum_i \tau_{ji} G_{ji} x_j}{\displaystyle\sum_k G_{ki} x_k} + \sum_i \frac{G_{ji} x_j}{\displaystyle\sum_k G_{kj} x_k} \left(\tau_{ij} - \frac{\displaystyle\sum_i \tau_{ji} G_{ji} x_j}{\displaystyle\sum_k G_{kj} x_k} \right) \tag{6-107}$$

式中，$G_{ji} = \exp(-\alpha_{ji}\tau_{ji})$，$\tau_{ji} = \dfrac{g_{ji} - g_{ii}}{RT}$，$\alpha_{ji} = \alpha_{ij}$。

和 Wilson 方程一样，NRTL 方程也可以用二元溶液的数据推算多元溶液的性质，但它最突出的优点是能用于部分互溶系统，因而特别适用于液液分层物系的计算。NRTL 方程中的 α_{ij} 有一定的理论解释，但实际使用中只是作为一个参数回归，因此该方程是一个三参数方程，即 $(g_{21} - g_{11})$、$(g_{12} - g_{22})$ 和 α_{12}。一般认为，α_{12} 与温度及溶液的组成无关，而决定于溶液的类型，是溶液的特征参数。

6.7.6 UNIQUAC 方程

1975 年，Abrams 和 Prausnitz 以 Guggenheim 的似化学溶液理论为基础，应用 Wilson 的局部组成概念和统计力学方法建立了通用似化学模型（Universal Quasi-Chemical Model），简称 UNIQUAC 模型。该模型可用于非极性和各类极性组分的多元混合物，预测汽液平衡和液液平衡数据。

UNIQUAC 模型中的超额 Gibbs 自由能由两部分构成，即：

$$G^E = G_C^E + G_R^E \tag{6-108}$$

其中
$$\frac{G_{\mathrm{C}}^{\mathrm{E}}}{RT} = \sum_i x_i \ln \frac{\phi_i}{x_i} + \frac{Z}{2} \sum_i q_i x_i \ln \frac{\theta_i}{\phi_i}, \frac{G_{\mathrm{R}}^{\mathrm{E}}}{RT} = -\sum_i q_i x_i \ln(\theta_j \tau_{ji})$$

式中，$G_{\mathrm{C}}^{\mathrm{E}}$ 称为组合超额 Gibbs 自由能；$G_{\mathrm{R}}^{\mathrm{E}}$ 称为剩余超额 Gibbs 自由能。通用的活度系数表达式为：

$$\ln \gamma_i = \ln \frac{\phi_i}{x_i} + \left(\frac{Z}{2}\right) q_i \ln \frac{\theta_i}{\phi_i} + l_i - \frac{\phi_i}{x_i} \sum_j x_j l_j - q_i \ln \left(\sum_j \theta_j \tau_{ji}\right) + q_i - q_i \sum_j \frac{\theta_j \tau_{ij}}{\sum_k \theta_k \tau_{kj}}$$

(6-109)

其中
$$l_i = \frac{Z}{2}(r_i - q_i) - (r_i - 1), \theta_i = \frac{q_i x_i}{\sum_j q_j x_j}$$

$$\phi_i = \frac{r_i x_i}{\sum_j r_j x_j}, \tau_{ji} = \exp\left(-\frac{u_{ji} - u_{ii}}{RT}\right)$$

式中，θ_i、ϕ_i 分别为组分 i 的平均面积分数和体积分数；r_i、q_i 分别为体积和表面积参数，根据分子的 van der Waals 体积和表面积计算；Z 为晶格配位数，其值取 10；Zq_i 为分子的接触数；u_{ij} 是分子对 i-j 的相互作用能量，$u_{ij} = u_{ji}$，其值由实验数据确定。

UNIQUAC 方程把活度系数分为组合项和剩余项两部分，分别反映分子大小和形状对 γ_i 的贡献和分子间交互作用对 γ_i 的贡献。此式精度高，通用性好。其缺点是要有微观参数 r_i、q_i，而这些参数对于某些化合物是无法提供的。

6.7.7 基团溶液模型与 UNIFAC 方程

基团溶液模型是把溶液看成各种基团组成，基于各基团在溶液中的性质加和所描述的模型。在基团溶液模型的基础上，建立起了 ASOG 方程和 UNIFAC 方程。这些方程的要点在于：认为溶液中各组分的性质，可由其结构基团的性质采用迭加的方法来确定。基团贡献模型的优点是使物性的预测大为简化，在缺乏实验数据的情况下，通过利用含有同种基团的其他系统的实验数据来预测未知系统的活度系数。

世界上的物质很多，混合物就更多了，但组成这些物质的基团是有限的，常见的基团数目大约在 20~50 个，至多也不超过 100 个。如果我们能够找到组成溶液的各个基团的性质，并通过合适的模型加以处理的话，就可以使得一些通过前边介绍的分子模型无法计算的系统得到解决。

目前，推算活度系数的基团贡献法已被较多地采用，本节主要讨论 UNIFAC 方程。UNIFAC 模型认为，活度系数由组合项活度系数和剩余项活度系数所构成，即：

$$\ln \gamma_i = \ln \gamma_i^{\mathrm{C}} + \ln \gamma_i^{\mathrm{R}}$$

(6-110)

式中，$\ln \gamma_i^{\mathrm{C}}$ 为组分 i 的活度系数组合项，主要反映分子大小和形状的差别；$\ln \gamma_i^{\mathrm{R}}$ 为组分 i 的活度系数剩余相，表示基团之间相互作用的影响。

剩余项活度系数 $\ln \gamma_i^{\mathrm{R}}$ 由基团的活度系数所构成，即：

$$\ln \gamma_i^{\mathrm{R}} = \sum_k^N \nu_k^{(i)} (\ln \Gamma_k - \ln \Gamma_k^{(i)})$$

(6-111)

式中，Γ_k 为基团 k 的活度系数；$\Gamma_k^{(i)}$ 是在纯溶剂 i 中基团 k 的活度系数；$\nu_k^{(i)}$ 为组分 i

中基团 k 的数目；N 为组分 i 中基团种类的数目。

组合项活度系数 $\ln\gamma_i^C$ 采用 Kikic 等提出的公式：

$$\ln\gamma_i^C = \ln\frac{\psi_i}{x_i} + 1 - \frac{\psi_i}{x_i} - \frac{1}{2}Zq_i\left(\ln\frac{\phi_i}{\theta_i} + 1 - \frac{\phi_i}{\theta_i}\right) \tag{6-112}$$

式中，$\psi_i = x_i r_i^{2/3}\Big/\sum\limits_{j=1}^{M}x_j r_j^{2/3}$；$\phi_i = x_i r_i\Big/\sum\limits_{j=1}^{M}x_j r_j$；$\theta_i = x_i q_i\Big/\sum\limits_{j=1}^{M}x_j q_j$；$r_i = \sum\limits_{k=1}^{N}\nu_k^{(i)}R_k$；

$q_i = \sum\limits_{k=1}^{N}\nu_k^{(i)}Q_k$；$R_k$、$Q_k$ 分别为基团 k 的表面积参数和体积参数；M 为组分数；N 为基团数。

UNIQUAC 方程优点：

① 仅用两个可调参数便可应用于液-液体系（NRTL 方程则需要三个参数）。

② 其参数随温度的变化较小。

③ 由于其主要浓度变量是表面积分数（而非摩尔分数），因此该模型还可应用于大分子（聚合物）溶液。

6.7.8 不同活度系数模型的比较和选择

流体的活度系数模型和 $p\text{-}V\text{-}T$ 状态方程模型是流体相平衡热力学研究中最重要的两类模型，在研究流体热力学性质时，需要根据流体的性质及使用的温度、压力范围选择合适的方程。表 6-8 对主要活度系数模型进行了比较并给出适用范围。

表 6-8　主要活度系数模型的使用范围和优缺点

模型	适用范围	优点	缺点
Margules 方程	组元分子体积相差不太大的体系	计算简单，方程参数即为各组分无限稀释活度系数	不适合强极性、强非理想性体系，难于用于多元体系
van Laar 方程	组元性质相差不太大的体系	方程简单，方程参数即为各组分无限稀释活度系数	不适合强极性、强非理想性体系，难于用于多元体系
Wilson 方程	适用于含烃、醇、醚、酮、酯、水等各种不同的互溶体系	计算精度高，适用范围广，能从二元数据推算多元的相平衡数据	不能用于不互溶的分层体系
NRTL 方程	适用于各种不同体系	计算精度高，适用范围广，能从二元数据推算多元的相平衡数据	为三参数方程，计算相对繁琐
UNIQUAC 方程	适用于各种不同体系	计算精度高，适用范围广，能从二元数据推算多元的相平衡数据	参数反映组元微观性质，参数相对不足
UNIFAC 方程	适用于含有基团参数，但没有相平衡实验数据的体系	属于估算方法，不需要实验数据拟合参数	估算方法，计算精度没有保证，还有许多化合物难于估算

本章小结

1. 课程主线：能量和物质。

2. 学习目的：相平衡基础，为混合物传质分离服务。引入偏摩尔性质、混合变量、理想溶液和超额性质等重要的热力学概念，解决真实溶液性质、溶液中组分的逸度系数和活度系数的计算问题，进而完成相平衡计算。

3.重点内容：溶液热力学性质的计算。

（1）溶液（繁）＝纯物质（简）＋校正（偏摩尔性质）

① 定义式 $\overline{M}_i = \left[\dfrac{\partial (nM)}{\partial n_i} \right]_{T,p,n_{j \neq i}}$：可由溶液性质和组成之间的关系求得组分偏摩尔性质。

② 集合式 $M = \sum x_i \overline{M}_i$：可由组分偏摩尔性质线性组合求得溶液性质，反映组分性质对溶液性质的真实贡献。

③ 截距法公式 $\overline{M}_1 = M - x_2 \dfrac{\mathrm{d}M}{\mathrm{d}x_2}$，$\overline{M}_2 = M - x_1 \dfrac{\mathrm{d}M}{\mathrm{d}x_1}$：可由溶液性质和组成之间的关系求得组分偏摩尔性质。

④ Gibbs-Duhem 方程 $\sum x_i \mathrm{d}\overline{M}_i = 0$：反映溶液中各组分偏摩尔性质之间的关系。

[本章小结] 表　组分偏摩尔性质与溶液性质的对应关系

偏摩尔性质	溶液性质	偏摩尔性质	溶液性质
$\overline{M}_i$	M	M^{E}	$\overline{M}_i^{\mathrm{E}}$
$\ln\left(\dfrac{\hat{f}_i}{x_i}\right)$	$\ln f$	ΔM	$\Delta \overline{M}_i$
$\ln\hat{\varphi}_i$	$\ln\varphi$	$\ln\gamma_i$	G^{E}/RT

（2）相平衡基础

① 实际气体（繁）＝理想气体（简）＋校正（逸度系数）

纯物质：理想气体：$\qquad\qquad \mathrm{d}G_i = (RT/p)\mathrm{d}p = RT\mathrm{d}\ln p$

$\qquad\qquad$ 真实气体：$\qquad\qquad \mathrm{d}G_i = V_i\mathrm{d}p = RT\mathrm{d}\ln f_i$

混合物中 i 组分：$\begin{cases} \mathrm{d}\overline{G}_i = \mathrm{d}\mu_i = RT\mathrm{d}\ln\hat{f}_i \\[2mm] \lim\limits_{p \to 0} \dfrac{\hat{f}_i}{py_i} = 1 \qquad\qquad \Rightarrow \hat{f}_i = \hat{\varphi}_i p y_i \\[2mm] \hat{\varphi}_i = \dfrac{\hat{f}}{py_i} \end{cases}$

② 实际溶液（繁）＝理想溶液（简）＋校正（活度系数）

理想溶液：$\qquad\qquad\qquad \hat{f}_i^{\mathrm{id}} = f_i^0 x_i$

真实溶液：$\qquad \hat{f}_i = f_i^0 a_i \Rightarrow a_i = \dfrac{\hat{f}_i}{f_i^0} \Rightarrow \begin{cases} 理想溶液: a_i = \dfrac{\hat{f}_i}{f_i^0} = \dfrac{f_i^0 x_i}{f_i^0} = x_i \\[2mm] 真实溶液: \gamma_i = \dfrac{a_i}{x_i} = \dfrac{\hat{f}_i}{f_i^0 x_i} \Rightarrow \hat{f}_i = \gamma_i x_i f_i^0 \end{cases}$

4.第7章学习思路：相平衡时组分在不同相中的化学势相等，从而计算出组分在不同相中的分配，给出物质分离的极限，以指导物质的传质分离。

汽液平衡时：$\qquad\qquad \mu_i^{\mathrm{L}} = \mu_i^{\mathrm{V}} \Rightarrow \overline{G}_i^{\mathrm{L}} = \overline{G}_i^{\mathrm{V}} \Rightarrow \hat{f}_i^{\mathrm{L}} = \hat{f}_i^{\mathrm{V}}$

$$\begin{cases} 汽相:\hat{f}_i^V = \hat{\varphi}_i p y_i \\ 液相:\hat{f}_i^L = \gamma_i x_i f_i^0 \end{cases} \Rightarrow \hat{\varphi}_i p y_i = \gamma_i x_i f_i^0 \Rightarrow K_i = \frac{y_i}{x_i} = \frac{\gamma_i f_i^0}{\hat{\varphi}_i p}$$

🌐 科学家精神

怀赤子之心百年不怠，承科技报国精神永传——纪念化工专家余国琮院士

余国琮（1922—2022），出生于广东省广州市，化学工程学家，中国科学院院士。他是我国精馏分离学科创始人、现代工业精馏技术的先行者、化工分离工程科学的开拓者，长期从事化工分离科学与工程研究，在精馏技术基础研究、成果转化和产业化领域做了系统性、开创性工作。他也是我国杰出教育家、我国首批博士生导师，先后培养了博士生、硕士生近百人，为化工领域输送了大批专业人才。

立志科学救国，鼎盛时期毅然回国

1938年秋，日军登陆大亚湾，广州沦陷，16岁的余国琮随父母挤上小船逃往香港。他的两个哥哥在逃难中遭遇轰炸，一个不幸身亡，一个遭受重伤。这让年轻的他切身认识到，落后就会挨打，要救国图存，就要靠每一个中国人的努力。由此，他坚定地选择了科学救国这条路。1939年，余国琮在香港考区考入昆明西南联大化工系，1943年夏，余国琮从西南联合大学毕业并获得工学士学位。随后，到重庆国民政府经济部中央工业试验所任助理工程师。

1943年底，国民政府教育部举办了第一届自费留学考试，余国琮参加考试，顺利收到了美国密歇根大学的录取通知书。1945年底，他从密歇根大学毕业，获得科学硕士学位，之后转到美国匹兹堡大学研究生院进修。1947年，余国琮在美国匹兹堡大学获博士学位。他的博士研究方向一个是精馏，另一个是热力学。求学期间，余国琮深受导师库尔教授的赏识，在匹兹堡毕业后，他应邀留在该校担任化工系助理教授，主讲本科生及研究生的化工热力学、传质分离过程等多门课程，其中，他为研究生讲授的"高等化工热力学"课程颇受欢迎，一些来自企业的工程师慕名而来，成为该校极为罕见的研究生"大班课"。

教学同时，余国琮还继续进行科研工作，并与库尔教授一起指导硕士生和博士生的毕业论文。他提出的汽液平衡组成与温度关系理论曾长期被一些专著、手册所采用，被称为"余—库"方程。他在美国初露锋芒，被吸收为 Sigma Xi, Phi Lambda Upsilon, Research Society of America 三个荣誉学术组织的成员。1950年，余国琮被列入美国科学家名录，当时的他年仅28岁。此时的余国琮很清楚，如果继续留在美国，其未来极有可能取得更为突出的成绩。但是，他深知，刚刚成立的新中国急需人才。于是，1950年8月，余国琮以回香港探望母亲之名向匹兹堡大学"请假一个月"，只有库尔教授知道余国琮是辞职回国。为了避开当局怀疑，他还专门办了一个重返美国的签证。就这样，余国琮怀着科学救国的热情，冲破重重阻力，毅然返回祖国，成为首批归来的学者之一。当时，与余国琮同船归国的还有一批年轻的留美学者，在这艘驶往新中国的"威

尔逊"号上，青年才俊意气风发，尽管困难重重，但他们依然深知"科学是无国界的，但科学家是有国籍的"。

"争一口气"，不负总理重托

回国后，余国琮应北方交通大学校长茅以升的邀请，到唐山工学院（现西南交通大学）成立不久的化工系任教授并兼系主任。1952年全国院系调整，余国琮随调到了天津大学，在这里，他为我国的化工事业贡献了毕生精力。

1958年，我国由苏联援建的第一个原子反应堆投入运行。原子反应堆需要重水做减速剂，随着中苏交恶，我国的原子能事业面临着停转的威胁。余国琮从20世纪50年代就确定了要攻克分离重水的难关。他的研究工作很快得到了中央和上级有关部门的重视和支持，被定为绝密等级。1959年5月28日，周恩来总理来到天津大学视察，特地参观了余国琮分离重水的实验室。他紧握余国琮的手说："我听说你们在重水研究方面很有成绩，我等着你们的消息。现在有人想卡我们的脖子，为了祖国的荣誉，我们一定要生产出自己的重水，要争一口气！"余国琮受到极大鼓舞和振奋，为"争一口气"，他更加废寝忘食，率领团队在极其简陋的条件下，搭建了一个个实验装置，创造性地采用多个精馏塔级联等多种创新方式替代传统精馏方式，攻克了一个又一个难关。不久后学校告诉余国琮，说周总理专门从武汉打电话过来，关心重水科研进行得如何。余国琮回复说："你可以告诉总理，研究进行得很顺利。"

1961年，我国重水生产进入了攻关阶段。由周总理亲自过问，国家科委负责，在全国组织了重水生产攻关小组。余国琮是主要技术负责人之一。由他领导的天津大学重水科研被列为国家科委重点攻关项目。余国琮还担负起了培养重水科研人才的任务。他在天津大学创办了我国第一个稳定同位素分离技术专业班，亲自编写教材并讲授，从技术和人才上为我国重水生产奠定了基础。余国琮不负重托，首次提出了浓缩重水的"两塔法"。该技术作为我国迄今唯一的重水自主生产技术被延用至今，为实现我国重水的完全自给，为新中国核技术起步和"两弹一星"的突破作出了重要贡献。

"手到病除"，推动石化工业发展

20世纪80年代初，大庆油田斥资从美国引进一套先进的负压闪蒸原油稳定装置。这些装置同时还是大庆30万吨乙烯工程的配套工程，整个工程建成投产后，每年可提供17种、58万吨塑料和化纤等商品原料，一年可创利润50亿元。然而，这套装置投产后轻烃回收率一直达不到生产要求，美国公司副总裁曾带领专家进行了2个月的调试仍未能解决问题，后对大庆进行了部分赔偿，一走了之。

余国琮应邀带领团队对这一装置开展研究，很快发现问题所在，并应用自主技术对装置实施改造，成功解决制约装置正常生产的多个关键性技术问题，最终使整套装置实现正常生产。不仅如此，经过他们改造的装置，技术指标还超过了原来的设计要求。随后，余国琮又带领团队先后对我国当时全套引进的燕山石化30万吨乙烯装置、茂名石化大型炼油减压精馏塔、上海高桥千万吨级炼油减压精馏塔、齐鲁石化百万吨级乙烯汽油急冷塔等一系列超大型精馏塔进行了"大手术"。这样的"手术"提高了炼油过程中石油产品拔出率1至2个百分点，仅这一项就可为企业每年增加数千万元效益。

余国琮还十分注重以市场为导向积极推动产业化。他亲手创建了精馏领域的国家重点实验室以及我国最早的高效精馏设备产业化加工中心，创造性地提出了"研究设计—加工—安装—服务一条龙"的成果转化模式，解放了团队的创新能力。特别是，在获得巨大的经济效益的同时，技术的进步实现了节能减碳的显著效果，为我国石化工业的可持续发展和绿色发展开辟了前景。

教书育人，为人师表

在大学校园度过了大半生的余国琮，给自己的定位是一名人民教师，把教书育人当作最大的职责。他曾牵头教学改革，先后主持了三次大规模的教改实验并取得良好成果。而在给学生上课期间，他经常在凌晨4点起床，一遍遍审视讲课内容。即使这门课已经教授很多年、很多遍，也要充分备课，更新教学内容。

余国琮高度重视实践教学环节，在课程安排时减少上课学时，给学生更多的自学时间，使他们有更多的时间去发现问题、分析问题和解决问题。余国琮在向鉴定专家汇报时说："素质教育是培养创新人才的一个核心。我们的创新人才一定要有良好的思想素质、文化素质、科学素质。大学是培养创新人才的基础教育，是终身教育的一个重要阶段。我们要改革人才培养模式和教学内容、改革教学方法、改革教学技术，构建培养化工专业创新人才的框架。"

85岁那年，余国琮还坚持给本科生上一门"化学工程学科的发展与创新"的创新课。一堂课时长近3个小时，学生们怕他身体吃不消，搬来了一把椅子，想让他坐下来讲。可余国琮却总是拒绝："我是一名教师，站着讲课是我的职责。"听过余国琮课的人都说，"余先生把讲课当成了一门艺术"。

即使在住院期间，余国琮也不忘工作。据天津大学称，2019年元旦前在病房，余国琮曾从晚上工作到凌晨，被医生嘱咐让其补觉。书桌上的电脑仍为待机状态，旁边是一本夹着很多小纸条的《化工计算传质学》，纸条上全是关于此书的修订意见。

98岁高龄时，余国琮仍在伏案工作，在电脑前修改书稿，回复邮件。书桌上那本夹着很多小纸条的《化工计算传质学》下压着德国著名科技出版公司施普林格发来的感谢信，信中盛赞他"提供了一本高水平且销量极好的科学专著。"

几十年来，余国琮始终没有忘记周总理的重托，他怀着为国争光的雄心壮志，把对祖国的爱融于事业中——为争一口气。作为科研工作者，他积极推动了科技成果的产业化，造福国民；作为一名教师，他倾心育人，桃李满天，并打造了化工专业研究的人才梯队。

习题

一、填空题

6-1　均相敞开体系的热力学基本方程表达了均相敞开体系与环境之间的（　　　　）和（　　　）传递规律。

6-2　溶液摩尔性质不能简单用纯物质的（　　　　）线性加和来表达，因此引入了（　　　）的概念表达组分性质对溶液性质的真正贡献。

6-3　纯乙醇与水混合为溶液时会出现（　　　）现象，纯硫酸用水来稀释形成溶液时会出现（　　　）现象，这说明混合过程中溶液的（　　　）或（　　　）发生了变化。所以，在化工设计和生产中，需要掌握（　　　）性质的变化，以断定混合过程中溶液的体积是否膨胀，容器是否需要留有余地，是否需供热或冷却等。

6-4　纯组分 i 的逸度，其单位与（　　　）的单位相同，其物理意义是物质发生（　　　）时的一种推动力。逸度系数的物理意义是表征（　　　）气体对（　　　）气体的偏离。

6-5　混合物的逸度系数的计算方法由（　　　）的逸度系数的计算公式和（　　　）规则所构成。

6-6　根据压力对混合物组分逸度的影响，压力越大，逸度越（　　　），物质逃逸该系统的能力就越（　　　）。

6-7　当真实气体混合物总压 $p \rightarrow 0$ 时，组分 i 的逸度系数等于（　　　）。

6-8　由于邻二甲苯与对二甲苯、间二甲苯的结构、性质相近，因此它们混合时会形成（　　　）溶液，混合过程中 $\Delta V =$（　　　）。

6-9　活度代表了真实溶液中相平衡或化学平衡时组分 i 的真正（　　　）。活度系数的物理意义是表征（　　　）溶液对（　　　）溶液的偏离。

6-10　（　　　）是在相同温度、压力及组成条件下（　　　）溶液摩尔性质和（　　　）溶液摩尔性质之差。

6-11　Wilson 提出的 G^{E} 模型是以（　　　）溶液为基础，并用局部体积分数代替总体平均体积分数而得来的。

6-12　填表

[习题 6-12] 表

偏摩尔性质（$\overline{M}_i$）	溶液性质（M）
	$\ln f$
$\ln \hat{\varphi}_i$	
$\ln \gamma_i$	
	ΔH

二、选择题

6-13　下列各式中，化学势的定义式是（　　　）。

A. $\mu_i = \left[\dfrac{\partial (nU)}{\partial n_i} \right]_{T, nS, n_{j(\neq i)}}$

B. $\mu_i = \left[\dfrac{\partial (nG)}{\partial n_i} \right]_{nV, nS, n_{j(\neq i)}}$

C. $\mu_i = \left[\dfrac{\partial (nA)}{\partial n_i} \right]_{p, T, n_{j(\neq i)}}$

D. $\mu_i = \left[\dfrac{\partial (nH)}{\partial n_i} \right]_{p, nS, n_{j(\neq i)}}$

6-14　下列各式中，偏摩尔性质 $\overline{M}_i$ 的定义式是（　　　）。

A. $\left[\dfrac{\partial (nM)}{\partial n_i} \right]_{T, nS, n_{j(\neq i)}}$

B. $\left[\dfrac{\partial (nM)}{\partial n_i} \right]_{nV, nS, n_{j(\neq i)}}$

C. $\left[\dfrac{\partial (nM)}{\partial n_i} \right]_{T, p, n_{j(\neq i)}}$

D. $\left[\dfrac{\partial (nM)}{\partial n_i} \right]_{p, nS, n_{j(\neq i)}}$

6-15 下列化学势 μ_i 和偏摩尔性质关系式正确的是（　　）。

A. $\mu_i = \overline{H}_i$ 　　　　B. $\mu_i = \overline{G}_i$ 　　　　C. $\mu_i = \overline{V}_i$ 　　　　D. $\mu_i = \overline{A}_i$

6-16 关于化学势的下列说法中不正确的是（　　）。

A. 系统中的任一物质都有化学势 　　　　B. 化学势是系统的强度性质

C. 系统的偏摩尔量就是化学势 　　　　D. 化学势大小决定物质迁移的方向

6-17 对于流体混合物，下面式子错误的是（　　）。

A. $\overline{M}_i^{\infty} = \lim\limits_{x_i \to 1} \overline{M}_i$

B. $\overline{H}_i = \overline{U}_i + p\overline{V}_i$

C. 理想溶液的 $\overline{V}_i = V_i$，$\overline{U}_i = U_i$

D. 理想溶液的 $\overline{H}_i = H_i$，$\overline{G}_i \neq G_i$，$\overline{S}_i \neq S_i$

6-18 一定的温度压力下，$n\,\mathrm{mol}$ 溶液性质，$nM = $（　　）。

A. $n_i\overline{M}_i$ 　　　　B. $\sum n_i\overline{M}_i$ 　　　　C. $x_i\overline{M}_i$ 　　　　D. $\sum x_i\overline{M}_i$

6-19 关于逸度的下列说法中不正确的是（　　）。

A. 逸度可称为"校正压力"

B. 逸度表达了真实气体对理想气体的偏差

C. 逸度就是物质从系统中逃逸趋势的量度

D. 逸度可代替压力，使真实气体的状态方程变为 $fV = nRT$

6-20 关于活度和活度系数的下列说法中不正确的是（　　）。

A. 活度是相对逸度，校正浓度，有效浓度

B. 理想溶液活度等于其浓度

C. 活度系数表示实际溶液与理想溶液的偏差

D. γ_i 是 G^{E}/RT 的偏摩尔量

6-21 下列方程式中以正规溶液模型为基础的是（　　）。

A. NRTL 方程 　　　　B. Wilson 方程 　　　　C. Margules 方程 　　　　D. Flory-Huggins 方程

6-22 已知 Wilson 方程中 $\ln\gamma_2 = -\ln\,(x_2 + \Lambda_{21}x_1) - x_1\left(\dfrac{\Lambda_{12}}{x_1 + \Lambda_{12}x_2} - \dfrac{\Lambda_{21}}{x_2 + \Lambda_{21}x_1}\right)$，

那么，$\ln\gamma_2^{\infty} = $（　　）。

A. $1 - \ln\Lambda_{21} - \Lambda_{12}$ 　　　　B. $1 - \ln\Lambda_{12} - \Lambda_{21}$ 　　　　C. 1 　　　　D. $\ln\Lambda_{21} - \Lambda_{12}$

三、判断题

6-23 溶液的总性质和纯组分性质之间的关系总是有 $M_{\mathrm{t}} = \sum\limits_{i=1}^{N} x_i\overline{M}_i$。　　　　（　　）

6-24 纯物质逸度的完整定义是，在等温条件下，$\mathrm{d}G = RT\mathrm{d}\ln f$。　　　　（　　）

6-25 理想溶液中的组分逸度系数为 1。　　　　（　　）

6-26 对于理想溶液来说，不是所有的超额性质均为零。　　　　（　　）

6-27 混合过程的性质变化与相应的超额性质是相同的。　　　　（　　）

6-28 对于理想溶液，Lewis-Randall 规则和 Henry 规则是等价的。　　　　（　　）

6-29 因为液体的 G^{E}（或 $\ln\gamma_i$）模型是温度和组成的函数，故理论上活度系数与压力无关。　　　　（　　）

6-30 某二元系有 $\ln\gamma_1 > 0$，则必有 $\ln\gamma_2 > 0$。　　　　（　　）

6-31 Wilson 方程是工程设计中应用最广泛的描述活度系数的方程，但它不适用于液液部分互溶系统。 （ ）

6-32 当混合物体系达到汽液平衡时，总是有 $\hat{f}_i^V = \hat{f}_i^L$，$f^V = f^L$ 和 $f_i^V = f_i^L$。 （ ）

四、问答题

6-33 乙醇与水混合时出现体积收缩现象的原因是什么？如何表征这种现象？

6-34 简述偏摩尔体积与用体积表示的化学势的定义式的区别。

6-35 为何要引入混合变量？简述混和变量在化工设计中的作用。

6-36 为何要引入逸度和逸度系数的概念？逸度和逸度系数的物理含义是什么？

6-37 简述混合物的逸度和逸度系数的计算思路和注意事项。

6-38 纯液体逸度计算公式中的 Poynting 因子为何只在中高压下起作用？

6-39 简述理想溶液的微观特征和宏观特征。自然界中是否存在理想溶液？如存在，请举例说明。

6-40 为何要引入活度和活度系数的概念？活度和活度系数的物理含义是什么？

五、解答题

6-41 实验室需要配制 $4500cm^3$ 防冻溶液，它含有 30％（摩尔分数，下同）的甲醇 (1) 和 70％的水 (2)。试求需要多少体积的 25℃时的甲醇和水混合。已知甲醇和水在 25℃、30％的甲醇溶液的偏摩尔体积：

$$\overline{V}_1 = 38.632cm^3 \cdot mol^{-1} \qquad \overline{V}_2 = 17.765cm^3 \cdot mol^{-1}$$

25℃下纯物质的体积：

$$V_1 = 40.727cm^3 \cdot mol^{-1} \qquad V_2 = 18.068cm^3 \cdot mol^{-1}$$

6-42 设在给定的 T、p 下，某特定二元系的液相摩尔体积符合下列关系式：

$$V = 100x_1 + 80x_2 + 2.5x_1x_2 \, cm^3 \cdot mol^{-1}$$

试确定在该温度和压力下：

(1) 用 x_1 表示组分的偏摩尔体积 $\overline{V}_1$，$\overline{V}_2$；

(2) 纯组分的 V_1，V_2 的数值；

(3) 无限稀释溶液的 $\overline{V}_1^\infty$，$\overline{V}_2^\infty$ 的数值。

6-43 在 298K 和 1atm 下，某二元溶液的混合焓变与组分组成之间的关系可表示为：$\Delta H = 20.9x_1x_2(2x_1 + x_2) \, J \cdot mol^{-1}$，且该条件下，纯组分的焓值为：

$H_1 = 418J \cdot mol^{-1}$，$H_2 = 627J \cdot mol^{-1}$，试确定在该温度、压力状态下：

(1) 用 x_1 表示组分的偏摩尔混合焓变 $\Delta\overline{H}_1$，$\Delta\overline{H}_2$；

(2) 无限稀释溶液的偏摩尔混合焓变 $\Delta\overline{H}_1^\infty$，$\Delta\overline{H}_2^\infty$ 的数值；

(3) 用 x_1 表示组分的偏摩尔焓 $\overline{H}_1$，$\overline{H}_2$；

(4) 无限稀释溶液的偏摩尔焓 $\overline{H}_1^\infty$，$\overline{H}_2^\infty$ 的数值。

6-44 由实验数据得到在 298K 和 1atm 下某二元溶液混合物的摩尔焓可由下式表示：

$$H = -15x_1^3 + 10x_1^2 - 45x_1 + 150J \cdot mol^{-1}$$

试确定在该温度、压力状态下：

(1) 用 x_1 表示组分的偏摩尔焓 $\overline{H}_1$，$\overline{H}_2$；

(2) 纯组分的焓 H_1，H_2 的数值；

(3) 无限稀释溶液的偏摩尔焓 $\overline{H}_1^\infty$，$\overline{H}_2^\infty$ 的数值。

（4）以同温同压下纯态为标准态时，ΔH 和 H^E 的表达式。

6-45 有人提出用下列方程组来表示恒温恒压下某二元溶液的偏摩尔体积：

$$\overline{V}_1 - V_1 = ax_2^2 + b, \quad \overline{V}_2 - V_2 = ax_1^2 + b$$

式中，V_1、V_2 分别为纯组分 1 和 2 的摩尔体积；a、b 只是 T、p 的函数。试从热力学角度分析该方程组是否合理？

6-46 证明：某二元系统在 T、p 恒定时，组分（1）的偏摩尔 Gibbs 自由能符合方程 $\overline{G}_1 = G_1 + RT\ln x_1$，则组分（2）应符合方程 $\overline{G}_2 = G_2 + RT\ln x_2$。其中 G_1、G_2 是 T、p 下纯组分的偏摩尔 Gibbs 自由能，x_1、x_2 是组分摩尔分数。

6-47 有人提出用下列方程组来表示恒温恒压下某二元溶液的活度系数值：

$$\ln\gamma_1 = \alpha x_2^2 + \beta x_2^2(3x_1 - x_2)$$
$$\ln\gamma_2 = \alpha x_1^2 + \beta x_1^2(x_1 - 3x_2)$$

式中，α、β 只是 T、p 的函数。试求出 G^E/RT 的表达式，并问以上方程组是否满足 Gibbs-Duhem 方程？若用下列方程组表示该二元溶液的活度系数值：

$$\ln\gamma_1 = x_2(ax_2 + b)$$
$$\ln\gamma_2 = x_1(ax_1 + b)$$

则该方程组是否满足 Gibbs-Duhem 方程？

6-48 有人提出用下列方程组来表示恒温恒压下某二元溶液的活度系数值：

$$\ln\gamma_1 = x_2^2(0.5 + 2x_1)$$
$$\ln\gamma_2 = x_1^2(1.5 - 2x_2)$$

试从热力学角度分析该方程组是否合理？

6-49 试用下列方法计算正丁烷在 460K、1.52MPa 下的逸度系数和逸度。

（1）RK 状态方程法；

（2）普遍化状态方程法。

6-50 试求液态异丁烷在 360.96K、10.2MPa 下的逸度。已知 360.96K 时，液态异丁烷的平均摩尔体积 $V_{C_4H_{10}} = 0.119 \times 10^{-3} \text{ m}^3 \cdot \text{mol}^{-1}$，饱和蒸气压 $p^s_{C_4H_{10}} = 1.574\text{MPa}$。

6-51 常压下的三元气体混合物的 $\ln\varphi_m = 0.2y_1y_2 - 0.3y_1y_3 + 0.15y_2y_3$，求等摩尔混合物的 $\hat{f}_1$、$\hat{f}_2$、$\hat{f}_3$。

6-52 已知 312K、2MPa 下某二元溶液中组分 1 的逸度与组成的关系为：

$$\hat{f}_1 = 4x_1^3 - 9x_1^2 + 6x_1$$

试确定在该温度、压力状态下：

（1）纯组分 1 的逸度与逸度系数；

（2）组分 1 的亨利系数 H_1；

（3）γ_1 与 x_1 的关系式（若组分 1 以 Lewis-Randall 规则为标准态）；

（4）在给定 T、p 下，如何由 $\hat{f}_1$ 的表达式确定 $\hat{f}_2$；

（5）已知 $\hat{f}_1$ 和 $\hat{f}_2$ 的表达式，如何计算在给定 T、p 下二元混合物的 f？

6-53 在一定的温度和压力下，某二元混合溶液的 G^E 模型为：

$\dfrac{G^E}{RT} = x_1x_2 \ (-1.5x_1 - 1.8x_2)$，试求：

（1）$\ln\gamma_1$ 和 $\ln\gamma_2$ 的表达式；

（2）$\ln\gamma_1^\infty$ 和 $\ln\gamma_2^\infty$ 的表达式；

（3）将（1）所求得的表达式利用集合式证明题设中的 G^E 模型。

6-54 二元混合物某一摩尔广度性质 M，试用图和公式表示下列性质 M，M_1，M_2，$\overline{M}_1$，$\overline{M}_2$，$\overline{M}_1^\infty$，$\overline{M}_2^\infty$，ΔM，$\Delta\overline{M}_1$，$\Delta\overline{M}_2$，$\Delta\overline{M}_1^\infty$，$\Delta\overline{M}_2^\infty$ 之间的关系。

6-55 用图和公式表示下列性质 $\ln f_m$、$\ln f_1$、$\ln f_2$、$\Delta\ln f_m$、$\ln\dfrac{\hat f_1}{x_1}$、$\ln\dfrac{\hat f_2}{x_2}$、$\ln\gamma_1$、$\ln\gamma_1$、$\ln\gamma_1^\infty$、$\ln\gamma_2^\infty$ 之间的关系。

6-56 已知丙酮（1）-苯（2）二元系统 45℃时无限稀释的活度系数分别为 $\gamma_1^\infty=1.65$、$\gamma_2^\infty=1.52$，假设该溶液服从 Margules 方程，试求出其 Margules 方程参数以及活度系数。

6-57 计算下列甲醇（1）-水（2）体系的逸度及组分的分逸度。

（1）$p=101325\ Pa$，$T=73.28\ ℃$，$y_1=0.376$ 的汽相；

（2）$p=101325\ Pa$，$T=73.28\ ℃$，$x_1=0.466$ 的液相。

已知液相符合 Wilson 方程，其模型参数为 $\Lambda_{12}=0.43738$，$\Lambda_{21}=1.11598$。

第 7 章

相平衡热力学

引言

一个典型的化工生产过程主要包含反应和分离过程。分离操作一方面为化学反应提供符合要求的原料，清除对反应或催化剂有害的杂质，减少副反应并提高收率；另一方面可对反应产物进行分离提纯获得合格的产品，并使未反应的反应物得以循环利用。当分离对象为均相混合物时，通常引入分离媒介，使均相混合物系统变成两相系统，再以混合物中各组分在处于平衡的两相中的不同分配为依据而实现分离。分离中涉及到物质在不同相之间传递的过程称为传质分离过程，传质分离的推动力为组分浓度与组分平衡浓度的差异，物质分离的极限状态即为系统相平衡。精馏、吸收和萃取等传质分离操作在化工生产中占有十分重要的地位。相平衡原理可用于阐述均相混合物分离原理、分析传质推动力和设计计算，是设计上述分离过程和开发新型传质分离过程的关键，科学合理的设计可以大幅度节省传质分离过程的设备费和操作费。

在热力学上，相平衡问题主要是研究物质在各平衡相的组成关系。化工生产中的相平衡是多种多样的，最常用的也是研究得最为深入的是汽液平衡（vapor liquid equilibrium，简称 VLE），主要用于指导精馏操作；其次是气液平衡（gas liquid equilibrium，简称 GLE），多用于吸收分离；此外还有液液平衡（liquid liquid equilibrium，简称 LLE）和固液平衡（solid liquid equilibrium，简称 SLE），它们分别用于萃取和结晶等技术等。除了这些两相平衡外，也存在多相间的平衡，如气液液平衡（简称 GLLE）和液固固平衡（简称 LSSE）等。本章主要介绍最常用的汽液平衡。

本章通过讨论相平衡的规律和计算方法，为传质分离过程提供理论指导和设计依据，主要学习内容和目的如下。

① 介绍相平衡判据和相律，使用化学势 μ_i 和逸度 $\hat{f}_i$ 表征相平衡。

② 利用相图表征汽液平衡关系。

③ 引入汽液平衡比表达相平衡关系，介绍状态方程法和活度系数法计算汽液平衡比。

④ 泡点和露点计算是最基本的汽液平衡计算，通过泡点和露点计算确定组分在不同相之间的组成关系，以及组成与温度、压力之间的关系。

⑤ 介绍单级平衡分离过程闪蒸的设计计算，为多级分离过程提供理论基础，并给出物质有效利用的极限。

⑥ 简要介绍化工生产中的液液平衡、气液平衡和液固平衡等其他类型相平衡。

7.1 相平衡判据和相律

所谓相平衡指的是溶液中形成若干相，这些相之间保持着物理平衡而共存的状态。从热力学上看，整个物系的 Gibbs 自由能处于极小的状态；从动力学上看，相平衡是一种动态的平衡，在相界面处，时刻存在着物质分子的流入和流出，但流入和流出的量相等，则物质在相间表观传递速率为零。

相平衡热力学是建立在化学势概念基础上的。一个多组分系统达到相平衡的条件是所有相的温度 T、压力 p 均相等，每一组分 i 在各相中的化学势 μ_i 也相等。从工程角度上，化学势没有直接的物理真实性，难以使用。Lewis 提出了等价于化学势的物理量逸度。逸度由化学势简化而来，定义式为式（6-34），$\mathrm{d}\overline{G}_i=\mathrm{d}\mu_i=RT\mathrm{d}\ln\hat{f}_i$，结合热力学基本方程，逸度表示"校正压力"或"热力学压力"，表示真实气体对理想气体的偏离，与压力的单位相同。对于理想气体混合物，各组分的逸度等于其分压；对于真实混合物，逸度可视为修正非理想性的分压。引入逸度概念后，相平衡条件演变为"各相的温度、压力相同，各组分在各相的逸度也相等"。即：

$$\begin{cases} T'=T''=T'''=\cdots \\ p'=p''=p'''=\cdots \\ \hat{f}_i{}'=\hat{f}_i{}''=\hat{f}_i{}'''=\cdots \end{cases} \tag{7-1}$$

根据式（7-1），对于多元系统的汽液平衡判据为恒 T、p 条件下，混合物中组分 i 在各相中的分逸度相等，即：

$$\hat{f}_i^{\mathrm{V}}=\hat{f}_i^{\mathrm{L}} \tag{7-2}$$

相平衡判据是衡量系统是否达到平衡状态所必须满足的热力学条件。

相律是 1875 年 Gibbs 根据热力学原理得出的相平衡基本定律，它用于确定相平衡系统中有几个独立变量——自由度。相平衡系统发生变化时，系统的 T、p 及每个相的组成均可发生变化。我们把能够维持系统原有相数而可以独立改变的变量（可以是 T、p 和表示相组成的某些物质的相对含量）。相律的表达式为：

$$F=C-\pi+2 \tag{7-3}$$

式中：F 为系统的自由度数，表示平衡系统中的强度性质中独立变量的数目；C 为组分数；π 为平衡系统的相的数目。

相律对相平衡计算有重要的指导作用，但它不产生定量结果，例如从乙醇-水二元汽液平衡中可知其自由度为 2，选定了 T、p 后，其汽液相组成是确定的，但其相图（定性）或具体值（定量）还是要通过实验得到，同时相律更不能确定有无共沸物，液相是否互溶等问题。

【例 7-1】 试确定下述系统相平衡时的自由度。

（1）水的三相点；

（2）水-水蒸气平衡；

（3）水-水蒸气-惰性气体的平衡系统；

（4）乙醇-水汽液平衡；

（5）戊醇-水汽液液平衡（液相分层）。

解：根据相律的表达式，分别计算各个特定相平衡条件下的自由度。

（1）对于水的三相点系统

$C=1$（水）

$\pi=3$（三相——汽、液、固）

则自由度为：$F=1-3+2=0$

这说明水的三相点是一个无变量平衡状态，相平衡下 T、p 是固定的（0.01℃，

610Pa）。这一规则也适用于其他物质的三相点，即任何物质的三相点都是唯一的。

（2）对于水-水蒸气平衡系统

$C=1$（水）

$\pi=2$（两相——汽、液）

则自由度为：$F=1-2+2=1$

这说明只需要指定一个变量就可以确定其平衡状态。若温度一定，则压力也随之确定。如水在 100℃ 时，压力即为 101.325kPa，而不可能是其他数值。

（3）对于水-水蒸气-惰性气体的平衡系统

$C=2$（水、惰性气体）

$\pi=2$（两相——气、液）

则自由度为：$F=2-2+2=2$

这说明只需要指定两个变量就可以确定其平衡状态，选定温度后，压力仍可自由选定。如在室温 25℃ 下，水的蒸气压为 3.166kPa，但此时总压仍有很大的变化空间，可以在大于 3.166kPa 的很大范围内选定，例如可以为 101.325kPa，气相中水蒸气分压为 3.166kPa，而惰性气体的分压为 101.325－3.166＝98.159kPa。

（4）对于乙醇-水二元系统的汽液平衡

$C=2$（乙醇、水）

$\pi=2$（两相——汽、液）

则自由度为：$F=2-2+2=2$

表明由两个变量可确定系统的状态，即可选定两个变量，例如选定了 T、p，汽液相组成就相应地确定了，不能随意指定任一组成。

（5）对于戊醇-水汽液平衡，依题意属于汽液液三相平衡系统，于是

$C=2$（戊醇、水）

$\pi=3$（三相——汽、液、液）

其自由度为：$F=2-3+2=1$

表明该系统自由度为1，例如确定了温度后，压力及汽液相组成也就随之而定了。

7.2　汽液平衡相图

在化工过程设计计算中，需要处理大量二元汽液平衡问题，同时二元汽液平衡又是计算多元汽液平衡的基础，因此二元汽液平衡在相平衡中占有特殊地位。对二元汽液平衡的研究可从相图开始，相图以直观的形式揭示了相平衡的规律，并能给相平衡关系以定性的指导，从中又可了解很多重要的概念。

7.2.1　二元理想溶液相图

虽然在化工生产中极少出现完全理想系，但在研究汽液平衡问题时，作为一种参照标准，可从最简单的完全理想系开始讨论。

理想溶液的两个组分的分压或总压与组成呈线性关系，符合 Raoult 定律，如图 7-1(a) 所示。各组分的液相活度系数等于 1，即 $\gamma_1 = \gamma_2 = 1$。汽液平衡时系统的压力为：

$$p = py_1 + py_2 = p_1^s x_1 + p_2^s x_2 = p_2^s + (p_1^s - p_2^s)x_1 \tag{7-4}$$

当系统温度一定时，p_1^s、p_2^s 为常数，上式表明 p-x_1 曲线为直线关系，如图 7-1(a) 所示。图 7-1(b) 表示恒压下汽液平衡的组成，即 y-x 图，它可直接用于二元精馏设计计算。在二元或多元系统中，液体开始沸腾的点（泡点）和蒸汽（蒸气）开始冷凝的点（露点）不重合，图 7-1(c) 和图 7-1(d) 中的实线和虚线分别是泡点线（bubble point curve）和露点线（dew point curve），位于泡点线一侧的单相区是液相区，在露点线一侧的单相区是汽相区，在泡点线和露点线之间是汽液共存区。图 7-1(c) 和图 7-1(d) 中水平线与泡点线和露点线的交点横坐标所表示的组成就是汽相和液相的平衡组成。

当系统压力一定时，由于饱和蒸气压 $p^s \propto \dfrac{1}{T}$，因此 T-x_1 关系就不为直线，如图 7-1(d) 所示。p-y_1、T-y_1 关系也是如此，如图 7-1(c) 和图 7-1(d) 中的虚线所示。

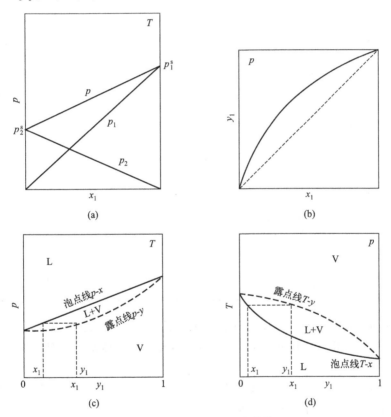

图 7-1 理想溶液汽液平衡曲线

7.2.2 完全互溶的二元真实溶液相图

低压下完全互溶体系的汽液平衡，汽相一般是接近于理想气体的，而液相由于分子大小的差异及各组分间作用力的不同，根据蒸气压对理想情况的偏离程度，真实溶液可分成 4 种类型：一般正偏差、一般负偏差、最大正偏差和最大负偏差。液相互溶系统常见的 4 种真实溶液类型体系的泡点线和露点线相图，如表 7-1 所示。

表 7-1　四种二元真实溶液体系相图

相图	偏差			
	一般正偏差	一般负偏差	最大正偏差	最大负偏差
p-x-y 图				
T-x-y 图				
y-x 图				
p-x-y 图特征	泡点线位于理想溶液泡点线上方,无极值点。$p > \sum p_i^s x_i$ $\gamma_i > 1$	泡点线位于理想溶液泡点线下方,无极值点。$p < \sum p_i^s x_i$ $\gamma_i < 1$	泡点线位于理想溶液泡点线上方,有极大值点。$p > \sum p_i^s x_i$ $p^{az} = p_{max}$ $\gamma_i > 1$ $x_i^{az} = y_i^{az}$	泡点线位于理想溶液泡点线下方,有极小值点。$p < \sum p_i^s x_i$ $p^{az} = p_{min}$ $\gamma_i < 1$ $x_i^{az} = y_i^{az}$

① 一般正偏差体系：蒸气总压对理想情况为正偏差，但在全部组成范围内，溶液的蒸气总压均介于两个纯组分的饱和蒸气压之间称为一般正偏差体系，即泡点线位于理想溶液泡点线上方。

② 一般负偏差体系：蒸气总压对理想情况为负偏差，但在全部组成范围内，溶液的蒸气总压均介于两个纯组分的饱和蒸气压之间称为一般负偏差体系，即泡点线位于理想溶液泡点线下方。

③ 最大正偏差体系：蒸气总压对理想情况为正偏差，但在某一组成范围内，溶液的蒸气总压均比易挥发组分的饱和蒸气压还大，即在 p-x-y 图上出现极大值点，相应的在 T-x-y 图上出现极小值点。

④ 最大负偏差体系：蒸气总压对理想情况为负偏差，但在某一组成范围内，溶液的蒸气总压均比难挥发组分的饱和蒸气压还小，即在 p-x-y 图上出现极小值点，相应的在 T-x-y 图上出现极大值点。

对于最大正负偏差体系，极值点又称为共沸点（azeotrope）。在共沸点处，泡点线与露点线相交，汽液两相组成相等（$x_i^{az} = y_i^{az}$），称之为共沸组成，共沸点的压力与温度分别称为共沸压力和共沸温度，此时不能通过简单蒸馏或精馏的方法来提纯分离共沸混合物，要采用特殊分离法才能使之分离。

7.2.3　部分互溶的二元真实溶液相图

如果溶液的正偏差较大，同分子间的吸引力大大超过异分子间的吸引力，此种情况下，溶液组成在某一定范围内会出现分层现象而产生两个液相，即液相为部分互溶体系。其相图如图 7-2 所示。此类系统需同时考虑汽液平衡与液液平衡的问题。

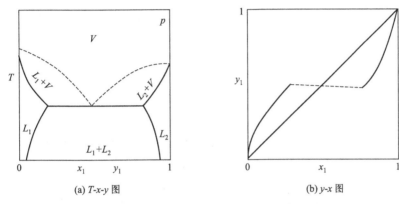

(a) T-x-y 图　　　　　　　(b) y-x 图

图 7-2　液相为部分互溶体系的汽液平衡相图

若某体系比部分互溶体系有更大的正偏差，两个液相各自有更大的聚集，相互溶解度都微小到可以不计，常称这两种液体是互不相溶的，每种液体的蒸气压与各自纯态的蒸气压相等（见图 7-3），与另一种液体是否存在及存在量的大小无关。因此，任何配比的混合物的总压即为各纯组分蒸气压之和，尽管混合物的组成相异，但其沸点均相同，并低于各纯组分的沸点。许多有机物沸点高，与其他化合物生成的共沸温度也高，精馏时能耗高，也容易造成分解、聚合或其他反应。若在精馏时加入水蒸气，由于许多有机物（油类）基本上不溶于水，精馏时总压虽为常压，但"油"的分压并不高，即可在较低的温度进行精馏，这就是水蒸气蒸馏的原理。依据这一原理，水蒸气蒸馏在炼油及相对摩尔质量大的化合物蒸馏时经常被使用。

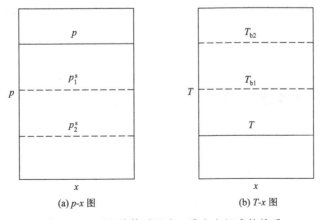

(a) p-x 图　　　　　　　(b) T-x 图

图 7-3　互不相溶体系压力、沸点和组成的关系

7.2.4 二元定组成体系相图

二元定组成混合物体系的 p-T 相图如图 7-4 所示。图 7-4 中除了 C_1 和 C_2 为纯物质的临界点，每一个固定组成都有泡点线与露点线的交点，该点的汽液相组成相等，有明确的温度和压力，符合临界点的定义，这些点与 C_1、C_2 点连成曲线，形成了临界点轨迹线 C_1CC_2 曲线。

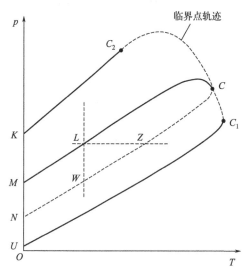

图 7-4　二元定组成混合物体系 p-T 图

图 7-4 中两条倾斜的曲线 MLC 和 $NWZC$ 在混合物的临界点 C 处平滑连接（C 点仅是二元混合物临界点轨迹 C_1CC_2 曲线上的一点），而曲线 UC_1 和 KC_2 分别代表了纯组分 1、2 的饱和蒸气压；点 C_1 和点 C_2 为纯组分 1、2 的临界点。临界点 C 左下方的曲线 MLC 为饱和液相线（泡点线），饱和液相线上方是过冷液体；C 点下方的另一条曲线 NWC 为饱和汽相线（露点线），饱和液相线下方是过热蒸汽（蒸气）。而由 $MLCWN$ 所围成的区域为汽液共存区。若二元混合物最初时处于液态，在恒压下升温到泡点温度（L 点）液体开始汽化，液体不断地汽化，液相的含量也随之改变，体系温度也不断升高，一直到该压力下露点温度（Z 点）才全部汽化。在恒温下压力的变化也有类似情况，L 点为泡点，W 点为露点。

既适用于纯物质又适用于混合物的临界点定义为汽液两相性质完全相同的点，就是说汽液两相的 T、p 相等，汽相组成等于液相组成，也就是汽液两相完全不可分了，其他性质（光、电、磁等）也完全相同。对于纯物质来说，临界点是汽液共存的最高温度点和最高压力点；对于混合物而言却不一定是这样。实验事实表明：混合物的临界点不一定是汽液共存的最高温度点，也不一定是最高压力点。

不同混合物临界点与组成关系各不相同，而同一混合物在不同组成时临界点轨迹也很复杂，这些数据对具体混合物的相态界限是有用的，而在热力学计算中却是用处不大的，因此这些变化规律较少受到关注。

7.3　汽液平衡比的计算

前已述及，汽液平衡判据为恒 T、p 条件下，混合物中组分 i 在各相中的分逸度相等，即 $\hat{f}_i^{\mathrm{V}} = \hat{f}_i^{\mathrm{L}}$。然而，逸度若不与通过实验直接测得的物理量 T、p 和组成相关联，那么该式也没有任何实际用途。在热力学上通常用逸度系数和活度系数的定义式将逸度和汽液平衡体系的温度 T、压力 p、液相组成 x_i 和汽相组成 y_i 联系起来。根据式（6-34）和式（6-64），

对于汽液平衡, 有:

对于汽相
$$\hat{f}_i^{\mathrm{V}} = p y_i \hat{\varphi}_i^{\mathrm{V}} \tag{7-5}$$

$$\hat{f}_i^{\mathrm{V}} = f_i^0 \gamma_i^{\mathrm{V}} y_i \tag{7-6}$$

对于液相
$$\hat{f}_i^{\mathrm{L}} = p x_i \hat{\varphi}_i^{\mathrm{L}} \tag{7-7}$$

$$\hat{f}_i^{\mathrm{L}} = f_i^0 \gamma_i^{\mathrm{L}} x_i \tag{7-8}$$

对于汽相而言, 基本上没有合适的方法计算 γ_i^{V}, 所以式 (7-6) 实际上并不使用。本章仅考虑液相的活度系数 γ_i^{L} 的计算问题, 并将其简写为 γ_i。

结合式 (7-2), 汽液平衡关系常用两种形式表示。将式 (7-7) 和式 (7-8) 分别与式 (7-5) 联立, 得:

$$p y_i \hat{\varphi}_i^{\mathrm{V}} = p x_i \hat{\varphi}_i^{\mathrm{L}} \tag{7-9}$$

$$p y_i \hat{\varphi}_i^{\mathrm{V}} = f_i^0 \gamma_i x_i \tag{7-10}$$

7.3.1   汽液平衡比的定义

工程计算中常用相平衡比表示相平衡关系, 相平衡比 K_i 定义为:

$$K_i = \frac{y_i}{x_i} \tag{7-11}$$

对于精馏和吸收过程, K_i 称为汽液平衡比。对于萃取过程, $x_i^{\mathrm{I}} = (y_i)$ 和 $x_i^{\mathrm{II}} = (x_i)$ 分别表示萃取相和萃余相中 i 组分的浓度, K_i 称为分配系数或液液平衡比。

对于精馏分离过程, 还可以用分离因子来表示相平衡关系, 定义式为:

$$\alpha_{ij} = \frac{K_i}{K_j} = \frac{y_i / x_i}{y_j / x_j} \tag{7-12}$$

分离因子在精馏过程又称为相对挥发度, 它相对于汽液平衡比而言, 随温度和压力的变化不敏感, 若近似当作常数, 能使计算简化。对于液液平衡情况, 常用 β_{ij} 代替 α_{ij}, 称为相对选择性。分离因子与 1 的偏离程度表示组分 i 和 j 之间分离的难易程度。

结合式 (7-9) 和式 (7-10), 依据液相逸度的计算, 汽液平衡比 K_i 的计算方法可分为两种: 状态方程法和活度系数法。

7.3.2   状态方程法

当体系达到汽液平衡时, 组分 i 在汽相和液相的分逸度均用逸度系数的定义式表示时, 即 $p y_i \hat{\varphi}_i^{\mathrm{V}} = p x_i \hat{\varphi}_i^{\mathrm{L}}$, 则:

$$K_i = \frac{y_i}{x_i} = \frac{\hat{\varphi}_i^{\mathrm{L}}}{\hat{\varphi}_i^{\mathrm{V}}} \tag{7-13}$$

由式 (7-13) 可知, 计算 K_i 需要求相应的 $\hat{\varphi}_i^{\mathrm{L}}$ 和 $\hat{\varphi}_i^{\mathrm{V}}$。由表 6-4 可知, $\hat{\varphi}_i^{\mathrm{V}}$ 与 T、p 和汽相组成 y_i 有关, $\hat{\varphi}_i^{\mathrm{L}}$ 则与 T、p 和液相组成 x_i 有关, $\hat{\varphi}_i^{\mathrm{V}}$、$\hat{\varphi}_i^{\mathrm{L}}$ 的计算均需要依赖状态方程和混合规则, 因此该方法被称为状态方程法, 亦称 EOS 法。此外, 使用式 (7-13) 计算 K_i

时，$\hat{\varphi}_i^V$、$\hat{\varphi}_i^L$ 需要采用同一个状态方程，可同时用于汽液两相计算的立方型状态方程有 SRK 方程和 PR 方程等。

7.3.3　活度系数法

当体系达到汽液平衡时，组分 i 在汽相中的分逸度用逸度系数的定义式表示，而组分 i 在液相中的分逸度用活度系数的定义式表示时，即 $p y_i \hat{\varphi}_i^V = f_i^0 \gamma_i x_i$，则：

$$K_i = \frac{y_i}{x_i} = \frac{\gamma_i f_i^0}{p \hat{\varphi}_i^V} \tag{7-14}$$

式中，f_i^0 是纯组分 i 在标准态下的逸度。当取 Lewis-Randall 规则为标准态时，f_i^0 即为相平衡 T、p 下纯液体 i 的逸度，即 $f_i^0 (\mathrm{LR}) = f_i$，中低压条件下，纯液体的逸度为：

$$f_i = p_i^s \varphi_i^s \exp \left[\frac{V_i^L (p - p_i^s)}{RT} \right] \tag{6-49b}$$

于是，计算 K_i 的通式为：

$$K_i = \frac{y_i}{x_i} = \frac{\gamma_i p_i^s \varphi_i^s}{p \hat{\varphi}_i^V} \exp \left[\frac{V_i^L (p - p_i^s)}{RT} \right] \tag{7-15}$$

式中，γ_i 为组分 i 在液相中的活度系数；p_i^s 为纯物质 i 在相平衡温度 T 下的饱和蒸气压；φ_i^s 为纯组分 i 在相平衡温度 T 和饱和蒸气压 p_i^s 下的逸度系数；$\hat{\varphi}_i^V$ 为组分 i 在相平衡 T、p 下的汽相逸度系数；V_i^L 为纯组分 i 的液相摩尔体积；$\exp \left[\dfrac{V_i^L (p - p_i^s)}{RT} \right]$ 为 Poynting 因子，用于校正压力偏离饱和蒸气压的影响，中低压下约为 1，仅在高压下起作用。

使用式 (7-15) 计算 K_i，关键是计算活度系数，因此该方法被称为活度系数法，亦称 γ_i 法。由于基于溶液理论推导的活度系数模型中没有考虑压力 p 对于 γ_i 的影响，因此活度系数法不适用高压汽液平衡的计算。

式 (7-15) 为活度系数法计算汽液平衡比的通式，可适用于汽、液两相均为非理想溶液的情况。然而对于一个具体的传质分离过程，由于体系 T、p 的应用范围以及体系的性质不同，可采用相应的简化形式。

（1）汽相为理想气体，液相为理想溶液

在该情况下，$\gamma_i = 1$，$\varphi_i^s = 1$，$\hat{\varphi}_i^V = 1$。因蒸气压与系统的压力之间的差别很小，$RT \gg V_i^L (p - p_i^s)$，故 $\exp \left[\dfrac{V_i^L (p - p_i^s)}{RT} \right] \approx 1$，式 (7-15) 简化为：

$$K_i = \frac{y_i}{x_i} = \frac{p_i^s}{p} \tag{7-16}$$

汽液平衡关系为：

$$p y_i = p_i^s x_i \tag{7-17}$$

式 (7-16) 表明，汽液平衡比仅与体系 T、p 有关，与溶液组成无关。这类物系的特点是汽相服从 Dalton 定律，液相服从 Raoult 定律。对于压力较低和分子结构十分相似的组分所构成的溶液可按该类物系处理。例如低压下的苯-甲苯二元混合物。

（2）汽相为理想气体，液相为非理想溶液

在该情况下，$\varphi_i^s = 1$，$\hat{\varphi}_i^V = 1$。因蒸气压与系统的压力之间的差别很小，$RT \gg V_i^L$ $(p - p_i^s)$，故 $\exp\left[\dfrac{V_i^L(p - p_i^s)}{RT}\right] \approx 1$，式（7-15）简化为：

$$K_i = \frac{y_i}{x_i} = \frac{\gamma_i p_i^s}{p} \tag{7-18}$$

汽液平衡关系为：

$$p y_i = \gamma_i p_i^s x_i \tag{7-19}$$

低压下的大部分物系，如醇、醛、酮与水形成的溶液属于这类物系。K_i 值不仅与 T、p 有关，还与 x_i 有关（影响 γ_i）。

（3）汽相为理想溶液，液相为理想溶液

该物系的特点是汽相中组分 i 的逸度系数等于纯组分 i 在相同 T、p 下的逸度，即 $\hat{\varphi}_i^V = \varphi_i^V$，液相中 $\gamma_i = 1$。式（7-15）简化为：

$$K_i = \frac{p_i^s \varphi_i^s}{p \varphi_i^V} \exp\left[\frac{V_i^L(p - p_i^s)}{RT}\right] \tag{7-20}$$

即：

$$K_i = \frac{f_i^L}{f_i^V} \tag{7-21}$$

K_i 为纯组分 i 在一定 T、p 下液相逸度和汽相逸度之比。可见 K_i 仅与 T、p 有关，而与组成无关。中低压下的轻烃混合物属于该类物系。轻烃类物系在石油炼制中十分重要，经过广泛的实验研究，获得了轻烃组分在不同的 T、p 下的 K_i 近似图，称为 p-T-K 图，如图 7-5 和图 7-6 所示。当体系的 T、p 已知时，从 K 值列线图中能迅速简便地查出轻烃组分的汽液平衡比。

（4）汽相为理想溶液，液相为非理想溶液

此时，$\hat{\varphi}_i^V = \varphi_i^V$，但 $\gamma_i \neq 1$，故：

$$K_i = \frac{\gamma_i p_i^s \varphi_i^s}{p \varphi_i^V} \exp\left[\frac{V_i^L(p - p_i^s)}{RT}\right] \tag{7-22}$$

即：

$$K_i = \frac{\gamma_i f_i^L}{f_i^V} \tag{7-23}$$

K_i 不仅与 T、p 有关，也是液相组成的函数，但与汽相组成无关。

将以上几种汽液平衡物系的特点和 K_i 的计算公式列于表 7-2。

表 7-2　几种汽液平衡物系的特点和 K_i 的计算公式

汽相	液相	
	理想溶液	真实溶液
理想气体	$K_i = \dfrac{p_i^s}{p}$	$K_i = \dfrac{\gamma_i p_i^s}{p}$
理想溶液	$K_i = \dfrac{f_i^L}{f_i^V}$	$K_i = \dfrac{\gamma_i f_i^L}{f_i^V}$
真实气体	不存在	$K_i = \dfrac{\gamma_i f_i^0}{p \hat{\varphi}_i^V}$

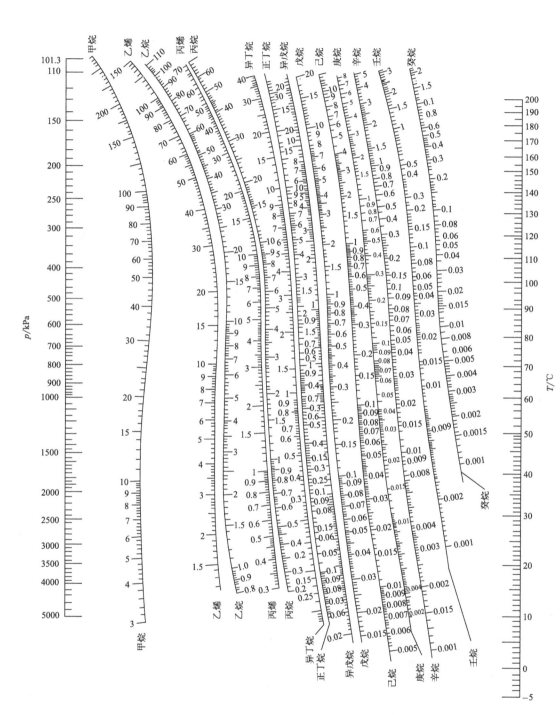

图 7-5　轻烃物系的 $p\text{-}T\text{-}K$ 图（高温部分）

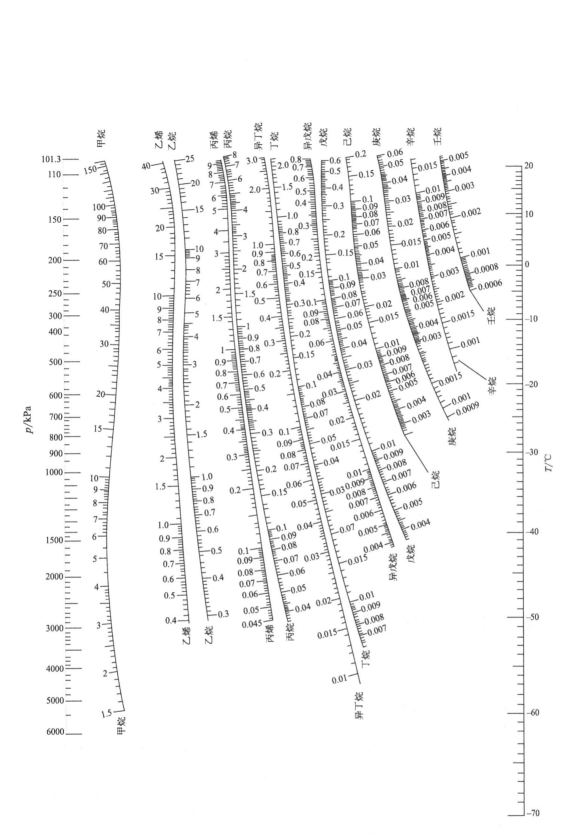

图 7-6 轻烃物系的 $p\text{-}T\text{-}K$ 图（低温部分）

7.3.4　两种计算方法的比较

状态方程法（EOS法）和活度系数法（γ_i法）在计算汽液平衡关系时各有特点，适用于不同的场合，也各有难点。表 7-3 是两种方法的比较。

表 7-3　状态方程法和活度系数法的比较

项目	状态方程法	活度系数法
优点	1.不需要标准态； 2.只需要选择 EOS,不需要相平衡数据； 3.易采用对比态原理； 4.可用于临界区和近临界区。	1.活度系数方程和相应的系数较全； 2.温度的影响主要反应在对 f_i^{L} 上,对 γ_i 的影响不大； 3.适用于多种类型的溶液,包括聚合物、电解质系统； 4.不依赖临界性质的可靠性,可方便地用于较大的相对摩尔质量物质。
缺点	1.EOS 需要同时适用于汽液两相,选择有难度； 2.需要搭配使用混合规则,且其影响较大,基本上需要二元交互作用参数 k_{ij},需要用实验数据回归,且无法估算； 3.相对摩尔质量大的物质大多缺乏可靠的临界数据,影响了准确性； 4.难以应用于极性物系、大分子化合物和电解质体系。	1.需要确定标准态； 2.需要其他方法求取偏摩尔体积,进而求算摩尔体积； 3.对含有超临界组分的体系应用不便,在临界区使用困难。
适用范围	1.原则上可适用于各种压力下的汽液平衡,但更常用于中、高压汽液平衡。 2.主要用于石油化工中的物系。	1.中、低压下的汽液平衡,当缺乏中压汽液平衡数据时,中压下使用很困难。 2.不限于石油化工中的物系,在精细化学品物系中也有部分应用。

7.4　汽液平衡计算

7.4.1　泡点和露点计算

泡点和露点计算是最基本的汽液平衡计算。例如在确定冷凝器、再沸器和精馏塔各塔板的温度时需要进行泡点和露点温度计算；为了确定适宜的精馏塔操作压力，就要进行泡点和露点压力的计算；在给定温度下作闪蒸计算时，也是从泡点和露点温度计算开始，以估计闪蒸过程是否可行。

一个汽液平衡系统中，汽相和液相具有相同的 T 和 p，C 个组分的液相组成 x_i 和汽相组成 y_i 处于平衡状态。根据相律，描述该体系的自由度 $F=C-\pi+2=C$ 个。泡、露点计算按规定哪些变量和计算哪些变量而分成四种类型，具体见表 7-4。在每一类型的计算中，规定了 C 个参数，并有 C 个未知数。温度或压力为 1 个未知数，$(C-1)$ 个组成为其余的未知数。

表 7-4　泡点和露点的计算类型

计算类型	设计变量（已知）	求解变量（未知）
泡点温度	系统压力 p 和液相组成 x_i	泡点温度 T 和汽相组成 y_i
泡点压力	系统温度 T 和液相组成 x_i	泡点压力 p 和汽相组成 y_i
露点温度	系统压力 p 和汽相组成 y_i	露点温度 T 和液相组成 x_i
露点压力	系统温度 T 和汽相组成 y_i	露点压力 p 和液相组成 x_i

由表 7-4 可知，泡、露点温度和压力的计算指规定某相组成和 p 或 T，分别计算另一相的组成和 T 或 p。这些变量之间的计算方程有：

① 相平衡方程，C 个

$$y_i = K_i x_i \tag{7-24}$$

② 摩尔浓度加和式，2 个

$$\sum_{i=1}^{C} x_i = \sum_{i=1}^{C} \frac{y_i}{K_i} = 1 \tag{7-25}$$

$$\sum_{i=1}^{C} y_i = \sum_{i=1}^{C} K_i x_i = 1 \tag{7-26}$$

③ 汽液平衡比关联式，C 个

$$K_i = f(T, p, x_i, y_i) \tag{7-27}$$

共有 $2C+2$ 个方程，包括变量 $3C+2$ 个（T，p，x_i，y_i，K_i）。已规定 C 个变量，未知数尚有 $2C+2$ 个，故上述方程组有唯一解。该方程组计算的难易程度取决于汽液平衡比。由于变量之间的关系复杂，一般需试差求解。

7.4.1.1　泡点温度的计算

（1）汽液平衡比与组成无关的泡点温度计算

若汽液平衡比关联式简化为 $K_i = f(T, p)$，即与组成无关时，解法就变得简单。计算结果除直接应用外，还可作为进一步精确计算的初值。

将式（7-24）代入式（7-26）可得泡点方程：

$$f(T) = \sum_{i=1}^{C} K_i x_i - 1 = 0 \tag{7-28}$$

由于 T 未知，则 K_i 未知，求解式（7-28）需用试差法，可按以下步骤进行：

设 T —已知 p→ 得到 K_i → $\sum_{i=1}^{c} K_i x_i$ → $|f(T)| \leqslant \varepsilon$ —Y→ $T = T_{设}$，$y_i = K_i x_i$ → 结束
（N → 调整 T →）

若按所设温度 T 求得 $\sum K_i x_i > 1$，表明 K_i 值偏大，所设温度偏高，根据差值大小降低温度重算；若 $\sum K_i x_i < 1$，则重设较高温度。

【例 7-2】　已知苯（1）-甲苯（2）-对二甲苯（3）液态混合物的摩尔组成为：$x_1 = 0.5$，$x_2 = 0.25$，$x_3 = 0.25$。试计算该物系在 100kPa 时的平衡温度和汽相组成。各组分的饱和蒸气压数据为（p^s，Pa；T，K）：

苯

$$\ln p_1^s = 20.7936 - \frac{2788.51}{T - 52.36}$$

甲苯			$\ln p_2^s = 20.9065 - \dfrac{3096.52}{T-53.67}$
对二甲苯	$\ln p_3^s = 20.9891 - \dfrac{3346.65}{T-57.84}$

解： 该液相体系组分结构非常相似，可视为理想溶液。系统压力接近常压，可视为理想气体。因此，$K_i = \dfrac{y_i}{x_i} = \dfrac{p_i^s}{p}$。试差过程见［例7-2］表：

[例7-2] 表　泡点温度试差

组分	x_i	365K		370K		368K		367.8K	
		p_i^s	$K_i x_i$	p_i^s	$K_i x_i$	p_i^s	$K_i x_i$	p_i^s	$K_i x_i$
苯	0.50	143539.25	0.72	165175.25	0.83	156238.14	0.78	155365.44	0.78
甲苯	0.25	57549.33	0.14	67346.66	0.17	63279.99	0.16	62884.34	0.16
对二甲苯	0.25	24188.64	0.06	28800.72	0.07	26876.94	0.07	26690.47	0.07
Σ	1.00		0.92		1.07		1.01		1.00

则体系的平衡温度为367.8K，汽相组成为 $y_1 = 0.78$，$y_2 = 0.16$，$y_3 = 0.07$。

（2）汽液平衡比与组成有关的泡点温度计算

当系统的非理想性较强时，K_i 必须按式（7-13）或式（7-15）计算，然后联立求解式（7-24）和式（7-25）。因已知值仅有 p 和 x_i，而计算 K_i 值的其他各项：$\hat{\varphi}_i^V$，$\hat{\varphi}_i^L$，φ_i^s，γ_i，p_i^s 和 V_i^L 均是温度的函数，而温度恰恰是未知数。此外，$\hat{\varphi}_i^V$ 还是汽相组成 y_i 的函数。因此，手算难以完成，需要计算机计算。应用活度系数法作泡点温度计算的一般步骤如图7-7所示。

7.4.1.2　泡点压力的计算

计算泡点压力所用的方程与计算泡点温度的方程相同，即式（7-24）、式（7-25）和式（7-27）。当 $K_i = f(T, p)$ 时，计算很简单，有时不需要试差。泡点压力计算公式为：

$$f(p) = \sum_{i=1}^{C} K_i x_i - 1 = 0 \tag{7-29}$$

当体系为完全理想系时，可用式（7-16）表示 K_i，由式（7-29）得到直接计算泡点压力的公式：

$$p = \sum_{i=1}^{C} p_i^s x_i \tag{7-30}$$

对汽相为理想气体，液相为非理想溶液的情况，用类似的方法得到：

$$p = \sum_{i=1}^{C} \gamma_i p_i^s x_i \tag{7-31}$$

若用 p-T-K 图求 K_i 值，则需假设泡点压力，通过试差求解。

一般说来，式（7-28）对于温度是高度非线性的，但式（7-29）对于压力仅有一定程度的非线性，所以，泡点压力的试差更容易些。

当 $K_i = f(T, p, x_i, y_i)$ 时，由式（7-15）可分析出，φ_i^s，p_i^s 和 V_i^L 只与温度有关，

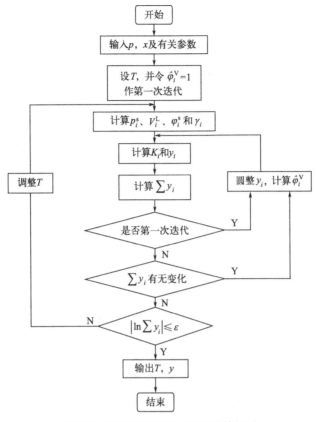

图 7-7 活度系数法泡点温度计算框图

而温度已知，则均为定值。γ_i 一般认为与压力无关，当 T 和 x_i 已知时也为定值。但式中 p 和 $\hat{\varphi}_i^V$ 是未知的，因此必须用试差法求解。对于压力不太高的情况，由于压力对 $\hat{\varphi}_i^V$ 的影响不太大，故收敛较快。

用状态方程法和活度系数法计算泡点压力的框图分别见图 7-8 和图 7-9。

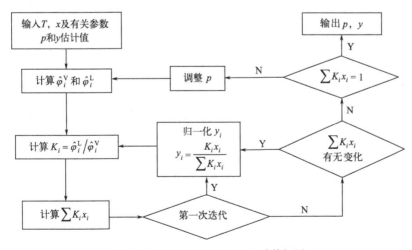

图 7-8 状态方程法泡点压力计算框图

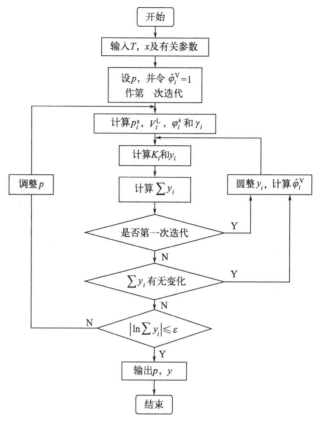

图 7-9　活度系数法泡点压力计算框图

7.4.1.3　露点温度和压力的计算

（1）汽液平衡比与组成无关的露点温度和压力计算

参照泡点计算，将式（7-24）代入式（7-25）可得露点方程：

$$f(T) = \sum_{i=1}^{C} \frac{y_i}{K_i} - 1 = 0 \tag{7-32}$$

$$f(p) = \sum_{i=1}^{C} \frac{y_i}{K_i} - 1 = 0 \tag{7-33}$$

露点的求解与泡点计算相类似，露点温度求解过程如下：

设T ──已知p── 得到K_i ──→ $\sum_{i=1}^{c} \frac{y_i}{K_i}$ ──→ $|f(T)| \leqslant \varepsilon$ ──Y── $T=T_{设}$ $x_i = y_i/K_i$ ──→ 结束

──调整T── ←──── N

（2）汽液平衡比与组成有关的露点温度和压力计算

对于露点温度计算，T 为未知数，与泡点计算一样，$\hat{\varphi}_i^{V}$，$\hat{\varphi}_i^{L}$，φ_i^{s}，γ_i，p_i^{s} 和 V_i^{L} 均需迭代计算。露点温度与泡点温度的计算步骤相近，只要将图 7-7 的框图略作改动即可。

对于露点压力计算，已知 T 和 y_i，因此 φ_i^{s}，p_i^{s} 和 V_i^{L} 为定值，而与压力有关的 $\hat{\varphi}_i^{V}$ 和与 x_i 有关的 γ_i 则需迭代计算。露点压力的计算步骤与泡点压力的计算相近。

7.4.2　闪蒸过程计算

若有组成为 z_1，z_2，$\cdots$，z_C 的 C 个组分均相混合物，当系统的温度 T、p 处于泡露点之间时，自动产生了达到汽液平衡的两相，汽相组成为 y_1，y_2，$\cdots y_C$，液相组成为 x_1，x_2，$\cdots$，x_C。闪蒸是单级平衡分离过程。闪蒸过程的原料为均相混合物，通过分离媒介，使原料部分汽化或部分冷凝得到含易挥发组分较多的蒸汽产品和含难挥发组分较多的液相产品，如图 7-10 所示。

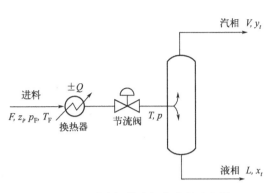

图 7-10　平衡闪蒸或部分冷凝示意图

闪蒸涉及的变量有：F，T_F，p_F，T，p，V，L，Q，z_i，x_i，y_i，K_i，共 $4C+8$ 个，这些变量之间的计算方程为 MESH 方程组：

① 物料衡算方程——M 方程，C 个

$$Fz_i = Vy_i + Lx_i \tag{7-34}$$

② 相平衡方程——E 方程，C 个

$$y_i = K_i x_i \tag{7-24}$$

③ 摩尔浓度加和式——S 方程，2 个

$$\sum_{i=1}^{C} x_i = \sum_{i=1}^{C} \frac{y_i}{K_i} = 1 \tag{7-25}$$

$$\sum_{i=1}^{C} y_i = \sum_{i=1}^{C} K_i x_i = 1 \tag{7-26}$$

④ 热量平衡方程——H 方程，1 个

$$FH_F + Q = VH_V + LH_L \tag{7-35}$$

⑤ 汽液平衡比关联式，C 个

$$K_i = f(T, p, x_i, y_i) \tag{7-27}$$

则共有 $3C+3$ 个方程，为使闪蒸计算有唯一解，需规定设计变量数为（$4C+8$）—（$3C+3$）=$C+5$ 个，其中进料变量数为 $C+3$ 个（F，T_F，p_F，z_i），根据剩余的 2 个变量的规定方法可将闪蒸计算分为表 7-5 中的五类，其中等温闪蒸和绝热闪蒸在化工生产中最常用，本节主要介绍等温闪蒸过程的计算。

表 7-5　闪蒸过程计算类型

序号	闪蒸类型	设计变量(已知)	求解变量(未知)
1	等温	p，T	Q，V，L，y_i，x_i
2	绝热	p，$Q=0$	T，V，L，y_i，x_i
3	非绝热	p，$Q \neq 0$	T，V，L，y_i，x_i
4	部分冷凝	p，L(或 e)	Q，T，V，y_i，x_i
5	部分汽化	p(或 T)，V(或 ψ)	Q，T(或 p)，L，y_i，x_i

闪蒸计算中，e 为液化率，ψ 为汽化率，定义式如下：

液化率
$$e = \frac{L}{F} \tag{7-36}$$

汽化率
$$\psi = \frac{V}{F} \tag{7-37}$$

联立上述物料衡算方程（7-34）、相平衡方程（7-24）、摩尔浓度加和式（7-25）和汽液平衡比关联式（7-26），并常与汽化率结合可得：

$$\sum_{i=1}^{C} x_i = \sum_{i=1}^{C} \frac{z_i}{1+\psi(K_i-1)} = 1 \tag{7-38}$$

$$\sum_{i=1}^{C} y_i = \sum_{i=1}^{C} \frac{K_i z_i}{1+\psi(K_i-1)} = 1 \tag{7-39}$$

式（7-38）和式（7-39）均可用于求解汽化率，但这两个方程均为 C 次多项式，当 $C >$ 3 时可用试差法和数值法求解，但收敛性不佳。因此，用式（7-38）和式（7-39）相减得到更通用的闪蒸方程式：

$$f(\psi) = \sum_{i=1}^{C} \frac{(K_i-1)z_i}{1+\psi(K_i-1)} = 0 \tag{7-40}$$

式（7-40）被称为 Rachford-Rice 方程，有很好的收敛性，常用牛顿迭代法计算。

此外，在给定温度下进行闪蒸计算时，还需核实闪蒸问题是否成立。可采用下面两种方法：

（1）分别用泡点方程和露点方程计算在闪蒸压力下进料混合物的泡点温度 T_b 和露点温度 T_d，然后核实闪蒸温度 T 是否处于泡点温度和露点温度之间。若 $T_b < T < T_d$ 成立，则闪蒸问题成立。

（2）假设闪蒸温度为进料组成的泡点温度 T_b，则应有 $\sum K_i z_i = 1$。若 $\sum K_i z_i > 1$，说明 $T > T_b$；再假设闪蒸温度为进料组成的露点温度 T_d，则应有 $\sum z_i/K_i = 1$，若 $\sum z_i/K_i > 1$，说明 $T < T_d$。综合两种试算结果，只有 $T_b < T < T_d$ 成立，才构成闪蒸问题。反之，若 $\sum K_i z_i < 1$ 或 $\sum z_i/K_i < 1$，说明进料在闪蒸条件下分别为过冷液体或过热蒸汽（蒸气），不可能形成平衡的汽液两相，闪蒸问题不成立。

【例 7-3】 已知苯（1）-甲苯（2）-对二甲苯（3）三元物系的摩尔组成为：$z_1 = 0.5$，$z_2 = 0.25$，$z_3 = 0.25$。该物系在 100kPa 和 105℃下闪蒸。试计算汽相和液相产品的量和组成。假定该物系为完全理想系，进料流率 $F = 100\text{kmol} \cdot \text{h}^{-1}$，各组分的 Antoine 方程见[例 7-2]。

解：（1）求各组分在闪蒸温度和压力下的汽液平衡比 K_i，将 105℃代入 Antoine 方程求得各组分的饱和蒸气压为：

$p_1^s = 204931.71\text{Pa}$，$p_2^s = 85739.06\text{Pa}$，$p_3^s = 37648.38\text{Pa}$

该物系为完全理想系，由式（7-16）可得：

$$K_1 = \frac{p_1^s}{p} = \frac{204931.71}{100000} = 2.05，\ K_2 = 0.86，\ K_2 = 0.38$$

（2）验证泡点和露点

泡点验证：$\sum_{i=1}^{3} K_i z_i = 2.05 \times 0.5 + 0.86 \times 0.25 + 0.38 \times 0.25 = 1.335$

露点验证：$\sum_{i=1}^{3} \dfrac{z_i}{K_i} = \dfrac{0.5}{2.05} + \dfrac{0.25}{0.86} + \dfrac{0.25}{0.38} = 1.192$

可见两者都大于1，说明原料的泡点温度 $T_b < 105\,℃$，露点温度 $T_d > 105\,℃$，因此在给定温度和压力下，原料将分成汽、液两相。

（3）求 ψ，将汽液平衡比 K_i 代入 Rachford-Rice 方程，可得：

$$\dfrac{(2.05-1) \times 0.5}{1 + \psi(2.05-1)} + \dfrac{(0.86-1) \times 0.25}{1 + \psi(0.86-1)} + \dfrac{(0.38-1) \times 0.25}{1 + \psi(0.38-1)} = 0$$

令 $\psi_1 = 0.1$，迭代计算得 $\psi = 0.6796$

（4）用式（7-38）和式（7-39）计算汽液相组成：

$$x_1 = \dfrac{z_1}{1 + \psi(K_1-1)} = \dfrac{0.5}{1 + 0.6796 \times (2.05-1)} = 0.2918$$

$$y_1 = \dfrac{K_1 z_1}{1 + \psi(K_1-1)} = \dfrac{2.05 \times 0.5}{1 + 0.6796 \times (2.05-1)} = 0.5982$$

类似的，可得：

$$x_2 = 0.2763, \quad x_3 = 0.4320$$
$$y_2 = 0.2376, \quad y_3 = 0.1642$$

（5）求 V，L

$$V = \psi F = 0.6796 \times 100 = 67.96\,\text{kmol} \cdot \text{h}^{-1}$$
$$L = F - V = 32.04\,\text{kmol} \cdot \text{h}^{-1}$$

（6）核实 $\sum_{i=1}^{C} x_i$ 和 $\sum_{i=1}^{C} y_i$：$\sum_{i=1}^{3} x_i = 1.0001 \approx 1$，$\sum_{i=1}^{3} y_i = 0.9999 \approx 1$

则结果满足要求。

7.4.3　汽液平衡数据的热力学一致性检验

所有的汽液平衡关系都有严格的热力学推导，然而，热力学目前发展的水平还不能离开实测数据只凭热力学关系就能推导出正确、可靠的定量关系。所谓汽液平衡数据的热力学校验，就是用热力学关系式来校验实验数据的可靠性。如果测定的汽液平衡数据能够符合热力学普通规律，则称这套数据符合热力学一致性要求。因此，对实验测定的汽液平衡数据 T-p-x-y 在使用之前对其可靠性必须使用热力学方法进行检验。检验的基础是 Gibbs-Duhem 方程，它确立了混合物中所有组分的逸度（或活度系数）之间的相互关系。

7.4.3.1　Gibbs-Duhem 方程的活度系数形式

前已述及，溶液中各组分的活度系数 $\ln\gamma_i$ 是超额 Gibbs 自由能 G^E/RT 的偏摩尔性质。以 $\ln\gamma_i$ 表示的 Gibbs-Duhem 方程为：

$$\sum x_i \mathrm{d}\ln\gamma_i = -\sum x_i \dfrac{H_i^E}{RT^2} \mathrm{d}T + \sum x_i \dfrac{V_i^E}{RT} \mathrm{d}p \tag{7-41}$$

对于二元系，

$$x_1 \mathrm{d}\ln\gamma_1 + x_2 \mathrm{d}\ln\gamma_2 = -\dfrac{H^E}{RT^2} \mathrm{d}T + \dfrac{V^E}{RT} \mathrm{d}p \tag{7-42}$$

在研究汽液平衡时，多数系统的实验数据或为恒温，或为恒压，建立 Gibbs-Duhem 方程时，需要考虑温度或压力对活度系数的影响。

7.4.3.2　等温汽液平衡数据的热力学一致性检验

依据式（7-42），在等温条件下，二元系的热力学一致性检验方程为：

$$x_1 \mathrm{dln}\gamma_1 + x_2 \mathrm{dln}\gamma_2 = \frac{V^{\mathrm{E}}}{RT}\mathrm{d}p \tag{7-43}$$

式中，$V^{\mathrm{E}} = V - V^{\mathrm{id}} = \Delta V$，但是 $\dfrac{\Delta V}{RT}$ 数值很小，可忽略不计，则：

$$x_1 \mathrm{dln}\gamma_1 + x_2 \mathrm{dln}\gamma_2 = 0 \tag{7-44}$$

等式两边同时除以 $\mathrm{d}x_1$，得：

$$x_1 \frac{\mathrm{dln}\gamma_1}{\mathrm{d}x_1} + x_2 \frac{\mathrm{dln}\gamma_2}{\mathrm{d}x_1} = 0 \tag{7-45}$$

式（7-45）就是等温汽液平衡数据的检验公式。

在等温等压条件下（$\mathrm{d}p = 0$，$\mathrm{d}T = 0$），热力学一致性检验方程亦为式（7-44）形式。

使用式（7-44）或式（7-45）检验汽液平衡数据质量时，称为微分检验法。但微分式难以直接使用。Herington（赫林顿）在 1947 年提出了积分法，将式（7-44）由 $x_1 \rightarrow 0$ 积分到 $x_1 \rightarrow 1$，得：

$$\int_{x_1=0}^{x_1=1} x_1 \mathrm{dln}\gamma_1 + \int_{x_1=0}^{x_1=1} x_2 \mathrm{dln}\gamma_2 = 0 \tag{7-46}$$

整理得：

$$\int_{x_1=0}^{x_1=1} \ln\frac{\gamma_1}{\gamma_2}\mathrm{d}x_1 = 0 \tag{7-47}$$

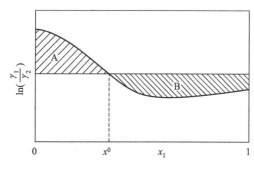

图 7-11　汽液平衡数据的面积检验法

用式（7-47）进行热力学一致性检验称为积分检验法（或面积检验法），将其标绘于图 7-11 中，曲线与坐标轴所包围的面积代数和应等于零（即图中面积 $S_{\mathrm{A}} = S_{\mathrm{B}}$）。但由于实验存在误差，对于中等非理想性的系统，满足关系式（7-48）即可认为恒温汽液平衡数据符合热力学一致性检验。

$$\left| \frac{S_{\mathrm{A}} - S_{\mathrm{B}}}{S_{\mathrm{A}} + S_{\mathrm{B}}} \right| < 0.02 \tag{7-48}$$

7.4.3.3　等压汽液平衡数据的热力学一致性检验

依据式（7-42），在等压条件下，二元系的热力学一致性检验方程为：

$$x_1 \mathrm{dln}\gamma_1 + x_2 \mathrm{dln}\gamma_2 = -\frac{H^{\mathrm{E}}}{RT^2}\mathrm{d}T \tag{7-49}$$

式（7-46）就是等压汽液平衡数据的检验公式。又 $H^{\mathrm{E}} = H - H^{\mathrm{id}} = \Delta H$，若为理想溶液体系（$\Delta H = 0$），则式（7-46）也变化为式（7-44）。

对式（7-49）作类似处理，可得：

$$\int_{x_1=0}^{x_1=1} \ln\frac{\gamma_2}{\gamma_1}\mathrm{d}x_1 = \int_{x_1=0}^{x_1=1} \frac{\Delta H}{RT^2}\mathrm{d}T \tag{7-50}$$

一般对极性-非极性、极性-极性系统 H^{E} 或 ΔH 的数值不可忽略，由于混合热随组成变化的数据一般不具备，式（7-50）右边积分值实际上很难确定。赫林顿给出半经验方法，先计算 A、B 的面积，并计算：

$$D = 100 \times \left| \frac{S_A - S_B}{S_A + S_B} \right| \qquad (7\text{-}51)$$

$$J = 150 \times \frac{T_{max} - T_{min}}{T_{min}} \qquad (7\text{-}52)$$

式中，T_{min} 和 T_{max} 分别是系统的最低温度和最高温度；150 为经验常数，由赫林顿分析典型的有机溶液混合热数据后得出。

经验证明，如数据符合热力学一致性，则 $D < J$；如 $D - J < 10$，仍然可认为数据具有一定的可靠性；否则，就不符合热力学一致性。

特别需要指出的是，热力学一致性是判断数据可靠性的必要条件，但不是充分条件。亦即符合热力学一致性的数据不一定是正确可靠的，但是不符合热力学一致性检验的数据则一定是不正确和不可靠的。

7.5 其他类型相平衡

7.5.1 液液平衡

若有 α 和 β 两个液相互成相平衡，如图 7-12 所示。图中 x_i^α，γ_i^α 分别为组分 i 在液相 α 中的组成和活度系数；x_i^β，γ_i^β 分别为组分 i 在液相 β 中的组成和活度系数。根据式（7-1），在一定的 T、p 下，液液平衡判据中的逸度表达式为：

$$\hat{f}_i^\alpha = \hat{f}_i^\beta \qquad (7\text{-}53)$$

根据组分的逸度与活度的关系，$a_i = \gamma_i x_i = \dfrac{\hat{f}_i}{f_i^0}$，有

$$\hat{f}_i = f_i^0 \gamma_i x_i$$

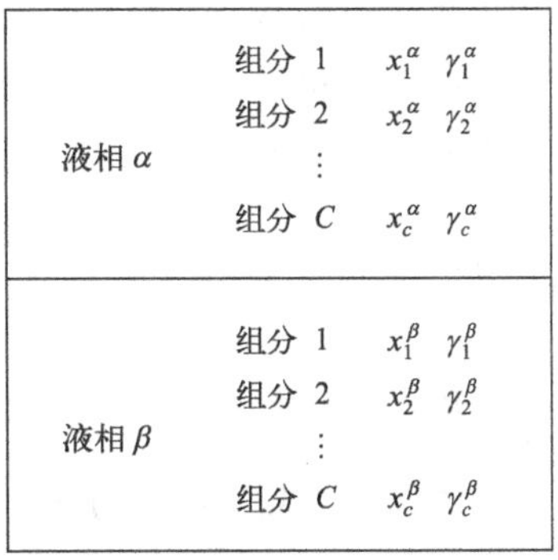

图 7-12 液液平衡示意图

则液液平衡时有：

$$\gamma_i^\alpha x_i^\alpha = \gamma_i^\beta x_i^\beta \qquad (7\text{-}54)$$

对于二元液液平衡系统，有：

相平衡方程：

$$\begin{cases} \gamma_1^\alpha x_1^\alpha = \gamma_1^\beta x_1^\beta \\ \gamma_2^\alpha x_2^\alpha = \gamma_2^\beta x_2^\beta \end{cases} \qquad (7\text{-}55)$$

摩尔浓度加和式：

$$\begin{cases} x_1^\alpha + x_2^\alpha = 1 \\ x_1^\beta + x_2^\beta = 1 \end{cases} \qquad (7\text{-}56)$$

二元液液平衡体系，共有 6 个变量，即 x_1^α，x_2^α，x_1^β，x_2^β，T，p。根据相律，$F = C - $

$\pi+2=2-2+2=2$，如果给定 T、p，那么其余 4 个变量可联解上述 4 个方程求得，求解时，各液相中组分的活度系数 γ_i^α 和 γ_i^β 选用合适的液相活度系数模型。

常用的液相活度系数模型有 Margules 方程、van Laar 方程、NRTL 方程和 UNIQUAC 方程等，但 Wilson 方程不能用于液液平衡的计算。在二元系统计算中，用 Margules 方程、van Laar 方程时，可用解析法求解；而用 NRTL 方程和 UNIQUAC 方程时，需要用迭代法计算平衡组成。

对于三元液液平衡系统，有：

相平衡方程：
$$\begin{cases} \gamma_1^\alpha x_1^\alpha = \gamma_1^\beta x_1^\beta \\ \gamma_2^\alpha x_2^\alpha = \gamma_2^\beta x_2^\beta \\ \gamma_3^\alpha x_3^\alpha = \gamma_3^\beta x_3^\beta \end{cases} \tag{7-57}$$

摩尔浓度加和式：
$$\begin{cases} x_1^\alpha + x_2^\alpha + x_3^\alpha = 1 \\ x_1^\beta + x_2^\beta + x_3^\beta = 1 \end{cases} \tag{7-58}$$

三元液液平衡体系共有 8 个变量，即 x_1^α，x_2^α，x_3^α，x_1^β，x_2^β，x_3^β，T，p。根据相律，$F=C-\pi+2=3-2+2=3$，如果给定 T、p 与某液相中任一组成 x_i，那么其余 5 个变量可联解上述 5 个方程求得。与二元系类似，各液相中组分的活度系数 γ_i^α 和 γ_i^β 选用合适的液相活度系数模型计算即可。

【例 7-4】 25℃时，某二元系处于汽液液三相平衡，饱和液相组成如下：
$$x_1^\alpha = 0.01, x_2^\alpha = 0.99$$
$$x_1^\beta = 0.99, x_2^\beta = 0.01$$

已知 25℃时，两个组分的饱和蒸气压为：$p_1^s = 10\text{kPa}$，$p_2^s = 101.3\text{kPa}$

试计算三相共存平衡时的压力与汽相组成（取 Lewis-Randall 规则为标准态）。

解： 在液相 α 中，组分 2 的摩尔分数约为 1，故 $\gamma_2^\alpha \approx 1$；同理，$\gamma_1^\beta \approx 1$。

在液液平衡中
$$\gamma_1^\alpha x_1^\alpha = \gamma_1^\beta x_1^\beta$$

则：
$$\gamma_1^\alpha = \frac{\gamma_1^\beta x_1^\beta}{x_1^\alpha} = \frac{1 \times 0.99}{0.01} = 99$$

同理：
$$\gamma_2^\beta = \frac{\gamma_2^\beta x_2^\beta}{x_2^\alpha} = \frac{1 \times 0.99}{0.01} = 99$$

则汽液液三相平衡压力为：
$$p = \sum_{i=1}^{2} \gamma_i p_i^s x_i = \gamma_1 p_1^s x_1 + \gamma_2 p_2^s x_2 = 99 \times 10 \times 0.01 + 1 \times 101.3 \times 0.99 = 110.2 \text{ kPa}$$

汽液液三相平衡时，汽相组成为：
$$y_1 = \frac{\gamma_1 p_1^s x_1}{p} = \frac{99 \times 10 \times 0.01}{110.2} = 0.0898$$

$$y_2 = \frac{\gamma_2 p_2^s x_2}{p} = \frac{1 \times 101.3 \times 0.99}{110.2} = 0.9102$$

7.5.2　气液平衡

气液平衡指常规条件下气态组分与液态组分间的平衡关系。与前述汽液平衡之间的区别主要是在所定条件下，汽液相的各组分都是可凝性组分，而在气液平衡中至少有一种组分是不凝性的气体。常压下的气液平衡常被称为气体溶解度。但气体溶解度主要讨论气体在溶剂中的溶解度，而在气液平衡则需要同时计算气相和液相的组成。

在化学工业中，基于气液平衡的气体吸收常被用于气体组分分离及气体中有用组分的回收，也用于一些酸性气体组分（H_2S，CO_2，SO_2 和 NO_x 等）的回收或治理，因而在环境治理中也十分重要。

根据式（7-1），在一定的 T、p 下，气液平衡判据中的逸度表达式为：

$$\hat{f}_i^G = \hat{f}_i^L \tag{7-59}$$

式中，上标 G、L 分别表示气相和液相。对于二元气液平衡，溶质和溶剂分别用组分 1 和组分 2 表示。溶质 1 在液相中浓度很低，无法用组分 1 的纯液态表示标准状态，因此使用非对称活度系数（第二种标准态）。对于组分 1，有：

$$\hat{f}_1^G = p y_1 \hat{\varphi}_1^G \tag{7-60}$$

$$\hat{f}_1^L = H_1 \gamma_1^* x_1 \tag{7-61}$$

式中，H_1 是溶质 1 在溶剂 2 中的 Henry 常数，其值与溶质、溶剂的种类以及温度有关。将式（7-60）和式（7-61）代入式（7-59），则：

$$p y_1 \hat{\varphi}_1^G = H_1 \gamma_1^* x_1 \tag{7-62}$$

溶剂组分 2 仍采用对称活度系数（第一种标准态），且中低压下 Poyting 因子约为 1，$f_2^0 \approx p_2^s \varphi_2^s$，则：

$$\hat{f}_2^G = p y_2 \hat{\varphi}_2^G \tag{7-63}$$

$$\hat{f}_2^L = p_2^s \varphi_2^s \gamma_2 x_2 \tag{7-64}$$

$$p y_2 \hat{\varphi}_2^G = p_2^s \varphi_2^s \gamma_2 x_2 \tag{7-65}$$

当系统压力较低时，$\hat{\varphi}_1^G = \hat{\varphi}_2^G = 1$，并且 $\varphi_2^s = 1$，又由于液相中 $x_1 \to 0$，$x_2 \to 1$，按活度系数标准态选取的原则 $\lim\limits_{x_1 \to 0} \gamma_1^* = 1$，$\lim\limits_{x_2 \to 1} \gamma_2 = 1$。则式（7-62）和式（7-65）分别简化为：

$$p y_1 = H_1 x_1, \quad p y_2 = p_2^s x_2 \tag{7-66}$$

即溶质组分 1 符合 Henry 定律，溶剂组分 2 符合 Raoult 定律。

类似地，对多元的低压气液平衡，溶质和溶剂也分别符合 Henry 定律和 Raoult 定律。以上计算式都是基于气体低溶解度情况下的，在较高溶解度下，要考虑活度系数的影响，计算要复杂得多。

【例 7-5】 CH_4（1）溶解在轻油（2）中的物系可视为理想混合物，在 200K，3040kPa 时，$H_1 = 20265$kPa，气相第二 virial 系数 $B = -105$cm$^3 \cdot$mol^{-1}，平衡气相中 CH_4（1）含量为 0.96（摩尔分数），求在此条件下 CH_4（1）在液态轻油中的溶解度。

解： 该体系为中压下的轻烃混合物，气液相均可视为理想溶液，则 $\hat{\varphi}_1^G = \varphi_1$，根据逸度系数的计算方法，有：

$$\ln\varphi_1 = \frac{Bp}{RT} = -\frac{105 \times 10^{-6} \times 3040 \times 10^3}{8.314 \times 200} = -0.192$$

$$\varphi_1 = 0.825$$

则 CH_4（1）在气相中的分逸度为 $\hat{f}_1^G = p y_1 \hat{\varphi}_1^G = p y_1 \varphi_1$

且 CH_4（1）在液态轻油中 $\hat{f}_1^L = H_1 x_1$

联立得：$x_1 = \dfrac{p y_1 \varphi_1}{H_1} = \dfrac{3040 \times 0.96 \times 0.825}{20265} = 0.1188$

7.5.3 固液平衡

固液平衡是一类重要的相平衡，是冶金工业和有机物结晶分离的基础。固液相行为远较气液平衡和液液平衡系统复杂，比如固态溶液的有限溶解度、固态的多晶型、固态中所形成的共晶体及或多或少稳定的分子间化合物等。液体与固体之间的平衡分为溶解平衡和熔化平衡。

固液平衡与气液平衡一样，符合相平衡的基本判据，即式（7-1），在一定的 T、p 下，各组分在固液两相中的逸度相等。

$$\hat{f}_i^S = \hat{f}_i^L \tag{7-67}$$

或

$$f_i^S \gamma_i^S z_i^S = f_i^L \gamma_i^L x_i^L \tag{7-68}$$

式中，上标 S、L 分别表示固相和液相；z_i^S、x_i^L 分别表示组分 i 在固相和液相中的摩尔浓度；f_i^S、f_i^L 分别表示纯液体组分 i 和纯固体组分 i 的逸度；γ_i^S、γ_i^L 分别表示组分 i 在固相和液相中的活度系数。令 $\zeta_i = \dfrac{f_i^S}{f_i^L}$ 表示组分 i 纯液体和纯固体状态时的逸度比，则式（7-68）可改写为：

$$\gamma_i^S z_i^S = \zeta_i \gamma_i^L x_i^L \tag{7-69}$$

本章小结

1. 课程主线：能量和物质。

2. 学习目的：相平衡为混合物传质分离的极限，实现相平衡状态下温度、压力和组成等参量的设计计算。

3. 重点内容：相平衡判据及其应用。

（1）相平衡判据：$\hat{f}_i^V = \hat{f}_i^L$

（2）相平衡关系的表示方法：相图（**定性**）和相平衡比（**定量**）

（3）汽液平衡计算

① 汽液平衡比的定义和计算：

EOS 法
$$K_i = \frac{y_i}{x_i} = \frac{\hat{\varphi}_i^L}{\hat{\varphi}_i^V}$$

γ_i 法
$$K_i = \frac{y_i}{x_i} = \frac{\gamma_i p_i^s \varphi_i^s}{p \hat{\varphi}_i^V} \exp\left[\frac{V_i^L (p - p_i^s)}{RT}\right]$$

② 泡点和露点计算：最基础的汽液平衡计算，可实现汽液平衡时 T-p-x_i-y_i 数据的相互推算，计算方程为相平衡方程和摩尔浓度加和式，计算的复杂程度取决于 K_i。

③ 闪蒸过程计算：单级汽液平衡计算，计算单级分离得到的汽液两相产品的量和组成，计算方程为 MESH 方程组，汽化率迭代方程为 Rachford-Rice 方程。

（4）简要介绍液液平衡（$\hat{f}_i^\alpha = \hat{f}_i^\beta$）、气液平衡（$\hat{f}_i^G = \hat{f}_i^L$）和固液平衡（$\hat{f}_i^S = \hat{f}_i^L$），主要用于萃取、吸收和结晶等传质分离过程。

4.后续课程"化工分离工程"学习思路：

实际混合物分离（**繁**）＝理想混合物分离（**简**）＋校正

多级分离（**繁**）＝单级分离（**简**）＋校正

多元分离（**繁**）＝二元分离（**简**）＋校正

 科学家精神

忠党爱国，严谨治学，甘为人梯——缅怀热力学大师，传承时钧精神

时钧（1912—2005），江苏常熟人，化学工程学家、教育家，中国科学院院士。他在化工热力学、分离技术等领域取得了重要的研究成果，在长期从事的教学工作中培养了一批杰出的科学技术人才，为我国化工教育事业作出了重要贡献。

1934 年，时钧毕业于清华大学化学系，1935 年 8 月公派赴美留学，于 1936 年 5 月在缅因大学获造纸专业工学硕士学位，随后赴麻省理工学院专攻化学工程。"七七"事变后，时钧婉言谢绝了麻省理工学院化工系主任 Whitman 教授的盛情挽留，于 1938 年 5 月回到灾难深重的祖国从事教育事业。年仅 27 岁的时钧，先后受聘于多所学校任教，主讲物理化学、化工计算、化工原理、工业化学、化工热力学、化工经济等课程。他才华横溢、学识渊博，授课时，旁征博引、条理分明、深入浅出，深受学生的敬重和爱戴，被誉为"娃娃教授"。

抗日战争胜利后，1946 年 8 月时钧回到南京，任中央大学教授、化工系主任。同时，兼任重庆大学化工系教授和系主任。1952 年，新中国高等院校调整，时钧任南京工学院化工系教授、系主任，同时受命创建我国第一个硅酸盐专业。他率领化工系全体同志，通力合作，以苏联教学计划为蓝本，大胆实践，勇于创新，培养出了我国水泥专业的大学本科毕业生和研究生，为社会主义建设事业输送了大量专业技术人才。1956 年秋，时钧与几名教授联名上书高教部建议在化工系设立化学工程专业。1957 年初，高教部同意试办。同年 4 月底，高教部在北京召集有关会议，制订化学工程专业教学计划，时钧任组长。当年暑假，天津大学和华东化工学院开始招生。从 1979 年起，时钧着手重建南京化工学院化学工程系，担负起系主任的繁重任务。在他的主持带领下，建成化学工程博士点，并建成了具有一定规模的化学工程研究所。

时钧非常注重科学研究，研究方向主要包括：流体热力学性质的实验测定、色谱法研究溶液热力学和膜分离技术。时钧认为工程科学是一门实验科学。化学工程研究、设计和开发所用的基础物性则更需精密的实验测量。自 20 世纪 80 年代初起，他就有计划地着手组建一个热力学基础物性的测定中心，对广泛范围的相平衡、容积性质和过量性质进行研究，并培养了一批专门人才。

在流体相平衡方面，高压下流体的热力学性质测定的投资费用较高，并且费工费时，有用的实测数据极为缺乏，影响了这一领域的理论进展。鉴于此，时钧、王延儒等筹建了精度较高的高压相平衡装置，对含氯氟烃替代物体系等的相平衡，以及多元体系近临界区域和混合物临界轨迹等方面进行了广泛测定。时钧与合作者还创造了在原有的静态法基础上，结合 Burnett 膨胀法成功地建立了在一台装置上同时测量高压流体相平衡组成和平衡相密度的简便方法，为快速而有效地获取高压下的流体基础物性提供了新手段。此外，他和助手建立了一套流体压缩因子的 Burnett 法精密测量装置，用以求取高压下混合气体的 $p\text{-}V\text{-}T$ 基础数据，所测的混合物压缩因子精度达同类装置的最好水准。时钧与合作者对高压下的相平衡研究为多种重要基础溶剂分离提纯化工工艺过程的开发设计提供了必不可少的基础物性数据。

溶液的混合热是一类既具有重要理论意义，又有工程设计用途的基础物性。时钧与合作者经过多年努力，改进并逐步完善了一套精密测量微量热效应的装置。该装置可用以测得各种纯物质或生物物质在混合、反应或其他物理化学变化中产生或吸收的微量热效应，精度达到 1J。在这一领域中，测量了多种有机物的二元、三元体系混合热和强电解质混合溶剂体系的混合热、稀释热、溶解热等基础物性数据。

含有有机物的电解质是一类在工业实际过程中经常会遇到的复杂体系。有关的相平衡数据比较缺乏，且其热力学特性目前尚很难用一般电解质溶液理论或半经验模型来预测和推算。时钧与合作者利用不同浓度溶液电导率的差异与电导滴定相结合，以及采用离子选择性电极的连续测定方法，方便而准确地测量了多种强电解质有机物的相平衡组成，并且测量精度显著提高。

从统计力学理论建立流体状态方程的关键，在于包括径向分布函数和势能函数乘积的积分难以计算。国内外学者一般均采用数值积分进行处理，或对径向分布函数做简化。时钧与合作者则将这一积分作为整体量处理，引用统计力学压缩性方程，通过简化势能函数形式而得到这一积分的解析计算公式，从而能够直接得到形式简单、计算精度高的状态方程，并将这一思想用于流体局部组成研究，将局部组成这一微观量首次与压缩系数这一宏观量联系起来，为局部组成研究提供了新方法。新的局部组成模型已在强非理想体系的汽液平衡计算中获得了成功。

溶液热力学是化学热力学的重要组成部分，也是化学工程学科的基础。时钧从 20 世纪 80 年代起即根据当时国内外最新的研究动态和学院具有的条件，领导科研人员用仅有的一台气相色谱仪开展色谱法测定热力学性质的研究。除用色谱测定了众多体系的无限稀释活度系数外，他们还改进了预测全浓度范围活度系数的模型与方法，建立了新的经验关联式，用于预测汽液平衡，取得了比国际上现有的 UNIFAC 基团贡献法更高的预测精度。他们还利用色谱仪测定了挥发性溶质在混合不挥发溶剂中无限稀释活度系数，在实验基础上研究了 Wilson 方程的参数解、对称与多元系汽液平衡的预测，研究了台阶脉冲法测汽液平衡，使色谱法扩大用于含极性组分和聚合物组分的多种体系，推算和预测气固平衡和固液平衡等。

时钧先生放弃国外大学的从教机会，毅然回国坚守化工教育事业，为了表彰时钧先生的卓著成就，国家授予了时钧先生多项荣誉。在南京工业大学任教期间，90 岁高龄的时钧先生满含热泪如愿加入中国共产党。执教 60 多年，时钧先生为党育人，为国育才，培养了大批高水平的科技人才和教育工作者，其中包含两院院士 16 名。时钧先生去世后，为传承弘扬时钧先生坚定的信念和对教育事业的忠诚，南京工业大学修建了"时钧园"，塑像立碑，为后人瞻仰。

"时钧精神"是南京工业大学的一面旗帜，润泽和支撑着南京工业大学师生，影响着一批批学子。在南京工业大学，放弃国外优厚待遇、毅然回国的人占全校教师的 10%，他们和时钧一样，选择了坚定的信念，选择了一生奉献教育事业。时钧先生的爱国情怀感染了南京工业大学一批批知识分子。

时钧先生长期资助和支持学生，在寿登九秩时更是罄其所得，向学校捐款设立了"时钧奖学金"，激励学子奋发向上。时钧先生淡泊名利的品格和对学生的深切关怀感召了南京工业大学莘莘学子，大批优秀校友回校设立奖学金，捐资助学……

时钧先生对科研的尊重和无私支持，是南京工业大学科研创新的精神动力，也为江苏"创业、创新、创优"注入了活力。看得见的科研成果，是时钧先生带给南京工业大学的有形财富，但更多的是无形的精神财富，时钧先生对教育事业的忠诚，对莘莘学子的关怀，对科研创新的支持，对广大师生的品格浸润，言传身教润物无声，却力达千钧。广大师生，特别是化工学子应传承发扬"时钧精神"，开拓创新，为化工教育和事业发展砥砺前行。

习题

一、填空题

7-1　请计算下列体系的自由度：

(1) 苯的三相点（　　　　）；(2) 液态苯和苯蒸气的汽液平衡状态（　　　　）；(3) 苯-甲苯的二元汽液平衡体系（　　　　）；(4) 苯-甲苯-二甲苯的三元汽液平衡体系（　　　　）；(5) 正丁醇-水二元汽-液-液三相平衡体系（　　　　）。

7-2　下列二元系 T-x-y 图中的变化过程 $A \rightarrow B \rightarrow C \rightarrow D$ 为（　　　　）。

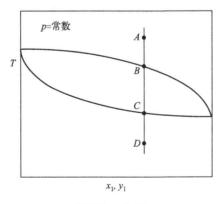

[习题 7-2] 图

7-3　下列二元系 p-x-y 图中的变化过程 $A \rightarrow B \rightarrow C \rightarrow D$ 为（　　　　）。

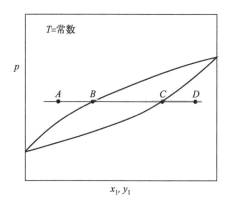

[习题 7-3] 图

7-4　常压下精馏分离乙醇-水物系，则用 γ_i 法组分的汽液平衡比可以简化表示为（　　　）。

7-5　二元气体混合物的摩尔分数 $y_1 = 0.4$，在一定的 T、p 下，$\hat{\varphi}_1 = 0.8328$，$\hat{\varphi}_2 = 0.8982$，则混合物的逸度系数 $\varphi_m = $（　　　）。

7-6　在 101.3kPa 下四氯化碳（1）-乙醇（2）系统的恒沸点是 $x_1 = 0.613$ 和 64.95℃，该温度下两组分的饱和蒸气压分别是 $p_1^s = 73.45$kPa 和 $p_2^s = 59.84$kPa，共沸系统中液相组分的活度系数为 $\gamma_1 = $（　　　）和 $\gamma_2 = $（　　　）。

二、选择题

7-7　计算在一定压力下与已知液相组成成平衡的汽相组成和温度的问题是计算（　　　）。

A. 泡点温度　　　　　B. 泡点压力　　　　　C. 露点温度　　　　　D. 露点压力

7-8　常压下精馏分离苯-甲苯物系，则组分的汽液平衡比可以简化表示为（　　　）。

A. $K_i = \dfrac{\varphi_i^L}{\varphi_i^V}$ 　　　　B. $K_i = \dfrac{p_i^s}{p}$ 　　　　C. $K_i = \dfrac{\gamma_i p_i^s}{p}$ 　　　　D. $K_i = \dfrac{\hat{\varphi}_i^L}{\hat{\varphi}_i^V}$

7-9　计算溶液泡点时，若 $\sum\limits_{i=1}^{C} K_i x_i - 1 > 0$，则说明（　　　）。

A. 温度偏低　　　　　B. 正好泡点　　　　　C. 温度偏高　　　　　D. 不能确定

7-10　下列不是闪蒸分离过程的是（　　　）。

A. 部分冷凝　　　　　B. 纯组分的冷凝　　　　C. 等焓节流　　　　　D. 部分汽化

7-11　下列二元系活度系数模型中，满足非对称归一化条件的是（　　　）。

A. $\ln\gamma_1 = 2x_2^2$ 　　　　　　　　　　　　B. $\ln\gamma_1 = 2(1 - x_2^2)$

C. $\ln\gamma_1 = 2(1 - x_1^2)$ 　　　　　　　　　D. $\ln\gamma_1 = 2(x_1^2 - 1)$

7-12　有人提出在一定 T、p 下的二元系活度系数表达式，其中 α 为常数，合理的可能是（　　　）。

A. $\gamma_1 = \alpha x_1$；$\gamma_2 = \alpha x_2$ 　　　　　　　　　B. $\gamma_1 = 1 + \alpha x_2$；$\gamma_2 = 1 + \alpha x_1$

C. $\ln\gamma_1 = \alpha x_2$；$\ln\gamma_2 = \alpha x_1$ 　　　　　　　D. $\ln\gamma_1 = \alpha x_2^2$；$\ln\gamma_2 = \alpha x_1^2$

三、判断题

7-13　汽液平衡关系 $\hat{f}_i^V = \hat{f}_i^L$ 的适用的条件是理想气体和真实溶液。（　　　）

7-14　混合物汽液相图中的泡点曲线表示的是饱和汽相，而露点曲线表示的是饱和液相。　　　　　　　　　　　　　　　　　　　　　　　　　　　　　　（　　　）

7-15 在一定压力下，组成相同的混合物的露点温度和泡点温度不可能相同。（　　）

7-16 在一定温度下，纯物质的泡点压力和露点压力相同。（　　）

7-17 理想体系的汽液平衡比 K_i 为1。（　　）

7-18 理想体系的汽液平衡比 K_i 只与 T、p 有关，与组成无关。（　　）

7-19 EOS法计算汽液平衡时可以采用 $Z=1+\dfrac{Bp}{RT}$ 并结合一定的混合法则。（　　）

7-20 能满足热力学一致性的汽液平衡数据就是高质量的数据。（　　）

四、解答题

7-21 在 101.325kPa 和 25℃时，测得 $x_1=0.059$ 的异丙醇（1）-苯（2）溶液的汽相分压 $p_1=1.720$kPa。已知 25℃时异丙醇和苯的饱和蒸气压分别是 $p_1^s=5.866$kPa 和 $p_2^s=13.252$kPa。试求：

(1) 液相中组分的活度系数（以 Lewis-Randall 规则为标准态）；

(2) 该溶液的 G^E。

7-22 某厂氯化法合成甘油车间，氯丙烯精馏二塔的釜液组成为：3-氯丙烯 0.0145（摩尔分数，下同），1,2-二氯丙烷 0.3090，1,3-二氯丙烯 0.6765。塔釜压力为常压，试求塔釜温度。各组分的饱和蒸气压数据为：（p^s，kPa；T，℃）：

3-氯丙烯 $\qquad\qquad\quad \lg p_1^s=6.05543-\dfrac{1115.5}{T+231}$

1,2-二氯丙烷 $\qquad\quad \lg p_2^s=6.09036-\dfrac{1296.4}{T+221}$

1,3-二氯丙烯 $\qquad\quad \lg p_3^s=6.98530-\dfrac{1879.8}{T+273.2}$

7-23 一烃类混合物含有甲烷5%（摩尔分数，下同）、乙烷10%、丙烷30%和异丁烷55%，试求混合物在 25℃时的泡点压力和露点压力。

7-24 某二元系的汽相为理想气体，液相为非理想溶液，溶液的超额 Gibbs 自由能的函数表达式为 $\dfrac{G^E}{RT}=Ax_1x_2$。在某一温度下，该系统有一共沸点，共沸组成为 $x_1=0.7826$，纯组分1，2的饱和蒸气压分别是 $p_1^s=59.66$kPa 和 $p_2^s=17.82$kPa，试求该二元系在此温度下，当 $x_1=0.35$ 时的汽相组成和平衡压力。

7-25 试求总压力为 86.659kPa 时，氯仿（1）-乙醇（2）体系的共沸温度和共沸组成。（p^s，kPa；t，℃）：

$$\ln\gamma_1=x_2^2(0.59+1.66x_1)\ ;\quad \ln\gamma_2=x_1^2(1.42-1.66x_2)$$

已知： $\lg p_1^s=6.02818-\dfrac{1163.0}{227+t}$ ； $\lg p_2^s=7.33827-\dfrac{1652.05}{231.48+t}$

7-26 氯仿（1）-乙醇（2）二元系统，55℃时其超额 Gibbs 自由能函数表达式为 $\dfrac{G^E}{RT}=(1.42x_1+0.59x_2)x_1x_2$，查得 55℃时，氯仿和乙醇的饱和蒸气压分别为 $p_1^s=82.37$kPa，$p_2^s=37.31$kPa。试求：

(1) 假定汽相为理想气体，计算该系统在 55℃下的 p-x_1-y_1 数据。若有共沸点，并确定共沸压力和共沸组成；

(2) 假定汽相为非理想气体，已知该系统在 55℃时第二 virial 系数 $B_{11}=-963$cm$^3\cdot$mol^{-1}，

$B_{22} = -1523\text{cm}^3 \cdot \text{mol}^{-1}$，$\delta_{12} = 52\text{cm}^3 \cdot \text{mol}^{-1}$，计算该系统在 55℃下的 $p\text{-}x_1\text{-}y_1$ 数据。

7-27　在 101.33kPa、350.8K 下，苯（1）-正己烷（2）形成 $x_1 = 0.525$ 的共沸物。此温度下两组分的蒸气压分别是 99.4kPa 和 97.27kPa，液相活度系数模型选用 Margules 方程，汽相可视为理想气体，求 350.8K 下的汽液平衡关系 $p\text{-}x_1$ 和 $y_1\text{-}x_1$ 的函数式。

7-28　试用液化率 $e = \dfrac{L}{F}$ 为迭代变量推导 Rachford-Rice 闪蒸方程。

7-29　由乙烷（1）、丙烷（2）、正丁烷（3）和正戊烷（4）组成的原料以 500kmol·h^{-1} 的流率加入闪蒸室。闪蒸室的压力为 1.38MPa，温度为 82.5℃。原料的组成为：$z_1 = 0.08$，$z_2 = 0.22$，$z_3 = 0.53$，$z_4 = 0.17$。试计算汽、液相产品的流率和组成。

7-30　110℃时，水（1）-正丁醇（2）液液平衡数据为 $x_1^{\alpha} = 0.9788$，$x_1^{\beta} = 0.6759$。试计算汽相的组成 y_i 和系统压力 p。已知饱和蒸气压数据为（p^s，kPa；T，K）：

$$\ln p_1^s = 16.2886 - \frac{3816.44}{T - 46.13}, \quad \ln p_2^s = 15.201 - \frac{3137.02}{T - 94.43}$$

活度系数采用 van Laar 方程计算：

$$\ln \gamma_1 = A\left(\frac{Bx_2}{Ax_1 + Bx_2}\right)^2, \quad \ln \gamma_2 = B\left(\frac{Ax_1}{Ax_1 + Bx_2}\right)^2,$$

式中，A、B 为活度系数方程参数。

附录 1 常用单位换算表

长度 $1m = 100cm = 3.28084ft = 39.3701in$

        $1ft = 12in = 0.3048m$

面积 $1m^2 = 1 \times 10^4 cm^2 = 10.7639ft^2 = 1550.00in^2$

        $1ft^2 = 144in^2 = 0.0929030m^2 = 929.030cm^2$

体积 $1m^3 = 1 \times 10^6 cm^3 = 1 \times 10^3 dm^3 = 35.3147ft^3 = 264.172gal$

        $1ft^3 = 1728in^3 = 0.0283168m^3 = 28.3168dm^3$

密度 $1g \cdot cm^{-3} = 1 \times 10^3 kg \cdot m^{-3} = 62.4280lb \cdot ft^{-3} = 0.0361273lb \cdot in^{-3}$

        $1lb \cdot in^{-3} = 1728lb \cdot ft^{-3} = 27.6799g \cdot cm^{-3}$

质量 $1kg = 1 \times 10^3 g = 0.001t = 2.20462lb$

        $1lb = 0.453592kg = 453.592g$

力 $1N = 1kg \cdot m \cdot s^{-2} = 1 \times 10^5 dyn = 0.224809lbf$

压力 $1bar = 1 \times 10^5 Pa = 1 \times 10^5 kg \cdot m^{-1} \cdot s^{-2} = 1 \times 10^5 N \cdot m^{-2}$

            $= 0.986923atm = 750.061mmHg = 14.5038psi$

        $1atm = 760mmHg = 101.325kPa = 14.6960psi$

能量 $1J = 1kg \cdot m^2 \cdot s^{-2} = 1N \cdot m = 1W \cdot s = 1 \times 10^7 dyn \cdot cm$

          $= 1 \times 10^7 erg = 0.238846cal$

功率 $1kW = 1 \times 10^3 W = 1 \times 10^3 kg \cdot m^2 \cdot s^{-3} = 1 \times 10^3 J \cdot s^{-1}$

温度 $K = \text{℃} + 273.15\text{℃}, \text{℃} = \dfrac{5}{9}(\text{℉} - 32)$

        $\text{℉R} = \text{℉} + 459.67, \quad 1K = 1.8\text{℉R}$

气体常数 $R = 8.314J \cdot mol^{-1} \cdot K^{-1} = 8.314N \cdot m \cdot mol^{-1} \cdot K^{-1}$

           $= 8.314Pa \cdot m^3 \cdot mol^{-1} \cdot K^{-1}$

           $= 8.314 \times 10^{-3} kPa \cdot m^3 \cdot mol^{-1} \cdot K^{-1} = 8.314 \times 10^{-6} MPa \cdot m^3 \cdot mol^{-1} \cdot K^{-1}$

           $= 8.314 \times 10^{-5} bar \cdot m^3 \cdot mol^{-1} \cdot K^{-1} = 1.987cal \cdot mol^{-1} \cdot K^{-1}$

           $= 82.06atm \cdot cm^3 \cdot mol^{-1} \cdot K^{-1}$

附录2 一些物质的基本物性数据表

T_b　正常沸点，K　　　　　　　　　　V_c　临界体积，$cm^3 \cdot mol^{-1}$

T_c　临界温度，K　　　　　　　　　　Z_c　临界压缩因子

p_c　临界压力，MPa　　　　　　　　　ω　偏心因子

化合物	T_b	T_c	p_c	V_c	Z_c	ω
烷烃						
甲烷	111.7	190.6	4.600	99	0.288	0.008
乙烷	184.5	305.4	4.884	148	0.285	0.098
丙烷	231.1	369.8	4.246	203	0.281	0.152
正丁烷	272.7	425.2	3.800	255	0.274	0.193
异丁烷	261.3	408.1	3.648	263	0.283	0.176
正戊烷	309.2	469.6	3.374	304	0.262	0.251
异戊烷	301.0	460.4	3.384	306	0.271	0.227
新戊烷	282.6	433.8	3.202	303	0.269	0.197
正己烷	341.9	507.4	2.969	370	0.260	0.296
正庚烷	371.6	540.2	2.736	432	0.263	0.351
正辛烷	398.8	568.8	2.482	492	0.259	0.394
单烯烃						
乙烯	169.4	282.4	5.036	129	0.276	0.085
丙烯	225.4	365.0	4.620	181	0.275	0.148
1-丁烯	266.9	419.6	4.023	240	0.277	0.187
顺-2-丁烯	276.9	435.6	4.205	234	0.272	0.202
反-2-丁烯	274.0	428.6	4.104	238	0.274	0.214
1-戊烯	303.1	464.7	4.053	300	0.31	0.245
顺-2-戊烯	310.1	476	3.648	300	0.28	0.240
反-2-戊烯	309.5	475	3.658	300	0.28	0.237
其他有机化合物						
醋酸	391.1	594.4	5.786	171	0.200	0.454
丙酮	329.4	508.1	4.701	209	0.232	0.309
乙腈	354.8	548	4.833	173	0.184	0.321
乙炔	189.2	308.3	6.140	113	0.271	0.184
丙炔	250.0	402.4	5.624	164	0.276	0.218
1,3-丁二烯	268.7	425	4.327	221	0.270	0.195
异戊二烯	307.2	484	3.850	276	0.264	0.164
环戊烷	322.4	511.6	4.509	260	0.276	0.192
环己烷	353.9	553.4	4.073	308	0.273	0.213
二乙醚	307.7	466.7	3.638	280	0.262	0.281

化合物	T_b	T_c	p_c	V_c	Z_c	ω
其他有机化合物						
甲醇	337.8	512.6	8.096	118	0.224	0.559
乙醇	351.5	516.2	6.383	167	0.248	0.635
正丙醇	370.4	536.7	5.168	218.5	0.253	0.624
异丙醇	355.4	508.3	4.762	220	0.248	—
环氧乙烷	283.5	469	7.194	140	0.258	0.200
氯甲烷	248.9	416.3	6.677	139	0.268	0.156
甲乙酮	352.8	535.6	4.154	267	0.249	0.329
苯	353.3	562.1	4.894	259	0.271	0.212
氯苯	404.9	632.4	4.519	308	0.265	0.249
甲苯	383.8	591.7	4.114	316	0.264	0.257
邻二甲苯	417.6	630.2	3.729	369	0.263	0.314
间二甲苯	412.3	617.0	3.546	376	0.26	0.331
对二甲苯	411.5	616.2	3.516	379	0.26	0.324
乙苯	409.3	617.1	3.607	374	0.263	0.301
苯乙烯	418.3	647	3.992	—	—	0.257
苯乙酮	474.9	701	3.850	376	0.250	0.420
氯乙烯	259.8	429.7	5.603	169	0.265	0.122
三氯甲烷	334.3	536.4	5.472	239	0.293	0.216
四氯化碳	349.7	556.4	4.560	276	0.272	0.194
甲醛	254	408	6.586	—	—	0.253
乙醛	293.6	461	5.573	154	0.22	0.303
甲酸乙酯	327.4	508.4	4.742	229	0.257	0.283
乙酸甲酯	330.1	506.8	4.691	228	0.254	0.324
单质气体						
氩	87.3	150.8	4.874	74.9	0.291	−0.004
溴	331.9	584	10.34	127	0.270	0.132
氯	238.7	417	7.701	124	0.275	0.073
氦	4.21	5.19	0.227	57.3	0.301	−0.387
氢	20.4	33.2	1.297	65.0	0.305	−0.22
氟	119.8	209.4	5.502	91.2	0.288	−0.002
氖	27.0	44.4	2.756	41.7	0.311	0.00
氮	77.4	126.2	3.394	89.5	0.290	0.040
氧	90.2	154.6	5.046	73.4	0.288	0.021
氙	165.0	289.7	5.836	118	0.286	0.002
其他无机化合物						
氨	239.7	405.6	11.28	72.5	0.242	0.250
二氧化碳	194.7	304.2	7.376	94.0	0.274	0.225
二硫化碳	319.4	552	7.903	170	0.293	0.115
一氧化碳	81.7	132.9	3.496	93.1	0.295	0.049
肼	386.7	653	14.69	96.1	0.260	0.328
氯化氢	188.1	324.6	8.309	81.0	0.249	0.12

化合物	T_b	T_c	p_c	V_c	Z_c	ω
其他无机化合物						
氰化氢	298.9	456.8	5.390	139	0.197	0.407
硫化氢	212.8	373.2	8.937	98.5	0.284	0.100
一氧化氮	121.4	180	6.485	58	0.25	0.607
一氧化二氮	184.7	309.6	7.245	97.4	0.274	0.160
硫	—	1314	11.75	—	—	0.070
二氧化硫	263	430.8	7.883	122	0.268	0.251
三氧化硫	318	491.0	8.207	130	0.26	0.41
水	373.2	647.3	22.05	56.0	0.229	0.344
R12(CCl_2F_2)	243.4	385.0	4.124	217	0.280	0.176
R22($CHClF_2$)	232.4	369.2	4.975	165	0.267	0.215
R134a($CH_2F\text{-}CF_3$)	246.65	374.26	4.068	210	0.275	0.243

附录 3　Antoine 方程常数

$$\lg(p^s/kPa)=A-\frac{B}{C+(t/℃)}$$

物质	A	B	C	温度范围/K	
甲烷	5.963551	438.5193	272.2106	91	190
乙烷	6.536453	797.7197	267.1465	111	144
	6.106759	720.7483	264.2263	160	300
丙烷	6.079206	873.8370	256.7609	244	311
	6.809431	1348.283	326.9121	312	368
正丁烷	5.996319	963.7846	242.0182	195	273
	6.105086	1025.781	250.8407	294	344
丙烯	6.088813	8513585	256.2420	244	311
	6.651058	1185.489	305.1477	273	364
苯	6.060395	1225.188	222.155	277	356
	6.927418	2037.582	340.2042	379	562
甲苯	6.086576	1349.150	219.9785	309	385
	5.999127	1253.273	203.9267	384	594
甲醇	7.20587	1582.271	239.726	288	357
	7.313257	1669.678	250.3901	357	513
乙醇	7.23710	1592.864	226.184	293	367
	6.937045	1419.051	209.5723	365	514
水	7.074056	1657.459	227.02	280	441
氨	6.48537	926.133	240.17	179	261
二硫化碳	6.06769	1169.110	241.593	277	353

附录4 一些物质的理想气体摩尔热容与温度的关联式系数表

$$C_p^{ig}/J \cdot mol^{-1} \cdot K^{-1} = A + BT + CT^2 + DT^3$$

序号	物 质	A	$B \times 10$	$C \times 10^5$	$D \times 10^8$	温度范围/K
1	甲烷	34.67225	−0.2080306	6.172822	6.577289	100～400
		14.29597	0.7375964	−1.432200	−0.04731941	298～2000
2	乙烷	34.40750	−0.1828658	33.81380	−24.62178	100～400
		3.581650	1.857462	−7.941638	1.257666	298 2000
3	丙烷	26.07626	1.680746	−20.81624	60.10377	50 298
		−3.201797	2.999182	−15.20470	3.004944	298 1500
4	正丁烷	13.12029	5.967227	−211.5001	361.0700	50 298
		−0.9928894	3.899435	−20.21698	4.073992	298 1500
5	2-甲基丙烷	20.73325	2.929124	−29.55103	55.67879	50 298
		−9.215425	4.195421	−23.12514	4.963609	298 1500
6	正戊烷	−0.4186859	4.623553	−20.52370	2.462243	298 1000
7	正己烷	−47.65381	5.729725	−27.95255	4.244356	298 1000
8	乙烯	40.11605	−1.242080	61.28632	−55.38740	100 400
		5.703732	1.438947	−6.728475	1.179194	298 2000
9	丙烯	30.82947	0.6182860	20.55774	−12.44992	50 400
		3.495261	2.373089	−11.97360	2.345770	298 1500
10	1-丁烯	−2.38188	3.48582	−19.1360	4.12216	298 1500
11	顺-2-丁烯	−7.83722	3.38144	−16.9253	3.22175	298 1500
12	反-2-丁烯	9.213	3.03746	−14.3436	2.54786	298 1500
13	异丁烯	6.88829	3.22498	−16.7152	3.38974	298 1500
14	乙炔	30.32567	−0.6182798	60.02935	−0.8008357	100 298
		26.72785	0.7030039	−35.75192	0.7141931	298 2000
15	丙炔	26.89460	0.800913	18.78688	−25.68853	100 400
		14.30519	1.883254	−12.01584	3.343865	298 1000
16	1,3-丁二烯	37.45923	−0.5117091	96.54689	−106.1225	173 423
		−5.83145	3.52938	−23.9762	6.24914	298 1500
17	异戊二烯	6.714132	17.12055	−105.6901	26.71169	273 1000
18	环戊烷	−53.5895	5.42058	−30.2884	6.481	298 1500
19	甲基环戊烷	−50.0737	6.3747	−36.3968	8.00839	298 1500
20	环己烷	−68.79651	6.866229	−37.76614	7.659933	298 1500
21	甲基环己烷	−61.8784	7.83756	−44.3441	9.35927	298 1500
22	苯	−37.9598	4.90093	−32.1173	7.93115	298 1500
23	甲苯	−35.1697	5.62802	−34.9562	8.25332	298 1500
24	乙苯	−194.3159	29.98787	−204.0013	54.47581	298 1500
25	邻二甲苯	−15.1100	5.92446	−34.1195	7.52844	298 1500
26	间二甲苯	−27.8144	6.22759	−36.6214	8.22277	298 1500
27	对二甲苯	−25.7158	6.08672	−34.9244	7.63710	298 1500
28	异丙苯	−40.8951	7.8362	−49.6950	12.0218	298 1500
29	苯乙烯	−28.2261	6.15546	−40.1950	9.92754	298 1500

序　号	物　　质	A	$B×10$	$C×10^5$	$D×10^8$	温度范围/K
30	联苯	−86.34073	10.73517	−83.30700	25.08993	298 1000
31	萘	−56.43173	7.772871	−52.01283	12.92711	298 1500
32	四氟化碳	15.03998	1.975245	−15.62914	4.281947	273 1500
33	六氟苯	47.43401	4.399853	−29.18939	7.404203	273 1500
34	氯甲烷	13.13338	1.063626	−4.891671	0.8403160	298 2000
35	三氯甲烷	30.75972	1.477355	−11.41596	3.159348	273 1500
36	四氯化碳	50.95359	1.438356	−12.73582	3.766523	273 1500
37	氯乙烷	6.312233	2.250490	−12.80883	2.840080	273 1500
38	氯乙烯	34.01368	−0.4965605	59.01916	−68.01076	100 298
		10.69507	1.756081	−11.14606	2.720117	298 1500
39	氯苯	−27.94233	5.405975	−44.18848	12.74238	298 1000
40	二氟氯甲烷	34.85166	−0.7725898	99.90308	−171.7309	50 273
		17.77987	1.593842	−11.39425	2.945654	273 1500
41	一氟二氯甲烷	31.86583	−0.0419892	78.50858	−151.6533	50 273
		24.65648	1.536868	−11.46194	3.067410	273 1500
42	三氟氯甲烷	35.66240	−1.229978	166.8737	−308.7060	50 273
		23.81606	1.861729	−15.14592	4.231639	273 1500
43	二氟二氯甲烷	32.13886	−0.3736044	145.2243	−299.0680	50 273
		32.63379	1.734618	−14.50535	4.131666	273 1500
44	一氟三氯甲烷	25.23476	0.9538603	92.22565	−230.5833	50 273
		41.94485	1.587414	−13.64827	3.960379	273 1500
45	1,1,1,2-四氟二氯乙烷	42.09221	3.201441	−26.57752	7.477297	273 1500
46	1,1,2,2-四氟二氯乙烷	40.75317	3.348326	−28.38988	8.101067	273～1500
47	1,1,2-三氟三氯乙烷	62.72124	2.800214	−23.29172	6.575112	273～1500
48	甲醇	34.55877	0.2586618	−4.370158	21.69209	100～298
		14.18429	1.107315	−3.902158	0.3786256	298～1500
49	乙醇	6.731842	2.315286	−12.11626	2.493482	298～1500
50	1-丙醇	14.6222	2.70521	−8.73841	−0.593233	273～1000
51	2-丙醇	−1.63703	3.63969	−21.6163	4.94850	273～1000
52	1-丁醇	14.6739	3.60174	−13.2970	0.147681	273～1000
53	2-丁醇	5.674297	4.278324	−24.16047	5.328512	298～1000
54	2-甲基-2-丙醇	−4.13691	4.78654	−30.811	8.10211	298～1000
55	环己醇	−18.22582	11.69740	−17.65407	11.03591	298～1000
56	乙二醇	17.09008	2.882263	−22.50416	7.406249	298～1000
57	苯酚	−23.68320	5.269296	−36.31185	9.300911	273～1500
58	甲醛	20.38458	0.5172782	−0.6719763	0.3543808	298～1500
59	乙醛	13.54634	1.605576	−7.428088	1.266935	298～1500
60	丙酮	9.725871	2.518267	−12.13942	2.193516	273～1500
61	2-丁酮	22.26085	3.134601	−14.66648	2.547500	237～1500
62	3-戊酮	34.88617	3.537945	−11.91604	−0.3250751	298～1000
63	环己酮	−43.97271	6.236097	−34.79249	6.847522	298～1000
64	乙酸	6.302439	10.25723	−56.08083	11.15775	298～1500
65	乙酸乙酯	24.54275	3.288173	−9.926302	1.998997	298～1000
66	乙酸乙烯酯	3.698730	3.848681	−23.30610	5.432677	273～1500
67	环氧乙烷	−7.591119	2.223796	−12.60438	2.612272	298～1000
68	环氧丙烷	−7.963633	3.232345	−19.55647	4.671796	298～1000
69	糠醛	−12.06689	4.598032	−32.44282	8.319859	273～1500

序号	物　　质	A	$B \times 10$	$C \times 10^5$	$D \times 10^8$	温度范围/K
70	苯胺	-19.62613	5.402067	-36.29090	9.122643	273~1500
71	氰化氢	24.77728	0.4450216	-2.490484	0.5914341	298~1500
72	丙烯腈	10.61736	2.209023	-15.68613	4.619728	298~100
73	吡啶	-31.90610	4.529810	29.92337	7.369153	298~1500
74	氢	5.65145	-4.93817	255.48	-406.799	50~298
		28.6209	0.0092052	-0.0046994	0.073628	298~1500
75	氮	29.10443	0.000012844	-0.0245576	0.1544093	50~298
		29.49170	-0.0476501	1.270622	-0.4793994	298~1500
76	氧	29.0994	0.0099450	-1.22504	4.00973	50~298
		26.0082	0.117472	-0.234106	-0.0561944	298~1500
77	氯	30.05681	-0.3370270	31.64976	-53.65058	50~298
		29.12471	0.2164781	-1.890408	56.45818	298~1500
78	氟化氢	29.89278	-0.03916215	0.5276212	-10.69220	298~1500
79	氯化氢	30.29607	-0.07318282	1.277518	-0.4147906	298~1500
80	水	33.29758	0.00718155	-0.9048465	3.262418	50~298
		32.41502	0.00342214	1.285147	-0.4408350	298~1500
81	一氧化碳	28.99295	0.02092907	-1.207134	2.251953	100~298
		27.48708	0.04248518	0.2508561	-0.1244534	298~2000
82	二氧化碳	30.22930	-0.3934193	33.22238	-41.12567	100~298
		23.05666	0.5687689	-3.182815	0.6387703	289~2000
83	氨	25.33060	0.3493728	-0.1392981	-0.2401729	298~1500
84	一氧化氮	29.19892	-0.00779887	0.9929028	-0.4345549	298~1500
85	二氧化氮	23.05324	0.5827704	-3.473943	0.7569464	298~1500
86	硫化氢	30.46594	0.09005920	1.163007	-0.5695488	298~1500
87	二氧化硫	24.68505	0.6370424	-4.420178	1.099438	298~1500
88	三氧化硫	22.22809	1.211515	-9.036043	2.380730	298~1500
89	二硫化碳	30.35530	0.6479777	-4.952581	1.336095	298~1500

附录5　水的性质表

附录 5.1　饱和水与饱和蒸汽表（按温度排列）

温度 $t/℃$	压力 p/kPa	比容 $v/\text{m}^3 \cdot \text{kg}^{-1}$		气体密度 $\rho/\text{kg} \cdot \text{m}^{-3}$	比焓 $h/\text{kJ} \cdot \text{kg}^{-1}$		汽化潜热 $\gamma/\text{kJ} \cdot \text{kg}^{-1}$	比熵 $s/\text{kJ} \cdot \text{kg}^{-1} \cdot \text{K}^{-1}$	
		液体	气体		液体	气体		液体	气体
0	0.6108	0.0010002	206.3	0.004847	-0.04	2501.6	2501.6	-0.0002	9.1577
5	0.8718	0.0010000	147.2	0.006795	21.01	2510.7	2489.7	0.0762	9.0269
10	1.2270	0.0010003	106.4	0.009396	41.99	2519.9	2477.9	0.1510	8.9020
15	1.7039	0.0010008	77.96	0.01282	62.94	2525.1	2466.1	0.2243	8.7826
20	2.337	0.0010017	57.84	0.01729	83.86	2538.2	2454.3	0.2963	8.6684
25	3.166	0.0010029	43.40	0.02304	104.77	2547.3	2442.5	0.3670	8.5592
30	4.241	0.0010043	32.93	0.03037	125.66	2556.4	2430.7	0.4365	8.4546
35	5.622	0.0010060	25.24	0.03961	146.56	2565.4	2418.8	0.5049	8.3543
40	7.375	0.0010078	19.55	0.05116	167.45	2574.4	2406.9	0.5721	8.2583
45	9.582	0.0010099	15.28	0.06546	188.35	2583.3	2394.9	0.6383	8.1661

温度	压力	比容 v/m³·kg⁻¹		气体密度	比焓 h/kJ·kg⁻¹		汽化潜热	比熵 s/kJ·kg⁻¹·K⁻¹	
t/℃	p/kPa	液体	气体	ρ/kg·m⁻³	液体	气体	γ/kJ·kg⁻¹	液体	气体
50	12.335	0.0010121	12.05	0.08302	209.26	2592.2	2382.9	0.7035	8.0776
55	15.741	0.0010145	9.579	0.1044	230.17	2601.0	2370.8	0.7677	7.9926
60	19.920	0.0010171	7.679	0.1302	251.09	2609.7	2358.6	0.8310	7.9108
65	25.01	0.0010199	6.202	0.1612	272.02	2618.4	2346.3	0.8933	7.8322
70	31.16	0.0010228	5.046	0.1982	292.97	2626.9	2334.0	0.9548	7.7565
75	38.55	0.0010259	4.134	0.2419	313.94	2635.4	2321.5	1.0154	7.6835
80	47.36	0.0010292	3.409	0.2933	334.92	2643.8	2308.8	1.0753	7.6132
85	57.80	0.0010326	2.829	0.3535	355.92	2652.0	2296.5	0.1343	7.5454
90	70.11	0.0010361	2.361	0.4235	376.94	2660.1	2283.2	1.1925	7.4799
95	84.53	0.0010399	1.982	0.5045	397.99	2668.1	2270.2	1.2501	7.4166
100	101.33	0.0010437	1.673	0.5977	419.06	2676.0	2256.9	1.3069	7.3554
105	120.80	0.0010477	1.419	0.7046	440.17	2683.7	2243.6	1.3630	7.2962
110	143.27	0.0010519	1.210	0.8265	461.32	2691.3	2230.0	1.4185	7.2388
115	169.06	0.0010562	1.036	0.9650	482.50	2698.7	2216.2	1.4733	7.1832
120	198.54	0.0010606	0.8915	1.122	503.72	2706.0	2202.2	1.5276	7.1293
125	232.10	0.0010652	0.7702	1.298	524.99	2713.0	2188.0	1.5813	7.0769
130	270.13	0.0010700	0.6681	1.497	564.31	2719.9	2173.6	1.6344	7.0261
135	313.1	0.0010750	0.5818	1.719	567.68	2726.6	2158.9	1.6869	6.9766
140	361.4	0.0010801	0.5085	1.967	589.10	2733.1	2144.0	1.7390	6.9284
145	415.5	0.0010853	0.4460	2.242	610.60	2739.3	2128.7	1.7906	6.8815
150	476.0	0.0010908	0.3924	2.548	632.15	2745.4	2113.2	1.8416	6.8358
155	543.3	0.0010964	0.3464	2.886	653.78	2751.2	2097.4	1.8923	6.7911
160	618.1	0.0011022	0.3068	3.260	675.47	2756.7	2081.3	1.9425	6.7475
165	700.8	0.0011032	0.2724	3.671	697.25	2762.0	2064.8	1.9233	6.7048
170	792.0	0.0011145	0.2426	4.123	719.12	2767.1	2047.9	2.0416	6.6630
175	892.4	0.0011209	0.2165	4.618	741.07	2771.8	2030.7	2.0906	6.6221
180	1002.7	0.0011275	0.1938	5.160	763.12	2776.3	2013.1	2.1393	6.5819
185	1123.3	0.00111344	0.1739	5.752	785.26	2780.4	1995.2	2.1876	6.5424
190	1255.1	0.0011415	0.1563	6.397	807.52	2784.3	1976.7	2.2356	6.5036
195	1398.7	0.0011489	0.1408	7.100	829.88	2787.8	1957.9	2.2833	6.4654
200	1554.9	0.0011565	0.1272	7.864	852.37	2790.9	1938.6	2.3307	6.4278
210	1907.7	0.0011726	0.1042	9.593	897.74	2796.2	1898.5	2.4247	6.3539
220	2319.8	0.0011900	0.08604	11.62	943.67	2799.9	1856.2	2.5178	6.2817
230	2797.6	0.0012087	0.07145	14.00	990.26	2802.0	1811.7	2.6102	6.2107
240	3347.8	0.0012291	0.05965	16.76	1037.2	2801.2	1764.6	2.7020	6.1406
250	3977.6	0.0012513	0.05004	19.99	1085.8	2800.4	1714.6	2.7935	6.0708
260	4694.3	0.0012756	0.04213	23.73	1134.9	2796.4	1661.5	2.8848	6.0010
270	5505.8	0.0013025	0.03559	28.10	1185.3	2789.9	1604.6	2.9763	5.9304
280	6420.2	0.0013324	0.03013	33.19	1236.8	2780.4	1543.6	3.0683	5.8586
290	7446.1	0.0013659	0.02554	39.16	1290.0	2767.6	1477.6	3.1611	5.7848
300	8592.7	0.0014041	0.02165	46.19	1345.0	2751.0	1406.0	3.2552	5.7081
310	9870.0	0.0014480	0.01833	54.54	1402.4	2730.0	1327.6	3.3512	5.6278
320	11289	0.0014995	0.01548	64.60	1462.6	2703.7	1241.1	3.4500	5.5423
330	12863	0.0015615	0.01299	76.99	1526.5	2670.2	1143.6	3.5528	5.4490
340	14605	0.0016387	0.01078	92.76	1595.5	2626.2	1030.7	3.6616	5.3427
350	16535	0.0017411	0.008799	113.6	1671.9	2567.7	895.7	3.7800	5.2177
360	18675	0.0018959	0.006940	144.1	1764.2	2485.4	721.3	3.9210	5.0600
370	21054	0.0022136	0.004973	201.1	1890.2	2342.8	452.6	4.1108	4.8144
374.15	22120	0.00317	0.00317	315.5	2107.4	2107.4	0.0	4.4429	4.4429

附录 5.2 饱和水与饱和蒸汽表（按压力排列）

压力 p/kPa	温度 t/℃	比容 v/m³·kg⁻¹ 液体	气体	气体密度 ρ/kg·m⁻³	比焓 h/kJ·kg⁻¹ 液体	气体	汽化潜热 γ/kJ·kg⁻¹	比熵 s/kJ·kg⁻¹·K⁻¹ 液体	气体
1.0	6.9828	0.0010001	129.20	0.07739	29.34	2514.4	2485.0	0.1060	8.9760
2.0	17.513	0.0010012	67.01	0.01492	73.46	2533.6	2460.2	0.2607	8.7247
3.0	24.100	0.0010027	45.67	0.02190	101.00	2545.6	2444.6	0.3544	8.5786
4.0	28.983	0.0010040	34.80	0.02873	121.41	2554.5	2433.1	0.4225	8.4755
5.0	32.898	0.0010052	28.19	0.03547	137.77	2561.6	2423.8	0.4763	8.3965
6.0	36.183	0.0010064	23.74	0.04212	151.50	2567.5	2416.0	0.5209	8.3312
8.0	41.534	0.0010084	18.10	0.05523	173.86	2577.1	2403.2	0.5925	8.2296
10	45.833	0.0010102	14.67	0.06814	191.83	2584.8	2392.9	0.6493	8.1511
15	53.997	0.0010140	10.02	0.09977	225.97	2599.2	2373.2	0.7549	8.0093
20	60.086	0.0010172	7.560	0.1307	251.45	2609.9	2358.4	0.8321	7.9094
25	64.992	0.0010199	6.204	0.1612	271.99	2618.3	2346.4	0.8932	7.8323
30	69.124	0.0010223	5.229	0.1912	289.30	2625.4	2336.1	0.9441	7.7695
40	75.886	0.0010265	3.993	0.2504	317.65	2636.9	2319.2	1.0261	7.6709
50	81.345	0.0010301	3.240	0.3086	340.56	2646.0	2305.4	1.0912	7.5947
60	85.954	0.0010333	2.732	0.3661	359.93	2653.6	2293.6	1.1454	7.5327
70	89.959	0.0010361	2.365	0.4229	376.77	2660.1	2283.3	1.1921	7.4804
80	93.512	0.0010387	2.087	0.4792	391.72	2665.8	2274.0	1.2330	7.4352
90	96.713	0.0010412	1.869	0.5350	405.21	2670.9	2265.6	1.2696	7.3954
100	99.632	0.0010434	1.694	0.5904	417.51	2675.4	2257.9	1.3027	7.3598
120	104.81	0.0010476	1.428	0.7002	439.36	2683.4	2244.1	1.3609	7.2984
140	109.32	0.0010513	1.236	0.8088	458.42	2690.3	2231.9	1.4109	7.2465
160	113.32	0.0010547	1.091	0.9165	475.38	2696.2	2220.9	1.45507	7.2017
180	116.93	0.0010579	0.9772	1.023	490.70	2701.5	2210.8	1.4944	7.1622
200	120.23	0.0010608	0.8854	1.129	504.70	2706.3	2201.6	1.5301	7.1268
220	123.27	0.0010636	0.8098	1.235	517.62	2710.6	2193.0	1.5627	7.0949
240	126.09	0.0010663	0.7465	1.340	529.64	2714.5	2184.9	1.5929	7.0657
260	128.73	0.0010688	0.6925	1.444	540.87	2718.2	2177.3	1.6209	7.0389
280	131.20	0.0010712	0.6460	1.548	551.44	2721.1	2170.1	1.6471	7.0140
300	133.54	0.0010735	0.6056	1.651	561.43	2724.7	2163.2	1.6716	6.9906
320	135.75	0.0010757	0.5700	1.754	570.90	2727.6	2156.7	1.6948	6.9693
340	137.86	0.0010779	0.5385	1.857	579.92	2730.3	2150.4	1.7168	6.9489
360	139.86	0.0010799	0.5103	1.960	588.53	2732.9	2144.4	1.7376	6.9297
380	141.78	0.0010819	0.4851	2.062	596.77	2735.3	2138.6	1.7574	6.9116
400	143.62	0.0010839	0.4622	2.163	604.67	2737.6	2133.0	1.7764	6.8943
450	147.92	0.0010885	0.4138	2.417	623.16	2742.9	2119.7	1.8204	6.8547
500	151.84	0.0010928	0.3747	2.669	640.12	2747.5	2107.4	1.8604	6.8192
600	158.84	0.0011009	0.3155	3.170	670.42	2755.5	2085.0	1.9308	6.7575
700	164.96	0.0011082	0.2727	3.667	697.06	2762.0	2064.9	1.9918	6.7052
800	170.41	0.0011150	0.2403	4.162	720.94	2767.5	2046.5	2.0457	6.6596
900	175.36	0.0011213	0.2148	4.655	742.64	2772.1	2029.5	2.0941	6.6192
1000	179.88	0.0011274	0.1943	5.147	762.61	2776.2	2013.6	2.1382	6.5828
1200	187.96	0.0011386	0.1632	6.127	798.43	2782.7	1984.3	2.2161	6.5194
1400	195.04	0.0011489	0.1407	7.106	830.08	2787.8	1957.7	2.2837	6.4651
1600	201.37	0.0011586	0.1237	8.085	858.56	2791.7	1933.2	2.3436	6.4175
1800	207.11	0.0011678	0.1103	9.065	884.58	2794.8	1910.3	2.3976	6.3751
2000	212.37	0.0011766	0.09954	10.05	908.59	2797.2	1888.6	2.4469	6.3367

压力 p/kPa	温度 t/℃	比容 v/m³·kg⁻¹ 液体	比容 v/m³·kg⁻¹ 气体	气体密度 ρ/kg·m⁻³	比焓 h/kJ·kg⁻¹ 液体	比焓 h/kJ·kg⁻¹ 气体	汽化潜热 γ/kJ·kg⁻¹	比熵 s/kJ·kg⁻¹·K⁻¹ 液体	比熵 s/kJ·kg⁻¹·K⁻¹ 气体
2200	217.24	0.0011850	0.09065	11.03	930.95	2799.1	1868.1	2.4922	6.3015
2400	221.78	0.0011932	0.08320	12.02	951.93	2800.4	1848.5	2.5343	6.2690
2600	226.04	0.0012011	0.07686	13.01	971.72	2801.4	1829.6	2.5736	6.2387
2800	230.05	0.0012088	0.07139	14.01	990.48	2802.0	1811.5	2.6106	6.2104
3000	233.84	0.0012163	0.06663	15.01	1008.4	2802.3	1793.9	2.6455	6.1837
3200	237.45	0.0012237	0.06244	16.20	1025.4	2802.3	1776.9	2.6786	6.1585
3400	240.88	0.0012310	0.05873	17.03	1041.8	2802.1	1760.3	2.7101	6.1344
3600	244.16	0.0012381	0.05541	18.05	1057.6	2801.7	1744.2	2.7401	6.1115
3800	247.31	0.0012451	0.05244	19.07	1072.7	2801.1	1728.4	2.7689	6.0896
4000	250.33	0.0012521	0.04975	20.10	1087.4	2800.3	1712.9	2.7965	6.0685
4500	257.41	0.0012691	0.04404	22.71	1122.1	2797.7	1675.6	2.8612	6.0191
5000	263.91	0.0012858	0.03943	25.36	1154.5	2794.2	1639.7	2.9206	5.9735
5500	269.93	0.0013023	0.03563	28.07	1184.9	2789.9	1605.0	2.9757	5.9309
6000	275.55	0.0013187	0.03244	30.83	1213.9	2785.0	1571.3	3.0273	5.8908
7000	285.79	0.0013513	0.02737	36.53	1267.4	2773.5	1506.0	3.1219	5.8162
8000	294.97	0.0013842	0.02353	42.51	1317.1	2759.9	1442.0	3.2076	5.7471
9000	303.31	0.0014179	0.02050	48.79	1363.7	2744.6	1380.9	3.2867	5.6820
10000	310.96	0.0014526	0.01804	55.43	1408.0	2727.7	1319.7	3.3605	5.6198
11000	318.05	0.0014887	0.01601	62.48	1450.6	2709.3	1258.7	3.4304	5.5595
12000	324.65	0.0015268	0.01428	70.01	1491.8	2689.2	1197.4	3.4972	5.5002
13000	330.83	0.0015672	0.1280	78.14	1532.0	2667.0	1135.0	3.616	5.4408
14000	336.64	0.0016106	0.01150	86.99	1571.6	2642.4	1070.7	3.6242	5.3803
15000	342.13	0.0016579	0.01034	96.71	1611.0	2615.0	1004.0	3.6859	5.3178
16000	347.33	0.0017103	0.009308	107.4	1650.5	2584.9	934.3	3.7471	5.2531
18000	356.96	0.0018399	0.007498	133.4	1734.8	2513.9	779.1	3.8765	5.1128
20000	365.70	0.0020370	0.005877	170.2	1826.5	2418.4	591.9	4.0149	4.9412
21000	369.78	0.0022015	0.005023	199.1	1886.3	2347.6	461.3	4.1048	4.8223
22000	373.69	0.0026714	0.003728	268.3	2011.1	2195.6	184.5	4.2947	4.5799
22120	374.15	0.00317	0.00317	315.5	2107.4	2107.4	0.0	4.4429	4.4429

附录 5.3 未饱和水与过热蒸汽表

（水平粗线之上为未饱和水、粗线之下为过热蒸汽）

t/℃	0.1MPa v /m³·kg⁻¹	0.1MPa h /kJ·kg⁻¹	0.1MPa s /kJ·kg⁻¹·K⁻¹	0.5MPa v /m³·kg⁻¹	0.5MPa h /kJ·kg⁻¹	0.5MPa s /kJ·kg⁻¹·K⁻¹	1.0MPa v /m³·kg⁻¹	1.0MPa h /kJ·kg⁻¹	1.0MPa s /kJ·kg⁻¹·K⁻¹
0	0.0010002	0.1	−0.0001	0.0010000	0.5	−0.0001	0.0009997	1.0	−0.0001
20	0.0010017	84.0	0.2963	0.0010015	84.3	0.2962	0.0010013	84.8	0.2961
40	0.0010078	167.5	0.5721	0.0010076	167.9	0.5719	0.0010074	168.3	0.5717
50	0.0010121	209.3	0.7035	0.0010119	209.7	0.7033	0.0010117	210.1	0.7030
60	0.0010171	251.2	0.8309	0.0010169	251.5	0.8307	0.0010167	251.9	0.8305
80	0.0010292	335.0	1.0752	0.0010290	335.3	1.0750	0.0010287	335.7	1.0746
100	1.696	2676.1	7.3618	0.0010435	419.6	1.3066	0.0010432	419.7	1.3062
110	1.744	2696.4	7.4152	0.0010517	461.6	1.4182	0.0010514	416.9	1.4178
120	1.793	2716.5	7.4670	0.0010605	503.9	1.5273	0.0010602	504.3	1.5269

t/℃	0.1MPa			0.5MPa			1.0MPa		
	v /m³·kg⁻¹	h /kJ·kg⁻¹	s /kJ·kg⁻¹·K⁻¹	v /m³·kg⁻¹	h /kJ·kg⁻¹	s /kJ·kg⁻¹·K⁻¹	v /m³·kg⁻¹	h /kJ·kg⁻¹	s /kJ·kg⁻¹·K⁻¹
130	1.841	2736.5	7.5173	0.0010699	546.5	1.6341	0.0010696	546.8	1.6337
140	1.889	2756.4	7.5662	0.0010800	589.2	1.7388	0.0010796	589.5	1.7383
150	1.936	2776.3	7.6137	0.0010908	632.2	1.8416	0.0010904	632.5	1.8410
160	1.984	2796.2	7.6601	0.3835	2766.4	6.8631	0.0011019	675.7	1.9420
170	2.031	2816.0	7.7053	0.3941	2789.1	6.9149	0.0011143	719.2	2.0414
180	2.078	2835.8	7.7495	0.4045	2811.4	6.9647	0.1944	2776.5	6.5835
190	2.125	2855.6	7.7927	0.4148	2833.4	7.0127	0.2002	2802.0	6.6392
200	2.172	2875.4	7.8349	0.4250	2855.1	7.0592	0.2059	2826.8	6.6922
210	2.219	2895.2	7.8763	0.4350	2876.6	7.1042	0.2115	2851.0	6.7427
220	2.266	2915.0	7.9169	0.4450	2898.0	7.1478	0.2169	2874.6	6.7911
230	2.313	2934.8	7.9567	0.4549	2919.1	7.1903	0.2223	2897.8	6.8377
240	2.359	2954.6	7.9958	0.4647	2940.1	7.2317	0.2276	2920.6	6.8825
250	2.406	2974.5	8.0342	0.4744	2961.1	7.2721	0.2327	2943.0	6.9259
260	2.453	2994.4	8.0719	0.4841	2981.9	7.3115	0.2379	2965.2	6.9680
270	2.499	3014.4	8.1089	0.4938	3002.7	7.3501	0.2430	2987.2	7.0088
280	2.546	3034.4	8.1454	0.5034	3023.4	7.3879	0.2480	3009.0	7.0485
290	2.592	3054.4	8.1813	0.5130	3044.1	7.4250	0.2530	3030.6	7.0873
300	2.639	3074.5	8.2166	0.5226	3064.8	7.4614	0.2580	3052.1	7.1251
320	2.732	3114.8	8.2857	0.5416	3106.1	7.5322	0.2678	3094.9	7.1984
340	2.824	3155.3	8.3529	0.5606	3174.4	7.6008	0.2776	3137.4	7.2689
350	2.871	3175.6	8.3858	0.5701	3168.1	7.6343	0.2824	3158.5	7.3031
360	2.917	3196.0	8.4183	0.5795	3188.8	7.6673	0.2873	3179.7	7.3368
380	3.010	3237.0	8.4820	0.5984	3230.4	7.7319	0.2969	3222.0	7.4027
400	3.102	3278.2	8.5442	0.6172	3272.1	7.7948	0.3065	3264.4	7.4665
450	3.334	3382.4	8.6934	0.6640	3377.2	7.9454	0.3303	3370.8	7.6190
500	3.565	3488.1	8.8348	0.7108	3483.8	8.0879	0.3540	3478.3	7.7627
550	3.797	3595.6	8.9695	0.7574	3591.8	8.2233	0.3775	3587.1	7.8991
600	4.028	3704.8	9.0982	0.8039	3701.5	8.3526	0.4010	3697.4	8.0292
650	4.259	3815.7	9.2217	0.8504	3812.8	8.4766	0.4244	3809.3	8.1537
700	4.490	3928.2	9.3405	0.8968	3925.8	8.5957	0.4477	3922.7	8.2734
750	4.721	4042.5	9.4549	0.9432	4040.3	8.7105	0.4710	4037.6	8.3885
800	4.952	4158.3	9.5654	0.9896	4156.4	8.8213	0.4943	4154.1	8.4997

t/℃	2.5MPa			5.0MPa			7.6MPa		
	v /m³·kg⁻¹	h /kJ·kg⁻¹	s /kJ·kg⁻¹·K⁻¹	v /m³·kg⁻¹	h /kJ·kg⁻¹	s /kJ·kg⁻¹·K⁻¹	v /m³·kg⁻¹	h /kJ·kg⁻¹	s /kJ·kg⁻¹·K⁻¹
0	0.0009990	2.5	−0.0000	0.0009977	5.1	0.0002	0.0009964	7.7	0.0004
20	0.0010006	86.2	0.2958	0.0009995	88.6	0.2952	0.0009983	91.0	0.2947
40	0.0010067	169.7	0.5711	0.0010056	171.9	0.5702	0.0010045	174.2	0.5691
50	0.0010110	211.4	0.7023	0.0010099	213.5	0.7012	0.0010087	215.8	0.7000
60	0.0010160	253.2	0.8297	0.0010149	255.3	0.8283	0.0010137	257.4	0.8269
80	0.0010280	336.9	1.0736	0.0010268	338.8	1.0720	0.0010256	340.9	1.0703
100	0.0010425	420.9	1.3050	0.0010412	422.7	1.3030	0.0010398	424.7	1.3010
120	0.0010593	505.3	1.5255	0.0010579	507.1	1.5232	0.0010564	508.9	1.5200
140	0.0010787	590.5	1.7368	0.0010771	592.1	1.7342	0.0010754	593.8	1.7315
150	0.0010894	633.4	1.8394	0.0010877	635.0	1.8366	0.0010859	636.6	1.8338
160	0.0011008	676.6	1.9402	0.0010990	678.1	1.9373	0.0010971	679.6	1.9343

t/℃	2.5MPa			5.0MPa			7.6MPa		
	v /m³·kg⁻¹	h /kJ·kg⁻¹	s /kJ·kg⁻¹·K⁻¹	v /m³·kg⁻¹	h /kJ·kg⁻¹	s /kJ·kg⁻¹·K⁻¹	v /m³·kg⁻¹	h /kJ·kg⁻¹	s /kJ·kg⁻¹·K⁻¹
180	0.0011262	763.9	2.1372	0.0011241	765.2	2.1339	0.0011219	766.5	2.1304
200	0.0011555	852.8	2.3292	0.0011530	853.8	2.3253	0.0011504	854.9	2.3213
220	0.0011897	943.7	2.5175	0.0011866	944.4	2.5129	0.0011834	945.2	2.5082
230	0.08163	2820.1	6.2920	0.0012056	990.7	2.6057	0.0012020	991.3	2.6006
240	0.08436	2850.5	6.3517	0.0012264	1037.8	2.6984	0.0012224	1038.1	2.6928
250	0.08699	2879.5	6.4077	0.0012494	1085.8	2.7910	0.0012448	1085.8	2.7848
260	0.08951	2907.4	6.4605	0.0012750	1134.9	2.8840	0.0012696	1134.5	2.8771
270	0.09196	2934.2	6.5104	0.04053	2818.9	6.0192	0.0012973	1184.5	2.9701
280	0.09433	2960.3	6.5584	0.04222	2856.9	6.0886	0.0013289	1236.2	3.0643
290	0.09665	2985.7	6.6034	0.04380	2892.2	6.1519	0.0013654	1289.9	3.1605
300	0.09893	3010.3	6.6407	0.04530	2925.5	6.2105	0.02620	2808.8	5.8053
310	0.10115	3034.7	6.6890	0.04673	2957.0	6.2651	0.02752	2854.0	5.9285
320	0.10335	3058.6	6.7296	0.04810	2987.2	6.3163	0.02873	2895.0	5.9982
330	0.10551	3082.1	6.7689	0.04942	3016.1	6.3647	0.02985	2932.9	6.0615
340	0.10764	3105.4	6.8071	0.05070	3044.1	6.4106	0.03090	2968.2	6.1196
350	0.10975	3128.2	6.8442	0.05194	3071.2	6.4545	0.03190	3001.6	6.1737
360	0.11184	3151.0	6.8802	0.05316	3097.6	6.4966	0.03286	3033.4	6.2243
370	0.11391	3173.6	6.9158	0.05435	3123.4	6.5371	0.03378	3063.9	6.2721
380	0.11597	3196.1	6.9505	0.05551	3148.8	6.5762	0.03467	3093.3	6.3174
390	0.11801	3218.4	6.9845	0.05666	3173.7	6.6140	0.03554	3121.8	6.3607
400	0.12004	3240.7	7.0178	0.05779	3198.3	6.6508	0.03638	3149.6	6.4022
410	0.12206	3262.9	7.0505	0.05891	3222.5	6.6866	0.03720	3176.6	6.4422
430	0.12607	3307.1	7.1143	0.06110	3270.4	6.7556	0.03880	3229.2	6.5181
450	0.13004	3351.3	7.1763	0.06325	3317.5	6.8217	0.04035	3280.3	6.5896
500	0.13987	3461.7	7.3240	0.06849	3433.7	6.9770	0.04406	3403.5	6.7545
550	0.14958	3572.9	7.4633	0.07360	3549.0	7.1215	0.04760	3523.7	6.9051
600	0.15921	3685.1	7.5956	0.07862	3664.5	7.2578	0.05105	3642.9	7.0457
650	0.16876	3798.6	7.7220	0.08356	3780.7	7.3872	0.05441	3762.1	7.1784
700	0.17826	3913.4	7.8431	0.08845	3897.9	7.5108	0.05772	3881.7	7.3046
750	0.18772	4029.5	7.9395	0.09329	4016.1	7.6292	0.06099	4002.1	7.4252
800	0.19714	4147.0	8.0716	0.09809	4135.3	7.7431	0.06421	4123.2	7.5408

t/℃	10.0MPa			12.5MPa			15.0MPa		
	v /m³·kg⁻¹	h /kJ·kg⁻¹	s /kJ·kg⁻¹·K⁻¹	v /m³·kg⁻¹	h /kJ·kg⁻¹	s /kJ·kg⁻¹·K⁻¹	v /m³·kg⁻¹	h /kJ·kg⁻¹	s /kJ·kg⁻¹·K⁻¹
0	0.0009953	10.1	0.0005	0.0009946	12.6	0.0006	0.0009928	15.1	0.0007
20	0.0009972	93.2	0.2942	0.0009961	95.6	0.2936	0.0009950	97.9	0.2931
40	0.0010034	176.3	0.5682	0.0010023	178.5	0.5672	0.0010013	180.7	0.5663
50	0.0010077	217.8	0.6989	0.0010066	220.0	0.6977	0.0010055	222.1	0.6966
60	0.0010127	259.4	0.8257	0.0010116	261.5	0.8243	0.0010105	263.6	0.8230
80	0.0010245	342.8	1.0687	0.0010233	344.8	1.0671	0.0010221	346.8	1.0655
100	0.0010386	426.5	0.2992	0.0010374	428.4	1.2973	0.0010361	430.3	1.2954
120	0.0010551	510.6	0.5188	0.0010537	512.4	1.5166	0.0010523	514.2	1.5144
140	0.0010739	595.4	7.7291	0.0010724	597.1	1.7266	0.0010709	598.7	1.7241
150	0.0010843	638.1	1.8312	0.0010827	639.7	1.8285	0.0010811	641.3	1.8259
160	0.0010954	681.0	1.9315	0.0010937	682.5	1.9287	0.0010919	684.0	1.9258
180	0.0011199	767.8	2.1272	0.0011179	769.1	2.1240	0.0011159	770.4	2.1208
200	0.0011480	855.9	2.3176	0.0011456	857.0	2.3139	0.0011748	858.1	2.3102

$t/℃$	10.0MPa			12.5MPa			15.0MPa		
	v /m³·kg⁻¹	h /kJ·kg⁻¹	s /kJ·kg⁻¹·K⁻¹	v /m³·kg⁻¹	h /kJ·kg⁻¹	s /kJ·kg⁻¹·K⁻¹	v /m³·kg⁻¹	h /kJ·kg⁻¹	s /kJ·kg⁻¹·K⁻¹
220	0.0011805	945.9	2.5039	0.0011776	946.7	2.4996	0.0011748	947.6	2.4953
240	0.0012188	1038.4	2.6877	0.0012151	1038.8	2.6825	0.0012115	1039.2	2.6775
250	0.0012406	1085.8	2.7792	0.0012364	1086.0	2.7736	0.0012324	1086.2	2.7681
260	0.0012648	1134.2	2.8709	0.0012600	1134.1	2.8646	0.0012553	1133.9	2.8585
280	0.0013221	1235.0	3.0563	0.0013154	1233.9	3.0481	0.0013090	1232.9	3.0407
300	0.0013979	1343.4	3.2488	0.0013875	1340.6	3.2380	0.0013779	1338.2	3.2277
310	0.0014472	1402.2	3.3505	0.0014336	1398.1	3.3373	0.0014212	1394.5	3.3250
320	0.01926	2783.5	5.7145	0.0014905	1459.7	3.4420	0.0014736	1454.3	3.4267
330	0.02042	2836.5	5.8032	0.01383	2697.2	5.5018	0.0015402	1519.4	3.5355
340	0.02147	2883.4	5.8803	0.01508	2768.7	5.6195	0.0016324	1593.3	3.6571
350	0.02242	2925.8	5.5989	0.01612	2828.0	5.7155	0.01146	2694.8	5.4467
360	0.02331	2964.8	6.0110	0.01704	2879.6	5.7976	0.01256	2770.8	5.5677
370	0.02414	3001.3	6.0682	0.01787	2925.7	5.8698	0.01348	2833.6	5.6662
380	0.02493	3035.7	6.1213	0.01863	2967.6	5.9345	0.01428	2887.7	5.7497
390	0.02568	3068.5	6.1711	0.01934	3006.4	5.9935	0.01500	2935.7	5.8225
400	0.02641	3099.9	6.2182	0.02001	3042.9	6.0481	0.01566	2979.1	5.8876
410	0.02711	3130.3	6.2629	0.02065	3077.5	6.0991	0.01628	3019.3	5.9469
420	0.02779	3159.7	6.3057	0.02126	3110.5	6.1471	0.01686	3057.0	6.0016
430	0.02846	3188.3	6.3467	0.02186	3142.3	6.1927	0.01741	3092.7	6.0528
440	0.02911	3216.2	6.3861	0.02243	3173.1	6.2362	0.01794	3126.9	6.1010
450	0.02974	3243.6	6.4243	0.02299	3203.0	6.2778	0.01845	3159.7	6.1468
470	0.03098	3297.0	6.4971	0.02406	3260.7	6.3565	0.01943	3222.3	6.2322
500	0.03276	3374.6	6.5994	0.02559	3343.3	6.4654	0.02080	3310.6	6.3487
550	0.03560	3499.8	6.7564	0.02799	3474.4	6.6298	0.02291	3448.3	6.5213
600	0.03832	3622.7	6.9013	0.03026	3601.4	6.7796	0.02488	3579.3	6.6764
650	0.04096	3744.7	7.0373	0.03245	3726.6	6.9190	0.02677	3708.5	6.8195
700	0.04355	3866.8	7.1660	0.03457	3851.1	7.0504	0.02859	3835.4	6.9536
750	0.04608	3989.1	7.2886	0.03665	3975.6	7.1752	0.03036	3962.1	7.0806
800	0.04858	4112.0	7.4058	0.03868	4100.3	7.2942	0.03209	4088.6	7.2013

$t/℃$	20.0MPa			25.0MPa			30.0MPa		
	v /m³·kg⁻¹	h /kJ·kg⁻¹	s /kJ·kg⁻¹·K⁻¹	v /m³·kg⁻¹	h /kJ·kg⁻¹	s /kJ·kg⁻¹·K⁻¹	v /m³·kg⁻¹	h /kJ·kg⁻¹	s /kJ·kg⁻¹·K⁻¹
0	0.0009904	20.1	0.0008	0.0009881	25.1	0.0009	0.0009857	30.0	0.0008
50	0.0010034	226.4	0.6943	0.0010013	230.7	0.6920	0.0009993	235.0	0.6897
100	0.0010337	434.0	1.2916	0.0010313	437.8	1.2879	0.0010289	441.6	1.2843
150	0.0010779	644.5	1.8207	0.0010748	647.7	1.8155	0.0010718	650.9	1.8105
200	0.0011387	860.4	2.3030	0.0011343	862.8	2.2960	0.0011301	865.2	2.2891
220	0.0011693	949.3	2.4870	0.0011640	951.2	2.4789	0.0011590	953.1	2.4710
240	0.0012047	1040.3	2.6677	0.0011983	1041.5	2.6583	0.0011922	1042.8	2.6492
250	0.0012247	1086.7	2.7574	0.0012175	1087.5	2.7472	0.0012107	1088.4	2.7374
260	0.0012466	1134.0	2.8468	0.0012384	1134.2	2.8357	0.0012307	1134.7	2.8250
280	0.0012971	1231.4	3.0262	0.0012863	1230.3	3.0126	0.0012763	1229.7	2.9998
300	0.0013606	1334.3	3.2088	0.0013453	1331.1	3.1916	0.0013316	1328.7	3.1756
320	0.0014451	1445.6	3.3998	0.0014214	1438.9	3.3764	0.0014012	1433.6	3.3556

t/℃	20.0MPa			25.0MPa			30.0MPa		
	v /m³·kg⁻¹	h /kJ·kg⁻¹	s /kJ·kg⁻¹·K⁻¹	v /m³·kg⁻¹	h /kJ·kg⁻¹	s /kJ·kg⁻¹·K⁻¹	v /m³·kg⁻¹	h /kJ·kg⁻¹	s /kJ·kg⁻¹·K⁻¹
340	0.0015704	1572.5	3.6100	0.0015273	1558.3	3.5743	0.0014939	1547.7	3.5447
350	0.0016662	1647.2	3.7308	0.0016000	1625.1	3.6824	0.0015540	1610.0	3.6455
360	0.001827	1742.9	3.8835	0.001698	1701.1	3.8036	0.001628	1678.0	3.7541
370	0.006908	2527.6	5.1117	0.001852	1788.8	3.9411	0.001728	1749.0	3.8653
380	0.008246	2660.2	5.3165	0.002240	1941.0	4.1757	0.001874	1837.7	4.0021
390	0.009181	2749.3	5.4520	0.004609	2391.3	4.8599	0.002144	1959.1	4.1865
400	0.009947	2820.5	5.5585	0.006014	2582.0	5.1455	0.002831	2161.8	4.4896
410	0.01061	2880.4	5.6470	0.006887	2691.3	5.3069	0.003956	2394.5	4.8329
420	0.01120	2932.9	5.7232	0.007580	2774.1	5.4271	0.004921	2558.0	5.0706
430	0.01174	2980.2	5.7910	0.008172	2842.5	5.5252	0.005643	2668.8	5.2295
440	0.01224	3023.7	5.8523	0.008696	2901.7	5.6087	0.006227	2754.0	5.3499
450	0.01271	3064.3	5.9089	0.009171	2954.3	5.6821	0.006735	2825.6	5.4495
460	0.01315	3102.7	5.9616	0.009609	3002.3	5.7479	0.007189	2887.7	5.5349
470	0.01358	3139.2	6.0112	0.01002	3046.7	5.8082	0.007602	2943.3	5.6102
480	0.01399	3174.4	6.0581	0.01041	3088.5	5.8640	0.007985	2993.9	5.6779
490	0.01439	3208.3	6.1028	0.01078	3128.1	5.9162	0.008343	3040.9	5.7398
500	0.01477	3241.1	6.1456	0.01113	3165.9	5.9655	0.008681	3085.0	5.7972
520	0.01551	3304.2	6.2262	0.01180	3237.5	6.0568	0.009310	3166.6	5.9014
540	0.01621	3364.7	6.3015	0.01242	3304.7	6.1405	0.009890	3241.7	5.9949
550	0.01655	3394.1	6.3374	0.01272	3337.0	6.1801	0.01017	3277.4	6.0386
560	0.01688	3423.0	6.3724	0.01301	3368.7	6.2183	0.01043	3312.1	6.0805
580	0.01753	3479.5	6.4398	0.01358	3430.2	6.2913	0.01095	3378.9	6.1597
600	0.01816	3535.5	6.5043	0.01413	3489.9	6.3604	0.01144	3443.0	6.2340
620	0.01878	3590.3	6.5663	0.01465	3548.1	6.4263	0.01191	3505.0	6.3042
650	0.01967	3671.1	6.6554	0.01542	3633.4	6.5203	0.01258	3595.0	6.4033
680	0.02054	3751.0	6.7405	0.01615	3716.9	6.6093	0.01323	3682.4	6.4966
700	0.02111	3803.8	6.7953	0.01663	3771.9	6.6664	0.01365	3739.7	6.5560
720	0.02167	3856.4	6.8488	0.01710	3826.5	6.7219	0.01406	3796.3	6.6136
750	0.02250	3935.0	6.9267	0.01779	3907.7	6.8025	0.01465	3880.3	6.6970
800	0.02385	4065.3	7.0511	0.01891	4041.9	6.9306	0.04562	4018.5	6.8288

t/℃	35.0MPa			40.0MPa			45.0MPa		
	v /m³·kg⁻¹	h /kJ·kg⁻¹	s /kJ·kg⁻¹·K⁻¹	v /m³·kg⁻¹	h /kJ·kg⁻¹	s /kJ·kg⁻¹·K⁻¹	v /m³·kg⁻¹	h /kJ·kg⁻¹	s /kJ·kg⁻¹·K⁻¹
0	0.0009834	34.9	0.0007	0.0009811	39.7	0.0004	0.0009879	44.6	0.0001
50	0.0009973	239.2	0.6874	0.0009953	243.5	0.6852	0.0009933	247.7	0.6829
100	0.0010266	445.4	1.2807	0.0010244	449.2	1.2771	0.0010222	453.0	1.2736
150	0.0010689	654.2	1.8056	0.0010660	657.4	1.8007	0.0010632	660.7	1.7959
200	0.0011260	867.7	2.2824	0.0011220	870.2	2.2759	0.0011182	872.8	2.2695
220	0.0011542	955.1	2.4634	0.0011495	957.2	2.4560	0.0011450	959.4	2.4488
240	0.0011863	1044.2	2.6405	0.0011808	1045.8	2.6320	0.0011754	1047.5	2.6238
250	0.0012042	1089.5	2.7279	0.0011981	1090.8	2.7188	0.0011922	1092.1	2.7100
260	0.0012235	1135.4	2.8148	0.0012166	1136.3	2.8050	0.0012102	1137.3	2.7955
280	0.0012670	1277.5	3.0741	0.0012819	1276.8	3.0614	0.0012727	1276.5	3.0494
300	0.0013191	1326.8	3.1608	0.0013077	1325.4	3.1469	0.0012972	1324.4	3.1337

t/℃	35.0MPa			40.0MPa			45.0MPa		
	v /m³·kg⁻¹	h /kJ·kg⁻¹	s /kJ·kg⁻¹·K⁻¹	v /m³·kg⁻¹	h /kJ·kg⁻¹	s /kJ·kg⁻¹·K⁻¹	v /m³·kg⁻¹	h /kJ·kg⁻¹	s /kJ·kg⁻¹·K⁻¹
320	0.0013835	1429.4	3.3367	0.0013677	1425.9	3.3193	0.0013535	1423.2	3.3032
340	0.0014666	1539.5	3.5192	0.0014434	1532.9	3.4965	0.0014233	1527.5	3.4760
350	0.0015186	1598.7	3.6149	0.0014896	1589.7	3.5885	0.0014651	1582.4	3.5649
360	0.001580	1662.3	3.7166	0.001542	1650.5	3.6856	0.001512	1641.3	3.6590
370	0.001656	1725.5	3.8156	0.001605	1709.0	3.7774	0.001566	1696.6	3.7457
380	0.001754	1799.9	3.9304	0.001682	1776.4	3.8814	0.001630	1759.7	3.8430
390	0.001892	1886.3	4.0617	0.001779	1805.7	3.9942	0.001706	1827.4	3.9459
400	0.002111	1993.1	4.2214	0.001909	1934.1	4.1190	0.001801	1900.6	4.0554
410	0.002494	2133.1	4.4278	0.002095	2031.2	4.2621	0.001924	1981.0	4.1739
420	0.003082	2296.7	4.6656	0.002371	2145.7	4.4285	0.002088	2070.6	4.3042
430	0.003761	2450.6	4.8861	0.002749	2272.8	4.6105	0.002307	2170.4	4.4471
440	0.004404	2577.2	5.0649	0.003200	2399.4	4.7893	0.002587	2277.0	4.5977
450	0.004956	2676.4	5.2031	0.003675	2515.6	4.9511	0.002913	2384.2	4.7469
460	0.005430	2758.0	5.3151	0.004137	2617.1	5.0906	0.003266	2486.4	4.8874
470	0.005854	2828.2	5.4103	0.004560	2704.4	5.2089	0.003626	2580.8	5.0152
480	0.006239	2890.4	5.4934	0.004941	2779.8	5.3097	0.003982	2667.5	5.1312
490	0.006594	2946.6	5.5676	0.005291	2946.5	5.3977	0.004315	2744.7	5.2330
500	0.006925	2998.3	5.6349	0.005616	2906.8	5.4762	0.004625	2813.5	5.3226
520	0.007532	3091.8	5.7543	0.006205	3013.7	5.6128	0.005190	2933.8	5.4763
540	0.008083	3176.0	5.8592	0.006735	3108.0	5.7302	0.005698	3038.5	5.6066
550	0.008342	3215.4	5.9074	0.006982	3151.6	5.7835	0.005934	3086.5	5.6654
560	0.008592	3253.5	5.9534	0.007219	3193.4	5.8340	0.006161	3132.2	5.7206
580	0.009069	3326.2	6.0396	0.007667	3272.4	5.9276	0.006587	3217.9	5.8222
600	0.009519	3395.1	6.1194	0.008088	3346.4	6.0135	0.006984	3297.4	5.9143
620	0.009949	3461.1	6.1942	0.008487	3416.7	6.0931	0.007359	3372.2	5.9990
650	0.01056	3556.1	6.2988	0.009053	3517.0	6.2035	0.007886	3477.8	6.1154
680	0.01115	3647.7	6.3965	0.009588	3612.8	6.3056	0.008382	3577.9	6.2221
700	0.01152	3707.3	6.4584	0.009930	3674.8	6.3701	0.008699	3642.4	6.2800
720	0.01189	3766.1	6.5181	0.01026	3735.7	6.4320	0.009006	3705.5	6.3532
750	0.01242	3852.9	6.6043	0.01075	3825.5	6.5210	0.009452	3798.1	6.4451
800	0.01327	3995.1	6.7400	0.01152	3971.7	6.6606	0.01016	3948.4	6.5885

附录6　氨饱和液态与饱和蒸气的热力学性质表

t/℃	p/kPa	比焓 h/kJ·kg⁻¹		比熵 s/kJ·kg⁻¹·K⁻¹		比容 v/L·kg⁻¹	
		液体	气体	液体	气体	液体	气体
−60	21.99	−69.5330	1373.19	−0.10909	6.6592	1.4010	3685.08
−55	30.29	−47.5062	1382.01	−0.00717	6.5454	1.4126	3474.22
−50	41.03	−25.4342	1390.64	0.09264	6.4382	1.4245	2616.51
−45	54.74	−3.3020	1399.07	0.19049	6.3369	1.4367	1998.91
−40	72.01	18.9024	1407.26	0.28651	6.2410	1.4493	1547.36

$t/℃$	p/kPa	比焓 $h/kJ\cdot kg^{-1}$		比熵 $s/kJ\cdot kg^{-1}\cdot K^{-1}$		比容 $v/L\cdot kg^{-1}$	
		液体	气体	液体	气体	液体	气体
−35	93.49	41.1883	1415.20	0.38082	6.1501	1.4623	1212.49
−30	119.90	63.5629	1422.86	0.47351	6.0636	1.4757	960.867
−28	132.20	72.5387	1425.84	0.51015	6.0302	1.4811	878.100
−26	145.11	81.5300	1428.76	0.54655	5.9974	1.4867	803.761
−24	159.22	90.5370	1431.64	0.58272	5.9652	1.4923	736.868
−22	174.41	99.5600	1434.46	0.61865	5.9336	1.4980	676.570
−20	190.74	108.599	1432.23	0.65436	5.9025	1.5037	622.122
−18	208.26	117.656	1439.94	0.68984	5.8720	1.5096	572.875
−16	227.04	126.729	1442.60	0.72511	5.8420	1.5155	528.257
−14	247.14	135.820	1445.20	0.76016	5.8125	1.5215	487.769
−12	268.63	144.929	1447.74	0.79501	5.7835	1.5276	450.971
−10	291.57	154.056	1450.22	0.82965	5.7550	1.5338	417.477
−9	303.60	158.628	1451.44	0.84690	5.7409	1.5369	401.860
−8	316.02	163.204	1452.64	0.86410	5.7269	1.5400	386.944
−7	328.84	167.785	1453.83	0.88125	5.7131	1.5432	372.692
−6	342.07	172.371	1455.00	0.89835	5.6993	1.5464	359.071
−5	355.71	176.962	1456.15	0.91541	5.6856	1.5496	346.046
−4	369.77	181.559	1457.29	0.93242	5.6721	1.5528	333.589
−3	384.26	186.161	1458.42	0.94938	5.6586	1.5561	321.670
−2	399.20	190.768	1459.53	0.96630	5.6453	1.5594	310.263
−1	414.58	195.381	1460.62	0.98317	5.6320	1.5627	299.340
0	430.43	200.000	1461.70	1.00000	5.6189	1.5660	288.880
1	466.74	204.625	1462.76	1.01679	5.6058	1.5694	278.858
2	463.53	209.256	1463.80	1.03354	5.5929	1.5727	269.253
3	480.81	213.892	1464.83	1.05024	5.5800	1.5762	260.046
4	498.59	218.535	1465.84	1.06691	5.5672	1.5796	251.216
5	516.87	223.185	1466.84	1.08353	5.5545	1.5831	242.745
6	535.67	227.841	1467.82	1.10012	5.5419	1.5866	234.618
7	555.00	232.503	1468.78	1.11667	5.5294	1.5901	226.817
8	574.87	237.172	1469.72	1.13317	5.5170	1.5936	219.326
9	595.28	241.848	1470.64	1.14964	5.5046	1.5972	212.132
10	616.25	246.531	1471.57	1.16607	5.4924	1.6008	205.221
11	637.78	251.221	1472.46	1.18246	5.4802	1.5045	198.580
12	659.89	255.918	1473.34	1.19882	5.4681	1.6081	192.196
13	682.59	260.622	1474.20	1.21515	5.4561	1.6118	186.058
14	705.88	265.334	1475.05	1.23144	5.4441	1.6156	180.154
15	729.79	270.053	1475.88	1.24769	5.4322	1.6193	174.475
16	754.31	274.779	1476.69	1.26391	5.4204	1.6231	169.009
17	779.46	279.513	1477.48	1.28010	5.4087	1.6269	163.748

t/℃	p/kPa	比焓 h/kJ·kg^{-1}		比熵 s/kJ·kg^{-1}·K^{-1}		比容 v/L·kg^{-1}	
		液体	气体	液体	气体	液体	气体
18	805.25	284.255	1478.25	1.29626	5.3971	1.6308	158.683
19	831.69	289.005	1479.01	1.31238	5.3855	1.6347	153.804
20	858.79	293.762	1479.75	1.32847	5.3740	1.6386	149.106
21	880.57	298.527	1480.48	1.34452	5.3626	1.6426	144.578
22	915.03	303.300	1481.18	1.36055	5.3512	1.6466	140.214
23	944.18	308.081	1481.87	1.37654	5.3399	1.6507	136.006
24	974.03	312.870	1482.53	1.39250	5.3286	1.6457	131.950
25	1004.6	317.667	1483.18	1.40843	5.3175	1.6588	128.037
26	1035.9	322.471	1483.81	1.42433	5.3063	1.6630	124.261
27	1068.0	327.284	1484.42	1.44020	5.2953	1.6672	120.619
28	1100.7	332.104	1485.01	1.45604	5.2843	1.6714	117.103
29	1134.3	336.933	1485.59	1.47185	5.2733	1.6757	113.708
30	1168.6	341.769	1486.14	1.48762	5.2624	1.6800	110.430
31	1203.7	346.614	1486.67	1.50337	5.2516	1.6844	107.263
32	1239.6	351.466	1487.18	1.51908	5.2408	1.6888	104.205
33	1276.3	356.326	1487.66	1.53477	5.2300	1.6932	101.248
34	1313.9	361.195	1488.13	1.55042	5.2193	1.6977	98.3913
35	1352.2	366.072	1488.57	1.56605	5.2086	1.7023	93.6290
36	1391.5	370.957	1488.99	1.58165	5.1980	1.7069	92.9579
37	1431.5	375.851	1489.39	1.59722	5.1874	1.7115	90.3743
38	1472.4	380.754	1489.76	1.61276	5.1768	1.7162	87.8748
39	1514.3	385.666	1490.10	1.62828	5.1663	1.7209	85.4561
40	1557.0	390.587	1490.42	1.64377	5.1558	1.7257	83.1150
41	1600.6	395.519	1490.71	1.65924	5.1453	1.7305	80.8484
42	1645.1	400.462	1490.98	1.67470	5.1349	1.7354	78.6536
43	1690.6	405.416	1491.21	1.69013	5.1244	1.7404	76.5276
44	1737.0	410.362	1491.41	1.70554	5.1140	1.7454	74.4678
45	1784.3	415.362	1491.58	1.72095	5.1036	1.7504	72.4716
46	1832.6	420.358	1491.72	1.73635	5.0912	1.7555	70.5365
47	1881.9	425.369	1491.83	1.75174	5.0827	1.7607	68.6602
48	1932.2	430.399	1491.98	1.76714	5.0723	1.7659	66.5403
49	1983.3	435.450	1491.91	1.78354	5.0618	1.7710	63.0746
50	2035.9	440.523	1491.89	1.79798	5.0514	1.7766	61.3608
51	2089.1	445.623	1491.83	1.81343	5.0409	1.7820	61.6971
52	2143.6	450.751	1491.73	1.82891	5.0303	1.7875	60.0813
53	2199.1	455.913	1491.58	1.84445	5.0198	1.7931	58.5114
54	2235.6	461.112	1491.38	1.86004	5.0092	1.7987	56.9833
55	2312.2	466.353	1491.12	1.87571	4.9983	1.8044	55.5014

附录 7　空气中的 T-S 图

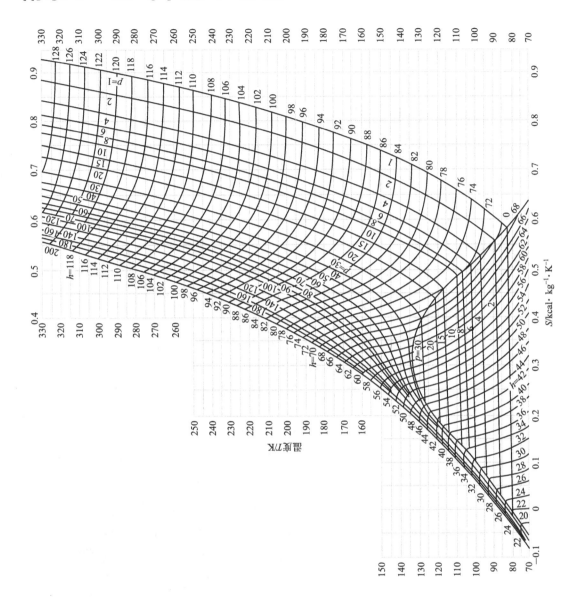

单位：压力，atm
　　　焓，kcal·kg^{-1}
　　　熵，kcal·kg^{-1}·K^{-1}
　　　温度，K

附录 8 氨的 T-S 图

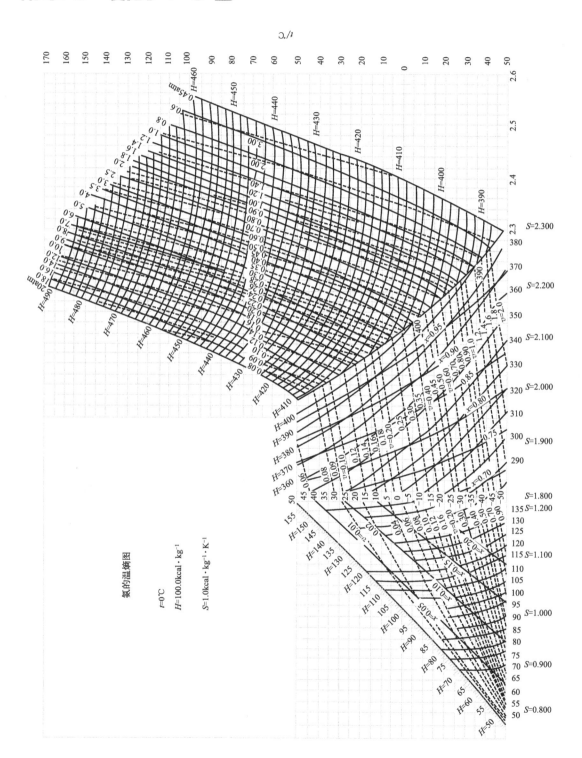

氨的温熵图

$t=0℃$

$H=100.0\text{kcal}\cdot\text{kg}^{-1}$

$S=1.0\text{kcal}\cdot\text{kg}^{-1}\cdot\text{K}^{-1}$

附录 9 氨的 lnp-H 图

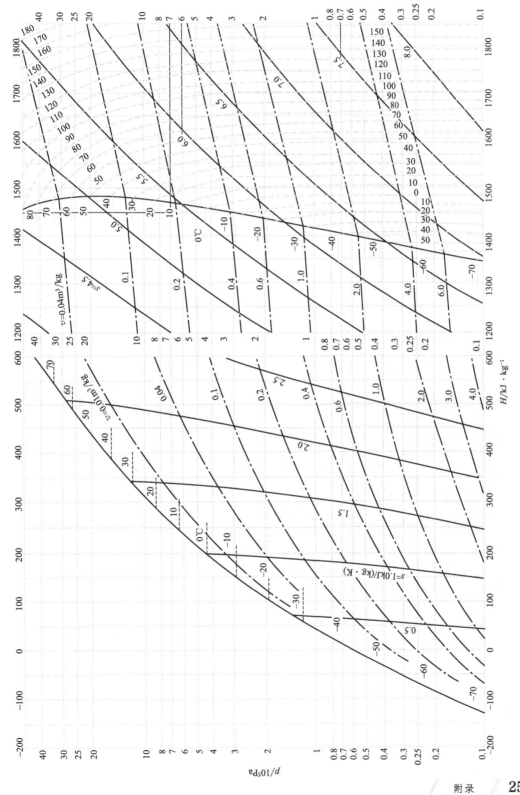

附录 10 水蒸气的 H-S 图

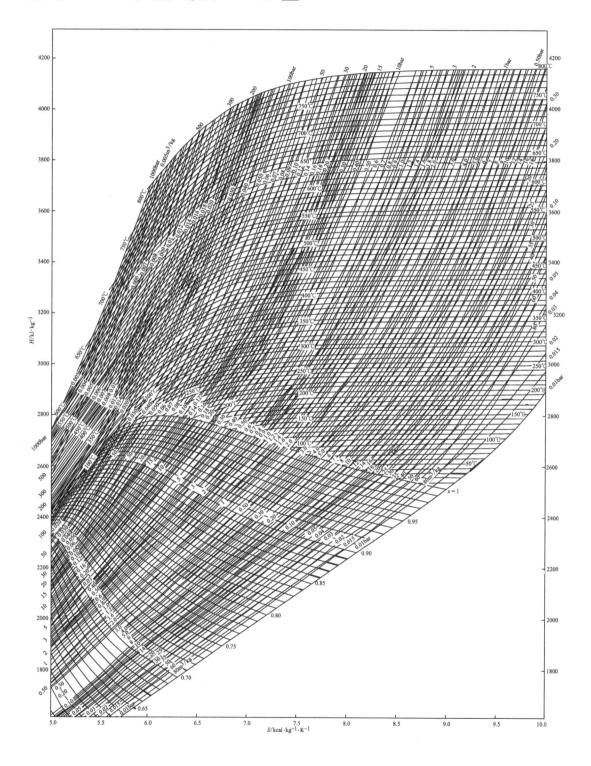

主要符号说明

英文

A	Helmholtz（亥姆霍兹）自由能
a	立方型状态方程参数
a_i	组分活度
B	第二 virial 系数
B_{ij}	交叉第二 virial 系数
b	立方型状态方程参数
C	第三 virial 系数；组分数
C_p	恒压热容
C_V	恒容热容
E_x	有效能
e	液化率
F	自由度
f	溶液的逸度
f_i	纯物质 i 的逸度
$\hat{f}_i$	溶液中组分 i 的逸度
f_i^0	组分 i 的标准态逸度
G	Gibbs（吉布斯）自由能
H	焓
H_i	组分 i 的 Henry（亨利）常数
K_i	汽液平衡比
k	绝热压缩指数
M	摩尔广度热力学性质
$\overline{M}_i$	组分 i 的偏摩尔性质
ΔM	混合变量
M^E	超额性质
M^R	剩余性质
m	质量；多变压缩指数
N	组分数
n	物质的量
p	压力
p_i	组分 i 的分压
Q	热量
R	气体常数
S	熵
ΔS_f	熵流
ΔS_g	熵产生
T	热力学温度
t	温度
U	热力学能，内能
V	体积
W	功
W_f	流动功
W_{id}	理想功
W_L	损失功
W_s	轴功
x	干度
x_i	组分 i 的液相摩尔分数
y_i	组分 i 的汽（气）相摩尔分数
Z	压缩因子
z	原料组成

希文

α_{12}	NRTL 方程参数
γ_i	组分 i 的活度系数
ε	制冷系数
ε_{HP}	供热系数
ϕ_i	组分 i 的体积分数
φ	溶液的逸度系数
φ_i	纯组分 i 的逸度系数
$\hat{\varphi}_i$	溶液中组分 i 的逸度系数
μ_i	化学势
μ_J	微分节流效应系数
μ_S	微分等熵膨胀效应系数
η	效率
η_C	卡诺热机效率
π	相数
θ_i	组分 i 的平均面积分数
ρ	密度
ω	偏心因子
ψ	汽化率
Λ_{ij}	Wilson 方程参数

上标

az	恒沸
cal	计算值
exp	实验值
G	气相
ig	理想气体
id	理想溶液
L	液相
S	固相
s	饱和
sL	饱和液相
sV	饱和汽相
V	汽相
∞	无限稀释

下标

t	总
b	沸点
c	临界性质
d	露点
r	对比性质

参考文献

［1］ 冯新，宜爱国，周彩荣.化工热力学［M］.第 2 版.北京：化学工业出版社，2019.

［2］ （美）姜·范恩.热的简史［M］.李乃信，译.北京：东方出版社，2009.

［3］ 马沛生，夏淑倩，邱挺，等.化工热力学教程［M］.北京：高等教育出版社，2011.

［4］ 施云海，王艳莉，彭阳峰，等.化工热力学［M］.第 2 版.上海：华东理工大学出版社，2013.

［5］ 朱自强，吴有庭.化工热力学［M］.第 3 版.北京：化学工业出版社，2010.

［6］ 马沛生，李永红.化工热力学（通用型）［M］.第 2 版.北京：化学工业出版社，2009.

［7］ 李玉林，胡瑞生.化工热力学简明教程［M］.北京：中国水利水电出版社，2011.

［8］ 陈钟秀，顾飞燕，胡望明.化工热力学［M］.第 3 版.北京：化学工业出版社，2012.

［9］ 陈新志，蔡振云，胡望明，等.化工热力学［M］.第 3 版.北京：化学工业出版社，2009.

［10］ 王敏炜，杜军，罗美.化工热力学［M］.北京：科学出版社，2015.

［11］ 宋春敏.化工热力学［M］.青岛：中国石油大学出版社，2016.

［12］ 于志家，李香芹，兰忠，等.化工热力学［M］.北京：化学工业出版社，2016.

［13］ 班玉凤，朱海峰，刘红宇，等.化工热力学［M］.北京：中国石化出版社，2017.

［14］ 董新法.化工热力学［M］.北京：化学工业出版社，2009.

［15］ S I Sandler. Chemical, Biochemical, and Engineering Thermodynamics［M］. 4th. John Wiley & Sons, 2006.

［16］ J M Smith, Hendrick Van Ness, Michael Abbott, et al. Introduction to Chemical Engineering Thermodynamics-McGraw［M］. 8th. McGraw-Hill Education, 2018.

［17］ 傅秦生.工程热力学［M］.北京：机械工业出版社，2012.

［18］ 陈则韶.高等工程热力学［M］.第 2 版.合肥：中国科学技术大学出版社，2016.

［19］ 陈洪钫，刘家祺.化工分离过程［M］.第 2 版.北京：化学工业出版社，2014.

［20］ 叶庆国，陶旭梅，徐东彦.分离过程［M］.第 2 版.北京：化学工业出版社，2017.

［21］ 施云海.化工热力学学习指导及模拟试题集萃［M］.上海：华东理工大学出版社，2007.

［22］ 陈钟秀，顾飞燕.化工热力学例题与习题［M］.北京：化学工业出版社，2011.

［23］ 陈新志，蔡振云，钱超.化工热力学学习指导［M］.北京：化学工业出版社，2011.

［24］ Y J Zhao, Y K Zhang, Y Cui, et al. Pinch combined with exergy analysis for heat exchange network and technoeconomic evaluation of coal chemical looping combustion power plant with CO_2 capture［J］. Energy, 2022, 238, 121720.